普通高等教育 电气工程/自动化 系列规划教材

电力传动控制系统

下册：提高篇

主编 汤天浩
参编 谢 卫 康劲松 韩金刚 陈 昊

机械工业出版社

本书是普通高等教育电气工程、自动化系列规划教材，主要是针对电气工程及其自动化、自动化等专业大学本科编写的。为适应当前教育改革和学科发展的需要，本书在原“电力传动控制系统”课程传统教材的基础上，根据当前电力传动控制技术的最新发展进行了重组、扩展和深化。全书分为两篇，按上下两册出版，上册为基础篇，下册为提高篇。

提高篇共有8章，重点介绍电力传动控制系统的动态建模、系统辨识与先进的控制方法，具体内容包括电力传动系统的动态模型、笼型转子异步电动机高性能控制方法、绕线转子异步电动机双馈控制系统、交流同步电动机控制系统、电力传动系统的弱磁控制、电力传动系统的参数辨识与状态估计、电力传动系统的先进控制方法、电力传动系统的应用——动力驱动。

本书可作为普通高等学校电气工程及其自动化、自动化专业本科生和硕士研究生教材。由于提高篇的内容比较深入和新颖，特别适用于硕士研究生的课程教学，也可作为电气工程类相关专业高年级本科生的专业选修课参考用书，并可供有关工程技术人员阅读和参考。

图书在版编目(CIP)数据

电力传动控制系统. 下册，提高篇 / 汤天浩主编. —北京：机械工业出版社，2019.7
普通高等教育电气工程 自动化系列规划教材
ISBN 978-7-111-62393-9

Ⅰ. ①电… Ⅱ. ①汤… Ⅲ. ①电力传动-控制系统-高等学校-教材 Ⅳ. ①TM921.5

中国版本图书馆CIP数据核字(2019)第058755号

机械工业出版社(北京市百万庄大街22号 邮政编码 100037)
策划编辑：于苏华 责任编辑：于苏华 王 荣
责任校对：樊钟英 封面设计：张 静
责任印制：郜 敏
北京圣夫亚美印刷有限公司印刷
2019年8月第1版第1次印刷
184mm×260mm · 17.25印张 · 423千字
标准书号：ISBN 978-7-111-62393-9
定价：44.00元

电话服务
客服电话：010-88361066
010-88379833
010-68326294

网络服务
机 工 官 网：www.cmpbook.com
机 工 官 博：weibo.com/cmp1952
金 书 网：www.golden-book.com
机工教育服务网：www.cmpedu.com

封底无防伪标均为盗版

前　　言

笔者于 2010 年编写的《电力传动控制系统》由于体现了以电力传动系统的基本规律和共性问题为主线，利用电机原理、控制理论和电力电子技术等理论与工具，深入探讨系统结构、数学模型和控制策略，分析系统特性，给出系统设计方法和仿真试验结果的编写理念，在一些高校的使用中获得了一定的好评。

近年来，随着电力电子与电力传动技术的飞速发展和广泛应用，尤其在电气节能技术、可再生能源与电气化交通等技术需求下，原有的教材中的一些内容已不能适应时代的要求。为此，需要对《电力传动控制系统》这本教材进行修订，力图与时俱进，使教学能跟上技术发展的需求。

在修订过程中，考虑到目前各高校都在精简课程和学时，而原有的教材内容尚显繁杂艰深，教学和学习难度较大，因此从选材、内容安排到阐述方法等方面都做了一些新的尝试。全书分为两篇，按上、下两册出版。上册为基础篇，重点讲解电力传动控制系统的基本结构、基础知识和控制原理；下册为提高篇，以统一电机模型为基础，重点介绍交流传动系统的高性能控制方法，除了深入分析矢量控制和直接转矩控制外，还探讨了自适应控制、非线性控制、智能控制以及系统辨识等在电力传动系统的应用。

本书为提高篇，以动态模型为基础，重点介绍交流传动系统的高性能控制方法，从第 7 章至第 14 章共 8 章。

第 7 章介绍了电力传动系统的动态模型，从统一电机模型出发，重点讨论交流电动机的动态建模方法、坐标变换和模型简化，还包括状态方程模型、差分方程模型以及各种模型之间的转换方法，作为全书的基础和引导。

第 8～10 章主要介绍了基于动态模型的交流电力传动控制系统，重点分析了矢量控制与直接转矩方法，包括各种系统组成结构和控制策略，使读者能学习和掌握现代电力传动系统的主要控制理念和经典方法。

第 11 章集中探讨了交、直流电动机的弱磁控制问题，主要针对恒功率负载的特点，深入分析了电力传动系统的弱磁分区、协调控制策略和系统性能。

第 12 章专门分析和讨论了电力传动系统的参数辨识和估计问题，包括系统辨识原理、各种参数估计方法原理与系统结构等，为前面章节的各种控制系统的参数估计提供多种解决方案，进而介绍了无传感器控制的电力传动系统的原理和方法。

第 13 章针对交流传动系统的非线性本质和 PI 控制难以应对参数变化等问题，探讨了一些先进的控制思想和方法及其在电力传动系统的应用，包括自适应控制、非线性控制和智能控制等，以扩展读者的研究思路和视野。

第 14 章介绍了电力传动系统的应用，考虑到交通电气化发展的新趋势成为高性能电力传动新的应用领域，该章重点聚焦高速动车、城市轨道交通、电动汽车和船舶电力推进系统的运动控制问题，采用高性能电力传动取代传统动力装置，具有典型性和新颖性，也为进一步发展智能运动和机器人等智能化系统提供了知识基础。

提高篇的知识面广、内容深入，应用了现代控制理论的主要方法，包括状态方程、系统辨识和各种先进的控制方法，需要读者具备较为坚实的基础理论，可供硕士研究生和高年级本科生学习。主要内容的教学时数为36～54学时，各学校可根据各自教学大纲的需要选择内容和安排教学。由于与传统教材有较大差异，建议任课教师根据教学要求、课程时数和学生程度有所选择。比如，对于本科生高年级课程，可以选择第 7~10 章的主要内容组织教学和学习，其他章节可安排选修课。

本书由上海海事大学汤天浩教授主编，参加编写的有上海海事大学谢卫教授、韩金刚副教授和陈昊讲师，并特邀同济大学康劲松教授加盟。谢卫教授以他在电机理论方面的深厚造诣，编写了第7章中的电动机动态建模，并负责电子课件的编撰、制作。康劲松教授长期从事电动汽车和轨道交通的研究，编写了第11章和第14章。韩金刚副教授在电力电子变流技术方面颇有研究成果，编写了第7章变流器建模部分和第13章的预测控制部分。陈昊讲师在法国获得博士学位，编写了第13章的内模控制部分，并提供了大部分的系统仿真内容。笔者主要编写了第12章和第13章，并负责全书的统稿。本书第8～10章的内容在2013年出版的《电力传动控制系统》第4章的基础上进行了修改和扩充，在此感谢原书作者之一陆海慧博士的历史贡献。

本书的编写还得到上海海事大学的大力支持，许多研究生参与了在MATLAB的Simulink仿真平台上设计和建立各种系统的仿真模型并进行了仿真试验，在此谨向他们的辛勤工作表示感谢。

由于编者水平有限，本书还会存在许多缺点和不足，恳请广大读者批评指正。

汤天浩

于上海

常 用 符 号 表

元件和装置用的文字符号

A	放大器，调节器，电枢绕组，A 相绕组	M	电动机(总称)
ACR	电流调节器	MA	异步电动机
ADC	模数转换器	MD	直流电动机
AE	电动势运算器	MS	同步电动机
AER	电动势调节器	MPC	模型预测控制器
AFR	励磁电流调节器	PE	参数估计器
AR	反号器	PG	脉冲发生器
ASR	转速调节器	PI	比例积分控制器
ATR	转矩调节器	PID	比例积分微分控制器
AΨR	磁链调节器	PM	永磁材料
B	非电量-电量变换器，B 相绕组	PMSM	永磁同步电机
BLDCM	无刷直流电动机	PR	极性转换器
BQ	位置传感器, 转子位置检测器	S	开关，开关器件
C	电容器，C 相绕组	SE	转速编码器
D	数字集成电路和器件，整流二极管	ST	饱和限制环节
DTC	直接转矩控制环节	SMC	滑模控制器
EKF	扩展的卡尔曼滤波器	T	变压器
F	励磁绕组	TA	电流互感器，霍尔电流传感器
FA	具有瞬时动作的限流保护	TG	测速发电机
FBC	电流反馈环节	TUC	牵引控制单元
FBS	测速反馈环节	TVD	直流电压隔离变换器
FC	频率控制器	U	变换器，调制器
FG	函数发生器	UCR	可控整流器
G	发电机，电网	UCH	直流斩波器
GD	门极驱动电路	UI	逆变器
GT	晶闸管触发装置	UPW	PWM 波生成环节
GTO	门极可关断晶闸管	UR	整流器
IMC	内模控制器	V	晶闸管整流装置
HBC	滞环控制器	VBT	晶体管
K	继电器，接触器	VC	矢量控制器
KF	卡尔曼滤波器	VD	二极管，续流二极管
L	电感，电抗器	VF	正组晶闸管整流装置
LO	龙伯格观测器	VR	反组晶闸管整流装置

常用缩写符号

AC	交流电(Alternating Current)
AI	人工智能(Artificial Intelligence)
ANN	人工神经网络(Artificial Neural Networks)
ARMA	自回归滑动平均模型(Auto Regressive Moving Average)
BP	反向传输(Back Propagation)
CHBPWM	电流滞环跟踪 PWM(Current Hysteresis Band PWM)
CSI	电流源(型)逆变器(Current Source Inverter)
CVCF	恒压恒频(Constant Voltage Constant Frequency)
DC	直流电(Direct Current)
DF	位移因数(Displacement Factor)
DFIG	双馈感应发电机(Double Feed Induction Generator)
DSP	数字信号处理器(Digital Signal Processor)
DTC	直接转矩控制(Direct Torque Control)
GA	遗传算法(Genetic Algorithm)
ELS	扩展最小二乘(Extend Least Square)算法
EMI	电磁干扰(Electromagnetic Interference)
FFT	快速傅里叶变换(Fast Fourier Transform)
IGBT	绝缘栅双极晶体管(Insulated Gate Bipolar Transistor)
IGCT	绝缘栅双极晶闸管(Insulated Gate Commutated Thyristor)
IMC	内模控制(Internal Model Control)
LS	最小二乘(Least Square)算法
LMS	线性最小方差(Least Mean Square)
MF	模糊逻辑的隶属函数(Membership Function)
MRAS	模型参考自适应控制系统(Model Reference Adaptive System)
MTPA	最大转矩/电流(Maximum Torque Per Ampere)
MTPV	最大转矩/电压比控制(Maximum Torque Per Voltage)
N	负的，负极(Negative)
P	正的，正极(Positive)
PD	比例微分(Proportion,　Differentiation)
PF	功率因数(Power Factor)
PFC	功率因数校正(Power Factor Correction)
PID	比例积分微分(Proportion, Integration, Differentiation)
PLL	锁相环(Phase Locked Loop)
PMSM	永磁同步电动机(Permanent Magnet Synchronous Motor)
P-MOSFET	功率 MOS 场效应晶体管(Power MOS Field Effect Transistor)
PWM	脉宽调制(Pulse Width Modulation)
SHEPWM	消除指定次数谐波的 PWM(Selected Harmonics Elimination PWM)
SMC	滑模控制(Sliding Mode Control)
SPWM	正弦波脉宽调制(Sinusoidal PWM)
SVPWM	空间矢量脉宽调制(Space Vector PWM)
THD	总谐波畸变率(Total Harmonic Distortion)
VC	矢量控制(Vector Control)
VR	矢量旋转变换器(Vector Rotator)
VSI	电压源(型)逆变器(Voltage Source Inverter)
VSCF	变速恒频(Variable Speed Constant Frequency)
VVVF	变压变频(Variable Voltage Variable Frequency)

常见下角标

A	A 相绕组	max	最大值(maximum)
a	电枢绕组(armature)；a 相绕组	min	最小值(minimum)
add	附加(additional)	N	额定值，标称值(nominal)
av	平均值(average)	n	转速
B	B 相绕组	off	断开(off)
b	b 相绕组；偏压(bias)；基准(basic)	on	闭合(on)
bl	堵转；封锁(block)	op	开环(open loop)
C	C 相绕组	out，o	输出(out)
c	c 相绕组；环流(circulating)；控制(control)	P	比例(proportion)；有功功率
cl	闭环(closed loop)	p	磁极(poles)；峰值(peak)
com	比较(compare)；复合(combination)	Q	无功功率
cr	临界(critical)	q	q 轴(quadrature axis)
d	直流(direct current)；d 轴(direct axis)	r	转子(rotator)；上升(rise)；反向(reverse)
D	微分(differential)	ref	参考(reference)
e	电(electricity)；电源(electric source)	rec	整流器(rectifier)
em	电磁的(electric-magnetic)	s	定子(stator)；采样(sampling)
F，f	磁场(field)；正向(forward)；反馈(feedback)	s*l*	转差(slip)
g	气隙(gap)；栅极(gate)	st	起动(starting)
I	积分(integral)	sy	同步(synchronous)
i	电流	t	触发(trigger)；三角波(triangular wave)
in	输入(input)	T	转矩(torque)
L	负载(Load)	W	线圈(winding)
l	线值(line)；漏磁(leakage)	∞	稳态值，无穷大处(infinity)
lim	极限，限制(limit)	α	α坐标轴
m	磁的(magnetic)；主要部分(main)；机械的(mechanical)；模型(model)	β	β坐标轴
		ω	角转速、角频率

主要参数和物理量符号

符号	含义
A	散热系数
$\boldsymbol{A}$	状态矩阵
a	线加速度；特征方程系数
B	磁通密度
$\boldsymbol{B}$	控制矩阵
B_{h}	永磁体励磁磁通密度
B_{i}	永磁体内禀磁通密度
B_{m}	永磁体的磁通密度；主磁通密度
B_{r}	永磁体剩余磁通密度
b	传递函数系数
C	电容
$\boldsymbol{C}$	坐标变换矩阵；输出矩阵
c	传递函数系数
C_{e}	他励直流电动机在额定磁通的电动势系数
C_{T}	他励直流电动机在额定磁通的转矩系数
D	直径
$\boldsymbol{D}$	前馈矩阵
D_{ω}	摩擦转矩阻尼系数
d	传递函数系数
E,e	感应电动势(大写为平均值或有效值，小写为瞬时值，下同)，误差函数
$\boldsymbol{E}$	误差矩阵
$E_{\mathrm{a}},e_{\mathrm{a}}$	直流电机电枢感应电动势、反电动势
$E_{\mathrm{add}},e_{\mathrm{add}}$	附加电动势
E_{f}	同步电机转子励磁感应电动势
e_{s}	定子感应电动势；系统误差
E_{2},e_{2}	变压器二次绕组感应电动势
$E_{\mathrm{r}},\dot{E}_{\mathrm{r}}$	交流电机转子感应电动势
$E_{\mathrm{r}}',\dot{E}_{\mathrm{r}}'$	交流电机转子折算感应电动势
$E_{\mathrm{r0}},\dot{E}_{\mathrm{r0}}$	交流电机转子静止电动势
$E_{\mathrm{s}},\dot{E}_{\mathrm{s}}$	交流电机定子感应电动势
$E_{\mathrm{s}\sigma},\dot{E}_{\mathrm{s}\sigma}$	交流电机定子漏磁电动势
F	磁动势；扰动量
$\boldsymbol{F}$	雅可比矩阵
f	频率
f_{e}	电源频率
f_{M}	调制信号频率
f_{r}	交流电机转子频率
f_{sl}	交流电机转差频率
f_{s}	交流电机定子频率
f_{sw}	开关频率
f_{T}	载波信号频率
G	重力；电机旋转感应系数；传递函数
$\boldsymbol{G}$	离散状态方程的状态矩阵
$G(s)$	开环传递函数
$G_{\mathrm{cl}}(s)$	闭环传递函数
g	重力加速度
GD^{2}	飞轮惯量
GM	增益裕度
h	滞环宽度；离散方程输入变量
H	磁场强度
$\boldsymbol{H}$	离散状态方程的控制矩阵
I,i	电流(大写为平均值或有效值，小写为瞬时值，下同)
I_{a}，i_{a}	电枢电流
I_{d}，i_{d}	整流电流，直流平均电流
$I_{\mathrm{F}},i_{\mathrm{F}}$	直流励磁电流
i_{f}	交流励磁电流
$I_{\mathrm{g}},i_{\mathrm{g}}$	发电机电流
$I_{\mathrm{G}},i_{\mathrm{G}}$	电网电流
$\dot{I}_{\mathrm{m}},i_{\mathrm{m}}$	互感电流；电机主磁通电流；峰值电流
$I_{\mathrm{L}},i_{\mathrm{L}}$	负载电流
$I_{\mathrm{N}},i_{\mathrm{N}}$	额定电流
$I_{\mathrm{r}},i_{\mathrm{r}}$	交流电机转子电流
$I_{\mathrm{r}}',i_{\mathrm{r}}'$	交流电机转子折算电流
$I_{\mathrm{s}},i_{\mathrm{s}}$	交流电机定子电流
$I_{\mathrm{st}},i_{\mathrm{st}}$	电机起动电流
$\boldsymbol{I}$	单位矩阵
J	转动惯量；目标函数
j	传动机构速比
K	系数、常数、比值
$\boldsymbol{K}$	卡尔曼(Kalman)增益矩阵
K_{e}	直流电动机电动势结构常数
K_{f}	励磁电流与磁通比例系数
K_{D}、k_{D}	微分系数
K_{dm}	包括磁通的直流电动机系数
K_{I}、k_{I}	积分系数
K_{P}、k_{P}	比例放大系数
K_{i}	电流检测环节比值，电流反馈系数
K_{m}	电机结构常数

符号	含义
K_n	转速检测环节比值，转速反馈系数
K_s	电力电子变换器放大系数
K_{sl}	转差增益
K_T	直流电动机转矩结构常数，起动转矩倍数
k	系数；谐波次数；迭代次数
k_N	绕组系数
l	长度
L	电感
$\boldsymbol{L}$	龙伯格(Luenberger)状态观测器的反馈增益矩阵
L_F	直流电机励磁绕组电感
L_l	漏感
L_m	互感
L_s	定子电感、同步电感
L_r	转子电感
M	脉宽调制(PWM)调制比
$\boldsymbol{M}$	系数矩阵
M_r	闭环系统频率特性峰值
m	质量；相数；脉冲数；检测值
N	绕组匝数；次数
n	转速；阶数；次数
n_0	理想空载转速、同步转速
n_p	电机极对数
O，o	人工神经网络(ANN)输出变量
P	功率
$\boldsymbol{P}$	状态误差协方差矩阵
P_{em}	电磁功率
P_L	负载功率
P_m	机械功率
P_N	额定功率
P_G	电网功率
P_{sl}	转差功率
p=d/dt	微分算子
Q	无功功率；热量；流量
$\boldsymbol{Q}$	系统噪声的协方差矩阵
R	电阻；电枢回路总电阻
$\boldsymbol{R}$	测量噪声的协方差矩阵
R_a	直流电机电枢电阻
R_b	镇流电阻，泄流电阻
R_f	交流励磁绕组电阻；反馈电阻
R_F	直流励磁绕组电阻
R_r，R'_r	转子绕组电阻及折算
R_s	定子绕组电阻
r	参考变量；控制指令
S	视在功率；面积；开关状态；滑模切换面
s	转差率；拉普拉斯(Laplace)变量；开关函数变量
T	转矩;时间常数；开关周期
T_c	电力电子开关周期、定时或计数时间
T_d	检测环节的时间常数
T_e	电磁转矩
T_{em}	最大电磁转矩
T_{fl}	滤波时间常数
T_l	电枢回路电磁时间常数
T_L	负载转矩
T_m	机电时间常数
T_N	额定转矩
T_r	转子电磁时间常数
T_{st}	起动转矩
T_s	系统采样时间；变换器滞后时间常数
t	时间
t_{on}	开通时间
t_{off}	关断时间
t_p	峰值时间
t_r	上升时间
t_s	调节时间
U, u	电压，电源电压(大写为平均值或有效值，小写为瞬时值，粗体为矢量，下同)
$\boldsymbol{u}$	控制向量
U_2，u_2	变压器二次电压
U_a	直流电机电枢电压
U_c	控制电压
U_d	直流电源电压；直流母线平均电压
U_F, u_F	直流励磁电压
u_f	交流励磁电压
U_g,u_g	栅极驱动电压， 发电机电压
U_G,u_G	电网电压
U_m	峰值电压
u_M	调制波电压
U_N,u_N	额定电压
U_r,u_r	交流电机转子电压
U',u'	交流折算电压；虚拟电压
U_s,u_s	电源电压、交流电机定子电压
$\boldsymbol{u}_s$	空间电压矢量
u_T	三角载波电压
U_x^*，U_x	变量 x 的给定和反馈电压（x 可用变量符号替代)
v	速度，线速度；转换变量
V	观测噪声；李雅普诺夫(Lyapunov)函数
w	宽度；白噪声函数；ANN 连接权值
W	能量；系统噪声
$\boldsymbol{W}$	连接权向量或矩阵
W_m	磁场储能

符号	含义
x	位移、距离、状态变量
X	电抗
$\boldsymbol{X}$	状态变量向量
X_s	同步电抗
y, Y	系统输出变量
$\boldsymbol{y}, \boldsymbol{Y}$	系统输出变量的向量或矩阵
z	z 变换的变量
Z	电阻抗
α	可控整流器的控制角
β	可控整流器的逆变角；磁场减弱系数
γ	相角裕度；PWM 电压系数
δ	同步电机功率角；定子与转子磁链矢量夹角
ξ	阻尼比
η	效率，学习率
θ	电角位移；相位角；未知系统模型参数；阈值
θ_m	机械角位移
λ	电机允许过载倍数；速比
μ	磁性材料的磁导率
μ_A	模糊隶属度，隶属函数
μ_0	真空磁导率
μ_{rm}	永磁材料的相对磁导率
ρ	占空比；密度
σ	漏磁系数；转差功率损耗系数
τ	时间常数，积分时间常数，微分时间常数
Φ	磁通；状态转移函数
$\boldsymbol{\Phi}$	状态转移函数矩阵
Φ_m	主磁通；定子每极气隙磁通量
Φ_N	额定磁通
Φ_r	转子磁通
Φ_{rs}	合成磁通
Φ_s	定子磁通
χ	特征函数
φ	相位角；阻抗角
Ψ，ψ	磁链(大写为平均值或有效值，小写为瞬时值，粗体为矢量，下同)
ψ_m	交互磁链
ψ_f	交流励磁磁链
ψ_F	直流励磁磁链
ψ_s	定子磁链
ψ_{sr}	定子与转子合成磁链
ψ_r	转子磁链
ω	角转速，角频率
ω_e	电角频率
ω_m	机械角转速
ω_n	二阶系统的自然振荡频率
ω_r	转子角转速，角频率
ω_s	定子角转速(频率)；同步角转速(频率)
ω_{sl}	转差角转速，角频率

目　录

第 7 章　电力传动系统的动态模型

电力传动系统的动态数学模型是研究高性能控制方法的基础。本章从统一电机理论出发，以原型电机作为物理模型，建立电动机的通用数学模型，并以电压平衡方程和转子运动方程的形式，给出电动机动态模型的一般表达式。在此基础上，通过坐标变换方法建立直流电动机、交流异步电动机和交流同步电动机的动态数学模型，进而讨论了电力传动系统的其他模型以及电力电子变流器的数学模型。最后介绍了系统仿真建模方法，为采用先进控制策略奠定基础。

7.1　统一电机理论

根据上册第 3 章的介绍，电动机的稳态模型还是比较简单的，由于忽略了很多因素，该模型不够精确。交流电动机的动态模型复杂得多，而且电动机种类繁多，若按照不同电动机的结构建立各自的电路方程和磁路方程，则所建立的方程必将形式各异，比较繁杂。特别是由于电动机的旋转使得定、转子之间的互感是随时间而变化的变量，更给电动机建模和分析带来不便。

仔细探究电动机的机理可以发现，虽然电动机结构各异，但在电磁本质上却都是一种具有相对运动的耦合电路，因此其数学模型的建立应具有相似性或统一性。基于这样的理念，在 20 世纪 20 年代末，R. H. Park 提出一种新的电动机分析方法，它系统阐述了一种变量变换，把定子变量变换到固定在转子的参考模型上，以消除同步电动机电压方程中的时变电感，这种变换称为 Park 变换。后来，G. Kron 也提出一种变量变换，把转子变量和定子变量变换到同一个参考模型上，这个参考模型与旋转磁场同步旋转，这样也能消除感应电机的时变电感。Park 变换和 Kron 变换随后发展成为统一电机理论[1]，其基本思想就是把电机的定子变量和转子变量变换到同一个参考模型上，这个模型可以以任意角速度旋转，也可以保持静止，从而消除时变电感。

7.1.1　统一电机理论的基本思路

根据上述基本思想，G. Kron 提出了原型电机的概念，分析了原型电机的基本电磁关系，并研究了原型电机与其他各种电机之间的联系。研究结果表明，任何电机的数学模型都可以从原型电机中导出，并用统一的方法求解。原型电机又称为一般化电机，这一理论就称为统一电机理论或一般化电机理论，它是电机理论的一个重大发展。

用统一电机理论建立电机模型的基本思路如下：

1) 运用电磁学和力学的基本定律，建立原型电机的基本方程。

2) 建立实际电机的动态电路模型。

3) 把实际电机和具有相应数量绕组的原型电机加以对比，建立联系矩阵。

4) 通过联系矩阵，从原型电机的基本方程出发，导出实际电机的数学模型。

5）通过坐标变换，把数学模型进一步变换成易于求解的形式，然后求解。

这样，分析各种电机时，不再需要从基本电磁定律出发，而可以通过统一的原型电机模型，经过一定的坐标变换，直接建立具体电机的数学模型。

G. Kron 所提出的原型电机有两种：一种是定、转子绕组的轴线在空间均为固定不动的原型电机，称为第一种原型电机；另一种是转子绕组轴线在空间旋转的原型电机，称为第二种原型电机。下面分别予以介绍。

7.1.2　第一种原型电机

第一种原型电机是从一般的直流电机抽象得出的，这是一种具有直、交轴线的装有换向器的理想电机，其特点就是定、转子绕组的轴线在空间均是固定不动的。第一种原型电机的模型如图 7-1a 所示，电机的定子为凸极，转子装有换向器绕组，在换向器的直轴和交轴位置上分别装有一对电刷，这两对电刷把转子绕组分为两个电路，每个电路所包含的绕组的轴线分别与固定的直轴和交轴相重合。这种结构对于直轴和交轴来说都是对称的，而直轴和交轴又是相互垂直的，所以这两个电路之间没有互感。

如果采用图 7-1b 的形式，把转子的换向器绕组用两个等效绕组 d 和 q 来代替，这两个绕组不同于普通的绕组，它们虽然放置在转子上，其导体随转子一起以转速 ω_m 相对于定子旋转，但其轴线却被直轴和交轴的电刷所限定，固定在静止的直轴（称为 d_s 轴）和交轴（称为 q_s 轴）上。这种导体旋转、轴线静止的绕组，称为伪静止绕组。

伪静止绕组的基本特点如下：

1）绕组中的电流产生沿相应轴线方向的在空间静止的磁场。

2）除了因磁场变化而在绕组中产生变压器电动势外，由于转子旋转，绕组中还会产生运动电动势。

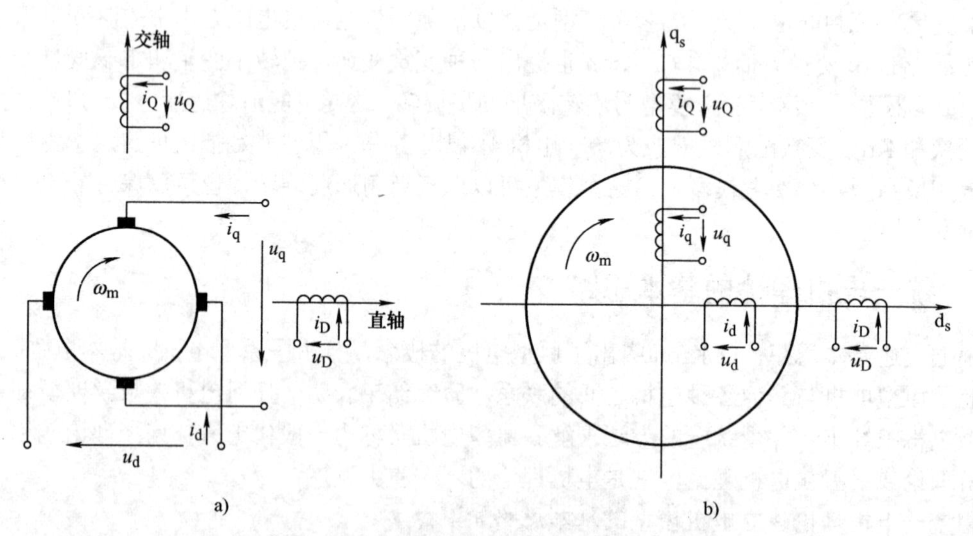

图 7-1　第一种原型电机的模型

a）第一种原型电机的模型　b）在 d-q 坐标系中的模型

电机的基本方程由定、转子各绕组的电压平衡方程（包括磁链方程）和转子运动方程（包括转矩方程）组成，下面按照电动机惯例来列写第一种原型电机的基本方程。

1. 电压平衡方程

定子的两个绕组 D 和 Q 是普通绕组，其中只有变压器电动势，其电压平衡方程为

$$\begin{cases} u_{\mathrm{D}} = R_{\mathrm{D}} i_{\mathrm{D}} + p\psi_{\mathrm{D}} \\ u_{\mathrm{Q}} = R_{\mathrm{Q}} i_{\mathrm{Q}} + p\psi_{\mathrm{Q}} \end{cases} \tag{7-1}$$

式中，R_{D}、R_{Q} 分别是绕组 D、Q 的电阻；ψ_{D}、ψ_{Q} 分别是绕组 D、Q 的磁链；p 为微分算子，$p=\dfrac{\mathrm{d}}{\mathrm{d}t}$。

定子磁链方程为

$$\begin{cases} \psi_{\mathrm{D}} = L_{\mathrm{D}} i_{\mathrm{D}} + L_{\mathrm{Dd}} i_{\mathrm{d}} \\ \psi_{\mathrm{Q}} = L_{\mathrm{Q}} i_{\mathrm{Q}} + L_{\mathrm{Qq}} i_{\mathrm{q}} \end{cases} \tag{7-2}$$

式中，L_{D}、L_{Q} 分别是绕组 D、Q 的自感；L_{Dd}、L_{Qq} 分别是绕组 D 与绕组 d 之间、绕组 Q 与绕组 q 之间的互感。

转子的两个绕组 d 和 q 是伪静止绕组，其中除变压器电动势外，还有运动电动势，其电压平衡方程为

$$\begin{cases} u_{\mathrm{d}} = R_{\mathrm{d}} i_{\mathrm{d}} + p\psi_{\mathrm{d}} - G_{\mathrm{dQ}}\omega_{\mathrm{m}} i_{\mathrm{Q}} - G_{\mathrm{dq}}\omega_{\mathrm{m}} i_{\mathrm{q}} \\ u_{\mathrm{q}} = R_{\mathrm{q}} i_{\mathrm{q}} + p\psi_{\mathrm{q}} + G_{\mathrm{qD}}\omega_{\mathrm{m}} i_{\mathrm{D}} + G_{\mathrm{qd}}\omega_{\mathrm{m}} i_{\mathrm{d}} \end{cases} \tag{7-3}$$

式中，R_{d}、R_{q} 分别是绕组 d、q 的电阻；ψ_{d}、ψ_{q} 分别是绕组 d、q 的磁链；G_{dQ}、G_{dq} 分别是绕组 d 在 $\mathrm{q_s}$ 轴磁场中旋转而产生的运动电动势系数；G_{qD}、G_{qd} 分别是绕组 q 在 $\mathrm{d_s}$ 轴磁场中旋转而产生的运动电动势系数。

运动电动势的方向可由右手定则来确定，即如果运动电动势的实际方向与电流的规定正方向相同，则取正值（见图 7-2a），运动电压则取负号，如式（7-3）的第一式；如果运动电动势的实际方向与电流的规定正方向相反，取负值（见图 7-2b），运动电压则取正号，如式（7-3）的第二式。

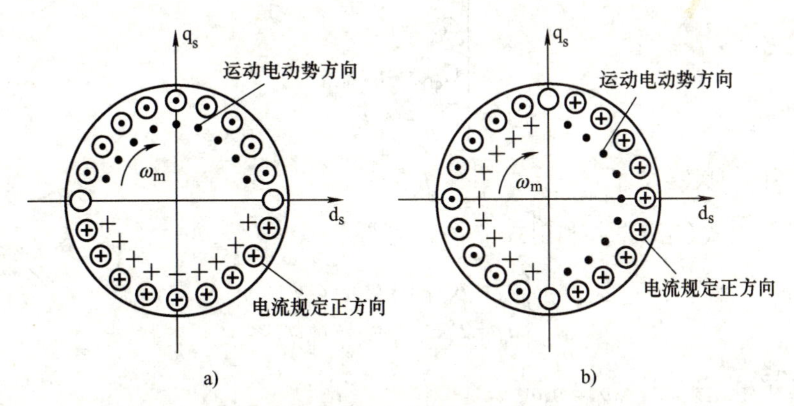

图 7-2　运动电动势的方向

a) 实际方向与规定方向相同　b) 实际方向与规定方向相反

转子磁链方程为

$$\begin{cases}\psi_{\mathrm{d}}=L_{\mathrm{d}}i_{\mathrm{d}}+L_{\mathrm{dD}}i_{\mathrm{D}}\\ \psi_{\mathrm{q}}=L_{\mathrm{q}}i_{\mathrm{q}}+L_{\mathrm{qQ}}i_{\mathrm{Q}}\end{cases} \tag{7-4}$$

式中，L_{d}、L_{q} 分别是绕组 d、q 的自感；L_{dD}、L_{qQ} 分别是绕组 d 与绕组 D 之间、绕组 q 与绕组 Q 之间的互感。

若用矩阵形式表示电压平衡方程，则式(7-1)、式(7-3)可写为

$$\begin{pmatrix}u_{\mathrm{D}}\\u_{\mathrm{Q}}\\u_{\mathrm{d}}\\u_{\mathrm{q}}\end{pmatrix}=\begin{pmatrix}R_{\mathrm{D}}+L_{\mathrm{D}}p & 0 & L_{\mathrm{Dd}}p & 0\\ 0 & R_{\mathrm{Q}}+L_{\mathrm{Q}}p & 0 & L_{\mathrm{Qq}}p\\ L_{\mathrm{dD}}p & -G_{\mathrm{dQ}}\omega_{\mathrm{m}} & R_{\mathrm{d}}+L_{\mathrm{d}}p & -G_{\mathrm{dq}}\omega_{\mathrm{m}}\\ G_{\mathrm{qD}}\omega_{\mathrm{m}} & L_{\mathrm{qQ}}p & G_{\mathrm{qd}}\omega_{\mathrm{m}} & R_{\mathrm{q}}+L_{\mathrm{q}}p\end{pmatrix}\begin{pmatrix}i_{\mathrm{D}}\\i_{\mathrm{Q}}\\i_{\mathrm{d}}\\i_{\mathrm{q}}\end{pmatrix} \tag{7-5}$$

或者

$$\boldsymbol{u}=(\boldsymbol{R}+\boldsymbol{L}p+\boldsymbol{G}\omega_{\mathrm{m}})\boldsymbol{i}=\boldsymbol{Z}\,\boldsymbol{i} \tag{7-6}$$

式中，$\boldsymbol{R}$、$\boldsymbol{L}$、$\boldsymbol{G}$、$\boldsymbol{Z}$ 分别是电机的电阻矩阵、电感矩阵、运动电动势系数矩阵、阻抗矩阵，

$$\boldsymbol{R}=\begin{pmatrix}R_{\mathrm{D}} & 0 & 0 & 0\\ 0 & R_{\mathrm{Q}} & 0 & 0\\ 0 & 0 & R_{\mathrm{d}} & 0\\ 0 & 0 & 0 & R_{\mathrm{q}}\end{pmatrix},\quad \boldsymbol{L}=\begin{pmatrix}L_{\mathrm{D}} & 0 & L_{\mathrm{Dd}} & 0\\ 0 & L_{\mathrm{Q}} & 0 & L_{\mathrm{Qq}}\\ L_{\mathrm{dD}} & 0 & L_{\mathrm{d}} & 0\\ 0 & L_{\mathrm{qQ}} & 0 & L_{\mathrm{q}}\end{pmatrix},\quad \boldsymbol{G}=\begin{pmatrix}0 & 0 & 0 & 0\\ 0 & 0 & 0 & 0\\ 0 & -G_{\mathrm{dQ}} & 0 & -G_{\mathrm{dq}}\\ G_{\mathrm{qD}} & 0 & G_{\mathrm{qd}} & 0\end{pmatrix},$$

$$\boldsymbol{Z}=\begin{pmatrix}R_{\mathrm{D}}+L_{\mathrm{D}}p & 0 & L_{\mathrm{Dd}}p & 0\\ 0 & R_{\mathrm{Q}}+L_{\mathrm{Q}}p & 0 & L_{\mathrm{Qq}}p\\ L_{\mathrm{dD}}p & -G_{\mathrm{dQ}}\omega_{\mathrm{m}} & R_{\mathrm{d}}+L_{\mathrm{d}}p & -G_{\mathrm{dq}}\omega_{\mathrm{m}}\\ G_{\mathrm{qD}}\omega_{\mathrm{m}} & L_{\mathrm{qQ}}p & G_{\mathrm{qd}}\omega_{\mathrm{m}} & R_{\mathrm{q}}+L_{\mathrm{q}}p\end{pmatrix}。$$

当磁感应强度沿电机气隙圆周做正弦分布时，研究表明[2]

$$\begin{cases}G_{\mathrm{dQ}}=n_{\mathrm{p}}L_{\mathrm{qQ}}\\ G_{\mathrm{dq}}=n_{\mathrm{p}}L_{\mathrm{q}}\\ G_{\mathrm{qD}}=n_{\mathrm{p}}L_{\mathrm{dD}}\\ G_{\mathrm{qd}}=n_{\mathrm{p}}L_{\mathrm{d}}\end{cases} \tag{7-7}$$

式中，n_{p} 为电机极对数。

把式(7-7)代入式(7-3)，并利用式(7-4)，可得

$$\begin{cases}u_{\mathrm{d}}=R_{\mathrm{d}}i_{\mathrm{d}}+p\psi_{\mathrm{d}}-\omega_{\mathrm{r}}\psi_{\mathrm{q}}\\ u_{\mathrm{q}}=R_{\mathrm{q}}i_{\mathrm{q}}+p\psi_{\mathrm{q}}+\omega_{\mathrm{r}}\psi_{\mathrm{d}}\end{cases} \tag{7-8}$$

式中，ω_{r} 为转子电角速度，$\omega_{\mathrm{r}}=n_{\mathrm{p}}\omega_{\mathrm{m}}$。

综上分析，在普通的静止绕组中只有变压器电动势，没有运动电动势，故 $\boldsymbol{G}$ 矩阵的有关各项都为零。只有在伪静止绕组中，既有变压器电动势，又有运动电动势，该运动电动势是由与伪静止绕组轴线正交方向上的磁场产生的。

2. 转子运动方程

根据式(7-6)，由外部电源输入电机的电功率 P 为

$$P = \boldsymbol{i}^{\mathrm{T}}\boldsymbol{u} = \boldsymbol{i}^{\mathrm{T}}\boldsymbol{R}\boldsymbol{i} + \boldsymbol{i}^{\mathrm{T}}\boldsymbol{L}p\boldsymbol{i} + \boldsymbol{i}^{\mathrm{T}}\boldsymbol{G}\omega_{\mathrm{m}}\boldsymbol{i} \tag{7-9}$$

式中，$\boldsymbol{i}^{\mathrm{T}}\boldsymbol{R}\boldsymbol{i}$ 为电阻损耗；$\boldsymbol{i}^{\mathrm{T}}\boldsymbol{L}p\boldsymbol{i}$ 为磁场储能的增长率；$\boldsymbol{i}^{\mathrm{T}}\boldsymbol{G}\omega_{\mathrm{m}}\boldsymbol{i}$ 为转换功率(即输出机械功率 P_{m})。

于是，电磁转矩 T_{e} 为

$$T_{\mathrm{e}} = \frac{P_{\mathrm{m}}}{\omega_{\mathrm{m}}} = \boldsymbol{i}^{\mathrm{T}}\boldsymbol{G}\boldsymbol{i} \tag{7-10}$$

由于电磁转矩可用 $\boldsymbol{G}$ 矩阵算出，所以 $\boldsymbol{G}$ 矩阵也称为转换矩阵。式(7-10)可进一步化为

$$T_{\mathrm{e}} = n_{\mathrm{p}}(\psi_{\mathrm{d}}i_{\mathrm{q}} - \psi_{\mathrm{q}}i_{\mathrm{d}}) \tag{7-11}$$

第一种原型电机的转子运动方程为

$$T_{\mathrm{e}} - T_{\mathrm{L}} = J\,p\omega_{\mathrm{m}} + D_{\omega}\omega_{\mathrm{m}} \tag{7-12}$$

式中，T_{L} 为负载转矩；J 为旋转部分的转动惯量；D_{ω} 为机械阻尼系数。

7.1.3 第二种原型电机

第一种原型电机的电枢绕组是换向器绕组，它与大多数交流电机的结构不同，不能直接从它导出交流电机的基本方程。为此，G. Kron 提出了第二种原型电机，这是一种通过集电环向转子回路输入或输出电能的电机，即转子具有旋转轴线。

图 7-3 是第二种原型电机的模型，其定子与第一种原型电机完全一样，转子上装有两个轴线相互正交的绕组 α、β(其轴线分别位于 $\mathrm{d_r}$ 轴和 $\mathrm{q_r}$ 轴)，它们通过集电环接到外部电源。由于转子电流是通过集电环引入的，所以当转子旋转时，α、β 绕组电流所产生磁动势的轴线将随转子一起旋转。

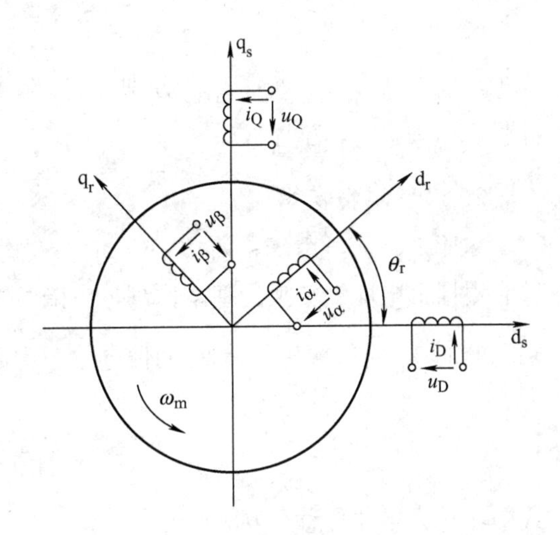

图 7-3　第二种原型电机的模型

下面推导第二种原型电机的基本方程。

1. 电压平衡方程

根据电磁感应定律和基尔霍夫第二定律，第二种原型电机的电压平衡方程为

$$\boldsymbol{u} = \boldsymbol{R}\boldsymbol{i} + p(\boldsymbol{L}\boldsymbol{i}) \tag{7-13}$$

式中，$\boldsymbol{u}$、$\boldsymbol{i}$、$\boldsymbol{R}$、$\boldsymbol{L}$ 分别是电机的电压向量、电流向量、电阻矩阵、电感矩阵，

$$\boldsymbol{u} = (u_{\mathrm{D}}\ \ u_{\mathrm{Q}}\ \ u_{\alpha}\ \ u_{\beta})^{\mathrm{T}}，\quad \boldsymbol{i} = (i_{\mathrm{D}}\ \ i_{\mathrm{Q}}\ \ i_{\alpha}\ \ i_{\beta})^{\mathrm{T}}，\quad \boldsymbol{R} = \begin{pmatrix} R_{\mathrm{D}} & 0 & 0 & 0 \\ 0 & R_{\mathrm{Q}} & 0 & 0 \\ 0 & 0 & R_{\alpha} & 0 \\ 0 & 0 & 0 & R_{\beta} \end{pmatrix}，$$

$$\boldsymbol{L}=\begin{pmatrix} L_{\mathrm{D}} & 0 & L_{\mathrm{D}\alpha} & L_{\mathrm{D}\beta} \\ 0 & L_{\mathrm{Q}} & L_{\mathrm{Q}\alpha} & L_{\mathrm{Q}\beta} \\ L_{\alpha\mathrm{D}} & L_{\alpha\mathrm{Q}} & L_{\alpha} & L_{\alpha\beta} \\ L_{\beta\mathrm{D}} & L_{\beta\mathrm{Q}} & L_{\beta\alpha} & L_{\beta} \end{pmatrix}。$$

由于第二种原型电机的定子为凸极，故除定子绕组 D、Q 的自感L_{D}、L_{Q}为常值外，转子绕组 α、β 的自感和互感，以及定、转子绕组之间的互感都与转角θ_{r}有关。当气隙磁场为正弦分布时，转子绕组 α、β 的自感近似为[1]

$$\begin{cases} L_{\alpha} \approx L_{\mathrm{s}0}+L_{\mathrm{s}2}\cos 2\theta_{\mathrm{r}} \\ L_{\beta} \approx L_{\mathrm{s}0}+L_{\mathrm{s}2}\cos 2\left(\theta_{\mathrm{r}}+\dfrac{\pi}{2}\right) \end{cases} \tag{7-14}$$

转子绕组 α、β 的互感近似为

$$L_{\alpha\beta}=L_{\beta\alpha}\approx -L_{\mathrm{s}2}\sin 2\theta_{\mathrm{r}} \tag{7-15}$$

定、转子绕组之间的互感为

$$\begin{cases} L_{\mathrm{D}\alpha}=L_{\alpha\mathrm{D}}=L_{\mathrm{D}\alpha\mathrm{m}}\cos\theta_{\mathrm{r}} \\ L_{\mathrm{D}\beta}=L_{\beta\mathrm{D}}=L_{\mathrm{D}\beta\mathrm{m}}\cos\left(\theta_{\mathrm{r}}+\dfrac{\pi}{2}\right) \\ L_{\mathrm{Q}\alpha}=L_{\alpha\mathrm{Q}}=L_{\mathrm{Q}\alpha\mathrm{m}}\cos\left(\theta_{\mathrm{r}}-\dfrac{\pi}{2}\right) \\ L_{\mathrm{Q}\beta}=L_{\beta\mathrm{Q}}=L_{\mathrm{Q}\beta\mathrm{m}}\cos\theta_{\mathrm{r}} \end{cases} \tag{7-16}$$

式中，$L_{\mathrm{D}\alpha\mathrm{m}}$、$L_{\mathrm{D}\beta\mathrm{m}}$、$L_{\mathrm{Q}\alpha\mathrm{m}}$、$L_{\mathrm{Q}\beta\mathrm{m}}$分别是定、转子绕组轴线重合时，相应绕组之间互感的最大值，并且$L_{\mathrm{D}\alpha\mathrm{m}}=L_{\mathrm{D}\beta\mathrm{m}}$，$L_{\mathrm{Q}\alpha\mathrm{m}}=L_{\mathrm{Q}\beta\mathrm{m}}$。

2. *转子运动方程*

事实上，所有电动机的转子运动方程都是一样的，即式(7-12)，关键是电磁转矩T_{e}的计算。根据机电能量转换的基本原理，电磁转矩T_{e}应等于电流保持不变而只有机械位移变化时磁场储能W_{m}对机械角位移θ_{m}的偏导数。由磁场储能$W_{\mathrm{m}}=\dfrac{1}{2}\boldsymbol{i}^{\mathrm{T}}\boldsymbol{L}\boldsymbol{i}$ [2]，可得

$$T_{\mathrm{e}}=\frac{n_{\mathrm{p}}}{2}\boldsymbol{i}^{\mathrm{T}}\frac{\partial \boldsymbol{L}}{\partial \theta_{\mathrm{r}}}\boldsymbol{i} \tag{7-17}$$

式中，θ_{r}为电角位移，$\theta_{\mathrm{r}}=n_{\mathrm{p}}\theta_{\mathrm{m}}$。

7.2 坐标变换概念与方法

统一电机理论提出了两种基于直角坐标系的原型电机，第一种使用静止的直角坐标系，第二种使用旋转的直角坐标系。由于直角坐标系的两个坐标轴相互垂直，其描述的变量和参数矩阵就相对简单一些。如何利用这一优点，将实际电机用统一电机理论来描述，关键是要将实际电机的定、转子绕组与原型电机的绕组进行等效。本质上，任何电机都可以等效为一

台原型电机，在其直角坐标轴上有适当匝数的绕组。如果实际电机的绕组本身已固定放置在直角坐标轴上，则它们正好就是原型电机的相应绕组。如果绕组不固定在直角坐标轴上，就需要进行变换，把实际电机的变量变换成为相应原型电机的等效轴变量，反过来也是这样。描述电机的任何特定的系统，通称为参考模型，从一个参考模型变换到另一个参考模型，通称为变换。而这种变换实质上是不同坐标系之间的变换，因此又称为坐标变换。例如，将三相交流电机的 A、B、C 三个坐标轴系的参考模型变换到基于直角坐标系的参考模型。

坐标变换是一种线性变换，在高等数学里已初步涉及这些内容，不过那里只限于平面坐标的变换，并且变换也只在同一平面内进行，原坐标系与新坐标系之间无相对运动，问题比较简单，内容容易理解。对电机做系统分析时，所用的坐标变换其内容就十分丰富，不仅可以将坐标系统扩展为 n 维空间，还可以将原坐标变换到另一个旋转平面上的坐标，或者由笛卡儿平面坐标变换到复平面坐标。这些理论与方法都是针对电机这种复杂系统的实情所做出的对策，在电机学科的发展史上具有划时代的重要意义。

7.2.1　坐标变换的基本概念

1. 线性变换简介

线性变换的定义是：对于某一组变量 $x_1, x_2, \cdots, x_n$ ，用另一组新的变量 $x_1', x_2', \cdots, x_n'$ 去代替，这些新变量与原变量之间有着线性的关系，表现为一组线性方程，即

$$\begin{cases} x_1' = a_{11}x_1 + a_{12}x_2 + \cdots + a_{1n}x_n \\ x_2' = a_{21}x_1 + a_{22}x_2 + \cdots + a_{2n}x_n \\ \vdots \qquad\qquad \vdots \\ x_n' = a_{n1}x_1 + a_{n2}x_2 + \cdots + a_{nn}x_n \end{cases} \tag{7-18}$$

写成矩阵形式为

$$\begin{pmatrix} x_1' \\ x_2' \\ \vdots \\ x_n' \end{pmatrix} = \begin{pmatrix} a_{11} & a_{12} & \cdots & a_{1n} \\ a_{21} & a_{22} & \cdots & a_{2n} \\ \vdots & \vdots & & \vdots \\ a_{n1} & a_{n2} & \cdots & a_{nn} \end{pmatrix} \begin{pmatrix} x_1 \\ x_2 \\ \vdots \\ x_n \end{pmatrix} \tag{7-19}$$

写成向量形式为

$$\boldsymbol{X}' = \boldsymbol{A}\boldsymbol{X} \tag{7-20}$$

式中，$\boldsymbol{X} = (x_1 \quad x_2 \quad \cdots \quad x_n)^{\mathrm{T}}$ ，$\boldsymbol{X}' = (x_1' \quad x_2' \quad \cdots \quad x_n')^{\mathrm{T}}$ 。

在引入这些新的变量之后，新变量就成为待求的未知数，需要求解新的方程。如有必要，可将新的变量求得之后，再变换成原变量。为了使新变量和原来的变量之间有单值的联系，要求由线性变换系数 $a_{11}, a_{12}, \cdots, a_{nn}$ 所组成的行列式不等于零，或者说 $\boldsymbol{A}$ 矩阵是非奇异的。

2. 常用的电机坐标系

电机坐标变换是研究电机动态性能及控制技术的强有力工具，坐标变换原本是数学中的概念，因此也可以对电压、电流、磁链等方程采用纯数学的方式进行电机坐标变换。在变换中，当坐标系选为某些特定的结构形式时，这些坐标系就与一些实际电机的绕组形式相对应，

对这样的变换就可以得到变换前后的物理解释。最初的坐标变换正是从这些确切存在的绕组形式之间的变换而引入的。为了突出坐标变换的物理概念，下面的分析依然从客观存在的电机入手来介绍常用的电机坐标系。

电机是以磁场作为耦合场的机电能量转换装置，其机电能量转换是通过定、转子间的气隙磁场来实现的。对电机转子来说，它受到气隙磁场的作用而产生运动，转子所感受到的仅仅是气隙磁场的大小、方向和速度等，只要磁场相同，这个磁场到底由谁产生、怎样产生等问题并不影响电机的出力。这个气隙磁场既可以由通常的三相定子绕组通入对称的三相交流电流（静止的三相 A-B-C 系统）来产生，也可以由定子两相绕组（静止的两相 α-β 系统）来产生，还可以用直流励磁方式生成固定磁场而把“定子”旋转起来（旋转的两相 d-q 系统）而产生。显然，产生同样旋转磁场的这些不同形式的绕组可以相互替换而不会影响电机的转矩、转速。这种绕组的替换从数学概念上看是同一旋转磁动势在不同坐标系下的不同表示形式而已，替换过程实质上就是电机的坐标变换。

最常用的电机坐标系就是上述的三种，其空间的相对位置如图 7-4 所示。与交流电机的定子绕组结构相对应，A-B-C 三相静止坐标系的定子绕组轴线 A、B、C 之间的空间夹角互差 $\frac{2\pi}{3}$ 电角度；α-β 两相静止坐标系的 α 轴线与 A-B-C 坐标系的 A 轴线同方向，而 β 轴线逆时针超前 α 轴 $\frac{\pi}{2}$ 电角度；d-q 两相旋转坐标系以角速度 ω 逆时针旋转，其 d 轴线逆时针超前 A-B-C 坐标系的 A 轴线 θ 角度，而 q 轴线也逆时针超前 d 轴 $\frac{\pi}{2}$ 电角度。d-q 坐标系的旋转速度可以是电机转子的转速或同步转速，也可以是任意转速。

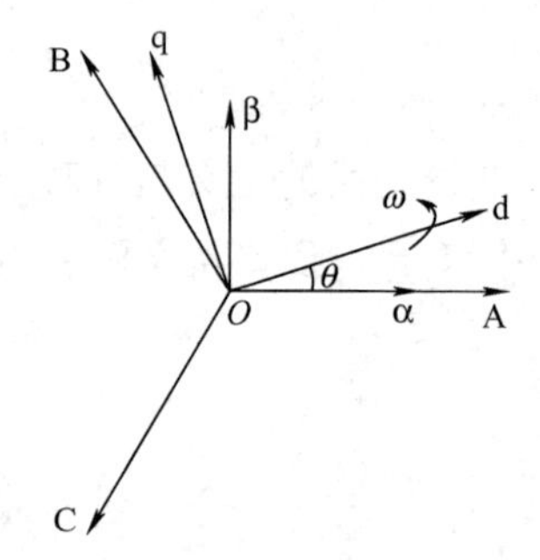

图 7-4　三种常用的电机坐标系

7.2.2　坐标变换的原则及约束

坐标变换是一种线性变换，如无约束，变换就不是唯一的。在分析电机时，通常采用以下两个原则作为坐标变换的约束条件：

1）功率不变原则，即变换前后电机的功率保持不变。

2）合成磁动势不变原则，即变换前后电机的合成磁动势保持不变。

对于合成磁动势不变原则，由于电机的合成磁动势是一种空间矢量，其约束条件就是变换前后合成磁动势在不同坐标系各轴方向上的分量应保持不变。对于功率不变原则，其坐标变换的约束条件可以推导如下。

设在某坐标系统中各绕组的电压和电流向量分别为 $\boldsymbol{u}=(u_1\quad u_2\quad \cdots\quad u_n)^{\mathrm{T}}$ 和 $\boldsymbol{i}=(i_1\quad i_2\quad \cdots\quad i_n)^{\mathrm{T}}$，在新的坐标系统中，电压和电流向量变为 $\boldsymbol{u}'=(u_1'\quad u_2'\quad \cdots\quad u_n')^{\mathrm{T}}$ 和 $\boldsymbol{i}'=(i_1'\quad i_2'\quad \cdots\quad i_n')^{\mathrm{T}}$。新向量与原向量的坐标变换关系为

$$\begin{cases}\boldsymbol{u}'=\boldsymbol{C}_{\mathrm{u}}\boldsymbol{u}\\ \boldsymbol{i}'=\boldsymbol{C}_{\mathrm{i}}\boldsymbol{i}\end{cases} \tag{7-21}$$

式中，$\boldsymbol{C}_{\mathrm{u}}$ 和 $\boldsymbol{C}_{\mathrm{i}}$ 分别是电压变换阵和电流变换阵。

当变换前后功率不变时，应有

$$i'^{\mathrm{T}} u' = i^{\mathrm{T}} u \tag{7-22}$$

而

$$i'^{\mathrm{T}} u' = (C_{\mathrm{i}} i)^{\mathrm{T}} (C_{\mathrm{u}} u) = i^{\mathrm{T}} C_{\mathrm{i}}^{\mathrm{T}} C_{\mathrm{u}} u \tag{7-23}$$

比较式(7-22)和式(7-23)可知

$$C_{\mathrm{i}}^{\mathrm{T}} C_{\mathrm{u}} = E \tag{7-24}$$

式中，E 为单位矩阵。

式(7-24)就是功率不变约束下坐标变换阵 C_{u} 和 C_{i} 需要满足的关系式。在一般情况下，电压变换阵与电流变换阵可以取为同一矩阵，即令 $C_{\mathrm{u}} = C_{\mathrm{i}} = C$，则式(7-24)成为

$$C^{\mathrm{T}} C = E \tag{7-25}$$

或

$$C^{-1} = C^{\mathrm{T}} \tag{7-26}$$

由此可知，在功率不变约束下，当电压向量和电流向量选取相同的变换阵时，变换阵的逆矩阵与其转置矩阵相等。从线性代数的基本理论可以知道，这样的坐标变换属于正交变换。

7.2.3　坐标变换的一般方法

1. 静止坐标变换

静止坐标变换的目的是用一个相对静止的对称两相系统来等效代替原来的对称三相系统，同时维持系统与外界，以及系统内部之间的能量转换关系不变。这里所谓的“对称”包含两个方面的含义，即绕组对称和电流对称。绕组对称是指定子或转子各相绕组有相同的匝数与分布，并且电阻相等；而电流对称是指对称绕组中的各相电流幅值相等，频率相同，且相位互差 $\frac{2\pi}{3}$ (三相系统)或 $\frac{\pi}{2}$ (两相系统)。

如图 7-5 所示的定子三相与两相对称绕组，其绕组轴线相序相同，并且 A 相与 α 相的轴向重合。若在这两套定子绕组中分别通入同频率的对称电流，根据旋转磁场的基本理论，这两套绕组将分别建立两个旋转磁场，其合成磁动势的基波幅值恒定，并以相同的转速旋转。只要适当地改变两相电流的幅值，或改变两相绕组的匝数，或同时改变电流和匝数，均可使两个合成磁动势的幅值相等，于是这两个磁动势即可完全等效。显然，如果同时改变两套系统的电流相序，两个磁动势的转向也同时改变，但两者仍然等效。

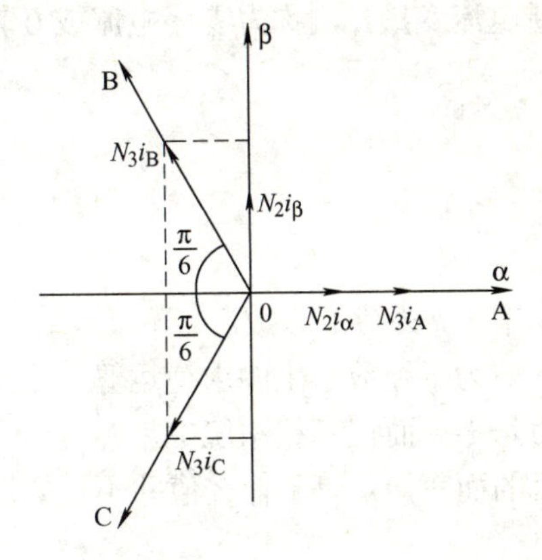

图 7-5　A-B-C 坐标系与 α-β-0 坐标系

如果三相电流不对称，根据叠加原理和对称分量法，可以将不对称电流分解为两组等效的分量，即一组正序分量和一组负序分量。虽然正、负序电流分量未必相等，但其合成磁动势仍能等效。因此，不管三相系统电流是否对称，都可以找到一个磁动势完全等效的两相系统，这就是三相坐标系变换成两相坐标系的理论依据。

设三相系统的电流为i_A、i_B、i_C，绕组有效匝数为N_3，两相系统的电流为i_α、i_β，绕组有效匝数为N_2。当两套系统的合成磁动势完全等效时，合成磁动势在同一轴向上的分量一定相等，所以

$$\begin{cases} N_2 i_\alpha = N_3 i_A + N_3 i_B \cos\dfrac{2\pi}{3} + N_3 i_C \cos\dfrac{4\pi}{3} \\ N_2 i_\beta = 0 + N_3 i_B \sin\dfrac{2\pi}{3} + N_3 i_C \sin\dfrac{4\pi}{3} \end{cases} \tag{7-27}$$

即

$$\begin{cases} i_\alpha = \dfrac{N_3}{N_2}\left(i_A - \dfrac{1}{2} i_B - \dfrac{1}{2} i_C\right) \\ i_\beta = \dfrac{N_3}{N_2}\left(0 + \dfrac{\sqrt{3}}{2} i_B - \dfrac{\sqrt{3}}{2} i_C\right) \end{cases} \tag{7-28}$$

写成矩阵形式为

$$\begin{pmatrix} i_\alpha \\ i_\beta \end{pmatrix} = \frac{N_3}{N_2} \begin{pmatrix} 1 & -\dfrac{1}{2} & -\dfrac{1}{2} \\ 0 & \dfrac{\sqrt{3}}{2} & -\dfrac{\sqrt{3}}{2} \end{pmatrix} \begin{pmatrix} i_A \\ i_B \\ i_C \end{pmatrix} \tag{7-29}$$

根据式(7-21)的定义，电流变换阵为

$$\boldsymbol{C} = \frac{N_3}{N_2} \begin{pmatrix} 1 & -\dfrac{1}{2} & -\dfrac{1}{2} \\ 0 & \dfrac{\sqrt{3}}{2} & -\dfrac{\sqrt{3}}{2} \end{pmatrix} \tag{7-30}$$

这是一个奇异阵，并不存在逆矩阵。要想对它求逆，必须将$\boldsymbol{C}$化为非奇异阵。为此引入一个新电流变量i_0，称为零序电流或0轴分量，其定义为

$$N_2 i_0 = k N_3 i_A + k N_3 i_B + k N_3 i_C \tag{7-31}$$

即

$$i_0 = \frac{N_3}{N_2}(k i_A + k i_B + k i_C) \tag{7-32}$$

式中，k为待定系数。

为了纯数学上的求逆运算，定义并引用零序电流是必要的。在两相系统中，i_0的值可认为是零；而在三相系统中，i_0是否存在取决于电源中是否含有三次谐波。就数学求逆运算的目的而言，i_0等于什么值并不重要。引入i_0之后，式(7-29)的矩阵方程可写为

$$\begin{pmatrix} i_\alpha \\ i_\beta \\ i_0 \end{pmatrix} = \frac{N_3}{N_2} \begin{pmatrix} 1 & -\dfrac{1}{2} & -\dfrac{1}{2} \\ 0 & \dfrac{\sqrt{3}}{2} & -\dfrac{\sqrt{3}}{2} \\ k & k & k \end{pmatrix} \begin{pmatrix} i_A \\ i_B \\ i_C \end{pmatrix} \tag{7-33}$$

则电流变换阵的新形式为

$$
\boldsymbol{C}=\frac{N_3}{N_2}\begin{pmatrix} 1 & -\frac{1}{2} & -\frac{1}{2} \\ 0 & \frac{\sqrt{3}}{2} & -\frac{\sqrt{3}}{2} \\ k & k & k \end{pmatrix} \tag{7-34}
$$

对 $\boldsymbol{C}$ 求逆，可得其逆矩阵为

$$
\boldsymbol{C}^{-1}=\frac{2}{3}\frac{N_2}{N_3}\begin{pmatrix} 1 & 0 & \frac{1}{2k} \\ -\frac{1}{2} & \frac{\sqrt{3}}{2} & \frac{1}{2k} \\ -\frac{1}{2} & -\frac{\sqrt{3}}{2} & \frac{1}{2k} \end{pmatrix} \tag{7-35}
$$

$\boldsymbol{C}$ 的转置矩阵为

$$
\boldsymbol{C}^{\mathrm{T}}=\frac{N_3}{N_2}\begin{pmatrix} 1 & 0 & k \\ -\frac{1}{2} & \frac{\sqrt{3}}{2} & k \\ -\frac{1}{2} & -\frac{\sqrt{3}}{2} & k \end{pmatrix} \tag{7-36}
$$

由于电机坐标变换应该满足功率不变的约束条件，即满足 $\boldsymbol{C}^{-1}=\boldsymbol{C}^{\mathrm{T}}$，对比式(7-35)与式(7-36)可知，必须有 $\frac{N_3}{N_2}=\frac{2}{3}\frac{N_2}{N_3}$ 以及 $k=\frac{1}{2k}$，所以得到 $\frac{N_3}{N_2}=\sqrt{\frac{2}{3}}$，$k=\frac{1}{\sqrt{2}}$。把这两个式子代入式(7-34)和式(7-35)，可得从 A-B-C 三相静止坐标系到 α-β-0 静止坐标系的变换矩阵 $\boldsymbol{C}_{3/2}$ 和反变换矩阵 $\boldsymbol{C}_{2/3}$ 分别为

$$
\boldsymbol{C}_{3/2}=\sqrt{\frac{2}{3}}\begin{pmatrix} 1 & -\frac{1}{2} & -\frac{1}{2} \\ 0 & \frac{\sqrt{3}}{2} & -\frac{\sqrt{3}}{2} \\ \frac{1}{\sqrt{2}} & \frac{1}{\sqrt{2}} & \frac{1}{\sqrt{2}} \end{pmatrix} \tag{7-37}
$$

$$
\boldsymbol{C}_{2/3}=\sqrt{\frac{2}{3}}\begin{pmatrix} 1 & 0 & \frac{1}{\sqrt{2}} \\ -\frac{1}{2} & \frac{\sqrt{3}}{2} & \frac{1}{\sqrt{2}} \\ -\frac{1}{2} & -\frac{\sqrt{3}}{2} & \frac{1}{\sqrt{2}} \end{pmatrix} \tag{7-38}
$$

这样，从 A-B-C 三相静止坐标系到 α-β-0 静止坐标系的变换公式为

$$\begin{pmatrix} i_\alpha \\ i_\beta \\ i_0 \end{pmatrix}=\sqrt{\frac{2}{3}}\begin{pmatrix} 1 & -\frac{1}{2} & -\frac{1}{2} \\ 0 & \frac{\sqrt{3}}{2} & -\frac{\sqrt{3}}{2} \\ \frac{1}{\sqrt{2}} & \frac{1}{\sqrt{2}} & \frac{1}{\sqrt{2}} \end{pmatrix}\begin{pmatrix} i_A \\ i_B \\ i_C \end{pmatrix} \tag{7-39}$$

而从 α-β-0 静止坐标系到 A-B-C 三相静止坐标系的变换公式为

$$\begin{pmatrix} i_A \\ i_B \\ i_C \end{pmatrix}=\sqrt{\frac{2}{3}}\begin{pmatrix} 1 & 0 & \frac{1}{\sqrt{2}} \\ -\frac{1}{2} & \frac{\sqrt{3}}{2} & \frac{1}{\sqrt{2}} \\ -\frac{1}{2} & -\frac{\sqrt{3}}{2} & \frac{1}{\sqrt{2}} \end{pmatrix}\begin{pmatrix} i_\alpha \\ i_\beta \\ i_0 \end{pmatrix} \tag{7-40}$$

上面所讨论的由三相到两相的变换，相当于把三相电机改装成两相电机。由于两相时的每相有效匝数应为三相的$\sqrt{\frac{3}{2}}$倍，在合成磁动势及主磁通保持不变的前提下，两相电机的相电压和相电流也应增加到$\sqrt{\frac{3}{2}}$倍，于是每相功率将增至原来的$\frac{3}{2}$倍，但由于改为两相时，电机的相数减少至原来的$\frac{2}{3}$，所以总功率仍保持不变。由此可见，通过这种变换，三相电机完全可以等效为两相电机，这就为分析与计算提供了很大的方便。

2. 旋转坐标变换

α-β 两相静止坐标系与 d-q 两相旋转坐标系间的变换，称作两相—两相旋转变换，简称 2s/2r 变换，其中 s 表示静止，r 表示旋转。将图 7-4 所示的 α-β 坐标系与 d-q 坐标系另外画出，如图 7-6 所示。

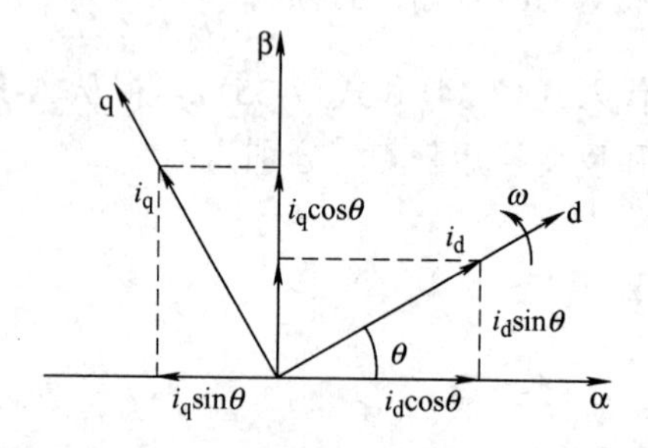

图 7-6　α-β 坐标系与 d-q 坐标系

由于变换前后相数保持不变，可以设两个坐标系各相绕组的有效匝数相等，这样变换前后合成磁动势不变的原则就等同为两个坐标系各相绕组的电流在同一方向上的分量保持不变。根据向量的投影关系，可以得到

$$\begin{cases} i_\alpha = i_d\cos\theta - i_q\sin\theta \\ i_\beta = i_d\sin\theta + i_q\cos\theta \end{cases} \tag{7-41}$$

写成矩阵形式为

$$\begin{pmatrix} i_\alpha \\ i_\beta \end{pmatrix}=\begin{pmatrix} \cos\theta & -\sin\theta \\ \sin\theta & \cos\theta \end{pmatrix}\begin{pmatrix} i_d \\ i_q \end{pmatrix} \tag{7-42}$$

这样，从 d-q 坐标系到 α-β 坐标系的变换矩阵 $\boldsymbol{C}_{2r/2s}$ 为

$$\boldsymbol{C}_{2r/2s}=\begin{pmatrix}\cos\theta & -\sin\theta\\ \sin\theta & \cos\theta\end{pmatrix} \tag{7-43}$$

对式(7-43)求逆，可以得到从 α-β 坐标系到 d-q 坐标系的变换矩阵 $\boldsymbol{C}_{2s/2r}$ 为

$$\boldsymbol{C}_{2s/2r}=\begin{pmatrix}\cos\theta & \sin\theta\\ -\sin\theta & \cos\theta\end{pmatrix} \tag{7-44}$$

即从 α-β 坐标系到 d-q 坐标系的变换公式为

$$\begin{pmatrix}i_d\\ i_q\end{pmatrix}=\begin{pmatrix}\cos\theta & \sin\theta\\ -\sin\theta & \cos\theta\end{pmatrix}\begin{pmatrix}i_\alpha\\ i_\beta\end{pmatrix} \tag{7-45}$$

显然，上述坐标变换满足功率不变的约束条件。

特别说明，假如存在零序电流 i_0，由于 i_0 不形成旋转磁动势，根据合成磁动势不变的原则，i_0 无须变换，因此，只要在式(7-43)和式(7-44)所示的变换矩阵的对角线上增加一个 1，对应的行和列中填以 0 即可，即从 d-q-0 坐标系到 α-β-0 坐标系的变换矩阵 $\boldsymbol{C}_{2r/2s}$ 和反变换矩阵 $\boldsymbol{C}_{2s/2r}$ 又可写为

$$\boldsymbol{C}_{2r/2s}=\begin{pmatrix}\cos\theta & -\sin\theta & 0\\ \sin\theta & \cos\theta & 0\\ 0 & 0 & 1\end{pmatrix} \tag{7-46}$$

$$\boldsymbol{C}_{2s/2r}=\begin{pmatrix}\cos\theta & \sin\theta & 0\\ -\sin\theta & \cos\theta & 0\\ 0 & 0 & 1\end{pmatrix} \tag{7-47}$$

式(7-46)和式(7-47)所示的变换矩阵形式便于完成三相坐标系与两相坐标系之间的数学变换。

3. A-B-C 三相静止坐标系与 d-q-0 旋转坐标系间的直接变换

只要将上述静止坐标变换和旋转坐标变换相结合，即可得到 A-B-C 三相静止坐标系与 d-q-0 旋转坐标系之间的变换矩阵，其坐标关系仍如图 7-4 所示。

由式(7-37)和式(7-47)，可得从 A-B-C 三相静止坐标系到 d-q-0 旋转坐标系的直接变换公式为

$$\begin{pmatrix}i_d\\ i_q\\ i_0\end{pmatrix}=\boldsymbol{C}_{2s/2r}\boldsymbol{C}_{3/2}\begin{pmatrix}i_A\\ i_B\\ i_C\end{pmatrix} \tag{7-48}$$

即

$$\begin{pmatrix}i_d\\ i_q\\ i_0\end{pmatrix}=\sqrt{\frac{2}{3}}\begin{pmatrix}\cos\theta & \cos\left(\theta-\frac{2\pi}{3}\right) & \cos\left(\theta+\frac{2\pi}{3}\right)\\ -\sin\theta & -\sin\left(\theta-\frac{2\pi}{3}\right) & -\sin\left(\theta+\frac{2\pi}{3}\right)\\ \frac{1}{\sqrt{2}} & \frac{1}{\sqrt{2}} & \frac{1}{\sqrt{2}}\end{pmatrix}\begin{pmatrix}i_A\\ i_B\\ i_C\end{pmatrix} \tag{7-49}$$

相应的变换矩阵 $\boldsymbol{C}_{3s/2r}$ 为

$$\boldsymbol{C}_{3s/2r}=\sqrt{\frac{2}{3}}\begin{pmatrix}\cos\theta & \cos\left(\theta-\frac{2\pi}{3}\right) & \cos\left(\theta+\frac{2\pi}{3}\right)\\ -\sin\theta & -\sin\left(\theta-\frac{2\pi}{3}\right) & -\sin\left(\theta+\frac{2\pi}{3}\right)\\ \frac{1}{\sqrt{2}} & \frac{1}{\sqrt{2}} & \frac{1}{\sqrt{2}}\end{pmatrix} \tag{7-50}$$

反之，其逆变换矩阵 $\boldsymbol{C}_{2r/3s}$ 为

$$\boldsymbol{C}_{2r/3s}=\sqrt{\frac{2}{3}}\begin{pmatrix}\cos\theta & -\sin\theta & \frac{1}{\sqrt{2}}\\ \cos\left(\theta-\frac{2\pi}{3}\right) & -\sin\left(\theta-\frac{2\pi}{3}\right) & \frac{1}{\sqrt{2}}\\ \cos\left(\theta+\frac{2\pi}{3}\right) & -\sin\left(\theta+\frac{2\pi}{3}\right) & \frac{1}{\sqrt{2}}\end{pmatrix} \tag{7-51}$$

由此，从 d-q-0 旋转坐标系到 A-B-C 三相静止坐标系的直接变换公式为

$$\begin{pmatrix}i_A\\ i_B\\ i_C\end{pmatrix}=\sqrt{\frac{2}{3}}\begin{pmatrix}\cos\theta & -\sin\theta & \frac{1}{\sqrt{2}}\\ \cos\left(\theta-\frac{2\pi}{3}\right) & -\sin\left(\theta-\frac{2\pi}{3}\right) & \frac{1}{\sqrt{2}}\\ \cos\left(\theta+\frac{2\pi}{3}\right) & -\sin\left(\theta+\frac{2\pi}{3}\right) & \frac{1}{\sqrt{2}}\end{pmatrix}\begin{pmatrix}i_d\\ i_q\\ i_0\end{pmatrix} \tag{7-52}$$

为简便计，d-q-0 坐标系与 α-β-0 坐标系的 0 轴分量往往不予考虑，这样，上述变换实际上可以完成三相静止坐标系与两相静止坐标系、两相静止坐标系与两相旋转坐标系之间的坐标变换。

7.3　直流电动机的动态模型

他励直流电动机与第一种原型电机最为接近，如图 7-7 所示，其定子上有励磁绕组 F 和补偿绕组 C，励磁绕组 F 位于直轴方向上，补偿绕组 C 位于交轴方向上；转子上只有电枢绕组 A，并且是换向器绕组，即伪静止绕组，其轴线位于交轴方向上。可见，直流电动机与第一种原型电机对应的变量是相同的，只要将定子绕组 D 替换为励磁绕组 F，定子绕组 Q 替换为补偿绕组 C，转子绕组 q 替换为电枢绕组 a，并且去掉与转子绕组 d 相对应的量，由式(7-6)可直接得到直流电动机的电压平衡方程为

$$\boldsymbol{u}=(\boldsymbol{R}+\boldsymbol{L}p+\boldsymbol{G}\omega_m)\boldsymbol{i}=\boldsymbol{Z}\boldsymbol{i} \tag{7-53}$$

式中，

$$\boldsymbol{u}=(u_F\ \ u_C\ \ u_a)^T,\quad \boldsymbol{i}=(i_F\ \ i_C\ \ i_a)^T,$$

$$\boldsymbol{R}=\begin{pmatrix}R_F & 0 & 0\\ 0 & R_C & 0\\ 0 & 0 & R_a\end{pmatrix},\quad \boldsymbol{L}=\begin{pmatrix}L_F & 0 & 0\\ 0 & L_C & L_{Ca}\\ 0 & L_{aC} & L_a\end{pmatrix}$$

$$
\boldsymbol{G}=\begin{pmatrix} 0 & 0 & 0 \\ 0 & 0 & 0 \\ G_{\mathrm{aF}} & 0 & 0 \end{pmatrix}, \quad \boldsymbol{Z}=\begin{pmatrix} R_{\mathrm{F}}+L_{\mathrm{F}}p & 0 & 0 \\ 0 & R_{\mathrm{C}}+L_{\mathrm{C}}p & L_{\mathrm{Ca}}p \\ G_{\mathrm{aF}}\omega_{\mathrm{m}} & L_{\mathrm{aC}}p & R_{\mathrm{a}}+L_{\mathrm{a}}p \end{pmatrix}
$$

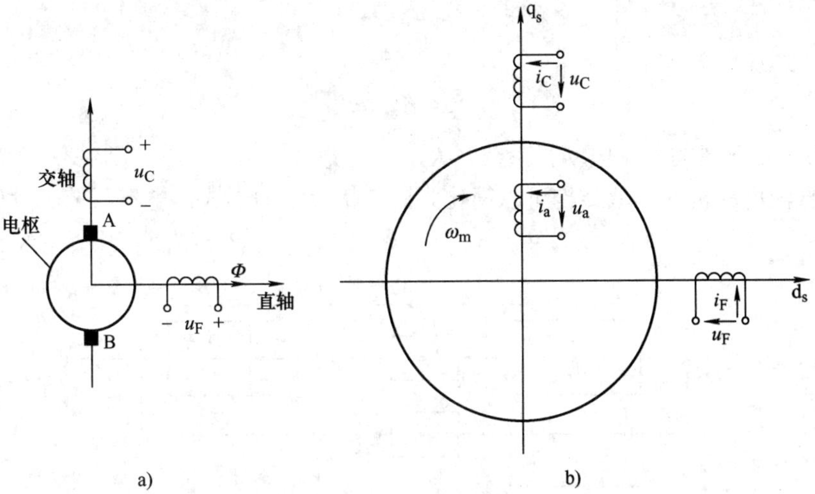

a)　　　　　　　　b)

图 7-7　直流电动机的模型

a) 他励直流电动机　b) 第一种原型电机

电磁转矩 T_{e} 则为

$$
T_{\mathrm{e}}=\boldsymbol{i}^{\mathrm{T}}\boldsymbol{G}\boldsymbol{i}=G_{\mathrm{aF}}i_{\mathrm{F}}i_{\mathrm{a}} \tag{7-54}
$$

再加上由式(7-12)所表示的转子运动方程

$$
T_{\mathrm{e}}-T_{\mathrm{L}}=Jp\omega_{\mathrm{m}}+D_{\omega}\omega_{\mathrm{m}} \tag{7-55}
$$

这样，由式(7-53)～式(7-55)就构成了他励直流电动机的动态数学模型。为简便起见，在实际使用时往往忽略补偿绕组 C 和阻尼系数 D_{ω} 的作用，即有

$$
\begin{cases} u_{\mathrm{a}}=(R_{\mathrm{a}}+L_{\mathrm{a}}p)i_{\mathrm{a}}+G_{\mathrm{aF}}\omega_{\mathrm{m}}i_{\mathrm{F}} \\ u_{\mathrm{F}}=(R_{\mathrm{F}}+L_{\mathrm{F}}p)i_{\mathrm{F}} \\ T_{\mathrm{e}}=G_{\mathrm{aF}}i_{\mathrm{F}}i_{\mathrm{a}} \\ T_{\mathrm{e}}-T_{\mathrm{L}}=Jp\omega_{\mathrm{m}} \end{cases} \tag{7-56}
$$

根据上述数学模型可建立如图 7-8 所示的直流电动机动态模型的系统结构。图中，系统的输入变量为直流电动机的电枢电压 u_{a} 和励磁电压 u_{F}，输出变量为磁链 $\boldsymbol{\varPsi}$ 和转速 ω_{m}。

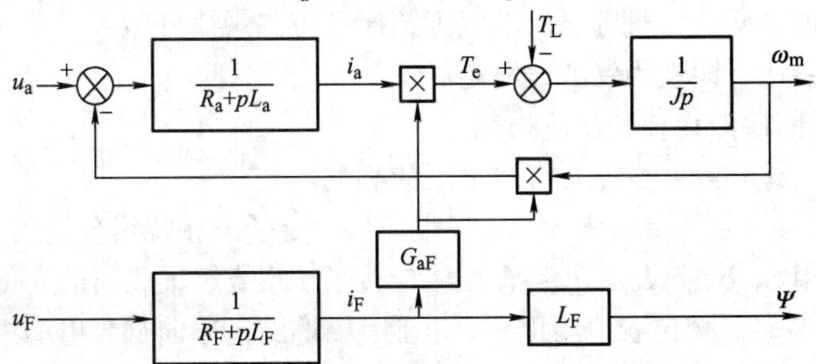

图 7-8　直流电动机动态模型的系统结构

在上述模型结构中，电枢回路不仅由电枢电压控制，还受到励磁电流的作用，因此直流电动机的模型就其本质而言具有非线性和多变量耦合的性质。但是在实际使用时，通常是固定励磁电流，即保持额定磁通不变，这样上述模型可以进一步简化。如果令 $i_{\mathrm{F}}=i_{\mathrm{FN}}$，保持磁通 $\varPsi=\varPsi_{\mathrm{N}}$ 不变，此时

$$T_{\mathrm{e}}=K_{\mathrm{dm}}i_{\mathrm{a}} \tag{7-57}$$

$$E_{\mathrm{a}}=K_{\mathrm{dm}}\omega_{\mathrm{m}} \tag{7-58}$$

式中，K_{dm} 为包括磁通的直流电动机系数，$K_{\mathrm{dm}}=G_{\mathrm{aF}}i_{\mathrm{F}}$。

由此，直流电动机的模型结构可以简化为图 7-9 所示的形式，电枢环节和励磁环节之间没有耦合。

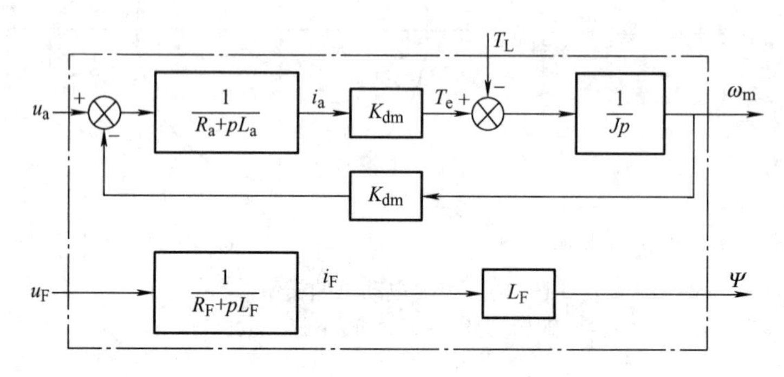

图 7-9　直流电动机的简化模型结构

该简化模型的结构和方程与本书第 3 章采用等效电路方法建立的模型完全相同，在直流电力传动控制系统中得到应用。

7.4　交流异步电动机的动态模型

7.4.1　异步电动机的动态建模

异步电动机又称为感应电动机，按转子结构可分为绕线转子和笼型转子两大类。笼型转子的绕组是一个对称的多相绕组，经过一定的变换可以等效为对称的三相绕组或两相绕组，所以下面就三相绕线转子异步电动机的数学模型进行分析。

在研究交流电机的多变量非线性动态数学模型时，常做如下的假设：

1) 忽略空间谐波，即认为气隙磁场沿气隙圆周按正弦规律分布。

2) 忽略磁饱和效应，即认为铁心磁路是线性的。

3) 忽略铁心损耗(磁滞损耗和涡流损耗)。

4) 不考虑频率变化和温度变化对绕组电阻的影响。

如图 7-10 所示的一台三相绕线转子异步电动机，定子三相绕组分别用 A、B、C 表示，转子三相绕组分别用 a、b、c 表示，定子 A 相与转子 a 相绕组轴线间的夹角为 θ_{r}，转子以机械角速度 ω_{m} 逆时针旋转。规定各绕组电压、电流、磁链的正方向符合电动机惯例和右手螺旋定则，异步电动机的动态数学模型由下述电压方程、磁链方程、转矩方程和运动方程组成。

1. 电压方程

三相定子绕组的电压平衡方程为

$$\begin{cases} u_A = R_s i_A + p\psi_A \\ u_B = R_s i_B + p\psi_B \\ u_C = R_s i_C + p\psi_C \end{cases} \tag{7-59}$$

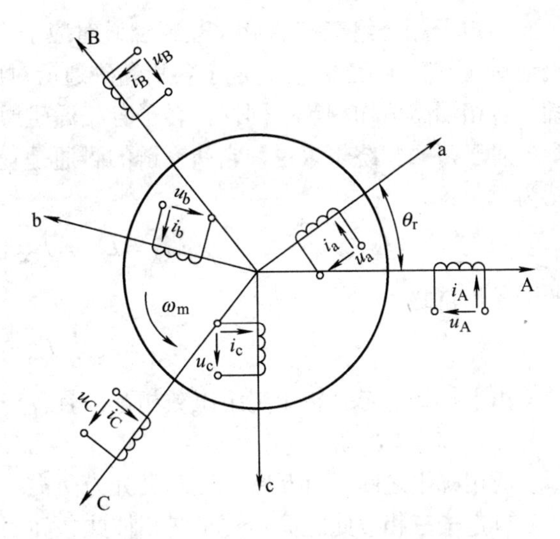

图 7-10　异步电动机的基本模型

与此相应，三相转子绕组折算到定子侧后的电压平衡方程为

$$\begin{cases} u_a = R_r i_a + p\psi_a \\ u_b = R_r i_b + p\psi_b \\ u_c = R_r i_c + p\psi_c \end{cases} \tag{7-60}$$

式中，u_A、u_B、u_C、u_a、u_b、u_c 为定、转子相电压的瞬时值；i_A、i_B、i_C、i_a、i_b、i_c 为定、转子相电流的瞬时值；ψ_A、ψ_B、ψ_C、ψ_a、ψ_b、ψ_c 为各相绕组的磁链；R_s、R_r 为定、转子绕组的电阻。

上述各量都已折算到定子侧，为了简单起见，表示折算的上角标“'”均省略。将电压方程写成矩阵形式为

$$\begin{pmatrix} u_A \\ u_B \\ u_C \\ u_a \\ u_b \\ u_c \end{pmatrix} = \begin{pmatrix} R_s & 0 & 0 & 0 & 0 & 0 \\ 0 & R_s & 0 & 0 & 0 & 0 \\ 0 & 0 & R_s & 0 & 0 & 0 \\ 0 & 0 & 0 & R_r & 0 & 0 \\ 0 & 0 & 0 & 0 & R_r & 0 \\ 0 & 0 & 0 & 0 & 0 & R_r \end{pmatrix} \begin{pmatrix} i_A \\ i_B \\ i_C \\ i_a \\ i_b \\ i_c \end{pmatrix} + p \begin{pmatrix} \psi_A \\ \psi_B \\ \psi_C \\ \psi_a \\ \psi_b \\ \psi_c \end{pmatrix} \tag{7-61}$$

2. 磁链方程

每相绕组的磁链是它本身的自感磁链和其他绕组对它的互感磁链之和，因此，六相绕组的磁链可表达为

$$\begin{pmatrix} \psi_A \\ \psi_B \\ \psi_C \\ \psi_a \\ \psi_b \\ \psi_c \end{pmatrix} = \begin{pmatrix} L_{AA} & L_{AB} & L_{AC} & L_{Aa} & L_{Ab} & L_{Ac} \\ L_{BA} & L_{BB} & L_{BC} & L_{Ba} & L_{Bb} & L_{Bc} \\ L_{CA} & L_{CB} & L_{CC} & L_{Ca} & L_{Cb} & L_{Cc} \\ L_{aA} & L_{aB} & L_{aC} & L_{aa} & L_{ab} & L_{ac} \\ L_{bA} & L_{bB} & L_{bC} & L_{ba} & L_{bb} & L_{bc} \\ L_{cA} & L_{cB} & L_{cC} & L_{ca} & L_{cb} & L_{cc} \end{pmatrix} \begin{pmatrix} i_A \\ i_B \\ i_C \\ i_a \\ i_b \\ i_c \end{pmatrix} \tag{7-62}$$

或写成

$$\boldsymbol{\psi} = \boldsymbol{L}\boldsymbol{i} \tag{7-63}$$

式中，$\boldsymbol{L}$ 是 6×6 电感矩阵，其中对角线元素 L_{AA}、L_{BB}、L_{CC}、L_{aa}、L_{bb}、L_{cc} 是各相绕组的自感，其余各项则是绕组间的互感。

与定子相绕组交链的最大互感磁通对应于定子互感 L_{ms}，与转子相绕组交链的最大互感磁通对应于转子互感 L_{mr}。定子各相漏磁通所对应的电感称作定子漏感 L_{ls}，由于绕组的对称性，各相漏感值均相等；同样，转子各相漏磁通则对应于转子漏感 L_{lr}。

对于每一相绕组来说，它所交链的磁通是互感磁通与漏感磁通之和，因此，定子各相自感为

$$L_{AA} = L_{BB} = L_{CC} = L_{ms} + L_{ls} = L_s \tag{7-64}$$

转子各相自感为

$$L_{aa} = L_{bb} = L_{cc} = L_{mr} + L_{lr} = L_r \tag{7-65}$$

由于折算后定、转子绕组匝数相等，且各绕组间互感磁通都通过气隙，磁阻相同，故可认为 $L_{ms} = L_{mr} = L_m$。

两相绕组之间只有互感。互感又分为两类：

1）定子三相彼此之间和转子三相彼此之间的互感。由于三相绕组轴线彼此在空间的相位差是 $\pm\frac{2\pi}{3}$，位置都是固定的，故互感为常值。在假定气隙磁通为正弦分布的条件下，互感值应为 $L_m \cos\frac{2\pi}{3} = L_m \cos\left(-\frac{2\pi}{3}\right) = -\frac{1}{2}L_m$，于是

$$L_{AB} = L_{BC} = L_{CA} = L_{BA} = L_{CB} = L_{AC} = -\frac{1}{2}L_m \tag{7-66}$$

$$L_{ab} = L_{bc} = L_{ca} = L_{ba} = L_{cb} = L_{ac} = -\frac{1}{2}L_m \tag{7-67}$$

2）定子任意一相与转子任意一相之间的互感。对于定、转子绕组间的互感，由于相互间位置的变化（见图 7-10），其互感是角位移 θ_r 的函数，可分别表示为

$$L_{Aa} = L_{aA} = L_{Bb} = L_{bB} = L_{Cc} = L_{cC} = L_m \cos\theta_r \tag{7-68}$$

$$L_{Ab} = L_{bA} = L_{Bc} = L_{cB} = L_{Ca} = L_{aC} = L_m \cos\left(\theta_r + \frac{2\pi}{3}\right) \tag{7-69}$$

$$L_{Ac} = L_{cA} = L_{Ba} = L_{aB} = L_{Cb} = L_{bC} = L_m \cos\left(\theta_r - \frac{2\pi}{3}\right) \tag{7-70}$$

将式（7-64）～式（7-70）代入式（7-62），即得完整的磁链方程。显然，这个矩阵方程是比较复杂的，为了方便起见，可以将它写成分块矩阵的形式

$$\begin{pmatrix} \boldsymbol{\psi}_s \\ \boldsymbol{\psi}_r \end{pmatrix} = \begin{pmatrix} \boldsymbol{L}_{ss} & \boldsymbol{L}_{sr} \\ \boldsymbol{L}_{rs} & \boldsymbol{L}_{rr} \end{pmatrix} \begin{pmatrix} \boldsymbol{i}_s \\ \boldsymbol{i}_r \end{pmatrix} \tag{7-71}$$

式中，$\boldsymbol{\psi}_s = (\psi_A \quad \psi_B \quad \psi_C)^T$，$\boldsymbol{\psi}_r = (\psi_a \quad \psi_b \quad \psi_c)^T$，$\boldsymbol{i}_s = (i_A \quad i_B \quad i_C)^T$，$\boldsymbol{i}_r = (i_a \quad i_b \quad i_c)^T$，电感分块矩阵为

$$\boldsymbol{L}_{ss} = \begin{pmatrix} L_s & -\frac{1}{2}L_m & -\frac{1}{2}L_m \\ -\frac{1}{2}L_m & L_s & -\frac{1}{2}L_m \\ -\frac{1}{2}L_m & -\frac{1}{2}L_m & L_s \end{pmatrix} \tag{7-72}$$

$$\boldsymbol{L}_{\mathrm{rr}}=\begin{pmatrix} L_{\mathrm{r}} & -\frac{1}{2}L_{\mathrm{m}} & -\frac{1}{2}L_{\mathrm{m}} \\ -\frac{1}{2}L_{\mathrm{m}} & L_{\mathrm{r}} & -\frac{1}{2}L_{\mathrm{m}} \\ -\frac{1}{2}L_{\mathrm{m}} & -\frac{1}{2}L_{\mathrm{m}} & L_{\mathrm{r}} \end{pmatrix} \tag{7-73}$$

$$\boldsymbol{L}_{\mathrm{rs}}=\boldsymbol{L}_{\mathrm{sr}}^{\mathrm{T}}=L_{\mathrm{m}}\begin{pmatrix} \cos\theta_{\mathrm{r}} & \cos\left(\theta_{\mathrm{r}}-\frac{2\pi}{3}\right) & \cos\left(\theta_{\mathrm{r}}+\frac{2\pi}{3}\right) \\ \cos\left(\theta_{\mathrm{r}}+\frac{2\pi}{3}\right) & \cos\theta_{\mathrm{r}} & \cos\left(\theta_{\mathrm{r}}-\frac{2\pi}{3}\right) \\ \cos\left(\theta_{\mathrm{r}}-\frac{2\pi}{3}\right) & \cos\left(\theta_{\mathrm{r}}+\frac{2\pi}{3}\right) & \cos\theta_{\mathrm{r}} \end{pmatrix} \tag{7-74}$$

值得注意的是，$\boldsymbol{L}_{\mathrm{rs}}$ 和 $\boldsymbol{L}_{\mathrm{sr}}$ 两个分块矩阵互为转置，且均与转子位置 θ_{r} 有关，它们的元素都是时变的，这是系统非线性的一个根源。为了把变参数矩阵转换成常参数矩阵，可以利用坐标变换，进行模型变换。

3. 转矩方程

根据机电能量转换原理，在线性电感的条件下，多绕组电机中的磁场储能为

$$W_{\mathrm{m}}=\frac{1}{2}\boldsymbol{i}^{\mathrm{T}}\boldsymbol{\psi}=\frac{1}{2}\boldsymbol{i}^{\mathrm{T}}\boldsymbol{L}\boldsymbol{i} \tag{7-75}$$

其电磁转矩等于机械角位移变化时磁场储能的变化率 $\frac{\partial W_{\mathrm{m}}}{\partial\theta_{\mathrm{m}}}$（电流约束为常值），即

$$T_{\mathrm{e}}=\left.\frac{\partial W_{\mathrm{m}}}{\partial\theta_{\mathrm{m}}}\right|_{i=\mathrm{const}}=n_{\mathrm{p}}\left.\frac{\partial W_{\mathrm{m}}}{\partial\theta_{\mathrm{r}}}\right|_{i=\mathrm{const}} \tag{7-76}$$

式中，机械角位移 $\theta_{\mathrm{m}}=\theta_{\mathrm{r}}/n_{\mathrm{p}}$。

将式(7-75)代入式(7-76)，可得

$$T_{\mathrm{e}}=\frac{1}{2}n_{\mathrm{p}}\boldsymbol{i}^{\mathrm{T}}\frac{\partial\boldsymbol{L}}{\partial\theta_{\mathrm{r}}}\boldsymbol{i}=\frac{1}{2}n_{\mathrm{p}}\boldsymbol{i}^{\mathrm{T}}\begin{pmatrix} \boldsymbol{0} & \frac{\partial\boldsymbol{L}_{\mathrm{sr}}}{\partial\theta_{\mathrm{r}}} \\ \frac{\partial\boldsymbol{L}_{\mathrm{rs}}}{\partial\theta_{\mathrm{r}}} & \boldsymbol{0} \end{pmatrix}\boldsymbol{i} \tag{7-77}$$

再将电流向量 $\boldsymbol{i}^{\mathrm{T}}=(\boldsymbol{i}_{\mathrm{s}}^{\mathrm{T}}\quad \boldsymbol{i}_{\mathrm{r}}^{\mathrm{T}})=(i_{\mathrm{A}}\quad i_{\mathrm{B}}\quad i_{\mathrm{C}}\quad i_{\mathrm{a}}\quad i_{\mathrm{b}}\quad i_{\mathrm{c}})$，代入式(7-77)得

$$T_{\mathrm{e}}=\frac{1}{2}n_{\mathrm{p}}\left[\boldsymbol{i}_{\mathrm{r}}^{\mathrm{T}}\frac{\partial\boldsymbol{L}_{\mathrm{rs}}}{\partial\theta_{\mathrm{r}}}\boldsymbol{i}_{\mathrm{s}}+\boldsymbol{i}_{\mathrm{s}}^{\mathrm{T}}\frac{\partial\boldsymbol{L}_{\mathrm{sr}}}{\partial\theta_{\mathrm{r}}}\boldsymbol{i}_{\mathrm{r}}\right] \tag{7-78}$$

最后，将各矩阵展开，舍去负号（意即电磁转矩的正方向为使 θ_{r} 减小的方向），则有

$$\begin{aligned} T_{\mathrm{e}}=n_{\mathrm{p}}L_{\mathrm{m}}\Big[&(i_{\mathrm{A}}i_{\mathrm{a}}+i_{\mathrm{B}}i_{\mathrm{b}}+i_{\mathrm{C}}i_{\mathrm{c}})\sin\theta_{\mathrm{r}}+(i_{\mathrm{A}}i_{\mathrm{b}}+i_{\mathrm{B}}i_{\mathrm{c}}+i_{\mathrm{C}}i_{\mathrm{a}})\sin\left(\theta_{\mathrm{r}}+\frac{2\pi}{3}\right)+\\ &(i_{\mathrm{A}}i_{\mathrm{c}}+i_{\mathrm{B}}i_{\mathrm{a}}+i_{\mathrm{C}}i_{\mathrm{b}})\sin\left(\theta_{\mathrm{r}}-\frac{2\pi}{3}\right)\Big] \end{aligned} \tag{7-79}$$

应该指出，式(7-75)～式(7-79)虽然是在磁路线性、磁动势在空间按正弦分布的假定条件下得出来的，但对定、转子电流随时间而变化的波形却未做任何假定，各式中的电流都是实际瞬时值。因此，上述电磁转矩公式完全适用于电力电子变换器供电的含有电流谐波的三相异步电动机调速系统。

4. 运动方程

与直流电动机一样，异步电动机的运动方程为

$$T_e - T_L = Jp\omega_m + D_\omega \omega_m \tag{7-80}$$

将式(7-61)、式(7-71)、式(7-79)和式(7-80)综合起来，再加上

$$\omega_r = p\theta_r \tag{7-81}$$

就构成了交流异步电动机的动态数学模型。

7.4.2 异步电动机的模型变换

由于异步电动机定、转子各有三个绕组，而绕组电压、电流、磁链和电机转速之间又相互影响，因此，异步电动机在三相静止坐标系上的数学模型是一个高阶、非线性、强耦合的多变量系统。为了控制方便，需要进行模型变换。通常是将三相静止坐标系上的异步电动机模型变换为两相静止坐标系的α-β模型和两相同步旋转坐标系的 d-q 模型。

1. 两相静止坐标系的α-β模型

先对定子和转子变量同时进行三相静止坐标系到两相静止坐标系的变换，图 7-10 所示的基本模型可以变换成图 7-11a 所示的第二种原型电机模型，其中定子绕组分别用α_s、β_s表示，转子绕组分别用α_r、β_r表示，并且定子绕组 d_s 轴线与原先的定子 A 轴重合，转子绕组 d_r 轴线与原先的转子 a 轴重合。

再进行两相静止坐标系的变换，把图 7-11a 所示的转子绕组从旋转轴线 d_r、q_r 变换到固定轴线 d_s、q_s，定子绕组则保持不变，即把转子绕组α_r、β_r 变换为伪静止绕组，而定子绕组α_s、β_s仍为普通静止绕组，如图 7-11b 所示(注意这里转子的旋转方向与图 7-1b 不同)。

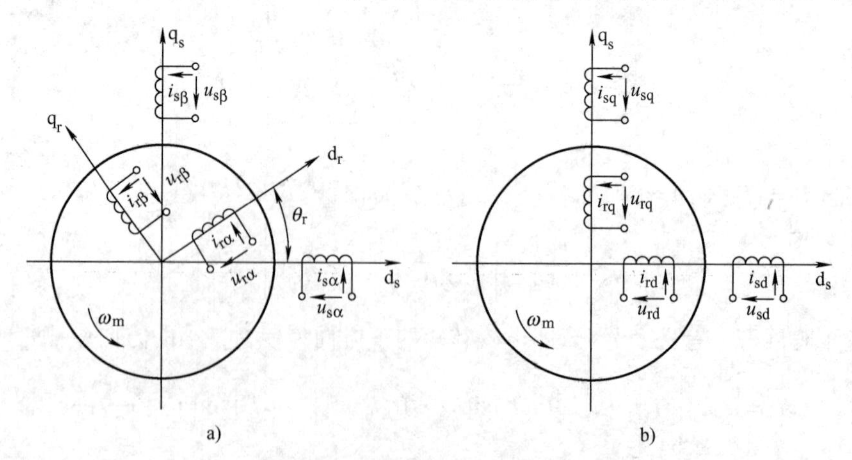

图 7-11　异步电动机的等效模型

a) 第二种原型电机模型　b) 第一种原型电机模型

这样，根据第一种原型电机的数学模型[式(7-6)]可以直接得到异步电动机的电压平衡方程为

$$\boldsymbol{u}=(\boldsymbol{R}+\boldsymbol{L}p+\boldsymbol{G}\omega_{\mathrm{m}})\boldsymbol{i}=\boldsymbol{Z}\boldsymbol{i} \tag{7-82}$$

式中，$\boldsymbol{u}=(u_{\mathrm{s\alpha}}\ \ u_{\mathrm{s\beta}}\ \ u_{\mathrm{r\alpha}}\ \ u_{\mathrm{r\beta}})^{\mathrm{T}}$，$\boldsymbol{i}=(i_{\mathrm{s\alpha}}\ \ i_{\mathrm{s\beta}}\ \ i_{\mathrm{r\alpha}}\ \ i_{\mathrm{r\beta}})^{\mathrm{T}}$

$$\boldsymbol{R}=\begin{pmatrix} R_{\mathrm{s\alpha}} & 0 & 0 & 0 \\ 0 & R_{\mathrm{s\beta}} & 0 & 0 \\ 0 & 0 & R_{\mathrm{r\alpha}} & 0 \\ 0 & 0 & 0 & R_{\mathrm{r\beta}} \end{pmatrix},\quad \boldsymbol{L}=\begin{pmatrix} L_{\mathrm{s\alpha}} & 0 & L_{\mathrm{sr\alpha}} & 0 \\ 0 & L_{\mathrm{s\beta}} & 0 & L_{\mathrm{sr\beta}} \\ L_{\mathrm{rs\alpha}} & 0 & L_{\mathrm{r\alpha}} & 0 \\ 0 & L_{\mathrm{rs\beta}} & 0 & L_{\mathrm{r\beta}} \end{pmatrix}$$

$$\boldsymbol{G}=\begin{pmatrix} 0 & 0 & 0 & 0 \\ 0 & 0 & 0 & 0 \\ 0 & G_{\mathrm{r\alpha s\beta}} & 0 & G_{\mathrm{r\alpha r\beta}} \\ -G_{\mathrm{r\beta s\alpha}} & 0 & -G_{\mathrm{r\beta r\alpha}} & 0 \end{pmatrix},\quad \boldsymbol{Z}=\begin{pmatrix} R_{\mathrm{s\alpha}}+L_{\mathrm{s\alpha}}p & 0 & L_{\mathrm{sr\alpha}}p & 0 \\ 0 & R_{\mathrm{s\beta}}+L_{\mathrm{s\beta}}p & 0 & L_{\mathrm{sr\beta}}p \\ L_{\mathrm{rs\alpha}}p & G_{\mathrm{r\alpha s\beta}}\omega_{\mathrm{m}} & R_{\mathrm{r\alpha}}+L_{\mathrm{r\alpha}}p & G_{\mathrm{r\alpha r\beta}}\omega_{\mathrm{m}} \\ -G_{\mathrm{r\beta s\alpha}}\omega_{\mathrm{m}} & L_{\mathrm{rs\beta}}p & -G_{\mathrm{r\beta r\alpha}}\omega_{\mathrm{m}} & R_{\mathrm{r\beta}}+L_{\mathrm{r\beta}}p \end{pmatrix}$$

由于定子两个绕组是等同的，其电阻和自感是相等的，即 $R_{\mathrm{s\alpha}}=R_{\mathrm{s\beta}}=R_{\mathrm{s}}$，$L_{\mathrm{s\alpha}}=L_{\mathrm{s\beta}}=L_{\mathrm{s}}$；转子两个绕组也是等同的，其电阻和自感也是相等的，即 $R_{\mathrm{r\alpha}}=R_{\mathrm{r\beta}}=R_{\mathrm{r}}$，$L_{\mathrm{r\alpha}}=L_{\mathrm{r\beta}}=L_{\mathrm{r}}$；另外，定、转子之间的互感也相等，即 $L_{\mathrm{sr\alpha}}=L_{\mathrm{rs\alpha}}=L_{\mathrm{sr\beta}}=L_{\mathrm{rs\beta}}=L_{\mathrm{m}}$，而运动电动势系数之间的关系为 $G_{\mathrm{r\alpha s\beta}}=G_{\mathrm{r\beta s\alpha}}=n_{\mathrm{p}}L_{\mathrm{m}}$，$G_{\mathrm{r\alpha r\beta}}=G_{\mathrm{r\beta r\alpha}}=n_{\mathrm{p}}L_{\mathrm{r}}$，所以式(7-82)可以写为

$$\begin{pmatrix} u_{\mathrm{s\alpha}} \\ u_{\mathrm{s\beta}} \\ u_{\mathrm{r\alpha}} \\ u_{\mathrm{r\beta}} \end{pmatrix}=\begin{pmatrix} R_{\mathrm{s}}+L_{\mathrm{s}}p & 0 & L_{\mathrm{m}}p & 0 \\ 0 & R_{\mathrm{s}}+L_{\mathrm{s}}p & 0 & L_{\mathrm{m}}p \\ L_{\mathrm{m}}p & \omega_{\mathrm{r}}L_{\mathrm{m}} & R_{\mathrm{r}}+L_{\mathrm{r}}p & \omega_{\mathrm{r}}L_{\mathrm{r}} \\ -\omega_{\mathrm{r}}L_{\mathrm{m}} & L_{\mathrm{m}}p & -\omega_{\mathrm{r}}L_{\mathrm{r}} & R_{\mathrm{r}}+L_{\mathrm{r}}p \end{pmatrix}\begin{pmatrix} i_{\mathrm{s\alpha}} \\ i_{\mathrm{s\beta}} \\ i_{\mathrm{r\alpha}} \\ i_{\mathrm{r\beta}} \end{pmatrix} \tag{7-83}$$

式中，ω_{r} 为电角速度，$\omega_{\mathrm{r}}=n_{\mathrm{p}}\omega_{\mathrm{m}}$。

电磁转矩 T_{e} 为

$$T_{\mathrm{e}}=\boldsymbol{i}^{\mathrm{T}}\boldsymbol{G}\boldsymbol{i}=n_{\mathrm{p}}L_{\mathrm{m}}(i_{\mathrm{s\beta}}i_{\mathrm{r\alpha}}-i_{\mathrm{s\alpha}}i_{\mathrm{r\beta}}) \tag{7-84}$$

再加上异步电动机转子运动方程

$$T_{\mathrm{e}}-T_{\mathrm{L}}=Jp\omega_{\mathrm{m}}+D_{\omega}\omega_{\mathrm{m}} \tag{7-85}$$

由式(7-83)～式(7-85)就构成了异步电动机在两相静止坐标系上的数学模型，又称为 Kron 模型。

2. 任意转速两相旋转坐标系的 d-q 模型

为具一般性，可以将上述两相静止坐标系的α-β模型推广到任意转速两相旋转坐标系以及同步转速两相旋转坐标系。在任意转速两相旋转坐标系中，设 d-q 坐标轴相对于定子的角速度为 ω_{dqs}，相对于转子的角速度为 ω_{dqr}，此时定、转子绕组都是伪静止绕组。根据第一种原型电机的数学模型[式(7-6)]和式(7-83)，可类比推出异步电动机在任意转速两相旋转坐标系上的电压平衡方程为

$$\begin{pmatrix} u_{\mathrm{sd}} \\ u_{\mathrm{sq}} \\ u_{\mathrm{rd}} \\ u_{\mathrm{rq}} \end{pmatrix}=\begin{pmatrix} R_{\mathrm{s}}+L_{\mathrm{s}}p & -\omega_{\mathrm{dqs}}L_{\mathrm{s}} & L_{\mathrm{m}}p & -\omega_{\mathrm{dqs}}L_{\mathrm{m}} \\ \omega_{\mathrm{dqs}}L_{\mathrm{s}} & R_{\mathrm{s}}+L_{\mathrm{s}}p & \omega_{\mathrm{dqs}}L_{\mathrm{m}} & L_{\mathrm{m}}p \\ L_{\mathrm{m}}p & -\omega_{\mathrm{dqr}}L_{\mathrm{m}} & R_{\mathrm{r}}+L_{\mathrm{r}}p & -\omega_{\mathrm{dqr}}L_{\mathrm{r}} \\ \omega_{\mathrm{dqr}}L_{\mathrm{m}} & L_{\mathrm{m}}p & \omega_{\mathrm{dqr}}L_{\mathrm{r}} & R_{\mathrm{r}}+L_{\mathrm{r}}p \end{pmatrix}\begin{pmatrix} i_{\mathrm{sd}} \\ i_{\mathrm{sq}} \\ i_{\mathrm{rd}} \\ i_{\mathrm{rq}} \end{pmatrix} \tag{7-86}$$

在式(7-86)中，令 $\omega_{\mathrm{dqs}}=0$，$\omega_{\mathrm{dqr}}=-\omega_{\mathrm{r}}$，便可得到式(7-83)，可见 Kron 模型是任意转速 d-q 模型的一个特例。

3. 同步转速两相旋转坐标系的 d-q 模型

根据异步电动机任意转速的 d-q 模型，很容易得到同步转速的 d-q 模型。对于同步转速两相旋转坐标系，d-q 坐标轴相对于定子的角速度为定子同步角频率 ω_{s}，即 $\omega_{\mathrm{dqs}}=\omega_{\mathrm{s}}$。如果转子转速仍为 ω_{r}，则 d-q 坐标轴相对于转子的角速度为 $\omega_{\mathrm{dqr}}=\omega_{\mathrm{s}}-\omega_{\mathrm{r}}=\omega_{sl}$，即转差角频率。根据式(7-86)，可得到异步电动机在同步转速两相旋转坐标系上的电压平衡方程为

$$\begin{pmatrix} u_{\mathrm{sd}} \\ u_{\mathrm{sq}} \\ u_{\mathrm{rd}} \\ u_{\mathrm{rq}} \end{pmatrix} = \begin{pmatrix} R_{\mathrm{s}}+L_{\mathrm{s}}p & -\omega_{\mathrm{s}}L_{\mathrm{s}} & L_{\mathrm{m}}p & -\omega_{\mathrm{s}}L_{\mathrm{m}} \\ \omega_{\mathrm{s}}L_{\mathrm{s}} & R_{\mathrm{s}}+L_{\mathrm{s}}p & \omega_{\mathrm{s}}L_{\mathrm{m}} & L_{\mathrm{m}}p \\ L_{\mathrm{m}}p & -\omega_{sl}L_{\mathrm{m}} & R_{\mathrm{r}}+L_{\mathrm{r}}p & -\omega_{sl}L_{\mathrm{r}} \\ \omega_{sl}L_{\mathrm{m}} & L_{\mathrm{m}}p & \omega_{sl}L_{\mathrm{r}} & R_{\mathrm{r}}+L_{\mathrm{r}}p \end{pmatrix} \begin{pmatrix} i_{\mathrm{sd}} \\ i_{\mathrm{sq}} \\ i_{\mathrm{rd}} \\ i_{\mathrm{rq}} \end{pmatrix} \tag{7-87}$$

同步转速两相旋转坐标系的突出特点是：三相坐标系中的正弦电压和正弦电流变换到 d-q 坐标系则成为直流电压和直流电流，这给电机分析带来极大的方便。因此，同步转速两相旋转坐标系的 d-q 模型用途更为广泛。

4. 按转子磁链定向的异步电动机数学模型

由式(7-87)可以看出，异步电动机的动态数学模型虽然通过坐标变换有所简化，但并没有改变其非线性、多变量的本质，需要进一步简化。

异步电动机的转子绕组通常是短接的，转子电压为零，即有 $u_{\mathrm{rd}}=u_{\mathrm{rq}}=0$。这样，由式(7-87)可得笼型转子异步电动机的定、转子电压方程为

$$\begin{cases} u_{\mathrm{sd}}=R_{\mathrm{s}}i_{\mathrm{sd}}+p\psi_{\mathrm{sd}}-\omega_{\mathrm{s}}\psi_{\mathrm{sq}} \\ u_{\mathrm{sq}}=R_{\mathrm{s}}i_{\mathrm{sq}}+p\psi_{\mathrm{sq}}+\omega_{\mathrm{s}}\psi_{\mathrm{sd}} \end{cases} \tag{7-88}$$

$$\begin{cases} 0=R_{\mathrm{r}}i_{\mathrm{rd}}+p\psi_{\mathrm{rd}}-\omega_{sl}\psi_{\mathrm{rq}} \\ 0=R_{\mathrm{r}}i_{\mathrm{rq}}+p\psi_{\mathrm{rq}}+\omega_{sl}\psi_{\mathrm{rd}} \end{cases} \tag{7-89}$$

定、转子磁链方程为

$$\begin{cases} \psi_{\mathrm{sd}}=L_{\mathrm{s}}i_{\mathrm{sd}}+L_{\mathrm{m}}i_{\mathrm{rd}} \\ \psi_{\mathrm{sq}}=L_{\mathrm{s}}i_{\mathrm{sq}}+L_{\mathrm{m}}i_{\mathrm{rq}} \end{cases} \tag{7-90}$$

$$\begin{cases} \psi_{\mathrm{rd}}=L_{\mathrm{r}}i_{\mathrm{rd}}+L_{\mathrm{m}}i_{\mathrm{sd}} \\ \psi_{\mathrm{rq}}=L_{\mathrm{r}}i_{\mathrm{rq}}+L_{\mathrm{m}}i_{\mathrm{sq}} \end{cases} \tag{7-91}$$

由式(7-91)可解出转子电流为

$$i_{\mathrm{rd}}=\frac{1}{L_{\mathrm{r}}}(\psi_{\mathrm{rd}}-L_{\mathrm{m}}i_{\mathrm{sd}}) \tag{7-92}$$

$$i_{\mathrm{rq}}=\frac{1}{L_{\mathrm{r}}}(\psi_{\mathrm{rq}}-L_{\mathrm{m}}i_{\mathrm{sq}}) \tag{7-93}$$

代入式(7-90)，定子磁链方程变为

$$\psi_{sd}=\left(1-\frac{L_m^2}{L_sL_r}\right)L_si_{sd}+\frac{L_m}{L_r}\psi_{rd} \tag{7-94}$$

$$\psi_{sq}=\left(1-\frac{L_m^2}{L_sL_r}\right)L_si_{sq}+\frac{L_m}{L_r}\psi_{rq} \tag{7-95}$$

再将式(7-92)~式(7-95)代入电压方程和转矩方程中，求得新的电压方程和转矩方程为

$$u_{sd}=(R_s+\sigma L_sp)i_{sd}+\frac{L_m}{L_r}p\psi_{rd}-\omega_s\sigma L_si_{sq}-\omega_s\frac{L_m}{L_r}\psi_{rq} \tag{7-96}$$

$$u_{sq}=(R_s+\sigma L_sp)i_{sq}+\frac{L_m}{L_r}p\psi_{rq}+\omega_s\sigma L_si_{sd}+\omega_s\frac{L_m}{L_r}\psi_{rd} \tag{7-97}$$

$$0=\frac{1}{T_r}\psi_{rd}-\frac{L_m}{T_r}i_{sd}+p\psi_{rd}-\omega_{sl}\psi_{rq} \tag{7-98}$$

$$0=\frac{1}{T_r}\psi_{rq}-\frac{L_m}{T_r}i_{sq}+p\psi_{rq}+\omega_{sl}\psi_{rd} \tag{7-99}$$

$$T_e=\frac{L_m}{L_r}p(\psi_{rd}i_{sq}-\psi_{rq}i_{sd}) \tag{7-100}$$

式中，σ 是电机的漏磁系数，$\sigma=1-\dfrac{L_m^2}{L_sL_r}$；$T_r$ 是转子绕组的电磁时间常数，$T_r=\dfrac{L_r}{R_r}$。

如果将转子总磁链矢量 $\boldsymbol{\psi}_r$ 的方向与 d 轴重合，这样的两相旋转坐标系就是按转子磁链定向的旋转坐标系。此时应有 $\psi_{rd}=\psi_r$，而 $\psi_{rq}=0$，这样，上述方程又进一步简化为

$$u_{sd}=(R_s+\sigma L_sp)i_{sd}+\frac{L_m}{L_r}p\psi_r-\omega_s\sigma L_si_{sq} \tag{7-101}$$

$$u_{sq}=(R_s+\sigma L_sp)i_{sq}+\omega_s\sigma L_si_{sd}+\omega_s\frac{L_m}{L_r}\psi_r \tag{7-102}$$

$$\psi_r=\frac{L_m}{1+T_rp}i_{sd} \tag{7-103}$$

$$T_e=\frac{L_m}{L_r}n_p\psi_ri_{sq} \tag{7-104}$$

如果忽略阻尼系数 D_ω 的作用，转子运动方程可写成

$$T_e-T_L=\frac{J}{n_p}p\omega_r \tag{7-105}$$

式(7-101)～式(7-105)表示按转子磁链定向的异步电动机数学模型，其动态关系可用图 7-12 表示。

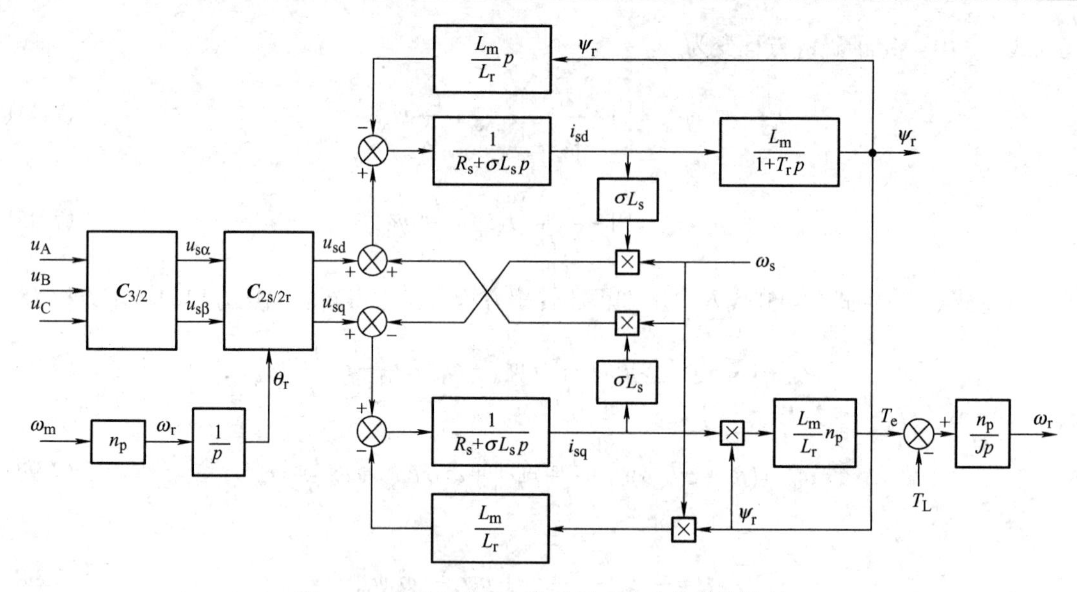

图 7-12　按转子磁链定向的异步电动机数学模型

7.5　交流同步电动机的动态模型

7.5.1　同步电动机的动态建模

交流同步电动机的定子与交流异步电动机基本相同，其定子绕组也是一对称的三相绕组。转子一般为凸极结构，其上装有励磁绕组，以及类似于笼型转子异步电动机的阻尼绕组。为简便计，这里先考虑转子仅有励磁绕组的情况。

如图 7-13 所示的一台三相电励磁式凸极同步电动机，定子三相绕组分别用 A、B、C 表示，转子直轴方向上有励磁绕组 F，定子 A 相绕组轴线与转子直轴间的夹角为 θ_r，转子以机械角速度 ω_m 逆时针旋转。规定各绕组电压、电流、磁链的正方向符合电动机惯例和右手螺旋定则，同步电动机的动态数学模型由下述电压方程、磁链方程、转矩方程和运动方程组成。

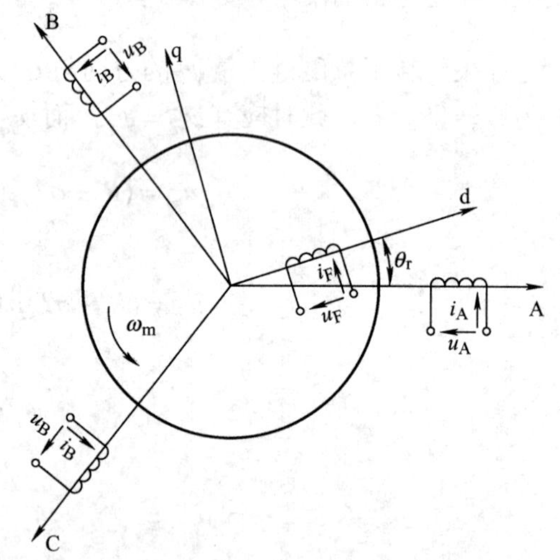

图 7-13　同步电动机的基本模型

1．电压方程

定、转子各绕组的电压平衡方程为

$$\begin{cases} u_A = R_s i_A + p\psi_A \\ u_B = R_s i_B + p\psi_B \\ u_C = R_s i_C + p\psi_C \\ u_F = R_F i_F + p\psi_F \end{cases} \tag{7-106}$$

式中，ψ_A、ψ_B、ψ_C 为定子各相绕组的磁链；ψ_F 为转子励磁绕组的磁链；R_s 为定子每相绕组的电阻；R_F 为励磁绕组的电阻。

将电压方程写成矩阵形式为

$$\begin{pmatrix} u_A \\ u_B \\ u_C \\ u_F \end{pmatrix} = \begin{pmatrix} R_s & 0 & 0 & 0 \\ 0 & R_s & 0 & 0 \\ 0 & 0 & R_s & 0 \\ 0 & 0 & 0 & R_F \end{pmatrix} \begin{pmatrix} i_A \\ i_B \\ i_C \\ i_F \end{pmatrix} + p \begin{pmatrix} \psi_A \\ \psi_B \\ \psi_C \\ \psi_F \end{pmatrix} \tag{7-107}$$

2. 磁链方程

每个绕组的磁链是它本身的自感磁链和其他绕组对它的互感磁链之和，因此，定、转子四个绕组的磁链可表示为

$$\begin{pmatrix} \psi_A \\ \psi_B \\ \psi_C \\ \psi_F \end{pmatrix} = \begin{pmatrix} L_{AA} & L_{AB} & L_{AC} & L_{AF} \\ L_{BA} & L_{BB} & L_{BC} & L_{BF} \\ L_{CA} & L_{CB} & L_{CC} & L_{CF} \\ L_{FA} & L_{FB} & L_{FC} & L_F \end{pmatrix} \begin{pmatrix} i_A \\ i_B \\ i_C \\ i_F \end{pmatrix} \tag{7-108}$$

式中，定子各相绕组的自感 L_{AA}、L_{BB}、L_{CC} 和定子各相绕组间的互感 L_{AB}、L_{AC}、L_{BA}、L_{BC}、L_{CA}、L_{CB} 均为转子角位移 θ 的函数，即

$$\begin{cases} L_{AA} = L_{s0} + L_{s2}\cos 2\theta_r \\ L_{BB} = L_{s0} + L_{s2}\cos 2\left(\theta_r - \dfrac{2\pi}{3}\right) \\ L_{CC} = L_{s0} + L_{s2}\cos 2\left(\theta_r + \dfrac{2\pi}{3}\right) \\ L_{BC} = L_{CB} = -L_{ms0} + L_{ms2}\cos 2\theta_r \\ L_{CA} = L_{AC} = -L_{ms0} + L_{ms2}\cos 2\left(\theta_r - \dfrac{2\pi}{3}\right) \\ L_{AB} = L_{BA} = -L_{ms0} + L_{ms2}\cos 2\left(\theta_r + \dfrac{2\pi}{3}\right) \end{cases} \tag{7-109}$$

式中，L_{s0} 和 L_{ms0} 分别为定子绕组自感和互感的恒值分量；L_{s2} 和 L_{ms2} 分别为定子绕组自感和互感二倍频分量的幅值。

L_F 为转子励磁绕组的自感，当不计齿槽效应时，定子铁心内圆为光滑圆柱，因此无论转子转到什么位置，转子磁动势所遇磁阻不变，因而 L_F 的大小与转子位置无关，为常值。

L_{AF}、L_{BF}、L_{CF}、L_{FA}、L_{FB}、L_{FC} 是励磁绕组与定子绕组间的互感，按照气隙磁场为正弦分布的假定，应有

$$\begin{cases} L_{AF} = L_{FA} = L_m\cos\theta_r \\ L_{BF} = L_{FB} = L_m\cos\left(\theta_r - \dfrac{2\pi}{3}\right) \\ L_{CF} = L_{FC} = L_m\cos\left(\theta_r + \dfrac{2\pi}{3}\right) \end{cases} \tag{7-110}$$

式中，L_m 为励磁绕组轴线与定子相绕组轴线重合时的互感。

可见，三相同步电动机的电压方程式(7-107)也是一组变系数的微分方程，该方程可以写为

$$\boldsymbol{u} = \boldsymbol{R}\boldsymbol{i} + p\boldsymbol{\psi} = \boldsymbol{R}\boldsymbol{i} + p(\boldsymbol{L}\boldsymbol{i}) \tag{7-111}$$

式中，$\boldsymbol{u} = (u_A \quad u_B \quad u_C \quad u_F)^T$，$\boldsymbol{i} = (i_A \quad i_B \quad i_C \quad i_F)^T$，$\boldsymbol{\Psi} = (\psi_A \quad \psi_B \quad \psi_C \quad \psi_F)^T$

$$\boldsymbol{R} = \begin{pmatrix} R_s & 0 & 0 & 0 \\ 0 & R_s & 0 & 0 \\ 0 & 0 & R_s & 0 \\ 0 & 0 & 0 & R_F \end{pmatrix}, \quad \boldsymbol{L} = \begin{pmatrix} L_{AA} & L_{AB} & L_{AC} & L_{AF} \\ L_{BA} & L_{BB} & L_{BC} & L_{BF} \\ L_{CA} & L_{CB} & L_{CC} & L_{CF} \\ L_{FA} & L_{FB} & L_{FC} & L_F \end{pmatrix}$$

3. *转矩方程*

根据式(7-76)，电磁转矩 T_e 可按下式计算

$$T_e = \frac{n_p}{2} \boldsymbol{i}^T \frac{\partial \boldsymbol{L}}{\partial \theta_r} \boldsymbol{i} \tag{7-112}$$

式中，电感矩阵 $\boldsymbol{L}$ 的偏导数 $\frac{\partial \boldsymbol{L}}{\partial \theta_r}$ 中仅 $\frac{\partial L_F}{\partial \theta_r} = 0$，其余元素仍为转子角位移 θ_r 的函数。

4. *运动方程*

与直流电动机一样，同步电动机的运动方程为

$$T_e - T_L = Jp\omega_m + D_\omega \omega_m \tag{7-113}$$

将式(7-111)～式(7-113)综合起来，再加上

$$\omega_r = p\theta_r \tag{7-114}$$

就构成了交流同步电动机的动态数学模型。

7.5.2 同步电动机的模型变换

利用三相到两相的变换，可以把静止的定子三相绕组 A、B、C 变换为静止的等效两相绕组 α、β，即从 A-B-C 坐标系变换为 α-β 坐标系。为了与标准的第二种原型电机模型一致，可以认为转子励磁绕组 F 固定不动，而定子绕组 α、β 围绕转子旋转，也就是说可以站在转子上观察同步电动机的运行。这样，定子的转向应为顺时针方向，如图 7-14a 所示，这就构成了与图 7-13 等效的第二种原型电机模型。

再进行 α-β 坐标系到 d-q 坐标系的变换，把定子绕组从旋转轴线变换到固定轴线，即把定子绕组 α、β 变换为伪静止绕组 d、q，而转子绕组 F 保持不变，如图 7-14b 所示(注意这里的旋转方向与图 7-1b 相同)。

这样，根据第一种原型电机的数学模型[式(7-6)]可以直接得到同步电动机的电压平衡方程为

$$\boldsymbol{u} = (\boldsymbol{R} + \boldsymbol{L}p + \boldsymbol{G}\omega_m)\boldsymbol{i} = \boldsymbol{Z}\boldsymbol{i} \tag{7-115}$$

式中，$\boldsymbol{u} = (u_d \quad u_q \quad u_F)^T$，$\boldsymbol{i} = (i_d \quad i_q \quad i_F)^T$，

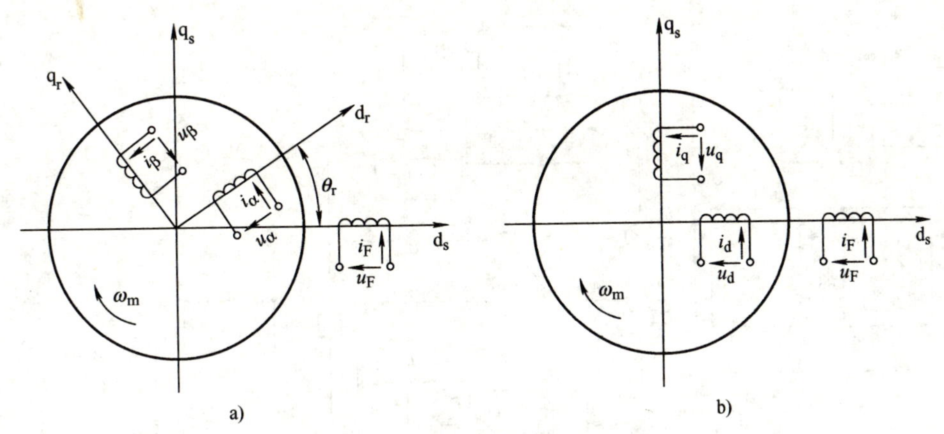

图 7-14　交流同步电动机的等效模型

a) 第二种原型电机模型　b) 第一种原型电机模型

$$\boldsymbol{R}=\begin{pmatrix} R_d & 0 & 0 \\ 0 & R_q & 0 \\ 0 & 0 & R_F \end{pmatrix},\ \boldsymbol{L}=\begin{pmatrix} L_d & 0 & L_{dF} \\ 0 & L_q & 0 \\ L_{Fd} & 0 & L_F \end{pmatrix},\ \boldsymbol{G}=\begin{pmatrix} 0 & -G_{dq} & 0 \\ G_{qd} & 0 & G_{qF} \\ 0 & 0 & 0 \end{pmatrix},$$

$$\boldsymbol{Z}=\begin{pmatrix} R_d+L_d p & -G_{dq}\omega_m & L_{dF}p \\ G_{qd}\omega_m & R_q+L_q p & G_{qF}\omega_m \\ L_{Fd}p & 0 & R_F+L_F p \end{pmatrix}$$

因为定子两个绕组的电阻是相等的，即 $R_d=R_q=R_s$；而运动电动势系数之间的关系为 $G_{dq}=n_pL_q$，$G_{qd}=n_pL_d$，$G_{qF}=n_pL_{dF}=n_pL_{Fd}$，所以式(7-115)可以写为

$$\begin{pmatrix} u_d \\ u_q \\ u_F \end{pmatrix}=\begin{pmatrix} R_s+L_d p & -\omega_r L_q & L_{dF}p \\ \omega_r L_d & R_s+L_q p & \omega_r L_{dF} \\ L_{dF}p & 0 & R_F+L_F p \end{pmatrix}\begin{pmatrix} i_d \\ i_q \\ i_F \end{pmatrix} \tag{7-116}$$

式中，ω_r 为电角速度，$\omega_r=n_p\omega_m$。

式(7-116)是同步电动机在两相静止坐标系上的数学模型。对于同步转速两相旋转坐标系，d-q 坐标轴相对于定子的角速度为定子同步角频率 ω_r=ω_s，如前文推导，可得相应的电压平衡方程为

$$\begin{pmatrix} u_d \\ u_q \\ u_F \end{pmatrix}=\begin{pmatrix} R_s+L_d p & -\omega_s L_q & L_{dF}p \\ \omega_s L_d & R_s+L_q p & \omega_s L_{dF} \\ L_{dF}p & 0 & R_F+L_F p \end{pmatrix}\begin{pmatrix} i_d \\ i_q \\ i_F \end{pmatrix} \tag{7-117}$$

电磁转矩 T_e 为

$$T_e=\boldsymbol{i}^{\mathrm{T}}\boldsymbol{G}\boldsymbol{i}=n_pL_{dF}i_Fi_q+n_p(L_d-L_q)i_di_q \tag{7-118}$$

式中，$n_p(L_d-L_q)i_di_q$ 是因直、交轴磁路磁阻不相等而产生的磁阻转矩。

式(7-117)和式(7-118)表示的同步电动机动态数学模型如图 7-15 所示。

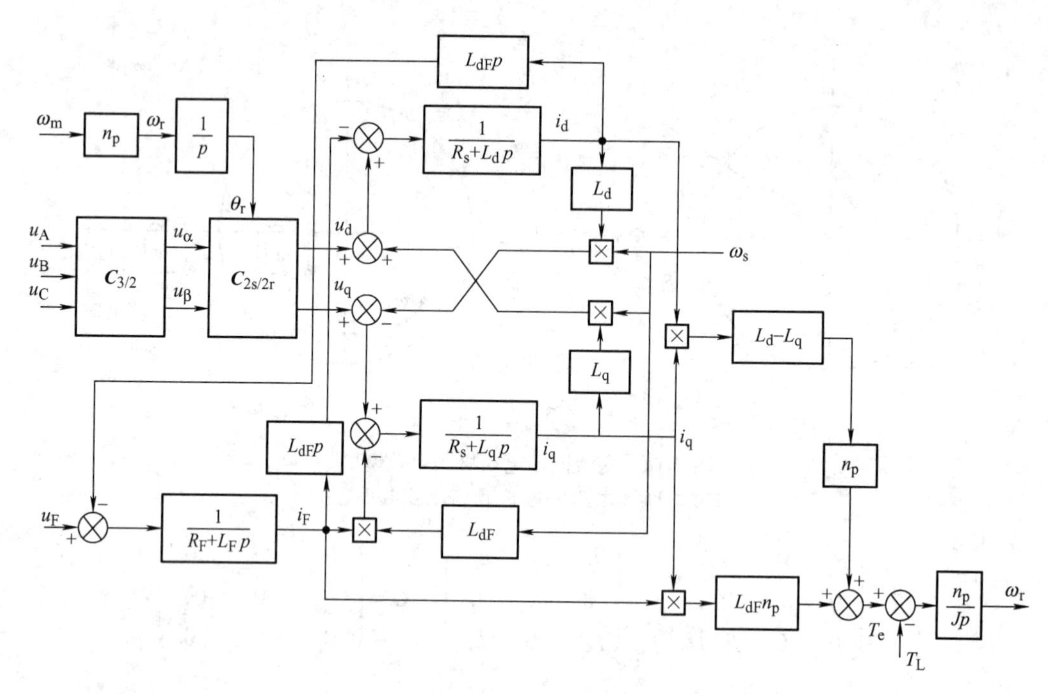

图 7-15　同步电动机的动态数学模型

当转子上装有阻尼绕组时，要精确地表示这些阻尼绕组的作用，需要分别用直轴和交轴方向上的若干个闭合回路(称为阻尼绕组多回路模型)来表征，这将大大增加电机方程的阶数，求解也比较困难。在不需要精确计算阻尼绕组导条电流与端环电流的场合下，可以采用直轴和交轴方向上各自一个短路的绕组(称为直轴阻尼绕组 D 和交轴阻尼绕组 Q)来等效，其等效的第一种原型电机模型如图 7-16 所示。相应的电压平衡方程与电磁转矩计算公式容易导出，此处从略。

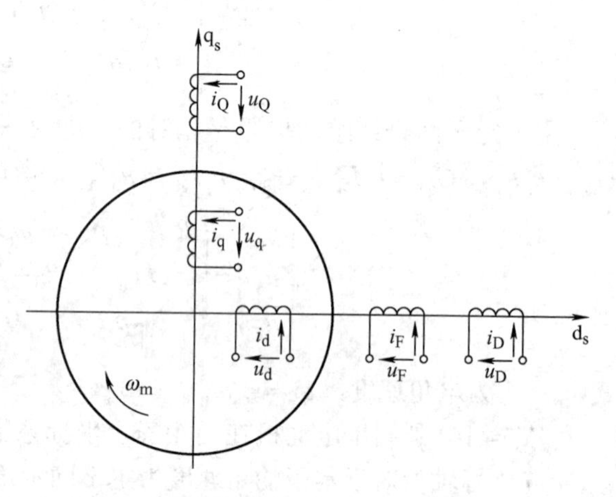

图 7-16　有阻尼绕组的同步电动机等效模型

7.6　电力传动系统的其他模型

采用统一电机理论建立的通用电机模型可广泛应用于电机的控制系统，特别是通过坐标变换和磁链定向，简化的双轴模型用于矢量控制或直接转矩控制等，成为目前交流电机高性能控制技术的主要方式。

随着控制理论与控制技术的发展，相应地需要其他建模方法和模型。本节简要介绍应用较多的电力传动系统的状态空间模型、离散模型与逆模型。

7.6.1　电力传动系统的状态方程模型

现代控制理论利用状态空间的基本概念来描述系统状态变量之间的相互关系，深刻揭示了系统内部的结构和状态，适用于多变量系统的描述与控制。

在状态空间中，线性系统的模型可用系统状态方程和输出方程描述为

$$\dot{\boldsymbol{X}} = \boldsymbol{AX} + \boldsymbol{BU} \tag{7-119}$$

$$\boldsymbol{Y} = \boldsymbol{CX} + \boldsymbol{DU} \tag{7-120}$$

式中，$\boldsymbol{X}$ 为系统的状态向量，$\boldsymbol{X} = (x_1, x_2, \cdots, x_n)^{\mathrm{T}}$；$\boldsymbol{U}$ 为系统的输入向量，也称为控制向量，$\boldsymbol{U} = (u_1, u_2, \cdots, u_m)^{\mathrm{T}}$；$\boldsymbol{Y}$ 为系统的输出向量，$\boldsymbol{Y} = (y_1, y_2, \cdots, y_r)^{\mathrm{T}}$；$\boldsymbol{A}$ 为状态矩阵；$\boldsymbol{B}$ 为控制矩阵；$\boldsymbol{C}$ 为输出矩阵；$\boldsymbol{D}$ 为前馈矩阵。

对于非线性系统，系统状态方程和输出方程可以表述为

$$\dot{\boldsymbol{X}} = \boldsymbol{f}(\boldsymbol{X}, \boldsymbol{U}) \tag{7-121}$$

$$\boldsymbol{Y} = \boldsymbol{g}(\boldsymbol{X}, \boldsymbol{U}) \tag{7-122}$$

式中，$\boldsymbol{f}(\cdot)$ 和 $\boldsymbol{g}(\cdot)$ 为非线性函数。

电力传动系统的状态方程，可以在前述的系统动态数学模型基础上，选择一定的变量作为系统状态变量来构建。

如前所述，三相异步电动机的模型通过坐标变化可简化为双轴模型，有 4 个一阶电压方程和 1 个一阶运动方程，需要选取 5 个状态变量。而 5 个方程中有 4 个电流变量、4 个磁链变量和一个转速变量ω，共 9 个变量可供选择。选取不同的状态变量集合，就有不同形式的状态方程。其中，转速作为输出变量必须选取；其余两组变量可以任意选取，一般来说，因为定子电流容易检测，可优先选择；而磁链对于电机控制极为重要，故按照磁链定向控制的不同，可选择定子磁链或转子磁链作为状态变量。

1. 选择定子电流和转子磁链为状态变量的模型

在异步电动机两相旋转 d-q 坐标系上的数学模型中，可选取定子电流 i_{sd}、i_{sq}，转子磁链 ψ_{rd}、ψ_{rq} 和转速ω_{r} 作为状态变量，即设系统的状态向量为

$$\boldsymbol{X} = (i_{\mathrm{sd}} \quad i_{\mathrm{sq}} \quad \psi_{\mathrm{rd}} \quad \psi_{\mathrm{rq}} \quad \omega_{\mathrm{r}})^{\mathrm{T}} \tag{7-123}$$

根据式(7-96)～式(7-100)，可推出异步电动机的状态方程模型为

$$\begin{cases} \dot{i}_{\mathrm{sd}} = -\dfrac{R_{\mathrm{s}}L_{\mathrm{r}}^2 + R_{\mathrm{r}}L_{\mathrm{m}}^2}{\sigma L_{\mathrm{s}}L_{\mathrm{r}}^2} i_{\mathrm{sd}} + \omega_{\mathrm{s}} i_{\mathrm{sq}} + \dfrac{L_{\mathrm{m}}}{\sigma L_{\mathrm{s}}L_{\mathrm{r}}T_{\mathrm{r}}}\psi_{\mathrm{rd}} + \dfrac{L_{\mathrm{m}}}{\sigma L_{\mathrm{s}}L_{\mathrm{r}}}\omega\psi_{\mathrm{rq}} + \dfrac{u_{\mathrm{sd}}}{\sigma L_{\mathrm{s}}} \\ \dot{i}_{\mathrm{sq}} = -\omega_{\mathrm{s}} i_{\mathrm{sd}} - \dfrac{R_{\mathrm{s}}L_{\mathrm{r}}^2 + R_{\mathrm{r}}L_{\mathrm{m}}^2}{\sigma L_{\mathrm{s}}L_{\mathrm{r}}^2} i_{\mathrm{sq}} - \dfrac{L_{\mathrm{m}}}{\sigma L_{\mathrm{s}}L_{\mathrm{r}}}\omega\psi_{\mathrm{rd}} + \dfrac{L_{\mathrm{m}}}{\sigma L_{\mathrm{s}}L_{\mathrm{r}}T_{\mathrm{r}}}\psi_{\mathrm{rq}} + \dfrac{u_{\mathrm{sq}}}{\sigma L_{\mathrm{s}}} \\ \dot{\psi}_{\mathrm{rd}} = \dfrac{L_{\mathrm{m}}}{T_{\mathrm{r}}} i_{\mathrm{sd}} - \dfrac{1}{T_{\mathrm{r}}}\psi_{\mathrm{rd}} + (\omega_{\mathrm{s}} - \omega_{\mathrm{r}})\psi_{\mathrm{rq}} \\ \dot{\psi}_{\mathrm{rq}} = \dfrac{L_{\mathrm{m}}}{T_{\mathrm{r}}} i_{\mathrm{sq}} - (\omega_{\mathrm{s}} - \omega_{\mathrm{r}})\psi_{\mathrm{rd}} - \dfrac{1}{T_{\mathrm{r}}}\psi_{\mathrm{rq}} \\ \dot{\omega}_{\mathrm{r}} = \dfrac{n_{\mathrm{p}}^2 L_{\mathrm{m}}}{JL_{\mathrm{r}}}(i_{\mathrm{sq}}\psi_{\mathrm{rd}} - i_{\mathrm{sd}}\psi_{\mathrm{rq}}) - \dfrac{n_{\mathrm{p}}}{J}T_{\mathrm{L}} \end{cases} \tag{7-124}$$

式中，σ 为电机漏磁系数，$\sigma = 1 - L_{\mathrm{m}}^2 / (L_{\mathrm{s}} L_{\mathrm{r}})$；$T_{\mathrm{r}}$ 为转子电磁时间常数，$T_{\mathrm{r}} = L_{\mathrm{r}} / R_{\mathrm{r}}$。

在式(7-124)中，系统的输入向量为

$$\boldsymbol{U} = (u_{\mathrm{sd}} \quad u_{\mathrm{sq}} \quad \omega_{\mathrm{s}} \quad T_{\mathrm{L}})^{\mathrm{T}} \tag{7-125}$$

输出向量为

$$\boldsymbol{Y} = (\omega_{\mathrm{r}} \quad \psi_{\mathrm{r}})^{\mathrm{T}} \tag{7-126}$$

式中，转子合成磁链为

$$\psi_{\mathrm{r}} = \sqrt{\psi_{\mathrm{rd}}^2 + \psi_{\mathrm{rq}}^2} \tag{7-127}$$

该模型适用于转子磁链定向控制，如矢量控制系统。

2. 选择定子电流和定子磁链为状态变量的模型

在异步电动机两相静止α-β坐标系上的数学模型中，可选择定子电流 i_{sd}、i_{sq}，定子磁链 ψ_{sd}、ψ_{sq} 和转速 ω_{r} 作为状态变量，即设系统的状态向量为

$$\boldsymbol{X} = (i_{\mathrm{sd}} \quad i_{\mathrm{sq}} \quad \psi_{\mathrm{sd}} \quad \psi_{\mathrm{sq}} \quad \omega_{\mathrm{r}})^{\mathrm{T}} \tag{7-128}$$

由于在静止坐标系中，$\omega_{\mathrm{s}}=0$，因此，设输入向量为

$$\boldsymbol{U} = (u_{\mathrm{sd}} \quad u_{\mathrm{sq}} \quad T_{\mathrm{L}})^{\mathrm{T}} \tag{7-129}$$

设输出向量为

$$\boldsymbol{Y} = (\omega_{\mathrm{r}} \quad \psi_{\mathrm{s}})^{\mathrm{T}} \tag{7-130}$$

式中，定子合成磁链为

$$\psi_{\mathrm{s}} = \sqrt{\psi_{\mathrm{sd}}^2 + \psi_{\mathrm{sq}}^2} \tag{7-131}$$

根据式(7-83)～式(7-85)，异步电动机在静止两相坐标系的状态方程模型为

$$\begin{cases}
\dot{i}_{\mathrm{s}\alpha} = -\dfrac{R_{\mathrm{s}} L_{\mathrm{r}} + R_{\mathrm{r}} L_{\mathrm{s}}}{\sigma L_{\mathrm{s}} L_{\mathrm{r}}} i_{\mathrm{s}\alpha} - \omega_{\mathrm{r}} i_{\mathrm{s}\beta} + \dfrac{1}{\sigma L_{\mathrm{s}} T_{\mathrm{r}}} \psi_{\mathrm{s}\alpha} + \dfrac{1}{\sigma L_{\mathrm{s}}} \omega_{\mathrm{r}} \psi_{\mathrm{s}\beta} + \dfrac{u_{\mathrm{s}\alpha}}{\sigma L_{\mathrm{s}}} \\
\dot{i}_{\mathrm{s}\beta} = \omega_{\mathrm{r}} i_{\mathrm{s}\alpha} - \dfrac{R_{\mathrm{s}} L_{\mathrm{r}} + R_{\mathrm{r}} L_{\mathrm{s}}}{\sigma L_{\mathrm{s}} L_{\mathrm{r}}} i_{\mathrm{s}\beta} - \dfrac{1}{\sigma L_{\mathrm{s}}} \omega_{\mathrm{r}} \psi_{\mathrm{s}\alpha} + \dfrac{1}{\sigma L_{\mathrm{s}} T_{\mathrm{r}}} \psi_{\mathrm{s}\beta} + \dfrac{u_{\mathrm{s}\beta}}{\sigma L_{\mathrm{s}}} \\
\dot{\psi}_{\mathrm{s}\alpha} = -R_{\mathrm{s}} i_{\mathrm{s}\alpha} + u_{\mathrm{s}\alpha} \\
\dot{\psi}_{\mathrm{s}\beta} = -R_{\mathrm{s}} i_{\mathrm{s}\beta} + u_{\mathrm{s}\beta} \\
\dot{\omega}_{\mathrm{r}} = \dfrac{n_{\mathrm{p}}^2}{J} (i_{\mathrm{s}\beta} \psi_{\mathrm{s}\alpha} - i_{\mathrm{s}\alpha} \psi_{\mathrm{s}\beta}) - \dfrac{n_{\mathrm{p}}}{J} T_{\mathrm{L}}
\end{cases} \tag{7-132}$$

该模型适用于定子磁链定向控制，如直接转矩控制系统。

7.6.2 电力传动系统的离散模型

当今，绝大部分高性能电力传动控制系统都采用计算机控制，如单片机、数字信号处理器(DSP)和现场可编程门阵列(FPGA)等控制器。数字控制系统通常需要针对离散系统模型来设计系统控制参数，因而需要建立电力传动控制系统的离散模型。

通常，系统的离散模型可采用差分方程来表示，对于线性系统，其离散状态空间方程的模型为

$$X(k+1)=GX(k)+HU(k) \tag{7-133}$$

$$Y(k)=CX(k)+DU(k) \tag{7-134}$$

离散系统的状态方程式(7-133)描述了$(k+1)$时刻的状态与 k 时刻的状态及输入向量之间的关系；输出方程式(7-134)描述了 k 时刻的输出向量与该时刻的状态向量及输入向量之间的关系。

假定已知连续系统的状态方程式(7-119)和式(7-120)的解为

$$X(t)=\Phi(t-t_0)X(t_0)+\int_{t_0}^{t}\Phi(t-\tau)B\mathrm{d}\tau \tag{7-135}$$

式中，$\Phi(t)$ 为状态转移矩阵。

设系统的采样时间为 T，且满足香农定理，令 $t_0=kT$，则 $X(t_0)=X(kT)$；令 $t=(k+1)T$，则 $X(t)=X[(k+1)T]$。假定在采样区间 T 内，输入保持不变，则 $U(t)=U(kT)$ 为常数，代入式(7-136)，可得连续系统的离散方程为

$$X[(k+1)T]=\Phi(T)X(kT)+\int_{kT}^{(k+1)T}\Phi[(k+1)T-\tau]B\mathrm{d}\tau\cdot U(kT) \tag{7-136}$$

记

$$G=\Phi(T) \tag{7-137}$$

$$H=\int_{kT}^{(k+1)T}\Phi[(k+1)T-\tau]B\mathrm{d}\tau \tag{7-138}$$

式(7-136)就转化成由式(7-133)描述的离散模型标准形式。

在电力传动系统中，为了简化起见，可采用二阶近似或一阶近似的方法，求取系统的离散模型。

对于线性定常系统的状态方程式(7-133)，其转移矩阵为

$$\Phi(t)=\mathrm{e}^{At} \tag{7-139}$$

将其按幂级数展开，得

$$\Phi(t)=\mathrm{e}^{At}=I+At+\frac{1}{2}A^2t^2+\cdots+\frac{1}{k!}A^kt^k+\cdots \tag{7-140}$$

如果采用一阶近似，式(7-137)可简化为

$$G=\Phi(T)=I+AT \tag{7-141}$$

由式(7-138)，在积分中略去二次项可得

$$H=\int_0^T\left[I+A(T-\tau)\right]B\mathrm{d}\tau\approx TB \tag{7-142}$$

如果采用二阶近似，式(7-137)可简化为

$$G = \boldsymbol{\Phi}(T) = I + AT + \frac{1}{2}A^2T^2 \tag{7-143}$$

对于式(7-138)，在积分中略去三次以上各项，可得

$$H = \int_0^T [I + A(T-\tau)]\, B\,\mathrm{d}\tau = T\left(I + \frac{1}{2}AT\right)B \tag{7-144}$$

由此，根据电力传动系统的连续状态方程，可以推出系统的离散模型。例如，在异步电动机两相旋转 d-q 坐标系上的状态方程式(7-124)中，如果假定转子磁链定向于 d 轴且保持恒定，即设$\psi_{\mathrm{rd}} = \psi_{\mathrm{r}}$，而$\psi_{\mathrm{rq}} = 0$，则式(7-124)变为由式(7-119)和式(7-120)所描述的线性系统状态模型，这里系统的状态向量、输入向量和输出向量分别为

$$X = (i_{\mathrm{sd}} \quad i_{\mathrm{sq}} \quad \psi_{\mathrm{rd}} \quad 0 \quad \omega_{\mathrm{r}})^{\mathrm{T}} \tag{7-145}$$

$$U = (u_{\mathrm{sd}} \quad u_{\mathrm{sq}} \quad \omega_{\mathrm{s}} \quad T_{\mathrm{L}})^{\mathrm{T}} \tag{7-146}$$

$$Y = (\psi_{\mathrm{r}} \quad \omega_{\mathrm{r}})^{\mathrm{T}} \tag{7-147}$$

$$A = \begin{pmatrix} -\dfrac{R_{\mathrm{s}}L_{\mathrm{r}}^2 + R_{\mathrm{r}}L_{\mathrm{m}}^2}{\sigma L_{\mathrm{s}}L_{\mathrm{r}}^2} & \omega_{\mathrm{s}} & \dfrac{L_{\mathrm{m}}}{\sigma L_{\mathrm{s}}L_{\mathrm{r}}T_{\mathrm{r}}} & 0 & 0 \\ -\omega_{\mathrm{s}} & -\dfrac{R_{\mathrm{s}}L_{\mathrm{r}}^2 + R_{\mathrm{r}}L_{\mathrm{m}}^2}{\sigma L_{\mathrm{s}}L_{\mathrm{r}}^2} & 0 & 0 & -\dfrac{L_{\mathrm{m}}}{\sigma L_{\mathrm{s}}L_{\mathrm{r}}}\psi_{\mathrm{r}} \\ \dfrac{L_{\mathrm{m}}}{T_{\mathrm{r}}} & 0 & -\dfrac{1}{T_{\mathrm{r}}} & \omega_{\mathrm{s}} & 0 \\ 0 & \dfrac{L_{\mathrm{m}}}{T_{\mathrm{r}}} & -\omega_{\mathrm{s}} & 0 & \psi_{\mathrm{r}} \\ 0 & \dfrac{n_{\mathrm{p}}^2L_{\mathrm{m}}}{JL_{\mathrm{r}}}\psi_{\mathrm{r}} & 0 & 0 & 0 \end{pmatrix} \tag{7-148}$$

$$B = \left(\frac{1}{\sigma L_{\mathrm{s}}} \quad \frac{1}{\sigma L_{\mathrm{s}}} \quad 0 \quad 0 \quad -\frac{n_{\mathrm{p}}}{J}\right) \tag{7-149}$$

$$C = (0 \quad 0 \quad 1 \quad 0 \quad 1) \tag{7-150}$$

$$D = 0$$

在此条件下，由式(7-141)和式(1-142)可推出异步电动机在同步旋转坐标系上，按转子磁链定向的一阶近似离散状态模型为

$$\begin{cases} X(k+1) = GX(k) + HU(k) \\ Y(k) = CX(k) \end{cases} \tag{7-151}$$

式中，

$$
\boldsymbol{G}=\boldsymbol{I}+\boldsymbol{A}T=T\begin{pmatrix}
1-\dfrac{R_{\mathrm{s}}L_{\mathrm{r}}^{2}+R_{\mathrm{r}}L_{\mathrm{m}}^{2}}{\sigma L_{\mathrm{s}}L_{\mathrm{r}}^{2}} & \omega_{\mathrm{s}} & \dfrac{L_{\mathrm{m}}}{\sigma L_{\mathrm{s}}L_{\mathrm{r}}T_{\mathrm{r}}} & 0 & 0\\
\omega_{\mathrm{s}} & 1-\dfrac{R_{\mathrm{s}}L_{\mathrm{r}}^{2}+R_{\mathrm{r}}L_{\mathrm{m}}^{2}}{\sigma L_{\mathrm{s}}L_{\mathrm{r}}^{2}} & 0 & 0 & -\dfrac{L_{\mathrm{m}}}{\sigma L_{\mathrm{s}}L_{\mathrm{r}}}\psi_{\mathrm{r}}\\
\dfrac{L_{\mathrm{m}}}{T_{\mathrm{r}}} & 0 & 1-\dfrac{1}{T_{\mathrm{r}}} & \omega_{\mathrm{s}} & 0\\
0 & \dfrac{L_{\mathrm{m}}}{T_{\mathrm{r}}} & -\omega_{\mathrm{s}} & 1 & \psi_{\mathrm{r}}\\
0 & \dfrac{n_{\mathrm{p}}^{2}L_{\mathrm{m}}}{JL_{\mathrm{r}}}\psi_{\mathrm{r}} & 0 & 0 & 1
\end{pmatrix} \tag{7-152}
$$

$$
\boldsymbol{H}=\boldsymbol{B}T=T\begin{pmatrix}\dfrac{1}{\sigma L_{\mathrm{s}}} & \dfrac{1}{\sigma L_{\mathrm{s}}} & 0 & 0 & -\dfrac{n_{\mathrm{p}}}{J}\end{pmatrix} \tag{7-153}
$$

7.6.3　电力传动系统的逆模型

电力传动系统在本质上是非线性的，根据非线性控制理论，可以采用反馈线性化方法求解，进而发展了逆系统控制方法，其基本思想就是寻找被控对象的逆模型，将其作为控制器与原模型相抵消，由此获得所需的控制性能。

任何非线性系统的模型可由式(7-121)和式(7-122)来描述，从泛函的角度看，该模型表示了一个从输入空间 $\boldsymbol{U}$ 到输出空间 $\boldsymbol{Y}$ 的非线性映射：

$$
F:\boldsymbol{U}\rightarrow\boldsymbol{Y} \tag{7-154}
$$

也可写成

$$
\boldsymbol{Y}=F\boldsymbol{U} \tag{7-155}
$$

式中，映射 F 也可看作是输入与输出的关系，或称为变换与模型。

如果在映射 F 中存在一个反映射 F^{-1}，即

$$
F^{-1}:\boldsymbol{Y}\rightarrow\boldsymbol{U} \tag{7-156}
$$

或写成

$$
\boldsymbol{U}=F^{-1}\boldsymbol{Y} \tag{7-157}
$$

将式(7-157)代入式(7-155)，则有

$$
\boldsymbol{Y}=F\boldsymbol{U}=FF^{-1}\boldsymbol{Y}=\boldsymbol{Y} \tag{7-158}
$$

式(7-158)说明，逆映射与原映射可以相互抵消。F^{-1} 又称为原系统的逆模型。

对于交流异步电动机，可从原模型式(7-123)～式(7-126)或式(7-128)～式(7-132)中求出其相应的逆模型。

例如，笼型转子异步电动机在两相静止α-β坐标系上的原模型由式(7-128)～式(7-132)描述，为推导方便，将该模型重新写为

$$\begin{cases}\dot{x}_1=-\gamma x_1-x_5x_2+\alpha\beta x_3+\beta x_5x_4+\beta u_1\\ \dot{x}_2=x_5x_1-\gamma x_2-\beta x_5x_3+\alpha\beta x_4+\beta u_2\\ \dot{x}_3=-R_{\mathrm{s}}x_1+u_1\\ \dot{x}_4=-R_{\mathrm{s}}x_2+u_2\\ \dot{x}_5=\mu(x_3x_2-x_4x_1)-\dfrac{n_{\mathrm{p}}}{J}T_{\mathrm{L}}\end{cases} \tag{7-159}$$

式中，$\alpha=1/T_{\mathrm{r}}$，$\beta=1/(\sigma L_{\mathrm{s}})$，$\gamma=(R_{\mathrm{s}}L_{\mathrm{r}}+R_{\mathrm{r}}L_{\mathrm{s}})/(\sigma L_{\mathrm{s}}L_{\mathrm{r}})$，$\mu=n_{\mathrm{p}}^2/J$。

在式(7-159)中，系统的状态向量、输入向量和输出向量分别为

$$\boldsymbol{X}=(x_1\quad x_2\quad x_3\quad x_4\quad x_5)^{\mathrm{T}}=(i_{\mathrm{s\alpha}}\quad i_{\mathrm{s\beta}}\quad \psi_{\mathrm{s\alpha}}\quad \psi_{\mathrm{s\beta}}\quad \omega_{\mathrm{r}})^{\mathrm{T}} \tag{7-160}$$

$$\boldsymbol{U}=(u_1\quad u_2)^{\mathrm{T}}=(u_{\mathrm{s\alpha}}\quad u_{\mathrm{s\beta}})^{\mathrm{T}} \tag{7-161}$$

$$\boldsymbol{Y}=(y_1\quad y_2)^{\mathrm{T}}=(\omega_{\mathrm{r}}\quad \psi_{\mathrm{s}})^{\mathrm{T}} \tag{7-162}$$

现反过来设其输入向量为

$$\boldsymbol{W}=(\omega_{\mathrm{r}}\quad \psi_{\mathrm{s}})^{\mathrm{T}} \tag{7-163}$$

而设其输出向量为

$$\boldsymbol{V}=(u_{\mathrm{s\alpha}}\quad u_{\mathrm{s\beta}})^{\mathrm{T}} \tag{7-164}$$

这样，利用隐函数定理[3]，可以求出式(7-159)的解，也就是相应的逆模型为

$$\boldsymbol{V}=\boldsymbol{A}^{-1}\begin{pmatrix}\dot{y}_1 & -\mu\boldsymbol{C}\\ \dot{y}_2 & -\boldsymbol{D}\end{pmatrix} \tag{7-165}$$

式中，

$$\boldsymbol{A}=\begin{pmatrix}\mu(x_2-\beta x_4) & \mu(\beta x_3-x_1)\\ 2x_3 & 2x_4\end{pmatrix}$$

$$\boldsymbol{C}=\gamma x_4x_1+x_4x_5x_2-\beta x_4^2x_5+x_3x_5x_1-\gamma x_3x_2-\beta x_3^2x_5-R_{\mathrm{s}}x_2x_1+R_{\mathrm{r}}x_1x_2$$

$$\boldsymbol{D}=-2R_{\mathrm{s}}x_1x_3-2R_{\mathrm{s}}x_2x_4$$

电力传动系统的逆模型既可用于逆系统控制，也可用于系统的参数辨识等。有关深入的内容将在后续章节讨论。

7.7　多相电动机的建模与坐标变换

由于传统的三相电机在一些应用场合，比如大功率、低电压大电流的电力传动等特殊领域中存在一定的局限性，多相电动机逐渐进入人们的视野。这里的多相电动机指的是定子绕组相数多于三相的交流电动机，可以是多相异步电动机、多相同步电动机或多相永磁同步电动机[4]。

7.7.1　多相电动机的结构

多相电动机定子绕组的结构可以分为两大类：一类是绕组均布型，即多相绕组沿定子铁

心内表面均匀分布，其相数一般为奇数，如五相、七相、十一相等，这实质上是三相对称交流绕组的多维推广；另一类是绕组非均布型，即多相绕组由若干套对称的三相交流绕组构成，各套绕组之间移开一定的角度，如图 7-17 所示的六相双Y移 30° 绕组和十二相四Y移 15° 绕组。

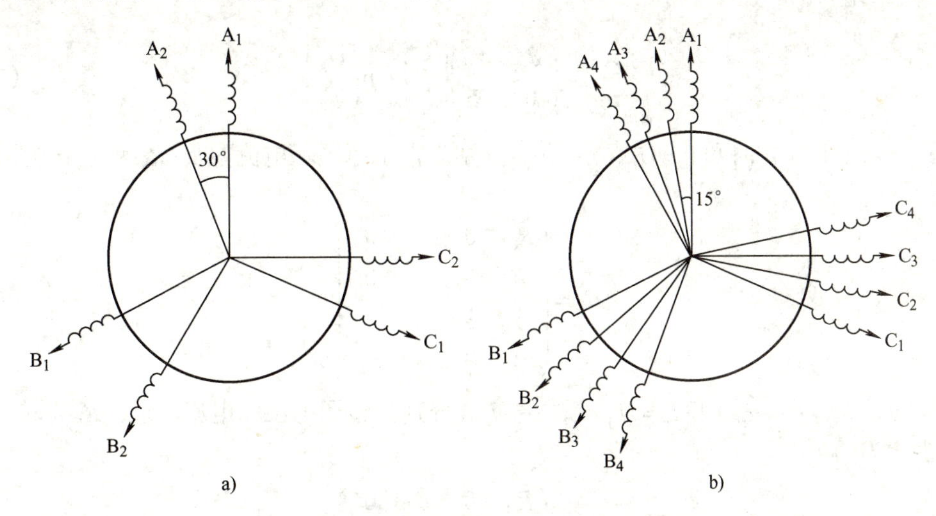

图 7-17　多相交流电动机的定子绕组结构

a) 六相双Y移 30°绕组　b) 十二相四Y移 15°绕组

电动机的总输出转矩可以看成是各套Y绕组单独产生的电磁转矩之和，因此可以以每套三相Y绕组为单元对电动机进行设计和控制。研究表明，这种非均布、非对称的绕组结构可以提高电机气隙磁场高次谐波的最低次数，并减小相应的谐波幅值，从而更为有效地消除谐波，减小转矩脉动。

相对于普通三相系统，多相交流变频调速系统有许多突出的特点：

1) 低压大功率。从交流电机功率计算的基本公式 $P = mUI\cos\varphi$ 容易看出，在电压、电流受限的情况下，提高电机相数可以提高输出功率。就是说可以用低压器件实现大功率的输出，特别适合无法得到高电压但又需要输出大功率的场合，如航空航天和船舶电力推进系统等。

2) 转矩脉动小。在三相交流电机中，因为气隙磁场高次谐波与基波相互作用而产生谐波转矩，引起转速波动。随着电机相数的提高，气隙磁场高次谐波的最低次数提高，而其幅值减小，相应的高次谐波转矩减小，这样转矩脉动将大幅度下降，系统稳态和动态性能都得到改善。

3) 可靠性提高。多相电机采用相冗余的结构，当系统有一相或几相因故不能正常工作时，系统只需降额运行而不必停车。这种断相运行的特点非常适用于某些重要的不允许中途停车的场合，如核反应堆的供水装置。

4) 系统效率高。随着气隙谐波磁场的减小，转子谐波电流和谐波损耗都会减小，逆变器直流母线上的电流谐波也会减小，系统效率将得到较大的提高。

7.7.2　多相电动机的数学模型

多相电动机的动态数学模型与三相电机一样，也是由电压方程、磁链方程和转矩方程组成，只不过方程组的变量和数量随着电动机相数的增加而增加。一般而言，对称的 N 相电动机的数学模型可用矩阵形式表示。

1. 电压方程

$$\begin{pmatrix} \boldsymbol{u}_{\mathrm{s}} \\ \boldsymbol{u}_{\mathrm{r}} \end{pmatrix} = \begin{pmatrix} \boldsymbol{R}_{\mathrm{s}} & 0 \\ 0 & \boldsymbol{R}_{\mathrm{r}} \end{pmatrix} \begin{pmatrix} \boldsymbol{i}_{\mathrm{s}} \\ \boldsymbol{i}_{\mathrm{r}} \end{pmatrix} + p \begin{pmatrix} \boldsymbol{\psi}_{\mathrm{s}} \\ \boldsymbol{\psi}_{\mathrm{r}} \end{pmatrix} \tag{7-166}$$

式中，$\boldsymbol{u}_{\mathrm{s}} = [u_{\mathrm{s1}}, u_{\mathrm{s2}}, \cdots, u_{\mathrm{s}N}]$ 和 $\boldsymbol{i}_{\mathrm{s}} = [i_{\mathrm{s1}}, i_{\mathrm{s2}}, \cdots, i_{\mathrm{s}N}]$ 分别为定子电压和电流向量；$\boldsymbol{R}_{\mathrm{s}}$ 为定子电阻矩阵，表示为

$$\boldsymbol{R}_{\mathrm{s}} = \begin{pmatrix} R_{\mathrm{s1}} & 0 & \cdots & 0 \\ 0 & 0 & & 0 \\ \vdots & \vdots & & \vdots \\ 0 & 0 & \cdots & R_{\mathrm{s}N} \end{pmatrix} \tag{7-167}$$

$\boldsymbol{u}_{\mathrm{r}} = (u_{\mathrm{r1}} \quad u_{\mathrm{r2}} \quad \cdots \quad u_{\mathrm{r}N})$ 和 $\boldsymbol{i}_{\mathrm{r}} = (i_{\mathrm{r1}} \quad i_{\mathrm{r2}} \quad \cdots \quad i_{\mathrm{r}N})$ 分别为转子电压和电流向量；$\boldsymbol{R}_{\mathrm{r}}$ 为转子电阻矩阵，表示为

$$\boldsymbol{R}_{\mathrm{r}} = \begin{pmatrix} R_{\mathrm{r1}} & 0 & \cdots & 0 \\ 0 & 0 & \cdots & 0 \\ \vdots & \vdots & & \vdots \\ 0 & 0 & \cdots & R_{\mathrm{r}N} \end{pmatrix} \tag{7-168}$$

$\boldsymbol{\psi}_{\mathrm{s}} = (\psi_{\mathrm{s1}} \quad \psi_{\mathrm{s2}} \quad \cdots \quad \psi_{\mathrm{s}N})$ 和 $\boldsymbol{\psi}_{\mathrm{r}} = (\psi_{\mathrm{r1}} \quad \psi_{\mathrm{r2}} \quad \cdots \quad \psi_{\mathrm{r}N})$ 分别为定子和转子磁链向量。

2. 磁链方程

$$\begin{pmatrix} \boldsymbol{\psi}_{\mathrm{s}} \\ \boldsymbol{\psi}_{\mathrm{r}} \end{pmatrix} = \begin{pmatrix} \boldsymbol{L}_{\mathrm{ss}} & \boldsymbol{L}_{\mathrm{sr}} \\ \boldsymbol{L}_{\mathrm{rs}} & \boldsymbol{L}_{\mathrm{rr}} \end{pmatrix} \begin{pmatrix} \boldsymbol{i}_{\mathrm{s}} \\ \boldsymbol{i}_{\mathrm{r}} \end{pmatrix} \tag{7-169}$$

式中，$\boldsymbol{L}_{\mathrm{ss}}$ 为定子电感矩阵，即

$$\boldsymbol{L}_{\mathrm{ss}} = \begin{pmatrix} L_{\mathrm{s11}} & L_{\mathrm{s12}} & \cdots & L_{\mathrm{s1}N} \\ L_{\mathrm{s21}} & L_{\mathrm{s22}} & \cdots & L_{\mathrm{s2}N} \\ \vdots & \vdots & & \vdots \\ L_{\mathrm{s}N1} & L_{\mathrm{s}N2} & \cdots & L_{\mathrm{s}NN} \end{pmatrix} \tag{7-170}$$

其中，定子各绕组的自感相等，即 $L_{\mathrm{s11}} = L_{\mathrm{s22}} = \cdots = L_{\mathrm{s}NN} = L_{\mathrm{ms}} + L_{l\mathrm{s}} = L_{\mathrm{s}}$，$L_{\mathrm{ms}}$ 为定子主磁通电感，$L_{l\mathrm{s}}$ 为定子漏磁通电感；定子绕组间的互感为

$$L_{\mathrm{s}ij} = L_{\mathrm{ms}} \cos\left[(j-i)\frac{2\pi}{N}\right] \tag{7-171}$$

$\boldsymbol{L}_{\mathrm{rr}}$ 为转子电感矩阵，即

$$\boldsymbol{L}_{\mathrm{rr}} = \begin{pmatrix} L_{\mathrm{r11}} & L_{\mathrm{r12}} & \cdots & L_{\mathrm{r1}N} \\ L_{\mathrm{r21}} & L_{\mathrm{r22}} & \cdots & L_{\mathrm{r2}N} \\ \vdots & \vdots & & \vdots \\ L_{\mathrm{r}N1} & L_{\mathrm{r}N2} & \cdots & L_{\mathrm{r}NN} \end{pmatrix} \tag{7-172}$$

其中，转子各绕组的自感相等，即 $L_{r11}=L_{r22}=\cdots=L_{rNN}=L_{mr}+L_{rl}=L_r$，$L_{mr}$ 为转子主磁通电感，L_{lr} 为转子漏磁通电感；转子绕组间的互感为

$$L_{rij}=L_{mr}\cos\left[(j-i)\frac{2\pi}{N}\right] \tag{7-173}$$

$\boldsymbol{L}_{sr}$ 和 $\boldsymbol{L}_{rs}$ 为定子与转子间的互感矩阵，且互为转置矩阵，即

$$\boldsymbol{L}_{sr}=\boldsymbol{L}_{rs}^{T}=\begin{pmatrix} L_{s1r1} & L_{s1r2} & \cdots & L_{s1rN} \\ L_{s2r1} & L_{s2r2} & \cdots & L_{s2rN} \\ \vdots & \vdots & & \vdots \\ L_{sNr1} & L_{sNr2} & \cdots & L_{sNrN} \end{pmatrix} \tag{7-174}$$

因 $L_{ms}=L_{mr}=L_m$，各绕组的互感为

$$L_{sirj}=L_{risj}=L_m\cos\left[\theta+(i+j-2)\frac{2\pi}{N}\right] \tag{7-175}$$

这里，θ 为定子与转子的角位差，等于转速的积分，即有

$$\theta=\int\omega_r \mathrm{d}t \tag{7-176}$$

3. 转矩方程及运动方程

根据机电能量转换原理，多相绕组电动机在线性电感的条件下磁场储能为[2]

$$W_m=\frac{1}{2}\boldsymbol{i}^T\boldsymbol{\psi}=\frac{1}{2}\boldsymbol{i}^T\boldsymbol{L}\boldsymbol{i}$$

而电磁转矩等于机械角位移变化时磁场储能的变化率 $\frac{\partial W_m}{\partial \theta_m}$（电流约束为常值），机械角位移 $\theta_m=\theta_r/n_p$，于是有

$$T_e=\left.\frac{\partial W_m}{\partial \theta_m}\right|_{i=\mathrm{const}}=n_p\left.\frac{\partial W_m}{\partial \theta_r}\right|_{i=\mathrm{const}}$$

考虑到电感的分块矩阵中仅有 $\boldsymbol{L}_{sr}$ 和 $\boldsymbol{L}_{rs}$ 是 θ 的函数，可得

$$T_e=\frac{1}{2}n_p\boldsymbol{i}^T\frac{\partial \boldsymbol{L}}{\partial \theta_r}\boldsymbol{i}=\frac{1}{2}n_p\boldsymbol{i}^T\begin{pmatrix} \boldsymbol{0} & \dfrac{\partial \boldsymbol{L}_{sr}}{\partial \theta_r} \\ \dfrac{\partial \boldsymbol{L}_{rs}}{\partial \theta_r} & \boldsymbol{0} \end{pmatrix}\boldsymbol{i} \tag{7-177}$$

再将电流向量代入式(7-177)得

$$T_e=\frac{1}{2}n_p\left[\boldsymbol{i}_r^T\frac{\partial \boldsymbol{L}_{rs}}{\partial \theta_r}\boldsymbol{i}_s+\boldsymbol{i}_s^T\frac{\partial \boldsymbol{L}_{sr}}{\partial \theta_r}\boldsymbol{i}_r\right] \tag{7-178}$$

交流电动机的运动方程与直流电动机相同，即由式(5-9)表示，考虑到机械角速度 ω_m 与转子电角速度 ω_r 之间的关系为

$$\omega_r=n_p\omega_m \tag{7-179}$$

交流电动机的运动方程可写成

$$T_{\mathrm{e}}-T_{\mathrm{L}}=\frac{J}{n_{\mathrm{p}}}p\omega_{\mathrm{r}}+\frac{D_{\omega}}{n_{\mathrm{p}}}\omega_{\mathrm{r}} \tag{7-180}$$

7.7.3 多相电动机的坐标变换

Park 变换可以推广到任意相电动机与 d-q 坐标的变换。设 N 相绕组的电动机，其 Park 变换矩阵为

$$\boldsymbol{C}_{N\mathrm{s}/2\mathrm{r}}=\sqrt{\frac{2}{N}}\begin{pmatrix}\cos(-\theta) & \cos\left(\frac{2\pi}{N}-\theta\right) & \cdots & \cos\left(\frac{2\pi(N-1)}{N}-\theta\right)\\ \sin(-\theta) & \sin\left(\frac{2\pi}{N}-\theta\right) & \cdots & \sin\left(\frac{2\pi(N-1)}{N}-\theta\right)\end{pmatrix} \tag{7-181}$$

$$\boldsymbol{C}_{N\mathrm{r}/2\mathrm{r}}=\sqrt{\frac{2}{N}}\begin{pmatrix}1 & \cos\frac{2\pi}{N} & \cos\frac{4\pi}{N} & \cdots & \cos\frac{2\pi(N-1)}{N}\\ 0 & \sin\frac{2\pi}{N} & \sin\frac{4\pi}{N} & \cdots & \sin\frac{2\pi(N-1)}{N}\end{pmatrix} \tag{7-182}$$

对于不对称的多相电动机，可采用 Fortescue 理论将多相系统用相同待定变量的三个三相对称系统来代替，其中正序、负序系统是两个对称、相序相反的三相系统，零序系统是一个三相幅值相同、三相量同相的系统，用来反映三相变量之和不为零的不平衡量[5]。

早在 1918 年，Fortescue 就提出了对称分量法[6]，能够简化不平衡多相系统的分析。现在假设有一台 N 相电动机，Fortescue 已经证明，这个 N 相电动机可以分解成 N–1 个对称系统和一个单极性的系统。在这里，“对称系统”是指其中的矢量具有相同的模和相同的相位偏移，而“单极性系统”指其中矢量具有相同的模和相位角[6]。Fortescue 变换矩阵可表示为

$$\boldsymbol{C}_{\mathrm{F}}=\begin{pmatrix}1 & 1 & \cdots & 1\\ 1 & \alpha & \cdots & \alpha^{N-1}\\ \vdots & \vdots & & \vdots\\ 1 & \alpha^{N-1} & \cdots & \alpha\end{pmatrix} \tag{7-183}$$

式中，$\alpha=\mathrm{e}^{\mathrm{j}\frac{2\pi}{N}}$。

每列的确定方法如下：

$$(\boldsymbol{S}_r)=\begin{pmatrix}1\\ \alpha^{r-1}\\ \alpha^{2(r-1)}\\ \vdots\\ \alpha^{(N-1)(r-1)}\end{pmatrix} \tag{7-184}$$

其中，r 是指变换矩阵中的第 r 列，当 r 取 1、2 或者 N 时，分别得到零序列、负序列和正序列。例如，对于一个三相不对称电压，可以表示为

$$\begin{pmatrix}u_{\mathrm{A}}\\ u_{\mathrm{B}}\\ u_{\mathrm{C}}\end{pmatrix}=\begin{pmatrix}u_{\mathrm{A0}}\\ u_{\mathrm{B0}}\\ u_{\mathrm{C0}}\end{pmatrix}+\begin{pmatrix}u_{\mathrm{A-}}\\ u_{\mathrm{B-}}\\ u_{\mathrm{C-}}\end{pmatrix}+\begin{pmatrix}u_{\mathrm{A+}}\\ u_{\mathrm{B+}}\\ u_{\mathrm{C+}}\end{pmatrix} \tag{7-185}$$

这里，零序电压分量的幅值和相位相等，即$u_{A0}=u_{B0}=u_{C0}$；负序电压分量的幅值相等，但相位相差$\dfrac{2\pi}{3}$，即$u_{A-}=\alpha u_{B-}=\alpha^2 u_{C-}$；正序电压分量的幅值相等，但相位相差$\dfrac{2\pi}{3}$，且相序相反，即$u_{A+}=\alpha^2 u_{B+}=\alpha u_{C+}$。用矢量表示即为

$$\begin{cases}U_0=u_{A0}+u_{B0}+u_{C0}\\ U_-=u_{A-}+\alpha u_{B-}+\alpha^2 u_{C-}\\ U_+=u_{A+}+\alpha^2 u_{B+}+\alpha u_{C+}\end{cases}$$

Fortescue 的对称分量法常用于电力系统的负载不平衡分析与故障诊断等领域，也可以应用于多相电机的建模与坐标变换。

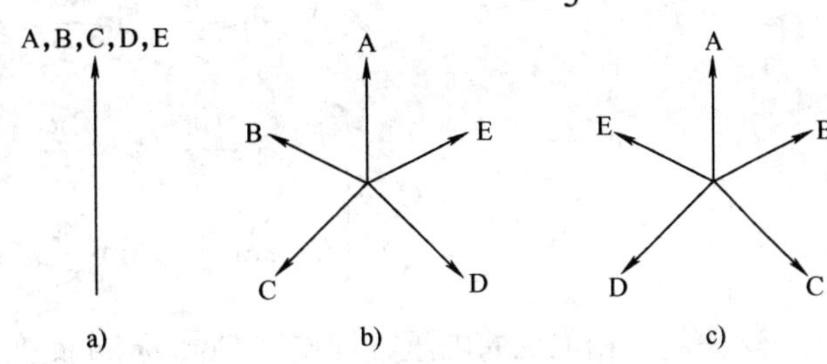

图 7-18　五相电机的电流序列图

a) 0 序列　b) 正序列　c) 负序列

现以五相电动机的建模为例来说明其建模与坐标变换。分析一个对称的五相电机，可以得到的电流序列如图 7-18 所示。此时，式(7-183)的变换矩阵即为

$$\boldsymbol{C}_{F5}=\begin{pmatrix}1&1&1&1&1\\1&\alpha&\alpha^2&\alpha^3&\alpha^4\\1&\alpha^2&\alpha^4&\alpha&\alpha^3\\1&\alpha^3&\alpha&\alpha^4&\alpha^2\\1&\alpha^4&\alpha^3&\alpha^2&\alpha\end{pmatrix}\tag{7-186}$$

根据 Fortescue 变换的原理，多相电机的每个物理矢量 $\boldsymbol{X}$(电压、电流、感应电动势等)将会被投影到相应子空间，即有

$$(\boldsymbol{X}_h)=C_{Fh}\mathrm{e}^{\mathrm{j}(h\theta+\varphi_h)}\begin{pmatrix}1\\\alpha^{4h}\\\alpha^{3h}\\\alpha^{2h}\\\alpha^{h}\end{pmatrix}\tag{7-187}$$

式中，h为谐波的次数；C_{Fh}和φ_h分别为相对应的峰值和延迟的相位角度。

由式(7-186)和式(7-187)可以推导出以下谐波分布：

1) 1、4、6、8、…次谐波属于正序列，由式(7-186)中第 2 列和第 5 列组成。

2) 2、3、7、9、…次谐波属于负序列，由式(7-186)中第 3 列和第 4 列组成。

3) 5、10、15、20、…次谐波属于零序列，由式(7-186)中第 1 列组成[7]。

根据以上结论可以得知，一台五相电机可以按照一定规律分解成为三台电机，分别为正序电机、负序电机以及单极性电机[7]。

对于一个五相对称电机，其 5、10、15、20、…次谐波被抵消，因而不存在由零序列变量构成的单极性电机。因此，通过静止坐标系的 Concordia 变换，一个五相系统可以变换成两个静止的两相系统，即在α_p-β_p和α_s-β_s坐标系上的正序电机和负序电机，其坐标转换关系如图 7-19 所示。

相对应的变换矩阵如下：

$$\boldsymbol{C}_{\mathrm{p}}=\begin{pmatrix}1 & \cos\frac{2\pi}{5} & \cos\frac{4\pi}{5} & \cos\frac{6\pi}{5} & \cos\frac{8\pi}{5}\\ 0 & \sin\frac{2\pi}{5} & \sin\frac{4\pi}{5} & \sin\frac{6\pi}{5} & \sin\frac{8\pi}{5}\end{pmatrix} \tag{7-188}$$

$$\boldsymbol{C}_{\mathrm{s}}=\begin{pmatrix}1 & \cos\frac{6\pi}{5} & \cos\frac{2\pi}{5} & \cos\frac{8\pi}{5} & \cos\frac{4\pi}{5}\\ 0 & \sin\frac{6\pi}{5} & \sin\frac{2\pi}{5} & \sin\frac{8\pi}{5} & \sin\frac{4\pi}{5}\end{pmatrix} \tag{7-189}$$

这样，五相电机的电压方程通过 Concordia 变换，可以写成

$$(\boldsymbol{u})_{\alpha\beta,\mathrm{y}}=\sqrt{\frac{2}{5}}C_y(\boldsymbol{u})_{\mathrm{ABCDE}} \tag{7-190}$$

式中，$(\boldsymbol{u})_{\alpha\beta,\mathrm{y}}=(u_\alpha\quad u_\beta)^{\mathrm{T}}$；$(\boldsymbol{u})_{\mathrm{ABCDE}}=(u_{\mathrm{A}}\quad u_{\mathrm{B}}\quad u_{\mathrm{C}}\quad u_{\mathrm{D}}\quad u_{\mathrm{E}})^{\mathrm{T}}$；$y$=p, s。

由于α、β属于两相静止坐标系，因此还需要运用 Park 变换，将其转换到两相旋转坐标系中来，变换关系如图 7-20 所示。

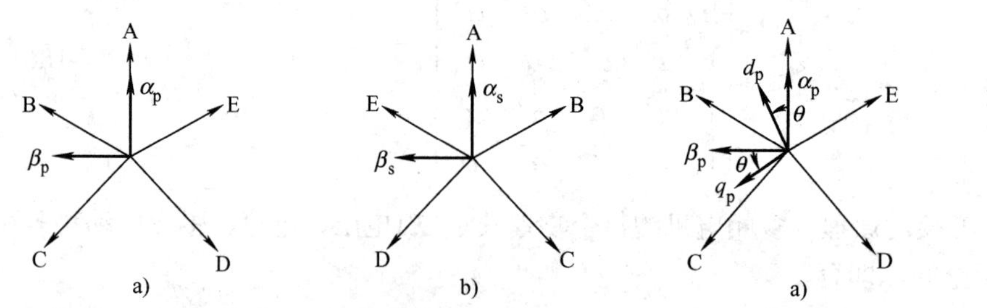

图 7-19　五相电机的 Concordia 变换关系

a) 主要电机　b) 次要电机

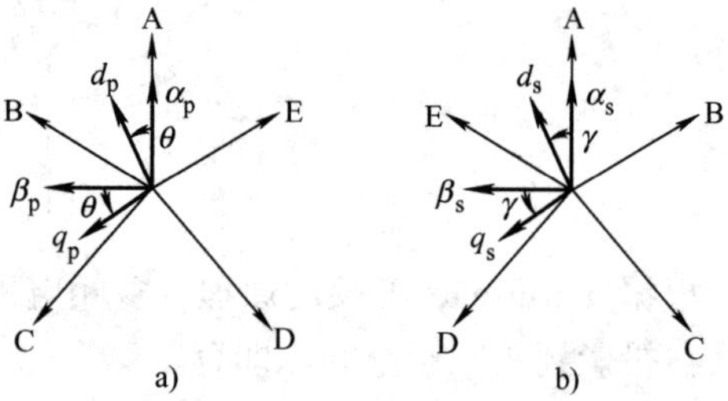

图 7-20　五相电机的 Park 变换关系

a) 主要电机　b) 次要电机

五相电机从两相静止坐标的 Park 变换矩阵如下：

$$(\boldsymbol{P})_{\mathrm{p}}^{\mathrm{T}}=\begin{pmatrix}\cos\theta & \sin\theta\\ -\sin\theta & \cos\theta\end{pmatrix} \tag{7-191}$$

$$(\boldsymbol{P})_{\mathrm{s}}^{\mathrm{T}}=\begin{pmatrix}\cos\gamma & \sin\gamma\\ -\sin\gamma & \cos\gamma\end{pmatrix} \tag{7-192}$$

式中，$\theta=\omega t$；$\gamma=N\theta$（N 为电机相数）。

综上所述，通过运用 Concordia 变换和 Park 变换，一个五相系统可以转换到两相旋转坐标系上[5]。这种变换可以很好地简化多相系统的建模。

7.8　电力电子变流器的动态模型

电力电子变流器是电力传动控制系统的重要环节之一。如图 7-21 所示，电力电子变流器通常由变流主电路、驱动电路、PWM 调制器及滤波器等组成。

由于电力电子变流器的工作状态与其开关模式相关，其数学模型是非线性的。处理非线

性问题的通常做法是：在系统稳定工作点的局部小范围内线性化，建立系统的线性模型。目前，电力电子变流器通常采用连续模型动态建模方法，包括电路平均法、状态空间平均法和开关状态法等[8]。

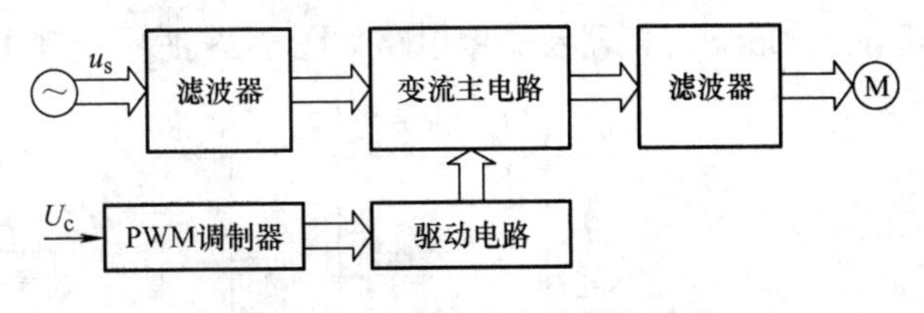

图 7-21　电力电子变流器的组成

7.8.1　变流器的电路平均模型

电路平均模型的基本思想是，对于工作于开关状态的电力电子器件，其导通与关断往往表现为一个周期性过程，可用其一个开关周期内的平均值来表示[9]。

如图 7-22 所示，设变量 $x(t)$ 在一个开关周期时间间隔 T_s 内的局部平均值为

$$\bar{x}=\frac{1}{T_s}\int_0^T x(\tau)\mathrm{d}\tau \tag{7-193}$$

对局部平均值求微分，得

$$\frac{\mathrm{d}\bar{x}}{\mathrm{d}t}=\frac{1}{T_s}\frac{\mathrm{d}}{\mathrm{d}t}\int_0^T x(\tau)\mathrm{d}\tau=\frac{1}{T_s}\int_0^T\left(\frac{\mathrm{d}x}{\mathrm{d}t}\right)\mathrm{d}\tau$$

将局部平均的概念应用于电路的基本定律，可得

1) 基尔霍夫电压定律

$$\sum_{i=1}^{N}\bar{u}_i=0 \tag{7-194}$$

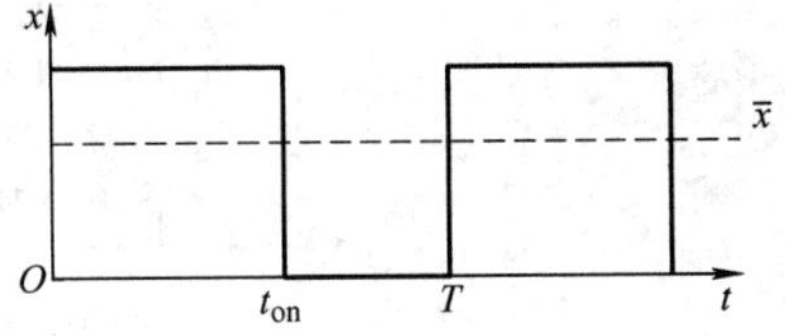

图 7-22　开关状态的周期变化与平均值

2) 基尔霍夫电流定律

$$\sum_{i=1}^{N}\bar{i}_i=0 \tag{7-195}$$

例如，电感的电压平均值为

$$\bar{u}_L=L\frac{\mathrm{d}\bar{i}}{\mathrm{d}t}=\frac{1}{T_s}\int_0^T\left(L\frac{\mathrm{d}i}{\mathrm{d}\tau}\right)\mathrm{d}\tau \tag{7-196}$$

电容的电流平均值为

$$\bar{i}_C=C\frac{\mathrm{d}\bar{u}}{\mathrm{d}t}=\frac{1}{T_s}\int_0^T\left(C\frac{\mathrm{d}u}{\mathrm{d}\tau}\right)\mathrm{d}\tau \tag{7-197}$$

由此可见，采用开关周期平均值不会改变电路中电感与电容的值。

同理，一个直流电压源 U_s 经过开关序列的调制，其一个周期内输出电压的平均值为

$$\bar{U}_o=\frac{1}{T_s}\int_0^T U_s\mathrm{d}\tau=\frac{\tau}{T_s}U_s=\rho U_s \tag{7-198}$$

式中，ρ为占空比。

一个 Buck 电路的输出电压平均值为

$$\bar{U}_o=\rho U_s=DU_s \tag{7-199}$$

式中，D 为调制比。

因此，Buck 变换器及等效电路如图 7-23 所示，其平均模型由式(7-199)描述[9]。

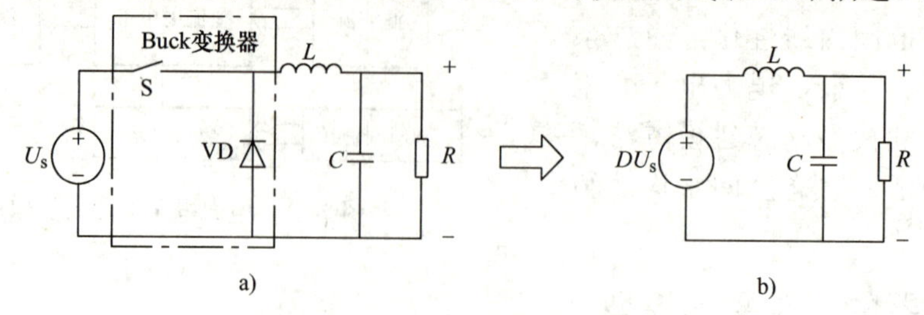

图 7-23　Buck 变换器及其等效模型电路

a) Buck 变换器电路　b) 等效模型电路

同样，一个单相桥式开关电路的平均模型可表示为

$$\bar{U}_o=\frac{1}{T_s}[\rho T_s U_s-(1-\rho)T_s U_s]=(2\rho-1)U_s=DU_s \tag{7-200}$$

其平均模型的等效电路如图 7-24 所示[9]。

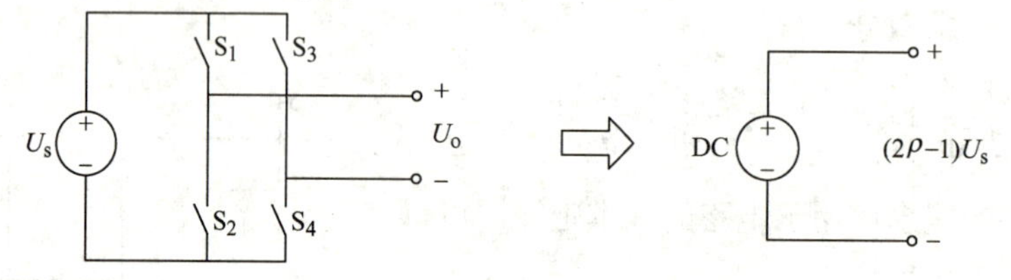

图 7-24　单相桥式开关电路的平均模型

由以上分析，电力电子变流器的平均模型建模步骤如下：

1) 用平均电压和电流取代瞬时值。

2) 用非零电流或非零电压的元件取代开关器件。

3) 电路中的电阻、电感和电容元件保持不变。

4) 电压和电流的稳态变量由其部分实际分量取代。

例题 7-1　一个 Boost 变换器，其主电路拓扑如图 7-25 所示，工作于开关状态，求其输入-输出电压关系，并画出等效平均模型电路。

解：根据 Boost 变换器的工作原理，有两个工作模式：当开关 S 闭合时，电源 U_s 给电感 L 充电，负载 R 由电容 C 供电；当开关 S 打开时，电感 L 向负载供电，同时给电容 C 充电。其输出电压为

$$\bar{U}_o=\frac{1}{T_s}[\rho T_s U_s-(1-\rho)T_s U_s]=(2\rho-1)U_s=DU_s$$

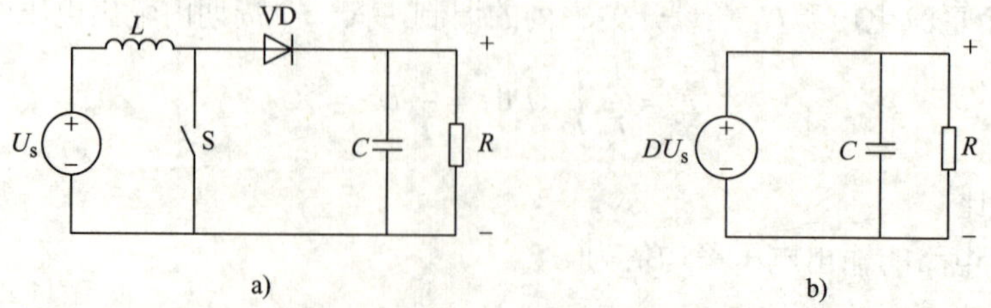

图 7-25　Boost 变换器主电路拓扑

a) 主电路　b) 等效模型电路

电路平均模型利用变换器在一个开关周期内的平均值来描述开关变量，又称为平均开关模型，其等效电路简单直观，可用于 DC-DC 变换器、谐振变换器和开关电源主电路的建模。

在此基础之上，可在稳态工作点上加入小信号扰动，通过线性化处理得到变换器的小信号交流模型。还可进一步用统一电路模型来表示，请参见文献[8]。

7.8.2　三相变流器的开关状态模型

电力传动系统常使用三相变流器，主要由三相整流器和三相逆变器组成。例如，二极管整流器与 PWM 逆变器组成的通用型三相变频器，或者是由三相 PWM 整流器与 PWM 逆变器组成的双 PWM 变频器。三相 PWM 变流器的动态建模的基本思路也是采用开关周期平均方法，主要有状态空间模型和开关状态模型。无论采用哪种方法，都是建立非线性耦合的三相交流模型。可以通过坐标变换简化为两相旋转坐标系的直流模型，但仍然为非线性耦合模型，可用于非线性控制。不过，交流传动控制的主要被控对象是交流电动机，为此可以进一步通过微偏线性化求得线性化小信号模型，并采用电流调节器或前馈补偿方法消除耦合，以简化交流调速系统控制器的设计。因此，三相变流器的建模过程有如下步骤：

1) 建立变流器的开关状态模型。

2) 建立变流器的平均模型。

3) 通过坐标变换，将三相静止坐标系模型转换为 d-q 坐标系模型。

4) 加入小信号扰动，通过微偏线性化建立连续线性模型。

现以三相逆变器为例来说明其建模过程。

1. 开关状态模型

一个典型的电压型逆变器如图 7-26 所示，其主电路采用三相桥式拓扑结构，每个桥臂上下各有两个开关管，共六个开关器件 S_k（$k=1,2,3,4,5,6$）。输入的直流电源电压幅值为 U_{dc}，逆变器输出三相交流电压，三相负载对称，L 为电感，R 为电阻。

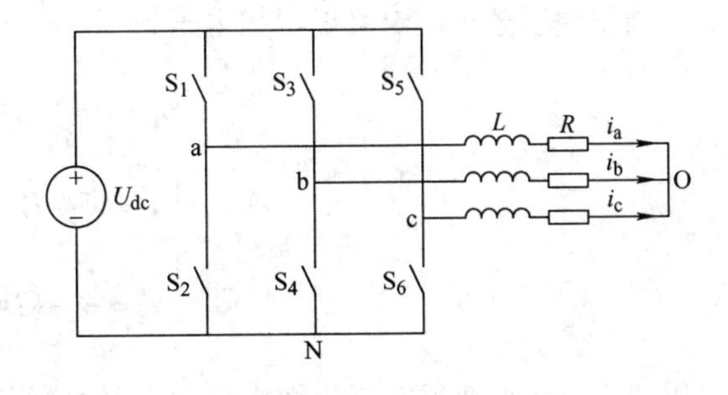

图 7-26　电压型逆变器主电路

如果把变流器中主电路的开关器件抽象为理想开关，并定义开关函数为

$$s_k=\begin{cases}1 & \text{开关闭合，} u_k=0 \\ 0 & \text{开关断开，} i_k=0\end{cases} \tag{7-201}$$

引入开关函数，根据图 7-26 所示三相逆变器拓扑结构，由基尔霍夫电压定律建立三相逆变器 a、b、c 三相回路方程为

$$\begin{cases}L\dfrac{\mathrm{d}i_a}{\mathrm{d}t}+Ri_a=u_{aN}-u_{ON} \\ L\dfrac{\mathrm{d}i_b}{\mathrm{d}t}+Ri_b=u_{bN}-u_{ON} \\ L\dfrac{\mathrm{d}i_c}{\mathrm{d}t}+Ri_c=u_{cN}-u_{ON}\end{cases} \tag{7-202}$$

对于逆变器的第一个桥臂而言，当$s_a=1$时，开关管S_{ap}导通、S_{an}关断，$u_{aN}=U_{dc}$；当$s_a=0$时，开关管S_{ap}关断、S_{an}导通，$u_{aN}=0$。因此，可以用开关函数s_k来表示逆变器的三相电压u_{kN}，其中$k=$a、b、c，即有

$$\begin{cases} u_{aN}=U_{dc}s_a \\ u_{bN}=U_{dc}s_b \\ u_{cN}=U_{dc}s_c \end{cases} \tag{7-203}$$

考虑到三相平衡系统中

$$i_a+i_b+i_c=0$$

则可以得到

$$u_{ON}=\frac{U_{dc}}{3}(s_a+s_b+s_c) \tag{7-204}$$

因此可以得到在三相平衡情况下，三相逆变器的状态方程为

$$\begin{cases} L\dfrac{di_a}{dt}+Ri_a=\dfrac{U_{dc}}{3}(2s_a-s_b-s_c) \\ L\dfrac{di_b}{dt}+Ri_b=\dfrac{U_{dc}}{3}(2s_b-s_a-s_c) \\ L\dfrac{di_c}{dt}+Ri_c=\dfrac{U_{dc}}{3}(2s_c-s_a-s_b) \end{cases} \tag{7-205}$$

为了便于分析，定义虚拟相电压为

$$\begin{cases} u_a^i=\dfrac{U_{dc}}{3}(2s_a-s_b-s_c) \\ u_b^i=\dfrac{U_{dc}}{3}(2s_b-s_a-s_c) \\ u_c^i=\dfrac{U_{dc}}{3}(2s_c-s_b-s_a) \end{cases} \tag{7-206}$$

可以得到三相逆变器在三相静止坐标系下的数学模型为

$$\begin{cases} L\dfrac{di_a}{dt}+Ri_a=u_a^i \\ L\dfrac{di_b}{dt}+Ri_b=u_b^i \\ L\dfrac{di_c}{dt}+Ri_c=u_c^i \end{cases} \tag{7-207}$$

写成矩阵形式，有

$$\frac{d\boldsymbol{i}}{dt}=-\frac{R}{L}\boldsymbol{i}(t)+\frac{1}{L}\boldsymbol{u}^i(t) \tag{7-208}$$

2. 三相逆变器平均开关模型

在上述方程中，由于开关变量不连续，因此状态方程也是不连续的。为此，定义状态向

量 $\boldsymbol{x}$ 在开关周期 T_s 的平均值为

$$\frac{\mathrm{d}\overline{\boldsymbol{x}}}{\mathrm{d}t}=\frac{1}{T_s}\int_{t}^{t+T_s}\boldsymbol{x}(\tau)\mathrm{d}\tau \tag{7-209}$$

以此来表示变流器的各个状态变量及输入、输出向量，从而建立由平均状态变量建立的数学模型。因此，又称为状态空间平均法模型。对式(7-208)的各状态变量按式(7-209)求开关周期平均，即

$$\frac{\mathrm{d}\overline{\boldsymbol{i}_l}}{\mathrm{d}t}=-\frac{1}{L}\overline{\boldsymbol{i}}(t)+\frac{1}{L}\overline{\boldsymbol{u}}^{i}(t) \tag{7-210}$$

3. 三相逆变器 d-q 旋转坐标系下的数学模型

将三相逆变器在三相静止坐标系下的数学模型经过 Clarke 和 Park 变换后可以得到三相逆变器在 d-q 坐标系下的数学模型如下：

$$\begin{cases}L\dfrac{\mathrm{d}\overline{i_\mathrm{d}}}{\mathrm{d}t}=\overline{u}_\mathrm{d}^{i}-R\overline{i_\mathrm{d}}+\omega L\overline{i_\mathrm{q}}\\ L\dfrac{\mathrm{d}\overline{i_\mathrm{q}}}{\mathrm{d}t}=\overline{u}_\mathrm{q}^{i}-R\overline{i_\mathrm{q}}-\omega L\overline{i_\mathrm{d}}\end{cases} \tag{7-211}$$

式中，$\overline{u}_\mathrm{d}^{i}$、$\overline{u}_\mathrm{q}^{i}$ 为开关控制函数。

由式(7-211)表示的三相逆变器在 d-q 坐标系的数学模型如图 7-27 所示，仍然具有耦合性。可以通过前馈补偿等方法进行解耦[10]，分解为两个独立的一阶惯性子系统，如图 7-28 所示。

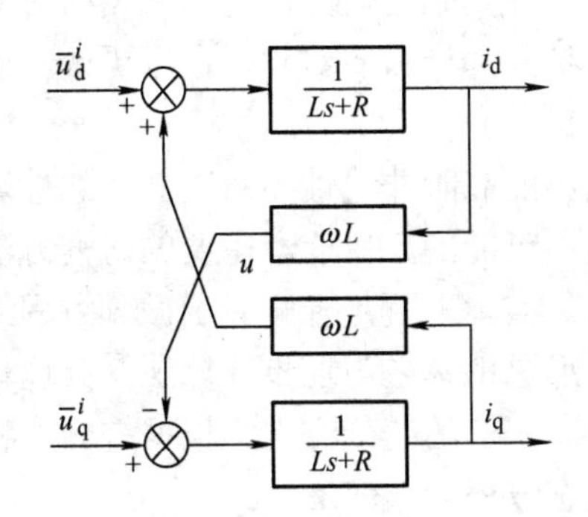

图 7-27　三相电压源逆变器在 d-q 坐标系下的模型

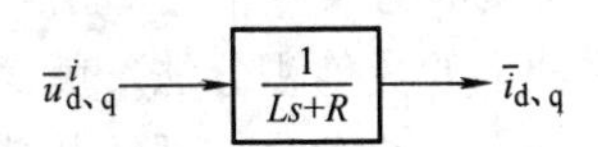

图 7-28　三相逆变器在 d、q 轴的解耦子系统

同理，可以建立 PWM 整流器的模型，这里不再赘述，有兴趣的读者可参考文献[8]。

7.8.3　调制器与驱动电路的动态模型

电力电子变流装置中调制器通常输入为直流或交流的控制信号，输出为开关器件的门极驱动信号。因此，PWM 调制器是将一个连续的控制量 $u_\mathrm{c}(t)$ 转化为占空比可调的脉冲序列 $\delta(t)$。如图 7-29 所示，典型的 PWM 调制实现方法是采用一个高频的调制信号，如三角波或锯齿波，与控制信号进行比较，从而产生一个占空比可调的脉冲序列。

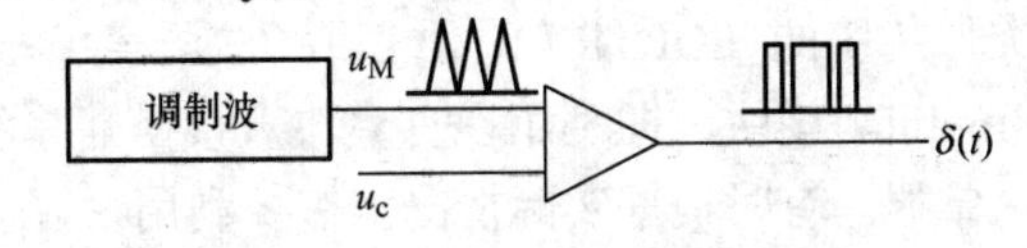

图 7-29　PWM 调制器原理图

按照开关周期平均法，即有

$$\bar{\delta}(t)=\frac{1}{T_s}\int_t^{t+T_s}\delta(\tau)\mathrm{d}\tau=\rho(t) \tag{7-212}$$

式中，$\rho(t)$为调制器占空比，且有[8]

$$\rho(t)=\frac{U_c}{U_M}\qquad 0\leqslant U_c\leqslant U_M \tag{7-213}$$

式中，U_c为调制器输入的控制信号均值；U_M为调制波的峰值。

由此，PWM 调制器的平均开关模型如图 7-30 所示。

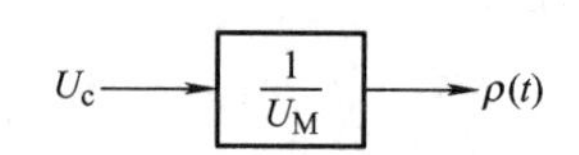

图 7-30　PWM 调制器的平均开关模型

7.9　电力传动系统的仿真

仿真又称为模拟，就是用模型来代替实际的系统，该模型与所替代的实际系统之间存在某些相对应的量，并能在某些范围内重现实际系统的特征。从一般意义上说，系统仿真就是指用某种方法反映或再现实际的系统，以便研究其中的客观规律，为复杂系统的设计与应用提供理论依据。显然，建立仿真模型是系统仿真的基础。

7.9.1　仿真模型与分析方法

仿真建模方法可分为物理仿真和数学仿真两大类[11]。当物理模型不便建立，但可用数学方程(数学模型)来描述原型系统的基本特性时，可以采用数学仿真的方法，这就是基于数学模型的仿真。其主要优点在于它完全是建立在计算机软件基础之上的，可以根据研究对象的不同特性随时对模型和程序进行变动，而不用像物理仿真那样需要对硬件进行更改，因而简单易行，经济快捷，值得推广应用。

根据前面的介绍，电力传动系统属于多输入多输出的高阶非线性系统，其非线性微分方程的解析求解是十分困难的，而且在许多情况下也是不可能的。目前，主要的研究方法是状态变量法，状态变量法在系统动态仿真分析中的应用，实际上就是求解一阶微分方程组的初值问题，得到状态变量的时域解。这种求解思路可以形象地称之为逐步计算法，其理论基础来源于数学上的数值积分法，就是从微分方程出发建立相应的差分方程，根据差分方程编制计算机程序，求取微分方程的数值解，也就是系统状态方程的数值解。

电力传动系统属于连续系统，微分方程是其常用的数学模型，对传动系统进行仿真的过程就是从初始条件出发，计算系统在一定输入函数作用下输出响应的过程，这在本质上即是微分方程的初值问题。如果是起动过程的计算，状态变量的初值一般可取为零。如果是其他动态过程的计算，则可以通过稳态问题的分析来获取状态变量的初值。

目前，比较流行的计算机仿真软件当属 MATLAB，其相应的仿真建模工具主要有两类。一类基于 m 文件，即在已知系统数学模型的基础上，采用 m 文件编写仿真程序。这种方法类似传统的 FORTRAN 语言或 C 语言编程，灵活性强，但有一定的编程量。另一类基于 Simulink 模块，即利用现有模块直接搭建系统仿真模型。这种方法直观明了，简单快速，容易掌握。有时根据实际情况，需要利用 S-函数自定义所需的模块。这两种方法各有特色，可根据实际情况选用。以下从交流电动机和电力电子变流器两个方面介绍一些仿真实例。

7.9.2　交流电动机的仿真

1. 异步电动机的仿真

根据状态变量法的基本理论，可以选择异步电动机定、转子绕组电流或磁链，以及转子转速和转子位置角作为状态变量，并将各绕组的电压平衡方程和转子的运动方程按照式 (7-121) 写成状态方程的标准形式，也就是一阶微分方程组的形式，如式(7-124)或式(7-132)所示。确定相应的初始条件，并选择合适的数值积分方法(一般为四阶龙格–库塔法)与迭代精度，便可以进行异步电动机的仿真建模与分析。

图 7-31 是一台 4 极绕线转子异步电动机在额定电压下带载起动过程的仿真结果，其主要参数为：额定电压 $U_N = 380V$ (Y联结)，额定频率 $f_N = 50Hz$，负载转矩 $T_L = 20N \cdot m$，转动惯量 $J = 0.065kg \cdot m^2$，定子绕组电阻 $R_s = 2.5\Omega$，转子绕组电阻 $R_r = 2.0\Omega$，定子绕组自感 $L_s = 4.58mH$，转子绕组自感 $L_r = 4.56mH$，定、转子绕组间的互感幅值 $L_m = 4.46mH$。

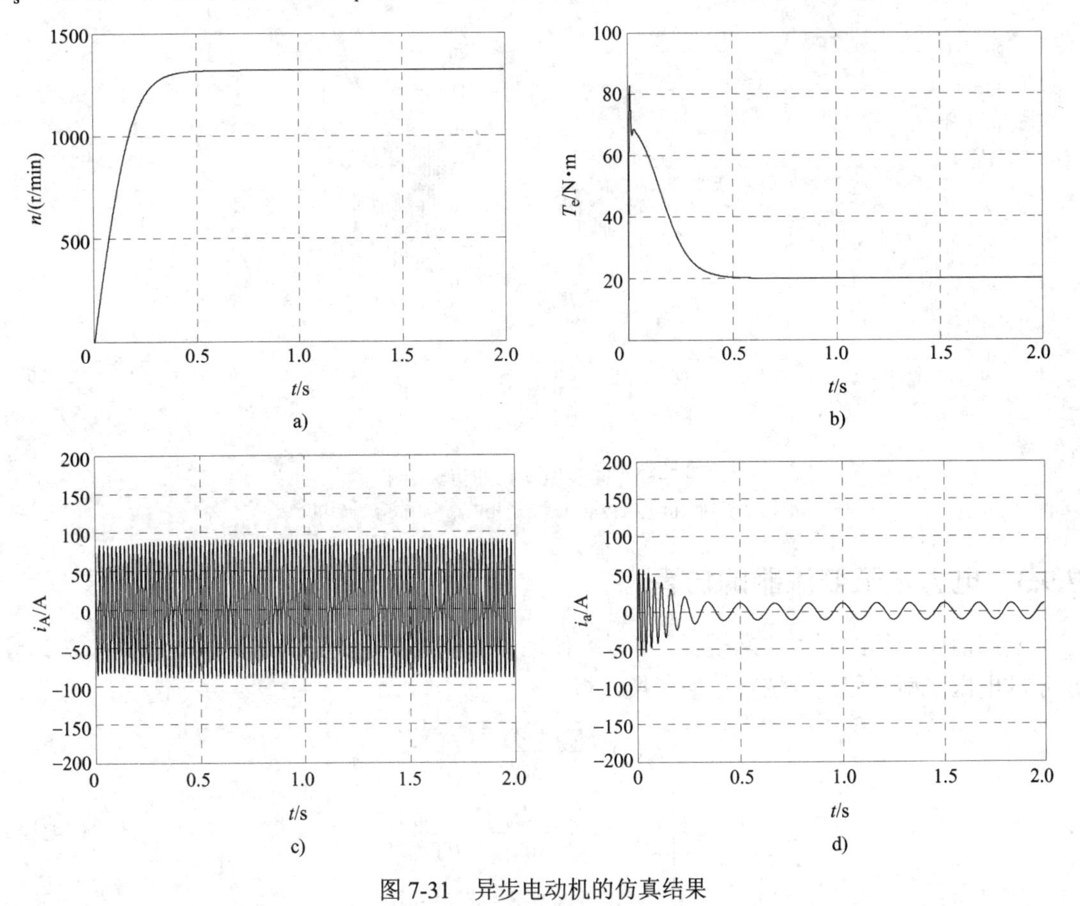

图 7-31　异步电动机的仿真结果

a) 转子转速　b) 电磁转矩　c) 定子相电流　d) 转子相电流

2. 同步电动机的仿真

图 7-32 是一台 4 极凸极式同步电动机在额定电压下空载起动过程的仿真结果，其主要参数为：额定电压 $U_N = 380V$ (△联结)，额定频率 $f_N = 50Hz$，励磁电压 $U_f = 10V$，负载转矩

$T_L = 20N \cdot m$，转动惯量 $J = 0.065kg \cdot m^2$，定子绕组电阻 $R_s = 8.0\Omega$，转子励磁绕组电阻 $R_F = 5.0\Omega$，直轴绕组电感 $L_d = 0.621H$，交轴绕组电感 $L_q = 0.399H$，励磁绕组电感 $L_F = 0.427H$，直轴绕组与励磁绕组之间的互感 $L_{dF} = 0.458H$。

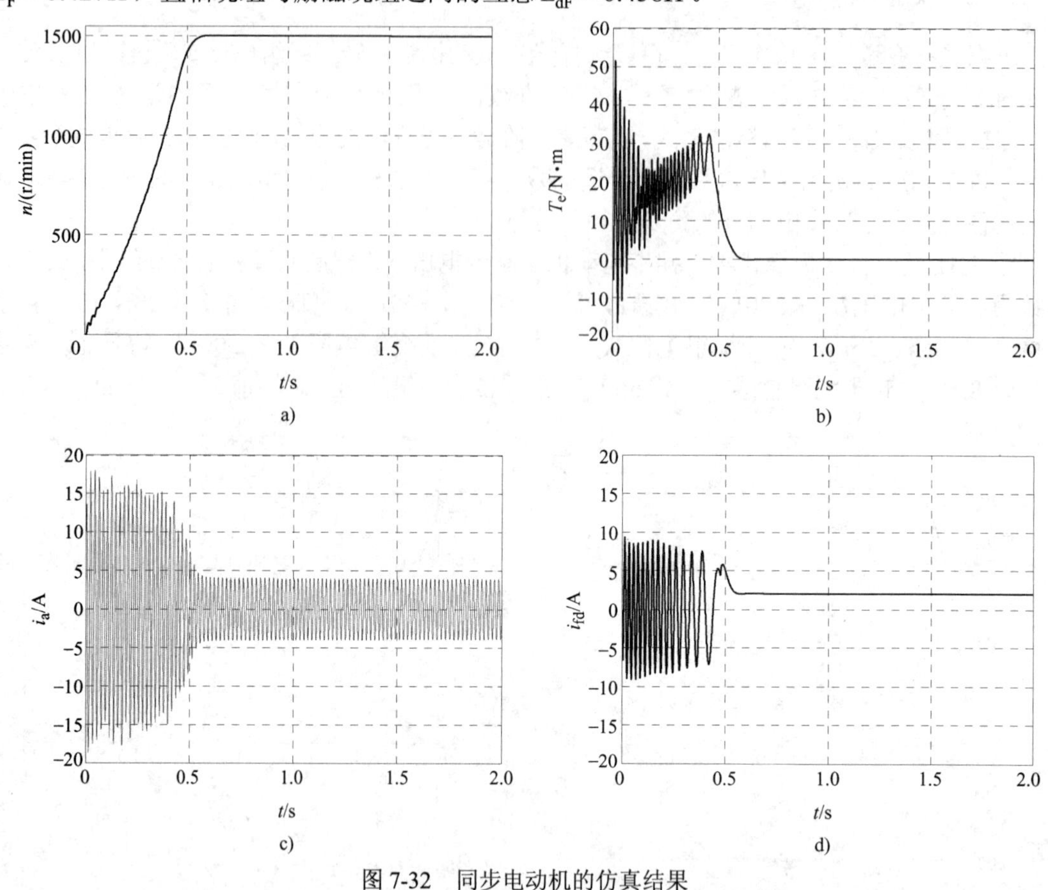

图 7-32　同步电动机的仿真结果

a) 转子转速　b) 电磁转矩　c) 定子相电流　d) 转子励磁电流

7.9.3　电力电子变流器的仿真

利用前面介绍的开关状态模型，可以方便地建立电压型逆变器的仿真模型。对式(7-205)所示的电压平衡方程进行拉普拉斯变换，得

$$\begin{cases} I_a(s) = \dfrac{U_{dc}(2s_a - s_b - s_c)}{3(Ls+R)} \\ I_b(s) = \dfrac{U_{dc}(2s_b - s_a - s_c)}{3(Ls+R)} \\ I_c(s) = \dfrac{U_{dc}(2s_c - s_a - s_b)}{3(Ls+R)} \end{cases} \tag{7-214}$$

根据式(7-214)，在 MATLAB/Simulink 环境下可建立如图 7-33 所示的仿真模型，其中 Product1～Product9 为乘法器，Suml、Sum2、Sum3 为减法器，Mux 为复合器，Fcn1、Fcn2、Fcn3 为函数发生器。为使仿真模型具有一定的通用性[12]，这里设立了六个开关变量

$s_i\ (i=1,2,3,4,5,6)$，经过乘法和减法运算，得到开关状态模型中的三个开关函数 s_a、s_b、s_c，然后经过函数发生器 Fcnl、Fcn2、Fcn3 按照式(7-206)作用，并与直流电压 U_{dc} 相乘，最后得到虚拟相电压 u_a^i、u_b^i、u_c^i。

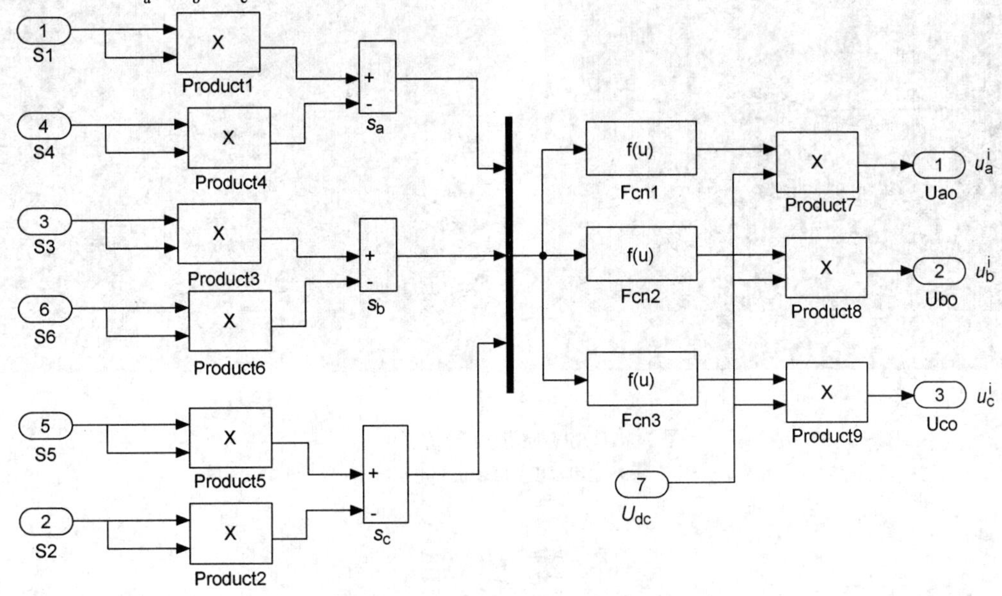

图 7-33　逆变器内部模块

可以对这个逆变器模型进行封装，形成一个 7 输入、3 输出的封装模块，在需要时直接调用，如图 7-34 所示。

利用该逆变器封装模块，可以进一步搭建各类电压型逆变器的仿真模型。这里以正弦波脉宽调制(SPWM)逆变器为例，如图 7-35 所示，将一个三角波信号与三相对称正弦波信号相比较，经过滞环比较器和逻辑非运算，得到逆变器封装模块输入端的六个开关变量，再由逆变器封装模块直接就可观测到输出线电压与相电压，相应的仿真结果如图 7-36 所示。

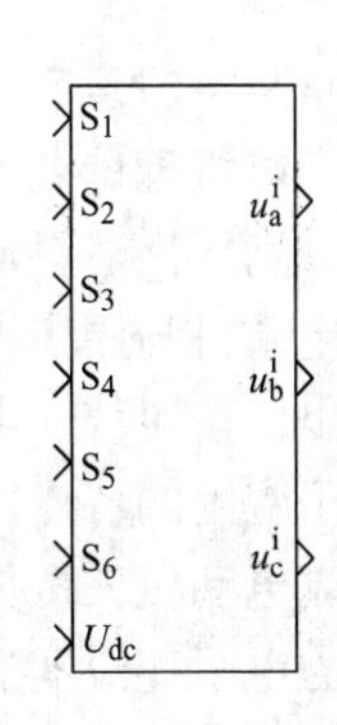

图 7-34　逆变器封装模块

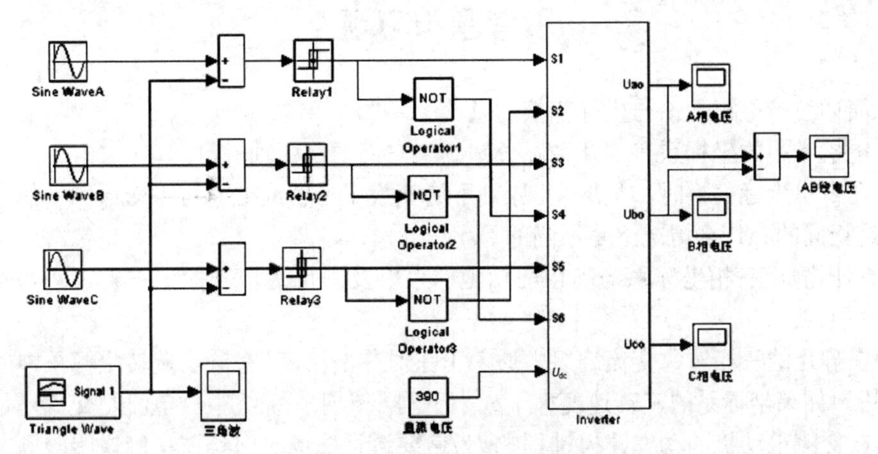

图 7-35　SPWM 逆变器仿真模型

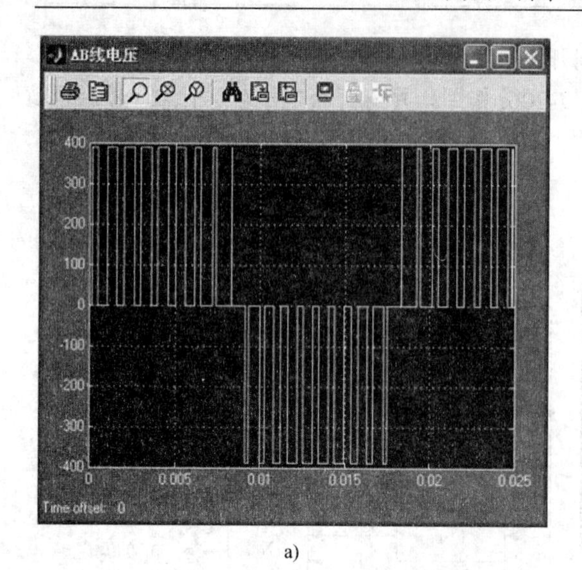

a)

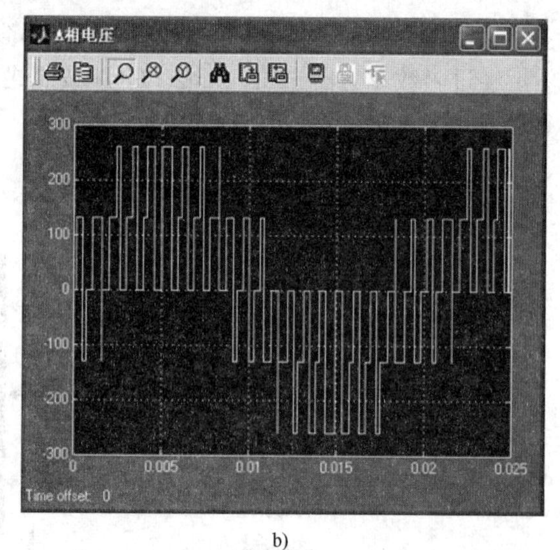

b)

图 7-36　SPWM 逆变器仿真波形

a）输出线电压　b）输出相电压

本 章 小 结

本章从一般意义上建立了电力传动系统中电动机的动态数学模型，其中最主要的就是建立在统一电机理论之上的原型电机模型，包括第一种原型电机与第二种原型电机。通过坐标变换，分别导出了直流电动机、交流异步电动机和交流同步电动机的动态数学模型，并给出了异步电动机与同步电动机的仿真实例。与传统的按各电机结构和电磁关系建模方法相比，可以看出：按照统一电机理论建立电动机通用数学模型，具有概念清晰、形式统一、表达简洁、便于应用的特点，特别是通过坐标变换，可以使得电力传动控制系统的分析得到简化，成为交流电动机矢量控制和直接转矩控制等高性能电力传动控制系统的理论基础。本章还介绍了电力电子变流器的建模方法，并给出了 PWM 逆变器的仿真实例。

思考题与习题

7-1　简述统一电机理论与坐标变换的意义。

7-2　电机常用的坐标系有哪几种？分别画出它们的坐标轴矢量图。

7-3　在电机坐标变换时，功率不变原则下的变换式与合成磁动势不变原则下的变换式什么情况下是相同的？什么情况下是不同的？

7-4　写出静止三相坐标系与静止两相坐标系以及静止两相坐标系与旋转两相坐标系之间的坐标变换式。

7-5　在静止的三相对称交流绕组中通入正弦对称电流，其在同步旋转坐标系中的电流为什么是直流？如果坐标系的旋转速度大于或小于同步转速，绕组中的电流是交流还是直流？

7-6　在交流电动机的动态建模过程中，为何要进行磁场定向？请举例说明磁场定向的方法及其应用。

7-7　试通过坐标变换推导异步电动机在任意转速两相旋转坐标系上的动态数学模型。

7-8　试导出直轴和交轴方向上各有一个阻尼绕组的电励磁同步电动机的电压平衡方程与电磁转矩计算公式，并写出其状态方程的标准形式。

7-9　电力电子变流器的建模方法有哪些？各有何特点？

7-10　在三相交流变换器的建模中，请分别对三相 PWM 整流器和逆变器进行建模，并分析其差异。

参 考 文 献

[1] O'KELLEY D, SIMMONS S. Introduction to Generalized Machinery Theory[M]. New York: McGRAW-HILL Publishing Company Limited, 1968.

[2] 汤蕴璆. 电机学[M]. 西安：西安交通大学出版社，1993.

[3] DIENG A. Modélisation dynamique et commande d'un ensemble 'génératrice synchrone pentaphasee a FEM non sinusoïdale-convertisseur AC/DC' tolérant aux défauts[D]. Nantes: Université de Nantes, 2014.

[4] GRANDI G, SERRA G, TANI A . General analysis of multi-phase systems based on space vector approach[C]. Power Electronics and Motion Control Conference, 2006, 834-840.

[5] DZAFIC I, NEISIUS H T, GILLES M, et al. Three-Phase Power Flow in Distribution Networks Using Fortescue Transformation [J]. IEEE Transactions on Power Systems, 2013, 28(2):1027-1034.

[6] FORTESCUE C L. Method of symmetrical co-ordinates applied to the solution of polyphase networks [J]. Proceedings of American Institute of Electrical Engineers, 1918, 37(6):629-716.

[7] BRANDAO FARIA J A, HILDEMARO BRICENO J. On the modal analysis of asymmetrical three-phase transmission lines using standard transformation matrices [J]. IEEE Transactions on Power Delivery, 1997, 12(4):1760-1765.

[8] 徐德鸿. 电力电子系统建模及控制[M]. 北京：机械工业出版社，2005.

[9] ROBERT W ERICKSON, RAGAN MAKSIMOVIC. Fundamentals of Power Electronics[M]. 2nd ed. Holland: Kluwer Academic Publisher，2001.

[10] FREDE BLAABJERG, REMUS TEODORESCU, LISERRE MARCO, et al. Overview of Control and Grid Synchronization for Distributed Power Generation Systems[J]. IEEE Transactions on Industrial Electronics, 2006, 53(5): 1398-1409.

[11] 谢卫. 电力电子与交流传动系统仿真[M]. 北京：机械工业出版社，2009.

[12] FILIZADEH S. Electric Machines and Drives: Principles, Control, Modeling and Simulation [M]. Boca Raton: CRC Press, 2013.

第 8 章　笼型转子异步电动机高性能控制方法

本章主要论述笼型转子异步电动机高性能控制方法，选择具有广泛应用的两种交流调速系统——基于转子磁场定向的矢量控制调速系统和基于直接转矩控制的高性能变压变频调速系统，分别论述系统结构、动态模型及控制策略。

8.1　笼型转子异步电动机的动态等效电路

电动机的动态模型已在第 7 章做了介绍，此外，等效电路也是电动机建模的一种方法。早期的交流异步电动机调压控制系统都采用异步电动机的稳态等效电路模型，后来发展的高性能交流调速系统则是基于异步电动机的动态等效电路模型，其实异步电动机的稳态等效电路可以由其动态等效电路推导出来。为此，本节首先介绍异步电动机在任意旋转 d-q 坐标系上的动态等效电路，进而讨论异步电动机变压变频调速原理、系统组成和性能分析。

假定异步电动机符合以下条件：

1) 忽略空间谐波，设三相绕组对称，在空间互差 120° 电角度，所产生的磁动势沿气隙周围按正弦规律分布。

2) 忽略磁饱和，认为各绕组的自感和互感都是恒定的。

3) 忽略铁损。

4) 不考虑频率变化和温度变化对绕组电阻的影响。

异步电动机在任意旋转速度的 d-q 坐标系上的动态等效电路如图 8-1 所示。

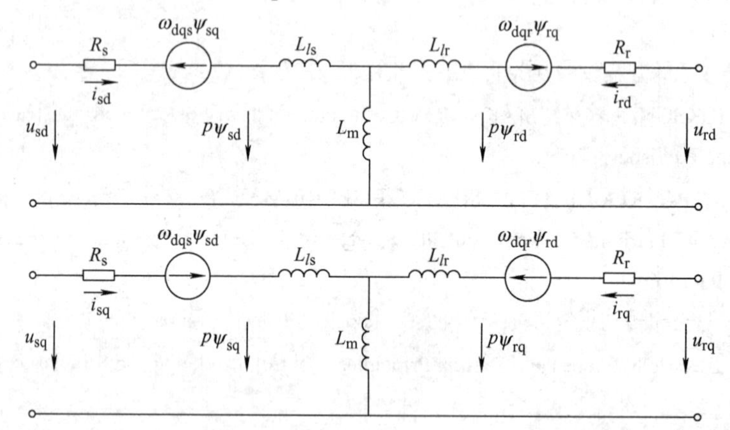

图 8-1　异步电动机在任意旋转速度的 d-q 坐标系上的动态等效电路

由动态等效电路同样可得到 d-q 坐标系上的电压电流方程式：

$$\begin{pmatrix} u_{sd} \\ u_{sq} \\ u_{rd} \\ u_{rq} \end{pmatrix} = \begin{pmatrix} R_s + L_s p & -\omega_{dqs} L_s & L_m p & -\omega_{dqs} L_m \\ \omega_{dqs} L_s & R_s + L_s p & \omega_{dqs} L_m & L_m p \\ L_m p & -\omega_{dqr} L_m & R_r + L_r p & -\omega_{dqr} L_r \\ \omega_{dqr} L_m & L_m p & \omega_{dqr} L_r & R_r + L_r p \end{pmatrix} \begin{pmatrix} i_{sd} \\ i_{sq} \\ i_{rd} \\ i_{rq} \end{pmatrix} \tag{8-1}$$

式中，L_s 为定子等效两相绕组的自感，且有 $L_s = L_m + L_{ls}$；L_r 为转子等效两相绕组的自感，$L_r = L_m + L_{lr}$。

应该注意，两相等效绕组的互感 L_m 是原三相绕组中任意两相间最大互感的 3/2 倍。这是因为用两相绕组等效地替代了三相绕组。

动态等效电路仅仅忽略了空间谐波，并没有忽略时间谐波，因此动态等效电路中的电压、电流及磁链可以是任意波形。

8.2 按转子磁场定向的矢量控制系统

本书第 7 章详细介绍了异步电动机的动态数学模型，这是一个高阶、非线性、强耦合的多变量系统，虽然通过坐标变换有所简化，但其非线性和多变量的性质没有改变。为了进一步简化系统模型，使之易于控制并提高性能，许多专家学者通过不懈的努力，终于在 20 世纪 70 年代初提出了矢量控制(VC)概念。其后经过不断发展，基于矢量控制的变频调速系统成为现今高性能交流电动机转速控制的主流方案之一。

8.2.1 矢量控制系统的解耦模型

由第 7 章的交流电动机建模理论，当两相旋转 d-q 坐标系的旋转速度等于定子供电频率且取 d 轴沿着转子磁链 ψ_r 的方向时，就称为按转子磁链定向的旋转坐标系。若按转子磁场定向，则有 ψ_{rq}=0、ψ_{rd}=ψ_r，异步电动机数学模型的磁链、转矩和转差方程式重写如下：

$$\psi_r = \frac{L_m}{1+T_r p} i_{sd} \tag{8-2}$$

$$T_e = \frac{L_m}{L_r} n_p \psi_r i_{sq} \tag{8-3}$$

$$\omega_{sl} = \frac{L_m}{T_r \psi_{rd}} i_{sq} \tag{8-4}$$

式(8-2)表明，转子磁链 ψ_r 仅由定子电流励磁分量 i_{sd} 产生，与转矩分量 i_{sq} 无关，即定子电流的励磁分量与转矩分量解耦；还说明 ψ_r 与 i_{sd} 之间的关系是一阶惯性环节，其时间常数为转子磁链励磁时间常数 T_r。当励磁电流分量 i_{sd} 突变时，ψ_r 的变化受到励磁惯性的阻挠，这和直流电动机励磁绕组的惯性作用是一致的。式(8-3)说明，如果能保持转子磁链 ψ_r 恒定，则电磁转矩就由定子电流转矩分量 i_{sq} 控制，这与直流电动机的转矩由电枢电流控制相仿。这也是交流异步电动机采用矢量控制能达到与直流电动机相同性能的原因。式(8-2)和式(8-3)构成按转子磁场定向的矢量控制基本方程式，按照这组基本方程式，以电流为主要变量，可建立如图 8-2 所示的交流异步电动机矢量变换与电流解耦模型。

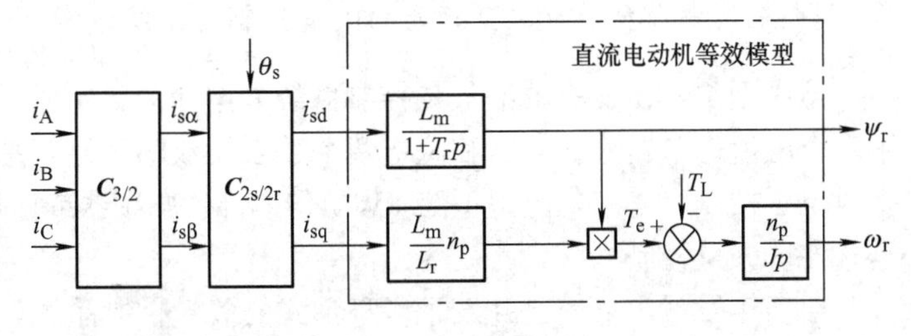

图 8-2　交流异步电动机矢量变换与电流解耦模型

图 8-2 中，交流异步电动机模型通过矢量变换，将定子电流解耦成 i_{sd} 和 i_{sq} 两个分量，如果转子磁链 ψ_r 保持恒定，则系统被分成 $T_e(\omega_r)$ 和 ψ_r 两个子系统，就像直流电动机分为励磁和电枢两个子系统一样，因而又称为等效直流电动机模型。

8.2.2　矢量控制系统的基本思想和解决方案

由图 8-2 所示交流异步电动机的电流解耦模型可见，通过坐标变换、主磁链按转子磁链定向等计算处理，一个交流异步电动机在模型上被等效为直流电动机，按直流电动机的控制思路来控制交流异步电动机，并实现磁通和转矩(转速)的解耦控制，这就是矢量控制的基本思想。

按照矢量控制的基本思想，交流异步电动机的矢量控制系统的实现方案大致有两类：一类是根据电流解耦模型，采用电流型 PWM 变频器来直接构建矢量控制系统；另一类是引入电流闭环控制构成双闭环控制系统，通过电流内环将电流控制转换为电压控制，采用电压型 PWM 变频器来实现矢量控制系统。

1. 采用电流型 PWM 变频器的矢量控制的系统方案

根据图 8-2 交流异步电动机的电流解耦模型，直接构建的矢量控制系统如图 8-3 所示，该系统设置了转速调节器 ASR 和磁链调节器 AΨR 对转速和磁通进行分别控制，由 ASR 和 AΨR 输出的转矩电流 i_{sq}^* 和磁链电流分量 i_{sd}^*，经坐标反变换形成三相定子电流给定信号 i_A^*、i_B^*、i_C^*，控制电流滞环跟踪 PWM 变频器(CHBPWM)。

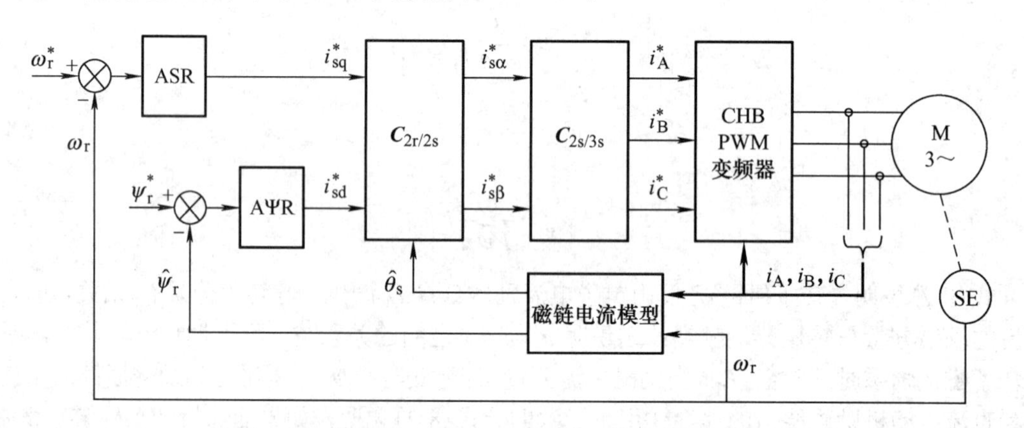

图 8-3　采用电流型 PWM 变频器的矢量控制系统方案

2. 采用电压型 PWM 变频器的矢量控制的系统方案

电压型 PWM 变频器的矢量控制系统方案如图 8-4 所示，系统中引入了电流闭环，设置了两个电流调节器构成转速和磁链两个独立的双闭环控制系统，通过电流内环将电流控制转换为电压控制，采用电压型正弦 PWM(SPWM)变频器或电压空间矢量 PWM(SVPWM)变频器来实现矢量控制系统。

经多年发展，目前已开发了多种形式的矢量控制系统。本节主要介绍直接转子磁场定向和间接转子磁场定向的矢量控制系统。

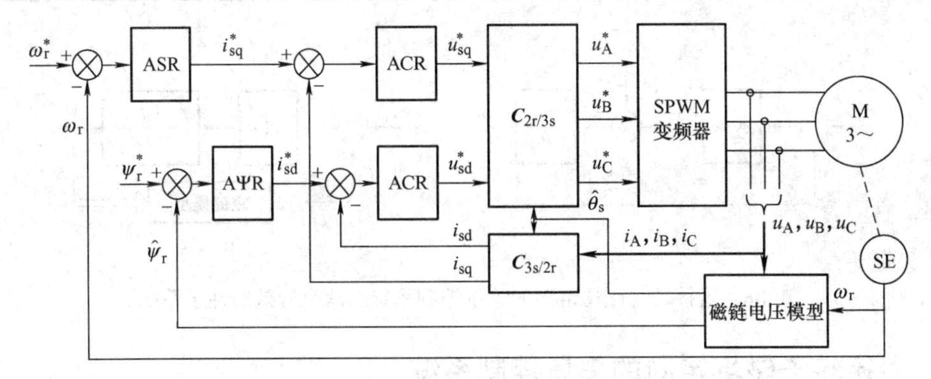

图 8-4　采用电压型 PWM 变频器的矢量控制系统方案

8.2.3　直接转子磁场定向的矢量控制系统

直接转子磁场定向的矢量控制系统如图 8-5 所示，主要由磁链调节器 AΨR 和转速调节器 ASR 所构成，分别控制磁场和转速两个子系统。由于转子磁链ψ_r和它的相位角θ 难以直接检测，只能采用磁链模型来计算，因此用符号“∧”表示估计值，其具体的估算方法将在第 12 章介绍。因用于坐标变换的转子磁链定向角是直接从磁链模型计算出来的，故又称作直接转子磁场定向的矢量控制系统。

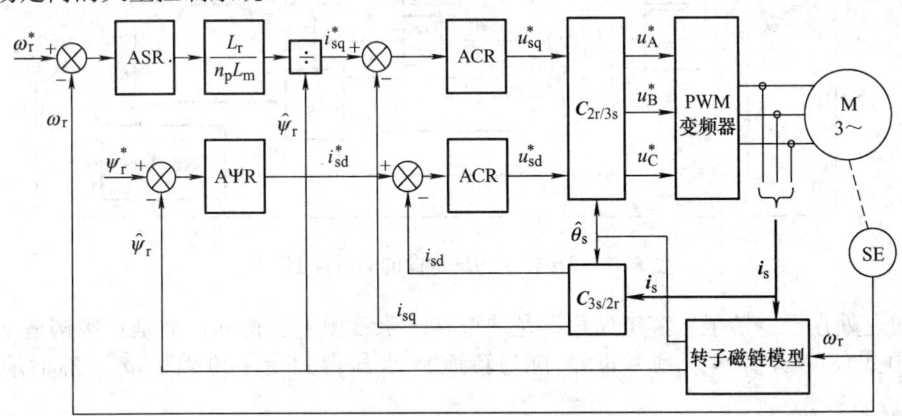

图 8-5　直接转子磁场定向的矢量控制系统

在图 8-2 所示的异步电动机电流解耦模型中，虽然通过矢量变换，将定子电流解耦成 i_{sd} 和 i_{sq} 两个分量，但是，由于电动机的电磁转矩 T_e 同时受到 i_{sq} 和 ψ_r 的影响，两个子系统仍是耦合的。为此，在图 8-5 的矢量控制系统中设置了除法环节（$\div\hat{\psi}_r$），以消除或抑制转子磁链ψ_r对电磁转矩的影响。

应该注意：上述两个子系统的完全解耦只有在下面三个假定条件下才能成立：①转子磁链的计算值$\hat{\psi}_r$ 等于其实际值ψ_r；②旋转坐标相位角的计算值$\hat{\theta}_s$ 等于其实际值θ_s；③忽略变频器的滞后作用。

通过上述处理，可见所给出的直接转子磁场定向的矢量控制系统可以看成是两个独立的线性子系统，如图 8-6 所示。由此，可以采用经典控制理论的单变量线性系统综合方法或相应的工程设计方法来设计两个调节器 AΨR 和 ASR。具体设计时还应考虑变频器的模型及其滞后作用，以及反馈滤波等因素的影响。

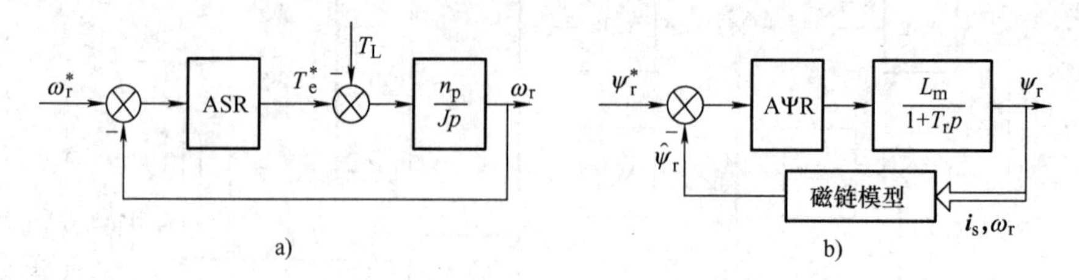

图 8-6　直接转子磁场定向的矢量控制系统的两个等效线性子系统

8.2.4　间接转子磁场定向的矢量控制系统

间接转子磁场定向的矢量控制系统如图 8-7 所示，该系统的控制原理与图 8-5 中的直接转子磁场定向的矢量控制系统基本相同。

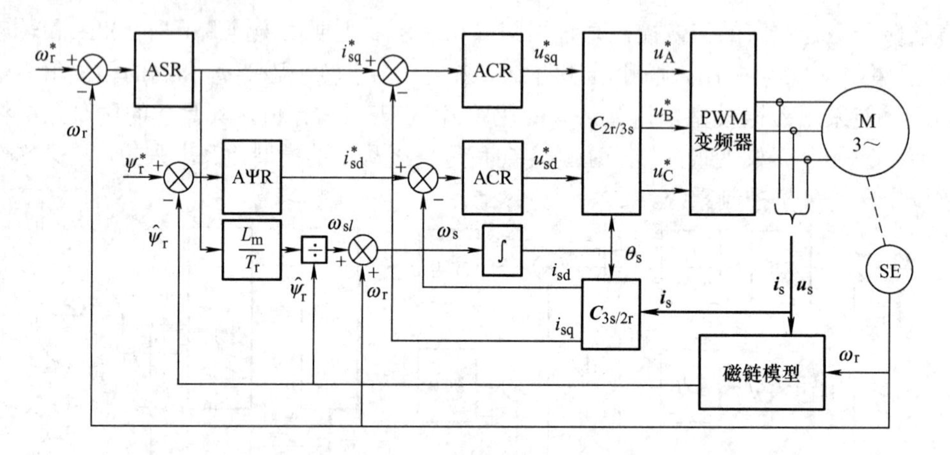

图 8-7　间接转子磁场定向的矢量控制系统

不同之处在于：转子磁链定向角不是通过转子磁链模型获得的，而是直接构造一个估算模块，由式(8-4)计算转差频率 ω_{sl}，再与转速 ω_r 求和得到定子角频率 ω_s，然后通过积分 $\hat{\theta}_s = \int \omega_s \mathrm{d}t$ 得到 $\hat{\theta}_s$。

由式(8-4)可见，转差角频率是定子电流的转矩分量 i_{sq}^* 和转子磁链 ψ_r 的函数，而转差增益 $K_{sl} = L_m / T_r$ 与电动机的参数有关，当参数估计不准时存在定向误差。通常这种控制系统都会增加转差增益的在线辨识算法。

8.2.5　矢量控制系统仿真

在 MATLAB 的 Simulink 仿真软件环境下，人们可利用其丰富的模块库，建立一个基于转子磁场定向的矢量控制系统。仿真图如图 8-8 所示，其中，转速调节器和转矩调节器作为一组双闭环，转速调节器作为双闭环的外环，经过 PI 调节器后输出变为转矩环的给定值，而转矩调节器的输入为给定转矩和经由磁通计算来的转矩的差值，其输出为定子电流在 q 轴上的分量的给定值(即 i_{sq}^*)。而磁链调节器作为一个单闭环，其输入为给定磁通和经实测数据计算得来的磁通的差值，输出即为定子电流在 d 轴上的分量的给定值(即 i_{sd}^*)。

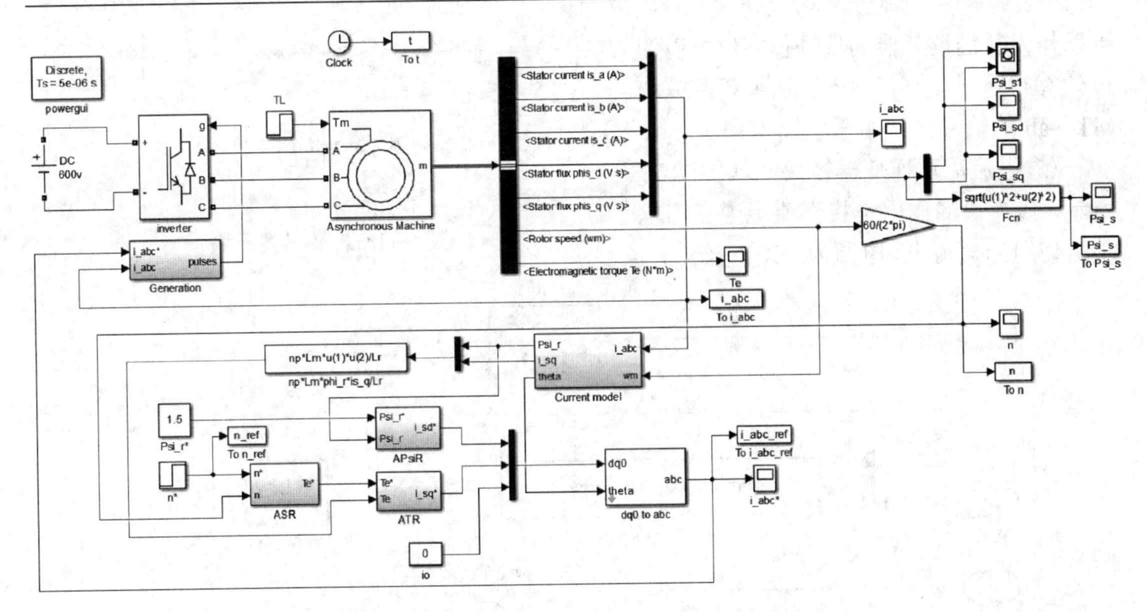

图 8-8　基于转子磁场定向的矢量控制系统仿真图

1. 仿真图中各模块的构造

系统包括以下几个模块：三相交流异步电动机、坐标变换模块、电流滞环逆变器模块、角速度输入和磁通输入模块、转矩计算模块、i_{sq}^* 计算模块、磁通和角计算模块等。

(1) 三相异步电动机模块　如图 8-9 所示，其输入为三相电压 u_A、u_B、u_C，突加负载 T_L；输出为定子三相电流 i_A、i_B、i_C，以及定子 d-q 轴磁链、机械角转速 ω_m 和转矩 T_e。

(2) 坐标变换模块　共包括 2 个模块，分别为 $\boldsymbol{C}_{2r/3s}$ 变换模块和 $\boldsymbol{C}_{3s/2r}$ 变换模块，均采用的是 MATLAB/Simulink 自带的变换模块，需要注意的是：为了与本书的模型定义一致，两模块均需要选择 Aligned with phase A axis。各模块结构如图 8-10 所示。

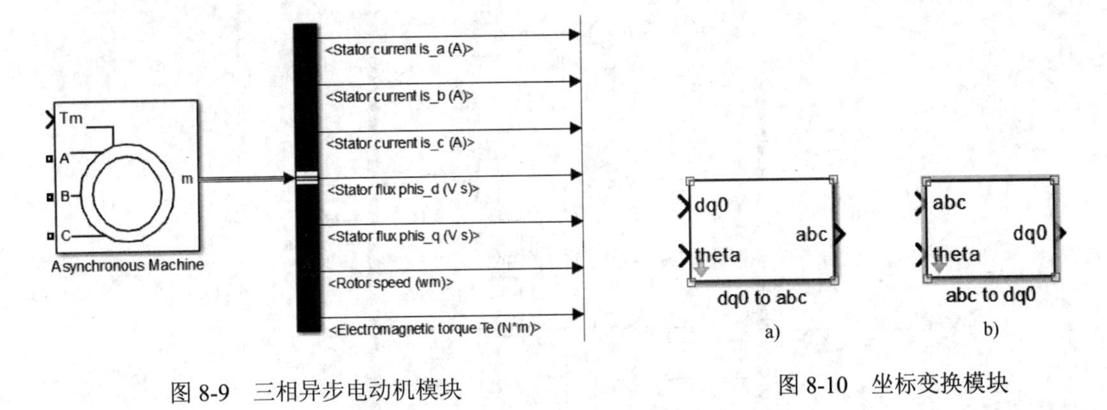

图 8-9　三相异步电动机模块

图 8-10　坐标变换模块

a) $\boldsymbol{C}_{2r/3s}$ 变换模块　b) $\boldsymbol{C}_{3s/2r}$ 变换模块

(3) PI 调节器模块　系统中 ASR 调节器、AΨR 调节器和 ATR 调节器均采用 PI 调节器，其控制模块如图 8-11 所示。

(4) 转子磁链及旋转坐标相位角计算模块　如图 8-12 所示，该模块输入为转速、旋转坐标系的电流 i_{sq} 和 i_{sd}，输出为转子磁链估计值 $\hat{\psi}_r$ 及旋转坐标系相位角估计值 $\hat{\theta}_s$，得到的磁通可以作为磁链调节器的反馈值，也可以通过计算得到i_{sq}^*。$\hat{\theta}_s$角作为坐标变换模块MT—ab的输入之一用于磁场定向。

(5) 电流滞环逆变器模块　如图 8-13 所示，该模块的作用是将直流电逆变为电动机使用的交流电，电源为 600V 直流电。

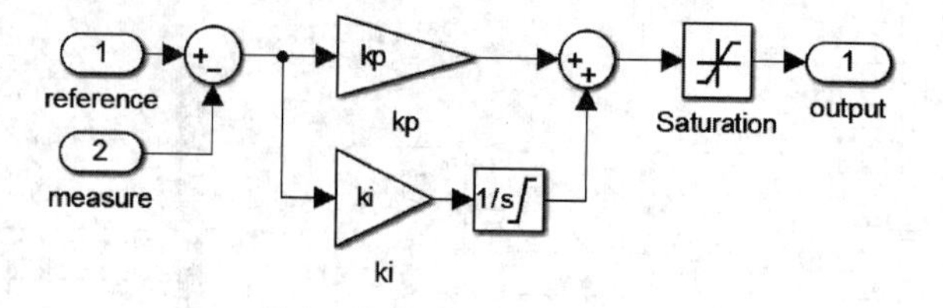

图 8-11　PI 调节器模块

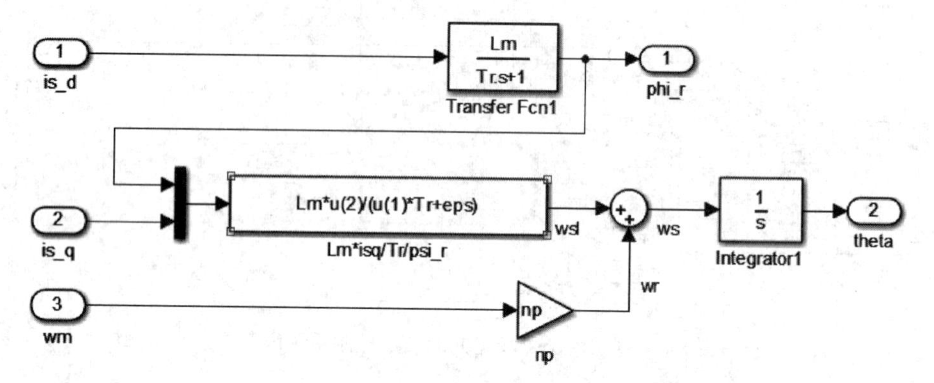

图 8-12　转子磁链及旋转坐标相位角计算模块

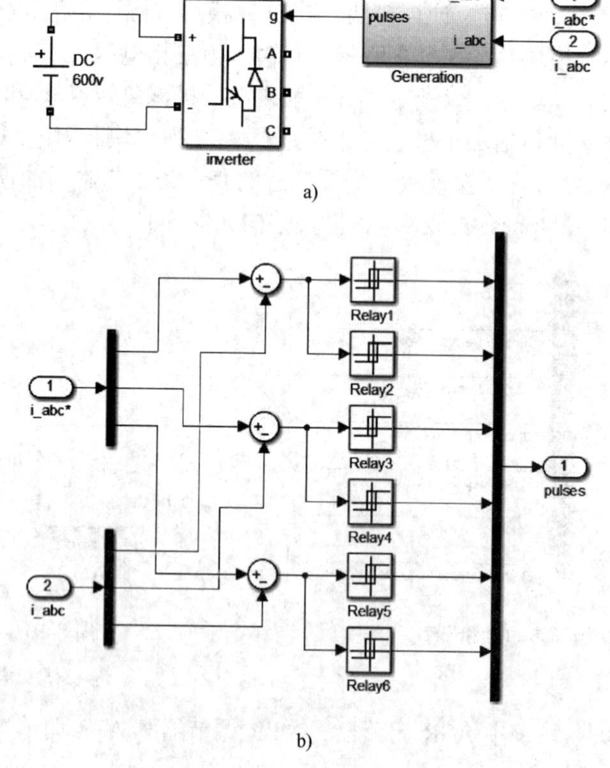

图 8-13　电流滞环逆变器模块

a) 逆变器模块　b) 电流滞环控制模块

2. 系统仿真结果

1) 当系统的给定转速为 1400r/min 时，并且在 0.5s 加载 55N・m 负载，系统的仿真结果如图 8-14 所示。

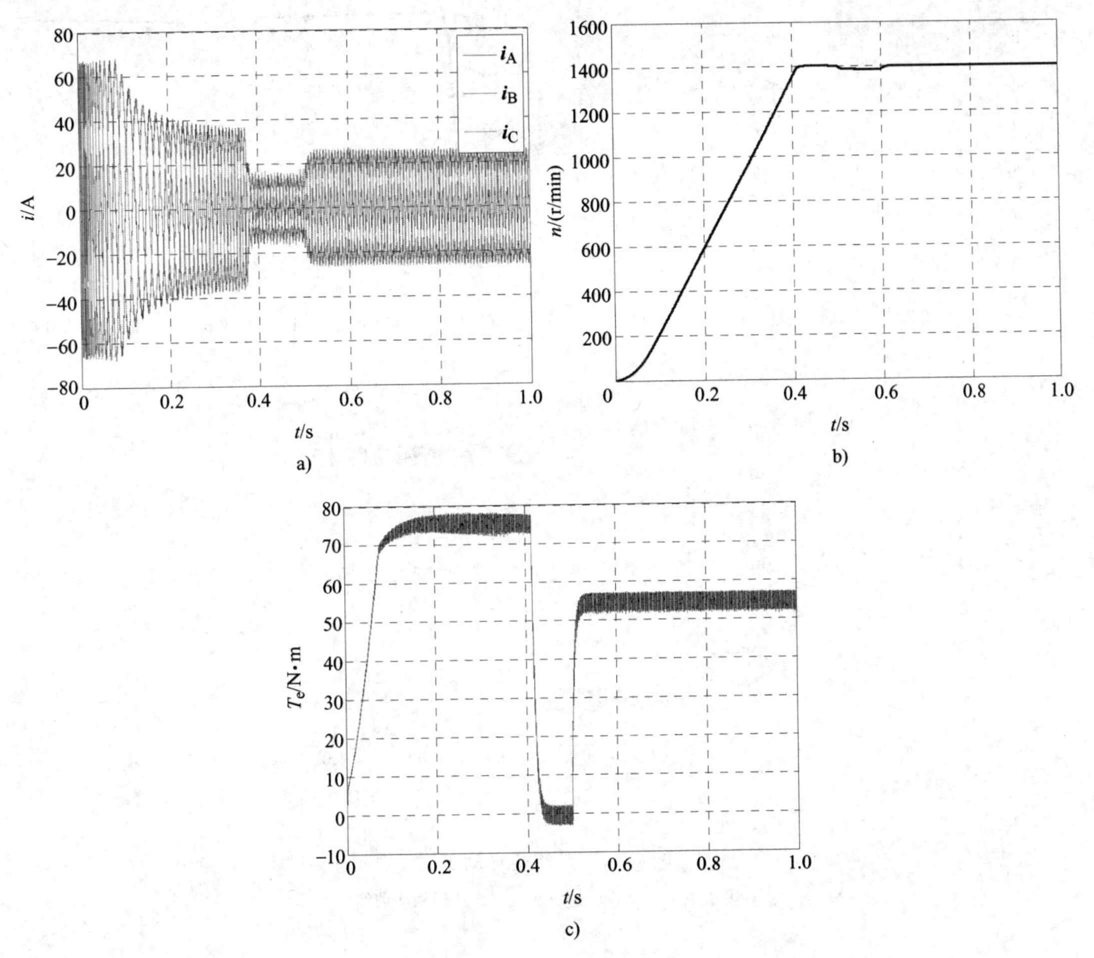

图 8-14　系统仿真结果

a) 定子电流波形　b) 转速相应曲线　c) 转矩相应曲线

当电动机转速从 0 开始上升时，由于给定转速较高，ASR 输出迅速进入饱和，q 轴电流变成最大值，由于异步电动机的转矩同时由转子磁链和 q 轴电流决定，所以转矩缓慢上升至最大值。在 0.4s 左右，电动机转速达到给定值，ASR 迅速进入退饱和状态，转速随后稳定在 1400r/min。

在 0.5s 时，突加给定负载 55N・m，电动机迅速响应，电磁转矩快速跟随，电动机转速在短时间内恢复成给定值。

2) 当系统的给定转速为 100r/min 时，并且同样在 0.5s 加载 55N・m 负载，系统的仿真结果如图 8-15 所示。

当电动机转速从 0 开始上升时，由于给定转速较低，ASR 输出并没有进入饱和状态，d-q 轴参考电流分别增长。经过 0.1s 左右，电动机转速达到给定值 100r/min，转矩参考值迅速变

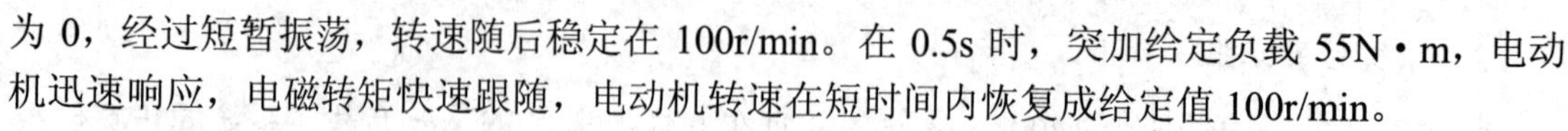
为 0，经过短暂振荡，转速随后稳定在 100r/min。在 0.5s 时，突加给定负载 55N・m，电动机迅速响应，电磁转矩快速跟随，电动机转速在短时间内恢复成给定值 100r/min。

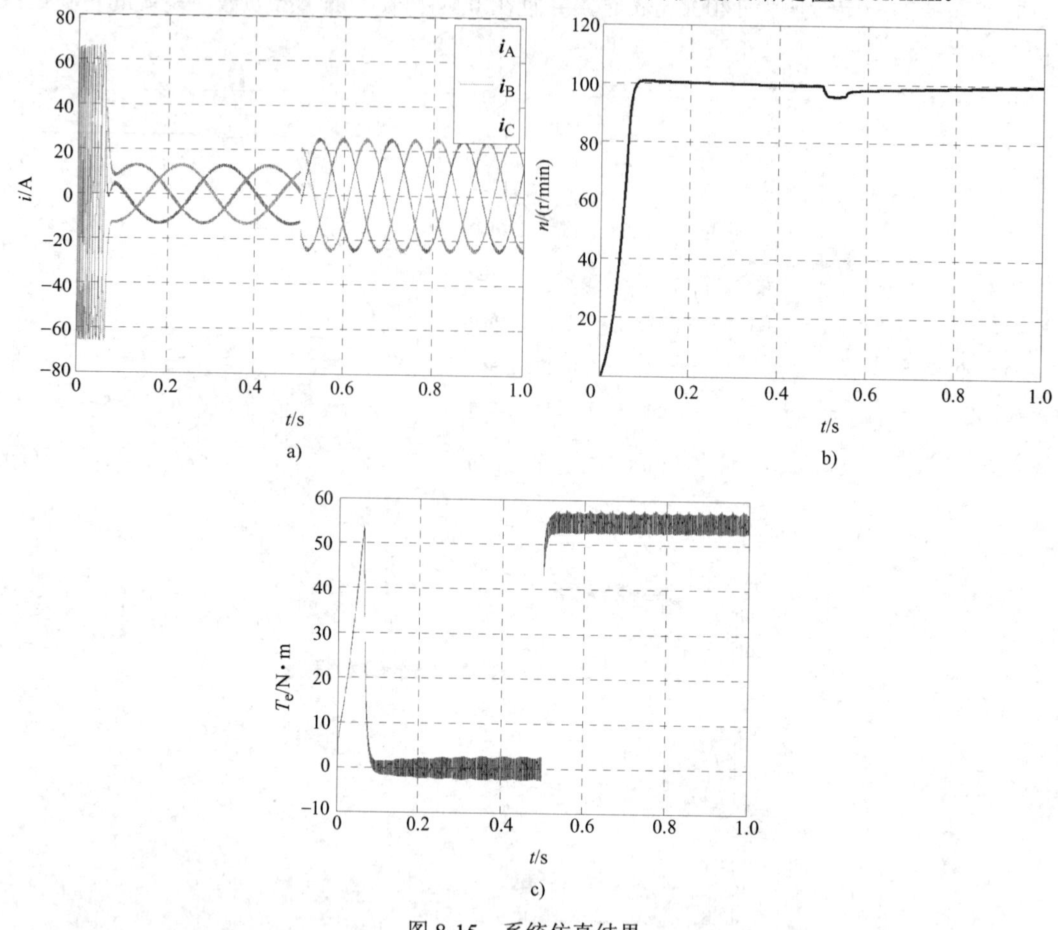

图 8-15　系统仿真结果

a) 定子电流　b) 转速相应曲线　c) 转矩相应曲线

8.3　直接转矩控制系统

为了解决大惯量运动控制系统（如电气列车、电动汽车和船舶电力推进等）在起动、制动时要求快速的转矩响应，特别是在弱磁调速范围的转矩问题，1984 年，日本学者 I. Takahashi 提出直接转矩控制系统（Direct Torque Control）[29]，随后，德国的 M. Depenbrock 教授于 1985 年研制出了类似的直接自控制（Direct Self-Control）方案[30]。直接转矩控制系统简称 DTC 系统，是继矢量控制系统之后发展起来的另一种高动态性能的交流异步电动机变压变频调速系统，在它的转速环里面，利用转矩反馈直接控制电动机的电磁转矩，因而得名。

8.3.1　直接转矩控制系统的基本思想与控制原理

与 VC 系统主要控制转子磁链和转矩不同，DTC 系统的基本思想是在静止两相坐标系上控制定子磁链和转矩，这样省略了旋转坐标变换，并采用砰-砰（Bang-Bang）控制器取代转矩和磁链调节器，以加速系统的转矩动态响应。

根据交流异步电动机在两相静止坐标系上的数学模型，可推出定子磁链方程为

$$\psi_{s\alpha} = \int (u_{s\alpha} - R_s i_{s\alpha}) dt \tag{8-5}$$

$$\psi_{s\beta} = \int (u_{s\beta} - R_s i_{s\beta}) dt \tag{8-6}$$

由于在上述定子磁链模型中不含转子参数，因此定子磁链的计算不受转子参数影响。再将转矩方程重写为

$$T_e = n_p (i_{s\beta}\psi_{s\alpha} - i_{s\alpha}\psi_{s\beta}) \tag{8-7}$$

由式(8-7)可知，通过定子磁链与定子电流的控制，可以进而控制交流异步电动机的电磁转矩，这就是直接转矩控制的基本原理。

但是，由于 DTC 系统采用了定子磁链控制，那就无法像 VC 系统一样进行模型简化并实现解耦，因而也就不能简单地模仿直流调速系统进行线性控制，所以就采用非线性的 Bang-Bang 控制方式来实现系统解耦。

8.3.2　DTC 系统的组成

图 8-16 是按定子磁链控制的经典直接转矩控制系统的控制框图，系统由电压空间矢量 PWM 变频器(SVPWM)供电，分别设置转速和磁链两个反馈控制环，转速调节器(ASR)的输出作为电磁转矩的给定信号 T_e^*，在 T_e^* 后引入了转矩滞环比较器(THB)作为转矩控制内环的控制器；在磁链闭环控制中用磁链滞环比较器(ΨHB)取代磁链调节器(AΨR)，以实现交流异步电动机转速和磁链的单独控制；并采用双位式 Bang-Bang 控制，通过开关状态的选择来产生定子电压给定信号，控制变频器输出可变的电压和频率以驱动交流异步电动机调速。

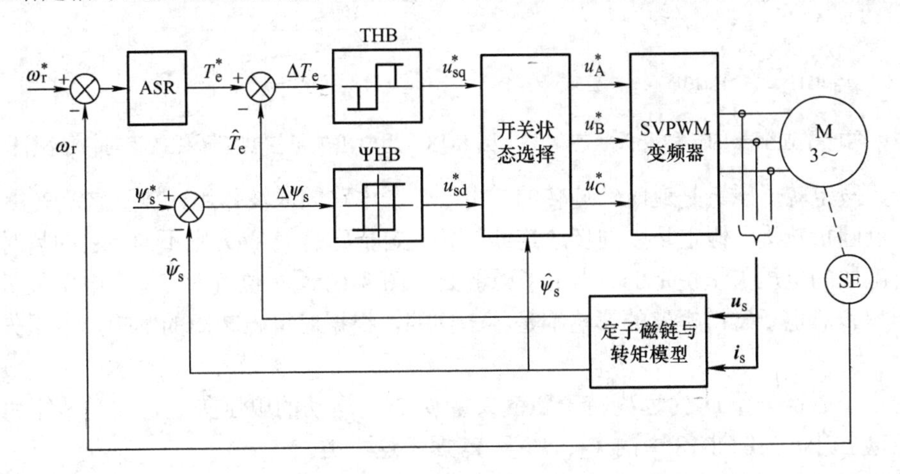

图 8-16　按定子磁链控制的直接转矩控制系统

DTC 系统在转速环内设置了转矩控制环，它可以抑制磁链变化对转速子系统的影响，从而使转速和磁链子系统实现近似解耦。由于采用转矩和磁链的 Bang-Bang 控制，简化控制结构，避免了调节器设计，而且 Bang-Bang 控制本身属于 P 调节器控制，可以获得比 PI 调节器

更快的系统动态响应；又因 DTC 仅控制定子磁链而非转子磁链，不会受到转子参数变化的影响。但是，由于 Bang-Bang 控制会产生转矩脉动，特别是低速时的转矩脉动会带来系统的调速精度变差，限制其调速范围。

因此，从总体控制结构上来看，直接转矩控制(DTC)系统与矢量控制(VC)系统都能获得较高的静、动态性能。

8.3.3 DTC 的控制策略

为了更好地了解直接转矩控制系统是如何工作的，先将通用型两电平逆变器的所有 8 种开关组合呈列于图 8-17。其中，$\boldsymbol{V}_1 \sim \boldsymbol{V}_6$ 为有效矢量，$\boldsymbol{V}_0$ 和 $\boldsymbol{V}_7$ 为零矢量。

再由静止坐标系上计算定子磁链的公式

$$p\psi_s = U_s - R_s i_s \tag{8-8}$$

可知，除了极低转速外，定子磁链主要由定子电压决定，这意味着定子磁链的幅值与转动方向均可通过定子电压进行调节。由此，可以根据定子磁链所在的位置选择不同的电压矢量使定子磁链前进、后退或原地不动，以实现磁链幅值及转矩角的调节。图 8-18 给出一个例子，说明如何根据磁链幅值及转矩的要求选择合适的电压矢量。

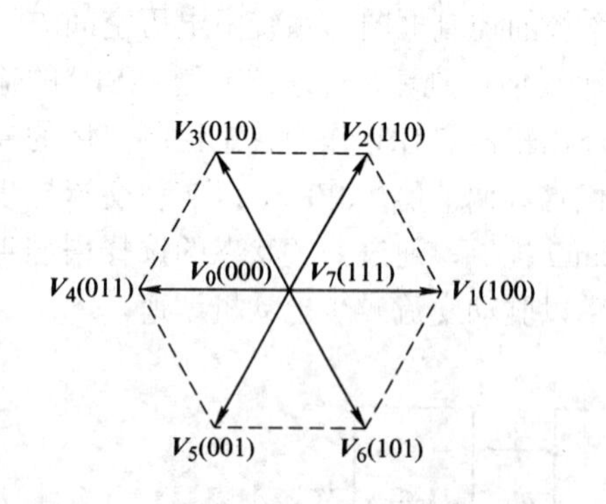

图 8-17　两电平逆变器的 8 种开关状态

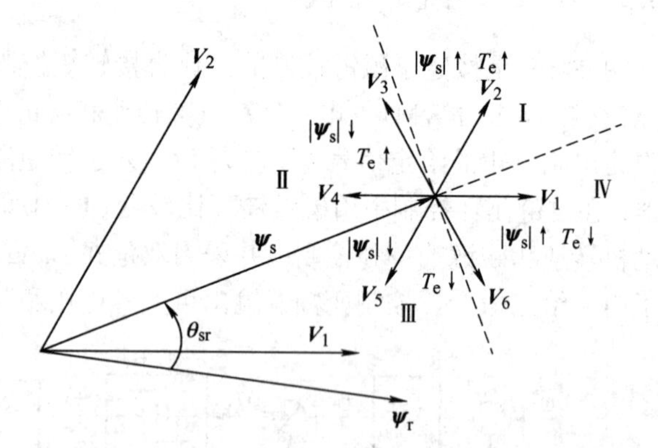

图 8-18　用电压矢量控制定子磁链相对转子磁链的运动

图中，假定转子磁链是逆时针旋转的。由于转子电路的滤波作用，转子磁链矢量 $\boldsymbol{\psi}_r$ 的轨迹非常接近圆形轨迹，假定是以同步速连续旋转。定子磁链矢量 $\boldsymbol{\psi}_s$ 则不同，它的瞬时旋转方向是由所施加的电压矢量决定的。当定子磁链处于图 8-18 所示位置时，每个电压矢量对电磁转矩的影响和对定子磁链幅值的影响都是不一样的。根据对电磁转矩的影响，电压矢量可分为三类：

1) 使定子磁链矢量 $\boldsymbol{\psi}_s$ 向远离转子磁链矢量 $\boldsymbol{\psi}_r$ 方向运动的电压矢量，此时转矩角增加，电磁转矩也上升，如图 8-18 中的 $\boldsymbol{V}_2$、$\boldsymbol{V}_3$ 及 $\boldsymbol{V}_4$ 属于这一类。

2) 使定子磁链矢量 $\boldsymbol{\psi}_s$ 向靠近转子磁链矢量 $\boldsymbol{\psi}_r$ 方向运动的电压矢量，此时转矩角减小，电磁转矩也下降，如图 8-18 中的 $\boldsymbol{V}_1$、$\boldsymbol{V}_5$ 及 $\boldsymbol{V}_6$ 属于这一类。

3) 零矢量使定子磁链矢量 $\boldsymbol{\psi}_s$ 原地不动。此时转子磁链矢量 $\boldsymbol{\psi}_r$ 继续以同步转速转动，因此转矩角会减小，电磁转矩也会下降。

根据对定子磁链幅值的影响，电压矢量也可分为三类：

1) 使定子磁链矢量 $\boldsymbol{\psi}_s$ 幅值增加的电压矢量，图 8-18 中的 $\boldsymbol{V}_1$、$\boldsymbol{V}_2$ 及 $\boldsymbol{V}_6$ 属于这一类。

2) 使定子磁链矢量 $\boldsymbol{\psi}_s$ 幅值减小的电压矢量，图 8-18 中的 $\boldsymbol{V}_3$、$\boldsymbol{V}_4$ 及 $\boldsymbol{V}_5$ 属于这一类。

3) 使定子磁链矢量 $\boldsymbol{\psi}_s$ 幅值保持不变的电压矢量，零矢量在大多数转速范围内对定子磁链没有影响。在极低转速下，零矢量对定子磁链幅值的影响取决于定子电流的方向。

图 8-18 可扩展到任意定子磁链位置以获得最优电压矢量选择。经典的 DTC 控制将定子磁链位置分为 6 个扇区，如图 8-19 所示。

转矩控制器与磁链控制器都采用滞环比较器，其传输特性如图 8-20 所示。

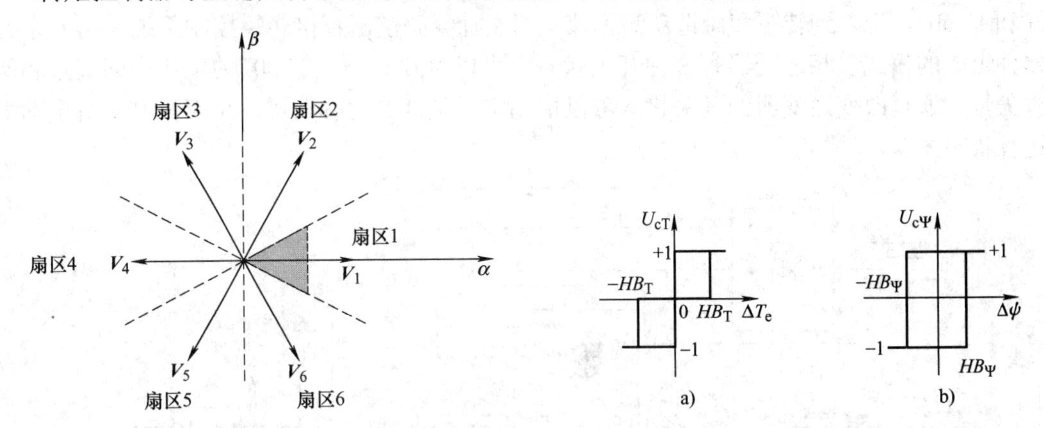

图 8-19 定子磁链的 6 个扇区定义

图 8-20 DTC 的控制器的传输特性

a) 转矩滞环比较器 b) 磁链滞环比较器

THB 的输入输出关系为

$$\begin{cases} U_{\mathrm{cT}}=+1 & \Delta T_{\mathrm{e}} \geqslant +HB_{\mathrm{T}} \\ U_{\mathrm{cT}}=0 & -HB_{\mathrm{T}} < \Delta T_{\mathrm{e}} < +HB_{\mathrm{T}} \\ U_{\mathrm{cT}}=-1 & \Delta T_{\mathrm{e}} \leqslant -HB_{\mathrm{T}} \end{cases} \tag{8-9}$$

ΨHB 的输入输出关系为

$$\begin{cases} U_{\mathrm{c\Psi}}=+1 & \Delta \psi \geqslant +HB_{\Psi} \\ U_{\mathrm{c\Psi}}=-1 & \Delta \psi \leqslant -HB_{\Psi} \end{cases} \tag{8-10}$$

根据转矩控制器输出 U_{cT}，磁链控制器输出 $U_{\mathrm{c\Psi}}$ 以及定子磁链所在的位置可以选择最优的开关状态组合，详见表 8-1。

表 8-1 经典 DTC 的开关状态选择表

$\boldsymbol{\psi}_s$		1	2	3	4	5	6
$U_{\mathrm{c\Psi}}=+1$	$U_{\mathrm{cT}}=1$	$\boldsymbol{V}_2$	$\boldsymbol{V}_3$	$\boldsymbol{V}_4$	$\boldsymbol{V}_5$	$\boldsymbol{V}_6$	$\boldsymbol{V}_1$
	$U_{\mathrm{cT}}=0$	$\boldsymbol{V}_7$	$\boldsymbol{V}_0$	$\boldsymbol{V}_7$	$\boldsymbol{V}_0$	$\boldsymbol{V}_7$	$\boldsymbol{V}_0$
	$U_{\mathrm{cT}}=-1$	$\boldsymbol{V}_6$	$\boldsymbol{V}_1$	$\boldsymbol{V}_2$	$\boldsymbol{V}_3$	$\boldsymbol{V}_4$	$\boldsymbol{V}_5$
$U_{\mathrm{c\Psi}}=-1$	$U_{\mathrm{cT}}=1$	$\boldsymbol{V}_3$	$\boldsymbol{V}_4$	$\boldsymbol{V}_5$	$\boldsymbol{V}_6$	$\boldsymbol{V}_1$	$\boldsymbol{V}_2$
	$U_{\mathrm{cT}}=0$	$\boldsymbol{V}_0$	$\boldsymbol{V}_7$	$\boldsymbol{V}_0$	$\boldsymbol{V}_7$	$\boldsymbol{V}_0$	$\boldsymbol{V}_7$
	$U_{\mathrm{cT}}=-1$	$\boldsymbol{V}_5$	$\boldsymbol{V}_6$	$\boldsymbol{V}_1$	$\boldsymbol{V}_2$	$\boldsymbol{V}_3$	$\boldsymbol{V}_4$

8.3.4　DTC 系统仿真试验

在 MATLAB 环境下，利用 Simulink 和 Power System Blocksets，采用结构化和模块化的方法，构建异步电动机直接转矩控制系统的仿真模型如图 8-21 所示。该系统包括转矩和磁链滞环控制模块、转矩和磁链观测模块、磁链扇区判别模块、电压矢量开关表和开关控制器，给定转矩和磁链分别与实际转矩和磁链取差值，然后分别经过转矩和磁链滞环比较器，与磁链扇区 sector 一起输入到电压开关矢量表中，选择合适的电压矢量；电压电流测量模块输出 i_ab 和 V_abc，送入到转矩和磁链观测模块，用于计算磁链。直接转矩控制系统采用 6 个开关器件组成的桥式三相逆变器有 8 种开关状态，可以得到 6 个互差 60°的电压空间矢量和两个零矢量。通过改变逆变器的开关状态可以控制定子磁链的运行轨迹，从而控制交流电动机的运行状态。

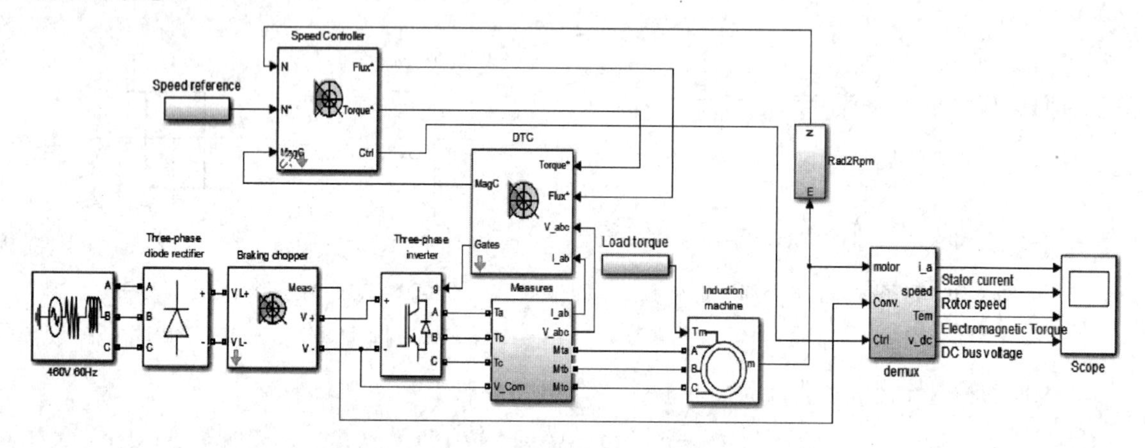

图 8-21　DTC 系统仿真模型

1. DTC 仿真系统模块设计

DTC 仿真系统的主要功能模块包括异步电动机模块、功率变换模块、转速控制器模块、DTC 模块和信号检测模块等。

(1) 交流异步电动机模块和功率变换模块　作为系统的被控对象，异步电动机和功率变换模块如图 8-22 所示。

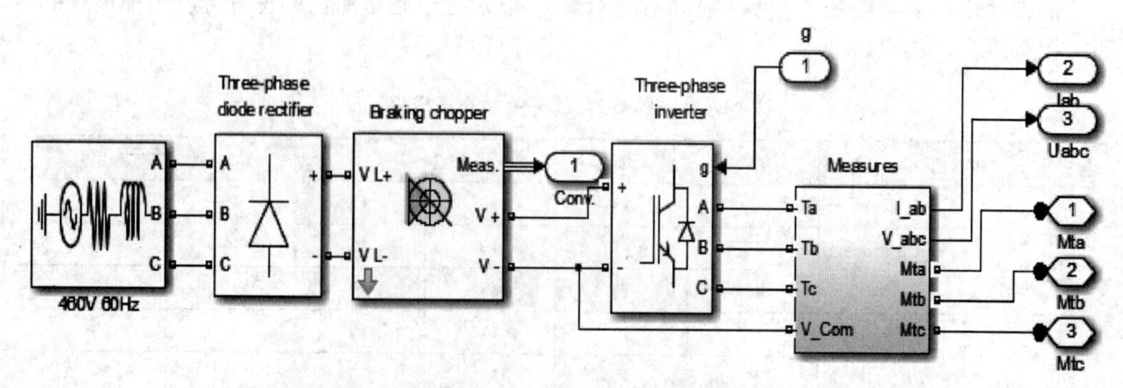

图 8-22　交流异步电动机模块和功率变换模块结构图

交流异步电动机采用 Power System Blocksets 中的 Asynchronous Machine SI Units 构成，该模块可模拟任意两相旋转坐标系（包括静止两相坐标系、转子坐标系和同步旋转坐标系）下的绕线转子或笼型交流异步电动机。不同坐标系下的电动机数学模型可通过该封装模块的一个对话框选项 Reference frame 进行设置，交流异步电动机的转子类型则可通过对话框的另一选项 Rotor type 设置。模块的 A、B、C 是异步电动机三相定子绕组的输入端，与 IGBT 逆变器的 3 个输出端相连，构成由逆变器供电驱动的交流异步电动机子模块。T_L 为电动机负载接入端，用于对电动机进行加载实验。

功率变换模块主要包含 3 个子模块：三相二极管整流器、制动斩波器和三相逆变器。三相交流电源产生的交流电经整流器整流、滤波，并且经逆变器逆变以后驱动电动机运行。

(2) 转速控制器模块　转速控制采用 PI 调节器，图 8-23 为模块封装结构图。转速给定 N*先经过初始模块，使转速可以从对话框设置的值开始，再经过加减速限制环节，使阶跃输入时实际转速给定有一定的上升和下降斜率，然后经过一个零阶保持器，即按照对话框设置的采样时间采样；转速反馈 N 则先经过低通滤波器，再经过零阶保持器，与 N*合成得到转速偏差 (N*–N)。本文采用的是带限幅的离散 PI 调节器，PI 调节器的输入是参考转速与实测转速的差值，输出是电动机参考转矩 Torque*，积分器采用模块库中的离散时间积分器构建。K_P 与 K_I 分别为比例增益系数和积分增益系数，调节器输出的转矩由 Saturation 环节来限定幅值。最后调节器输出经过选择开关，根据对话框中设定的转矩或者转速控制方式决定转速的输出。

转速控制器中还有一个磁通表，输出为参考磁链 Flux*。该磁通表使电动机在基速以下保持额定磁通，基速以上进行弱磁控制。

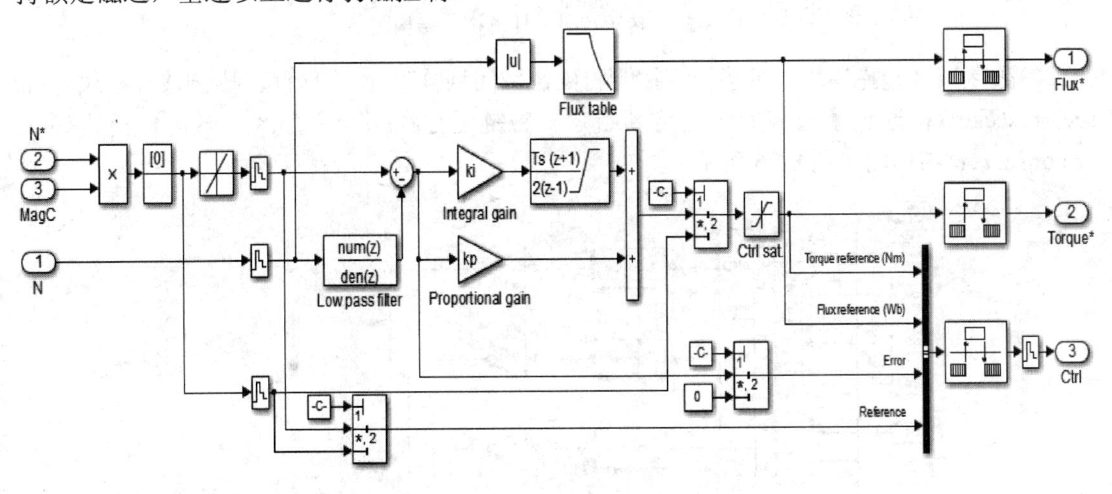

图 8-23　转速控制器模块结构图

(3) DTC 模块　DTC 模块如图 8-24 所示，包括转矩和磁链计算模块、矢量扇区选择模块、转矩、磁链滞环控制器等组成。

1) 转矩和磁链计算模块。模块结构图如图 8-25 所示，三相坐标系中的电压值和电流值经坐标变换，代入交流异步电动机的磁链估计模型，估计出转矩值、磁链值以及磁链角。其中：模块 phi-d 和 phi-q 分别输出定子磁链的 α 轴和 β 轴分量 $\psi_{s\alpha}$ 和 $\psi_{s\beta}$，$\psi_{s\alpha}$ 和 $\psi_{s\beta}$ 经 Real-Imag to Complex 模块得到复数形式的定子磁链 ψ_s，并由 complex to Magnitude-Angle 计算定子磁链的幅值和转角。

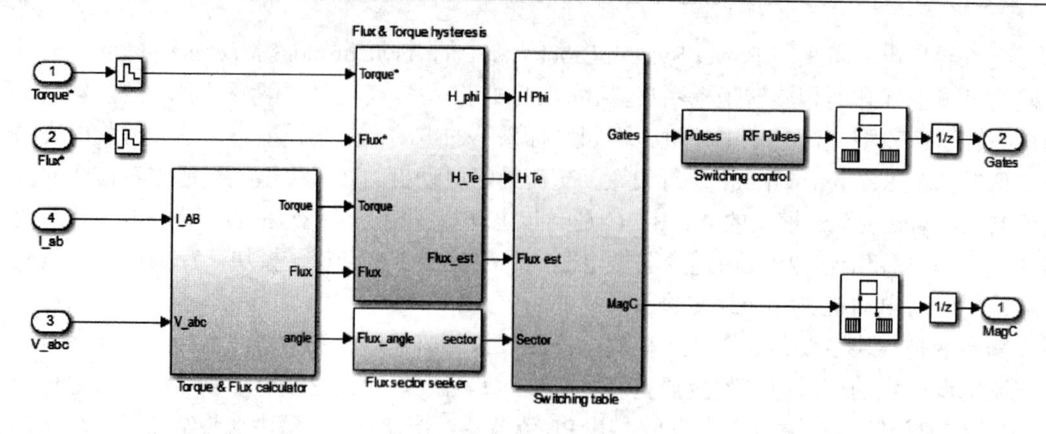

图 8-24　DTC 模块结构图

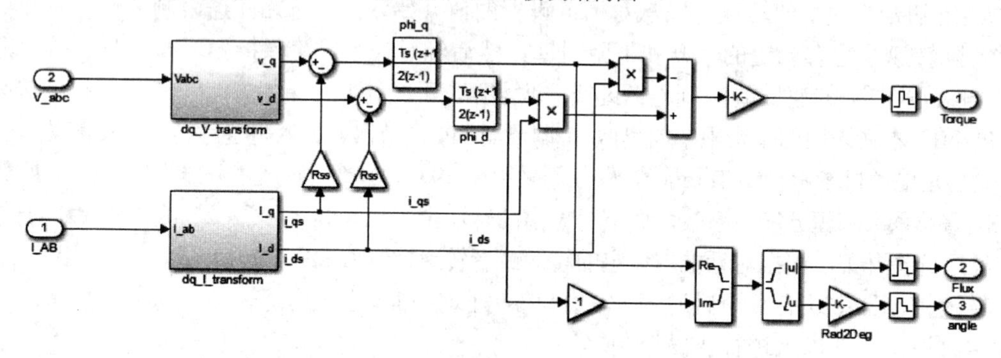

图 8-25　转矩和磁链计算模块结构图

2) 矢量扇区选择模块。直接转矩控制将磁链空间划分为 6 个区间，磁链选择模块 (Flux sector seeker) 根据定子磁链的位置角判断定子磁链运行在哪一个分区。磁链选择器 (Flux sector seeker) 结构图如图 8-26 所示。

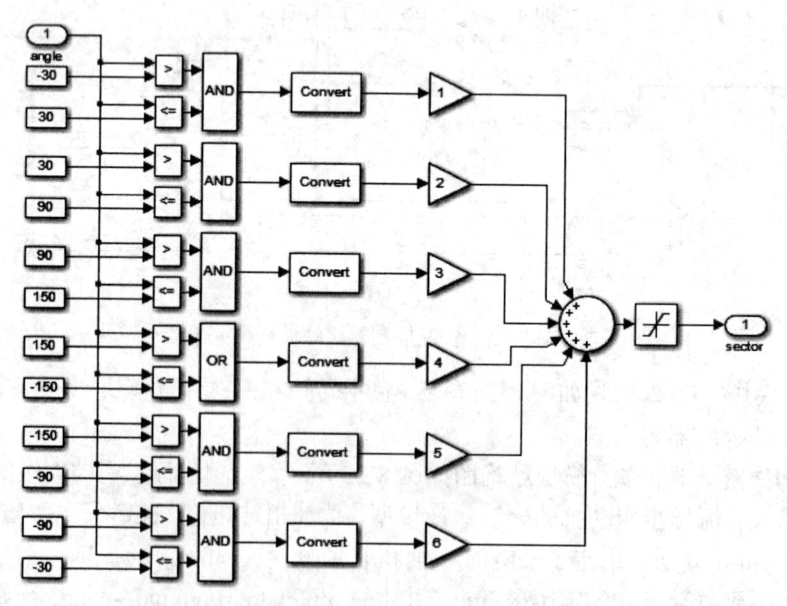

图 8-26　矢量扇区选择模块

3) 转矩、磁链滞环控制器。电动机的转矩和磁链都采用滞环控制，转矩和磁链滞环控制器(Torque & Flux hysteresis)结构如图 8-27 所示。转矩控制是三位滞环控制方式，磁链控制滞环为二位控制方式。

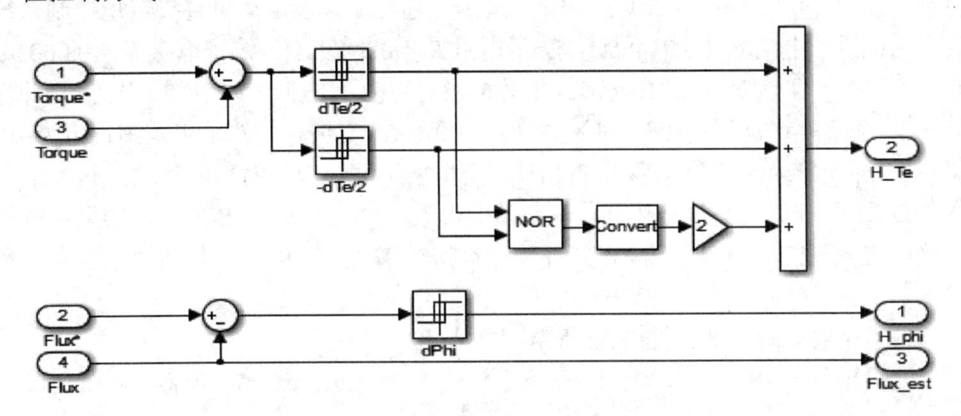

图 8-27　转矩和磁链滞环控制器结构

4) 开关表。开关表(Switching table)模块如图 8-28 所示，用于得到三相逆变器的 6 个开关器件的通断状态，它由两张 Lookup Table(2D)表格和 3 个多路选择器组成，通过选择开关 2 输出对应的 6 个开关器件的 8 种开关状态 V_0～V_7，其中包括了两种零状态 V_0 和 V_7。

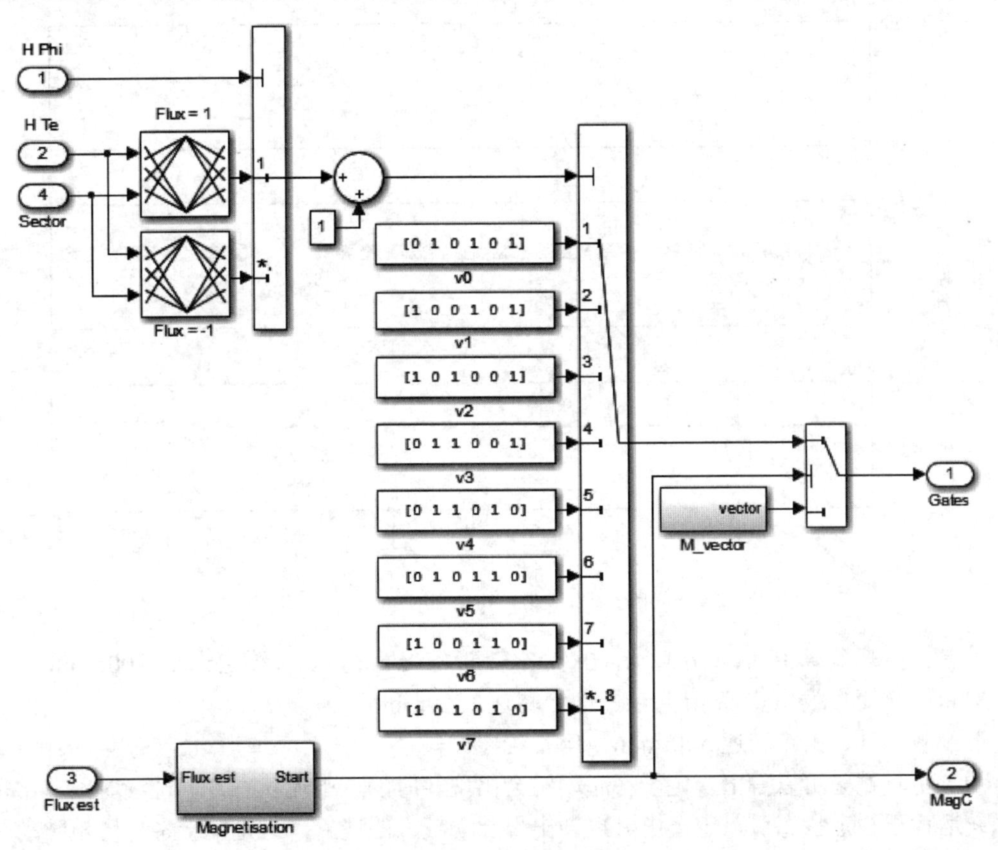

图 8-28　开关表模块

2. 仿真结果与分析

系统参数设置：三相电源相电压为460V、60Hz，电源内阻为0.02Ω，电感为0.05mH。电动机额定参数：149.2kW、460V、60Hz，采用上述交流异步电动机直接转矩控制系统仿真模型。电动机定子电阻 $R_s=0.01485\Omega$，转子电阻 $R_r=0.09295\Omega$，定子电感 $L_s=0.0003027\text{H}$，转子电感 $L_r=L_s$，互感 $L_m=0.01046\text{ H}$。电动机极对数为2，初始转差率 $s=1$，转子惯量 $J=3.1\text{kg}\cdot\text{m}^2$，摩擦系数 $D_\omega=0.08$；PI参数 $K_P=30$，$K_I=200$，转矩输出范围设定为−1200～1200N·m。逆变器最大开关频率为20kHz，模型采用混合步长的离散算法，基本采样时间 $T_s=2\mu\text{s}$，DTC采样时间必须是仿真时间步长的倍数，设为20μs，转速控制器采样时间设为140μs。额定定子磁链给定值为0.8Wb，转矩控制滞环宽度为10N·m，转速控制滞环宽度为0.02Wb。

仿真试验结果如图8-29～图8-32所示。

1）带恒转矩负载100N·m起动，0s给定转速100r/min，1s给定转速−100r/min。

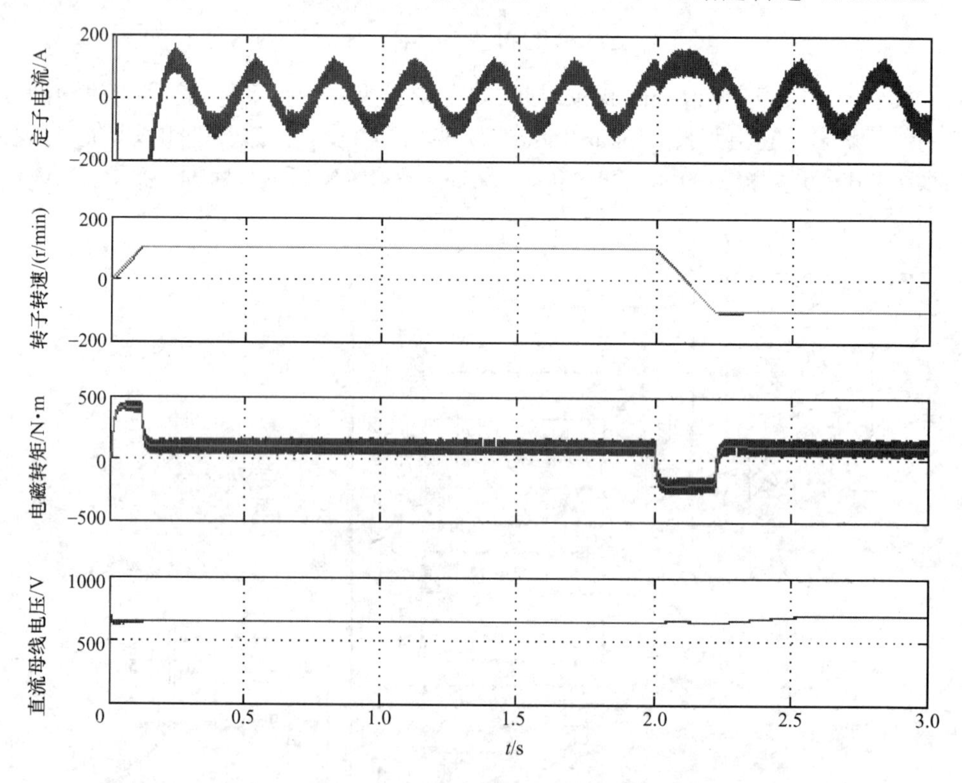

图8-29　DTC系统带恒转矩负载低速运行性能

2）带恒转矩负载100N·m起动，0s给定转速800r/min，1.5s给定转速−800r/min。

3）带恒转矩负载100N·m起动，给定转速1500r/min。

4）空载起动，给定转速500r/min，1s后给定转矩792N·m，2s后给定转矩−792N·m。

通过仿真试验可以看出，定子在起动时会出现暂时的过电流状态，但持续时间非常短。在系统运行于稳定状态后，定子电流也会出现脉动较大的现象，这是由于系统转矩脉动引起的。但整个调速过程中，转矩的迅速响应体现出了直接转矩控制响应速度快的特点。

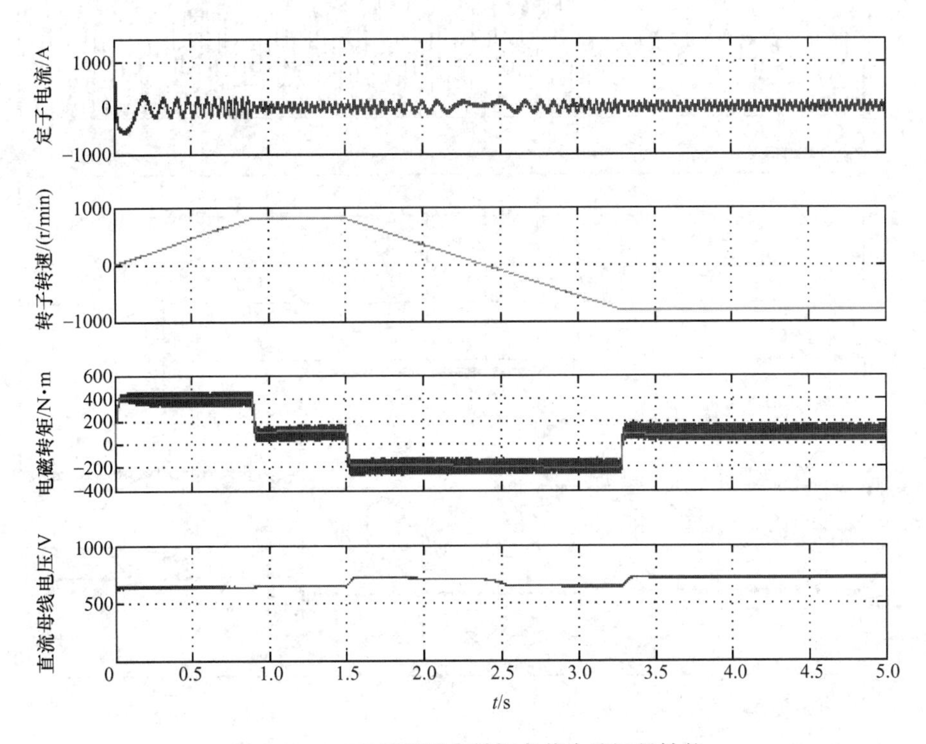

图 8-30　DTC 系统带恒转矩负载中速运行性能

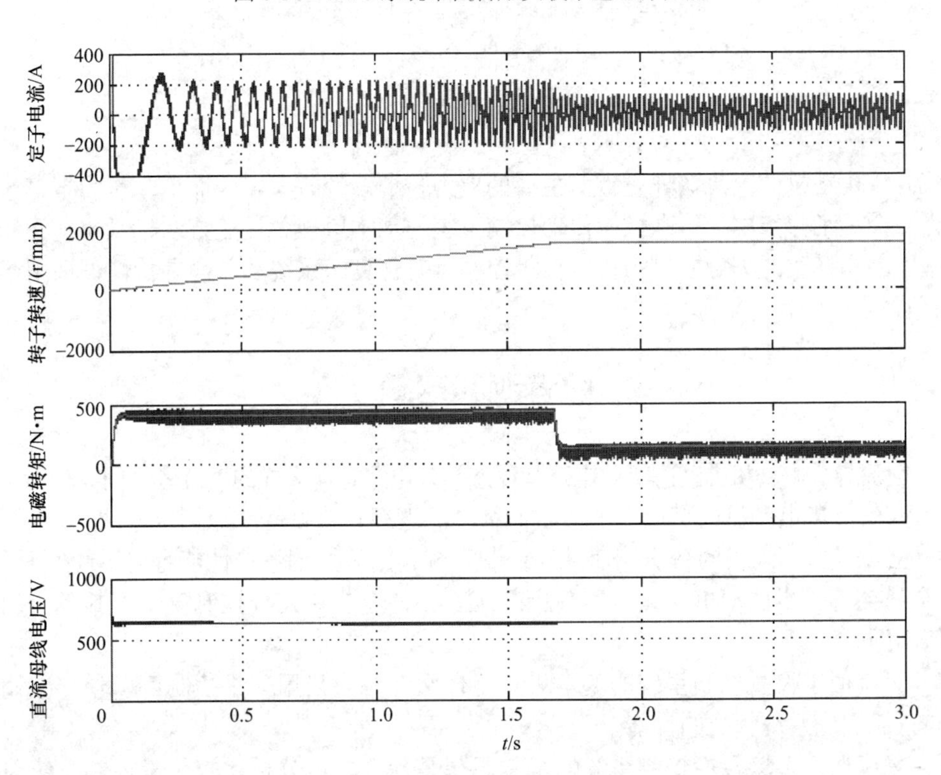

图 8-31　DTC 系统带恒转矩负载高速起动性能

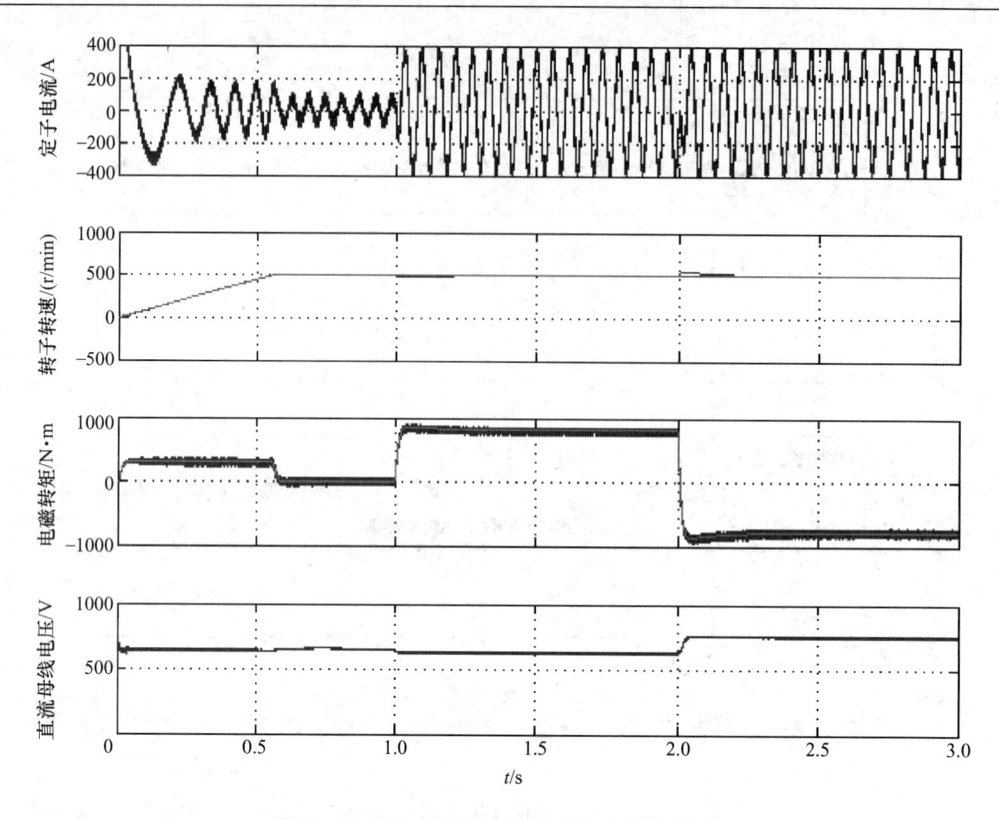

图 8-32　DTC 系统在突然加减负载时的性能

本章小结

交流异步电动机的交流调速是目前主要的电力传动系统方案，因而本章作为本书最重要的内容详细介绍了异步电动机高性能传动控制系统的基本原理、调速方法、系统结构和控制策略。基于动态模型的矢量控制和直接转矩控制具有优良的系统动、静态特性，适用于高性能场合。

思考题和习题

8-1　交流异步电动机的动态等效电路和稳态等效电路是什么样的？两者之间有什么不同？

8-2　交流异步电动机的变压调速需要何种交流电源？有哪些交流调压方法？

8-3　交流异步电动机的变压调速开环控制系统和闭环控制系统性能有何不同？

8-4　从交流异步电动机等效电路分析变压变频调速有哪几种控制模式？其各自的机械特性有何不同？

8-5　交流调速矢量控制系统的基本思想是什么？为何采用矢量控制可以使交流调速系统达到与直流调速系统相当的性能？

8-6　交流调速直接转矩控制系统的基本思想是什么？试分析比较矢量控制系统与直接转矩控制系统各自的特点。

8-7　如何实现交流异步电动机的双馈控制？分析低同步速与超同步速运行时的转差功率流向和控制模式。

8-8　同步电动机有哪两种基本控制方式？其主要区别在哪里？

8-9　梯形波永磁同步电动机自控变频调速系统和正弦波永磁同步电动机自控变频调速系统在组成原理上有什么区别？

参考文献

[1] BOSE B K. Modern Power Electronics and AC Drives [M]. Upper Saddle River: Prentice-Hall, 2002.

[2] 陈伯时，阮毅. 电力拖动自动控制系统[M]. 4 版. 北京：机械工业出版社，2011.

[3] 马小亮. 高性能变频调速及其典型控制系统[M]. 北京：机械工业出版社，2011.

[4] 周扬忠，胡育文. 交流电动机直接转矩控制 [M]. 北京：机械工业出版社，2009.

[5] BOLDEA I. 现代电气传动[M]. 尹华杰，译. 北京：机械工业出版社，2015.

[6] 徐德鸿，马皓，汪槱生. 电力电子技术[M]. 北京：科学出版社，2006.

[7] 李永东，肖曦，高跃. 大容量多电平变换器[M]. 北京：科学出版社，2005.

[8] EDISON R C, et al. Pulse width modulation strategies [J]. IEEE INDUSTRIAL ELECTRONICS MAGAZINE, 2011, 5(3): 37-45.

[9] KAZMIERKOWSKI M P, et al. High-Performance Motor Drives [J]. IEEE INDUSTRIAL ELECTRONICS MAGAZINE, 2011, 5(3): 6-26.

[10] BOSE B K. Power electronics and motor drives—Recent progress and perspective [J]. IEEE Trans. Ind. Electron, 2009, 56(2): 581-588.

第 9 章　绕线转子异步电动机双馈控制系统

第 8 章主要讨论了笼型转子异步电动机的调速方法与控制系统，对于绕线转子异步电动机，除了采用上述调速方案外，还可以通过转子电路中串接附加电阻或电动势来调速[8]。特别是绕线转子异步电动机既可以从定子输入或输出功率，也可以从转子输入或输出转差功率，如果同时从定子和转子向电动机馈送功率也能达到调速的目的，因此绕线转子异步电动机的调速可以采用双馈控制方法。

9.1　双馈控制的基本原理与运行模式

所谓“双馈”，就是指把绕线转子异步电动机的定子绕组与交流电网连接，转子绕组与含电动势的电路相连接，使它们可以进行电功率的相互传递，达到调节转速和节能的目的。至于电功率是馈入定子绕组和/或转子绕组，还是由定子绕组和/或转子绕组馈出，要视电动机的具体工况而定。

9.1.1　绕线转子异步电动机双馈控制的基本原理

绕线转子异步电动机双馈调速的原理图如图 9-1 所示，在绕线转子异步电动机的三相转子电路中串入一个电压和频率可控的交流附加电动势 E_{add}，通过控制使 E_{add} 与转子电动势 E_r 具有相同的频率，其相位与 E_r 相同或相反。

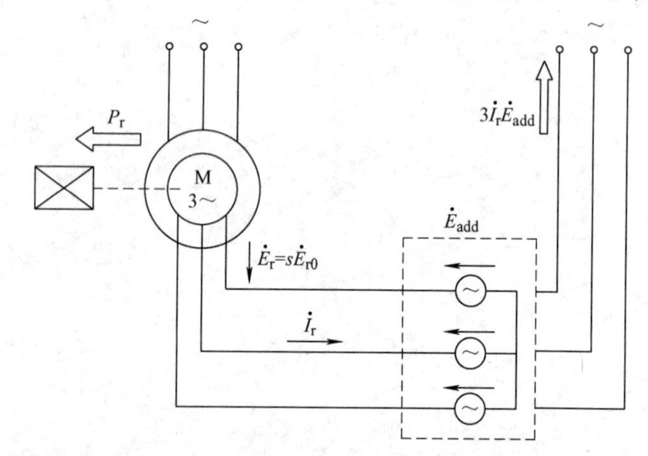

图 9-1　转子串附加电动势的串级调速原理图

当电动机转子没有串接附加电动势，即 $E_{add}=0$ 时，异步电动机处在自然机械特性上运行。电动机处在固有机械特性上运行。当电动机转子有串接的附加电动势，即 $E_{add}\neq 0$ 时，转子电流 I_r 变为

$$I_r=\frac{sE_{r0}\pm E_{add}}{\sqrt{R_r^2+(sX_{r0})^2}} \tag{9-1}$$

式中，E_{r0} 为异步电动机转子静止电动势；X_{r0} 为异步电动机转子绕组静止漏电抗。

由式(9-1)，可以通过调节 E_{add} 的大小来改变转子电流 I_r 的数值，而电动机产生的电磁转矩 T_e 也将随着 I_r 的变化而变化，使电力拖动系统原有的稳定运行条件 $T_e=T_L$ 被破坏，迫使电动机变速。这就是绕线转子异步电动机转子串级调速的基本原理。

在串级调速过程中，电动机转子上的转差功率 $P_{sl}=sP_{em}$，只有一小部分消耗在转子电阻上，而大部分被 E_{add} 吸收，再设法通过电力电子装置回馈给电网。因此，串级调速与串电阻

调速相比，具有较高的效率。此外，根据电动机的可逆性原理，异步电动机既可以从定子输入或输出功率，也可以从转子输入或输出转差功率，如果同时从定子和转子向电动机馈送功率也能达到调速的目的，由此绕线转子异步电动机可以采用从定、转子同时馈电的方式进行调速，故而该方法又称为双馈调速方法。

9.1.2　绕线转子异步电动机双馈控制的基本方法

绕线转子异步电动机有 5 种基本运行状态[1]，其中，调速运行可分为次同步调速和超同步调速两种控制方式。

1. 次同步调速方式

使 E_{add} 与 E_{r} 相位差为 180°，这时转子电流的表达式为

$$I_{\mathrm{r}}=\frac{sE_{\mathrm{r0}}-E_{\mathrm{add}}}{\sqrt{R_{\mathrm{r}}^{2}+(sX_{\mathrm{r0}})^{2}}} \tag{9-2}$$

由式(9-2)可知，增加附加电动势 E_{add} 的幅值，将减小转子电流 I_{r}，也就是减小转矩 T_{e}，从而降低电动机的转速 n。在这种控制方式中，转速是由同步转速向下调节的，始终有 $n<n_0$。

2. 超同步调速方式

如果使串入的附加电动势 E_{add} 与 E_{r} 同相，则转子电流 I_{r} 变为

$$I_{\mathrm{r}}=\frac{sE_{\mathrm{r0}}+E_{\mathrm{add}}}{\sqrt{R_{\mathrm{r}}^{2}+(sX_{\mathrm{r0}})^{2}}} \tag{9-3}$$

这时，随着 E_{add} 的增加，转子电流 I_{r} 增大，电动机输出转矩 T_{e} 也增大，使电动机加速。与此同时，转差率 s 将减小，而且随着 s 的减小，I_{r} 也减小，最终达到转矩平衡，即 $T_{\mathrm{e}}=T_{\mathrm{L}}$。

如果进一步加大 E_{add} 的幅值，电动机就可能加速超过同步转速，这时 $s<0$，E_{r} 反相，使式(9-3)中的分子项变成 $E_{\mathrm{add}}-|sE_{\mathrm{r0}}|$，以减小 I_{r}，最终达到转矩平衡，即 $T_{\mathrm{e}}=T_{\mathrm{L}}$，电动机处在高于同步转速的某值下稳定运行。串入同相位的 E_{add} 幅值越大，电动机稳定转速就越高。

9.1.3　绕线转子异步电动机双馈运行的功率传输

绕线转子异步电动机双馈控制的实质在于控制定、转子功率的传递，因此系统的功率分析至关重要。在《电机与拖动基础》中已从能量传递关系的角度分析了绕线转子异步电动机双馈控制的各种基本运行状态。为了简化，在功率传递分析中均忽略了电动机内部的各种损耗，并认为有如下功率关系：

$$P_{\mathrm{em}}=sP_{\mathrm{em}}+(1-s)P_{\mathrm{em}}=P_{sl}+P_{\mathrm{r}} \tag{9-4}$$

式中，P_{sl} 为异步电动机的转差功率，且有 $P_{sl}=sP_{\mathrm{em}}$；P_{r} 为电动机轴上输出或输入的功率，$P_{\mathrm{r}}=(1-s)P_{\mathrm{em}}$。

另外，在各种运行工况中，这里主要分析电力传动系统的两种电动状态的功率传输过程：

1. 转子功率输出状态

绕线转子异步电动机由电网从定子绕组供电，工作于电动状态时，它从电网馈入(输入)

电功率，而在其轴上输出机械功率给负载，同时从转子输出转差功率 P_{sl} 给 E_{add}，转速低于同步转速，称次同步电动状态，又称串级调速（见图 9-2a）。

2. 转子功率输入状态

如果电网既向电动机定子供电，也通过 E_{add} 向转子绕组输入转差功率 P_{sl}，那么此时电动机以超同步转速运行，称超同步电动状态，又称双馈调速（见图 9-2b）。

因而对于双馈系统来说，功率变换单元应能实现功率的双向传递，如图 9-3 所示。

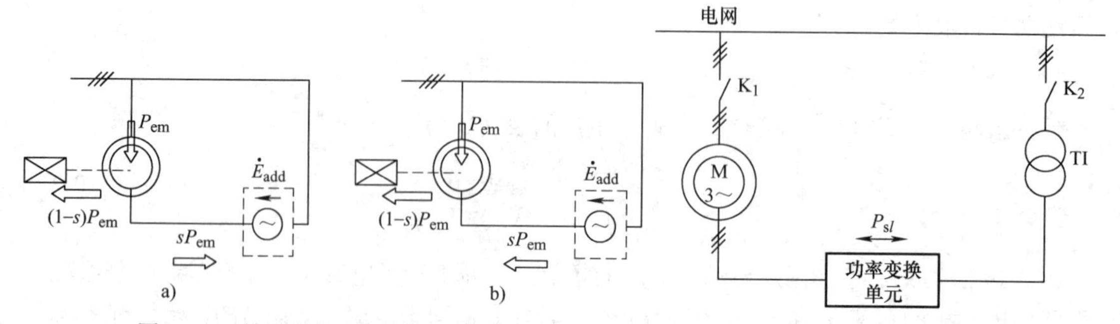

图 9-2　双馈运行的功率传输示意图

a) 次同步电动状态（$1>s>0$）　b) 超同步电动状态（$s<0$）

图 9-3　异步电动机双馈调速电源结构

9.2　绕线转子异步电动机的次同步速调速——串级调速系统

对于仅需要在额定转速以下调速的绕线转子异步电动机来说，串级调速是一种传统的调速方案。

9.2.1　串级调速系统的组成

根据绕线转子异步电动机串级调速的原理，需要设置一个能吸收转差功率的电源装置 E_{add}，但是，由于异步电动机转子中感应电动势 sE_{r0} 的频率是随着转速而变化的，为解决这一问题，一个简单的办法是：先经过二极管整流器 UR 将交变的 sE_{r0} 整流后变成直流电压，然后通过晶闸管逆变器 UI 的有源逆变，将直流电压再变成与电网同频率的交流电，最后由逆变变压器 TI 反馈给电网，实现了转差功率的回馈过程。

然而由于串级调速系统的机械特性的静差率较大[2]，因此，开环控制系统只能用于对调速精度要求不高的场合。为了提高系统性能，通常采用转速和电流双闭环反馈控制。传统的采用二极管-晶闸管变流器的双闭环串级调速系统如图 9-4 所示，其结构与直流双闭环调速系统相同，具有静态稳速和动态恒流控制作用，不同之处是通过控制逆变器吸收异步电动机转子上的转差功率 sP_{em}，来实现调速作用。

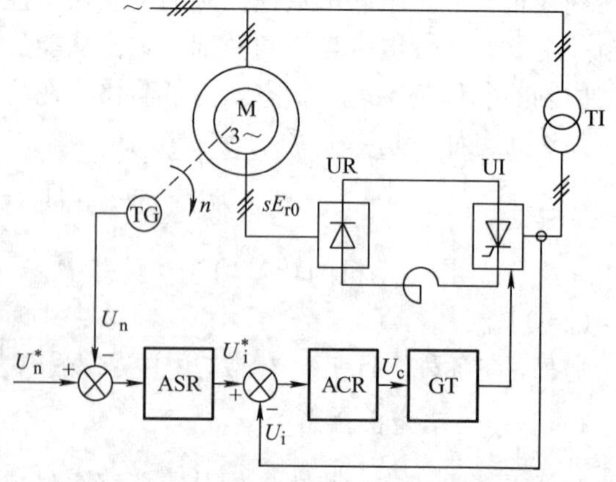

图 9-4　晶闸管串级调速系统结构

9.2.2　串级调速系统的数学模型

由图 9-4 所示的系统结构，可建立其转子回路的等效电路如图 9-5 所示。图中，sU_{d0} 为转子整流器的输出电压；U_{i0} 为逆变器直流侧的空载输入电压；R 为转子回路总电阻，与转子电阻、电源内阻及线路电阻有关；L 为转子回路总电感，与转子电感、逆变变压器的每相漏感及平波电抗器电感有关。

根据等效电路可写出串级调速系统转子直流回路的动态电压方程为

$$sU_{d0} - U_{i0} = RI_d + L\frac{dI_d}{dt} \tag{9-5}$$

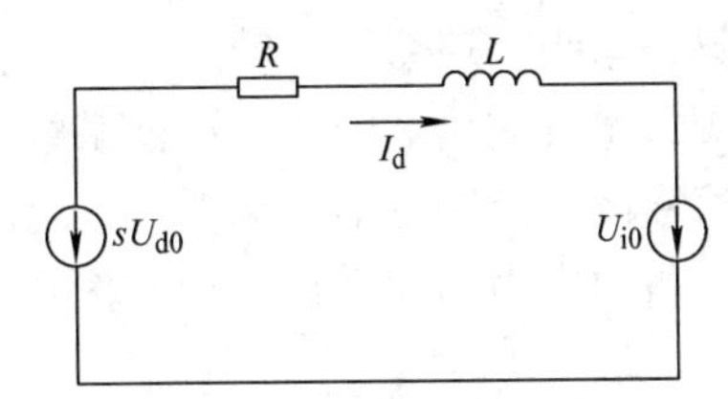

图 9-5　串级调速系统转子直流回路的等效电路

考虑到异步电动机的转差率 $s = \frac{n_0 - n}{n_0}$，式(9-5)可写成

$$U_{d0} - \frac{n}{n_0}U_{d0} - U_{i0} = RI_d + L\frac{dI_d}{dt} \tag{9-6}$$

在式(9-6)两边取拉普拉斯变换，转子直流回路的传递函数为

$$\frac{I_d(s)}{U_{d0} - \frac{U_{d0}}{n_0}n(s) - U_{i0}} = \frac{K_{rd}}{1 + T_{rd}} \tag{9-7}$$

式中，K_{rd} 为串级调速系统转子直流回路的放大系数，$K_{rd}=1/R$；T_{rd} 为串级调速系统转子直流回路的时间常数，$T_{rd}=L/R$。

必须指出，由于在串级调速系统转子直流回路中，R 和 L 都是转速的函数[1]，因而系统的放大系数 K_{rd} 和时间常数 T_{rd} 都是非定常的。

如果认为转子直流回路的电流恒定，即 $dI_d/dt=0$，式(9-6)则变成

$$U_{d0} - \frac{n}{n_0}U_{d0} - U_{i0} = RI_d \tag{9-8}$$

由此可导出串级调速系统的稳态转速方程为

$$n = n_0\frac{U_{d0} - U_{i0} - RI_d}{U_{d0}} \tag{9-9}$$

再令 $U=U_{d0}-U_{i0}$ 为转子回路的直流电压，$K_{er}=U_{d0}/n_0$ 为串级调速系统的电动势系数，则上述转速方程可写成与直流调速系统相似的形式，有

$$n = \frac{U - RI_d}{K_{er}} \tag{9-10}$$

不过在直流系统中电动势系数是常数，但在这里 K_{er} 并非常数，如果考虑整流器的换相延时等因素，它还与电流 I_d 有关，其表达式将更为复杂[2]。

由于转子侧的整流器吸收转差功率，如果忽略转子的铜耗及整流器的换流损耗，则转子整流器的输出功率应等于异步电动机的转差功率，即

$$P_{sl} = sU_{d0}I_d \tag{9-11}$$

而电磁功率应为 $P_{em}=P_{sl}/s$，由此可得串级调速系统的转矩为

$$T_e=\frac{P_{em}}{\omega_m}=\frac{U_{d0}}{\omega_m}I_d=K_{Tr}I_d \tag{9-12}$$

式中，$K_{Tr}=U_{d0}/\omega_m$ 为串级调速系统的转矩系数，且有 $K_{Tr}=\dfrac{30}{\pi}K_{er}$，这与直流他励电动机中的 K_T 和 K_e 的关系完全一致，只不过这里的转矩和电动势系数均为变量。由式(9-10)和式(9-12)可见，串级调速系统的转速方程和转矩方程与直流调速系统在形式上是相同的，因而可以利用类似于直流调速的方法进行系统控制、分析和设计。这也是传统的串级调速系统采用转速、电流双闭环控制方案的缘由。

再由电力拖动系统运动方程

$$T_e-T_L=\frac{GD^2}{375}\frac{dn}{dt}$$

将式(9-12)代入上式，并在等式两边取拉普拉斯变换，可得异步电动机在串级调速时的传递函数为

$$\frac{n(s)}{I_d(s)-I_L(s)}=\frac{R/K_{er}}{GD^2R/375K_{er}K_{Tr}}\frac{1}{s}=\frac{R}{K_{er}T_{mr}s} \tag{9-13}$$

式中，T_{mr} 为串级调速系统的机电时间常数，$T_{mr}=\dfrac{GD^2R}{375K_{er}K_{Tr}}$，但因其中 R、K_{er} 和 K_{Tr} 都是变量，所以 T_{mr} 也是 I_d 和 n 的函数。

9.2.3　串级调速系统的闭环控制动态结构图

按图 9-4 给出的串级调速系统原理图，由上节推导的异步电动机的数学模型，以及其他控制环节的传递函数，可建立如图 9-6 所示系统的动态结构图。

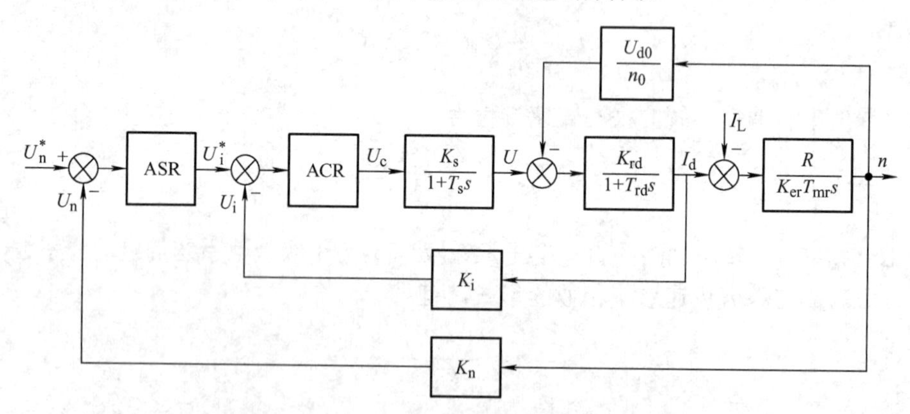

图 9-6　双闭环控制串级调速系统动态结构图

过去，传统的串级调速系统一般采用模拟运算放大电路作为 ASR 和 ACR，其系统分析和调节器参数设计也参照直流调速系统方法。

现代的串级调速系统可以采用内馈斩波调速方式，在直流回路增加一个斩波器，通过控制斩波器的占空比来调节电动机的转速，此时的逆变器仅需要进行调频控制，其逆变角固定，

提高了功率因数。此外，采用二极管整流器—PWM 逆变器也是一种串级调速系统的可选方案，系统的控制也大都采用数字计算机来实现。

串级调速系统最大的优点在于：因其变流电源设置在转子电路，当调速范围不大时，电动机的转差功率要远低于电磁功率，所以选用的变流装置的容量较小，对主电路开关器件电流和耐电压要求也随之降低；另外，一部分转差功率可以回馈到电网，调速效率要高于转差功率消耗型调速方法。因此，串级调速系统适用于高压大功率应用场合，比如大型风机、水泵的节能控制，大型压缩机、矿井提升机等设备的调速等。

9.3　绕线转子异步电动机的超同步速调速——双馈调速系统

上述串级调速系统只能在次同步速以下进行调速控制，如果要在超同步速范围内运行，则需要从定子和转子两方面同时供电。这样，就要在转子的串接电源中采用能使功率双向传递的变流器。可选的方案有晶闸管交-直-交变频器、双 PWM 变频器、交-交变频器等。

9.3.1　采用交-交变频器的双馈调速系统的组成及控制策略

一种采用交-交变频器作为转子电源的绕线转子异步电动机双馈调速系统如图 9-7 所示，异步电动机的转子感应电动势 sE_{r0} 经过交-交变频器变成与电网同频率的交流电，再由逆变变压器 TI 反馈给电网，实现转差功率 P_{sl} 的回馈过程；反之，也可以控制交-交变频器，由电网向电动机转子提供转差功率 P_{sl}，从而实现双馈调速。

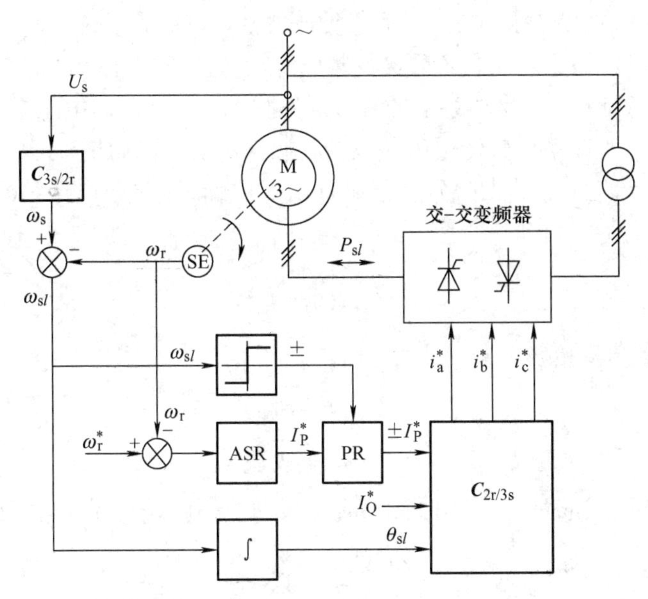

图 9-7　采用交-交变频器作为转子电源的绕线转子异步电动机双馈调速系统

实现双馈控制的关键是控制异步电动机转差功率 P_{sl} 的流向[3]，在次同步速调速时，应控制 P_{sl} 从转子向变频器传递功率；在超同步调速时，应控制 P_{sl} 由变频器向转子传递功率。因此，图 9-7 所设计的系统就主要通过 P_{sl} 的控制来实现双馈调速。考虑到转差功率应分为有功功率和无功功率两部分，分别对应为有功电流 I_P 和无功电流 I_Q，其关系如图 9-8 所示。假定

转子电源 U_r 的正方向与有功电流 I_P 的正方向一致，为分析简便，暂不考虑无功分量，则当 I_P 为正值(从转子流向变频器)时，P_{sl} 也为正，变频器吸收 P_{sl}，电动机运行于次同步速状态；反之，当 I_P 为负值(从变频器流向转子)时，P_{sl} 也为负，变频器向转子提供 P_{sl}，电动机运行于超同步速状态。这说明，控制有功电流 I_P 的方向，就可以控制 P_{sl} 的传递方向。由此，在系统中设置一个电流极性转换器 PR，它根据转差角转速 ω_{sl} 的极性来控制电流的极性。其控制策略如下：

1) 在次同步速运行时，$\omega_{sl}>0$，因此电流给定 I_P^* 为正值，控制变频器的电流为正方向。

2) 在超同步速运行时，$\omega_{sl}<0$，使电流给定反向为负值，控制变频器的电流为负方向。

3) 在同步速运行时，$\omega_{sl}=0$，电流给定 I_P^* 为直流，控制变频器输出直流励磁电流，异步电动机像转子励磁的同步电动机一样以同步速运行。

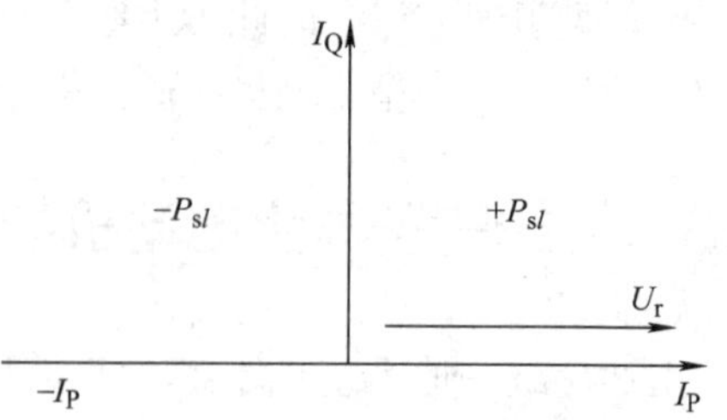

图 9-8　转子电动势、电流与转差功率的关系

近年来，双馈电力传动系统得到很大的发展[4]，比如：研制出专门的无刷双馈电机(Brushless Doubly Fed Machine，BDFM)以克服绕线转子异步电动机的集电环问题[5]；提出了许多先进的控制算法等，以提高系统性能[6]。

9.3.2　双馈调速系统的矢量控制

绕线转子异步电动机双馈调速系统其实质是采用转子变压变频调速方式，因而与定子变压变频调速一样，可采用 VC 或 DTC 等先进控制方法，以提高系统性能。所不同的是，绕线转子异步电动机转子不短路，而且还外接变频电源，其电压方程就要比笼型异步电动机复杂一些，它在两相任意旋转 d-q 坐标系上的等效电路如图 8-1 所示，电压方程由式(8-1)表示。

在图 8-1 中，L_m 是联系定转子电磁关系的互感，所对应的磁链就是电动机的气隙磁链。设流过 L_m 的励磁电流在 d-q 轴上的分量分别为 i_{md} 和 i_{mq}，按等效电路各电流的关系有

$$i_{md}=i_{sd}+i_{rd} \tag{9-14}$$

$$i_{mq}=i_{sq}+i_{rq} \tag{9-15}$$

那么，在 d-q 轴上的气隙磁链分量分别为

$$\psi_{md}=L_m i_{md} \tag{9-16}$$

$$\psi_{mq}=L_m i_{mq} \tag{9-17}$$

如果按气隙磁链 ψ_m 定向[7]，将 d 轴取在 ψ_m 方向上，则式(9-16)和式(9-17)改写为

$$\psi_{md}=\psi_m \tag{9-18}$$

$$\psi_{mq}=0 \tag{9-19}$$

将式(9-16)和式(9-18)代入式(9-14)，可得

$$i_{sd}=\frac{\psi_m}{L_m}-i_{rd} \tag{9-20}$$

再将式(9-17)和式(9-19)代入式(9-15)，可得

$$i_{sq} = -i_{rq} \tag{9-21}$$

异步电动机在 d-q 坐标系上电磁转矩公式为

$$T_e = n_p L_m (i_{sq} i_{rd} - i_{sd} i_{rq}) \tag{9-22}$$

将式(9-20)和式(9-21)代入式(9-22)，则得到绕线转子异步电动机按气隙磁链ψ_m定向的电磁转矩方程为

$$T_e = n_p L_m \left[-i_{rq} i_{rd} - \left(\frac{\psi_m}{L_m} - i_{rd} \right) i_{rq} \right] = -n_p \psi_m i_{rq} \tag{9-23}$$

由式(9-23)可见，如果能保持气隙磁链ψ_m恒定，则电磁转矩 T_e 与转子电流 i_{rq} 成正比。这说明在按气隙磁链ψ_m定向的双馈调速矢量控制系统中，只要控制气隙磁链ψ_m保持恒定，并控制转子电流的 q 轴分量，就能控制电机的电磁转矩。式中的负号表明 T_e 是施加在转子本身的反作用转矩。

9.3.3　双馈调速系统的应用举例

双馈调速系统目前常用于风力发电[7,8]。本节以双馈风力发电机组控制为例，介绍异步电机的双馈控制方法。

1. 双馈风力发电系统结构

一个采用绕线转子异步发电机的风力发电机组成的变速恒频风力发电系统如图 9-9 所示，系统中异步风力发电机的定子和电网直接相连接，转子通过双 PWM 变流器与电网相连接[9]。

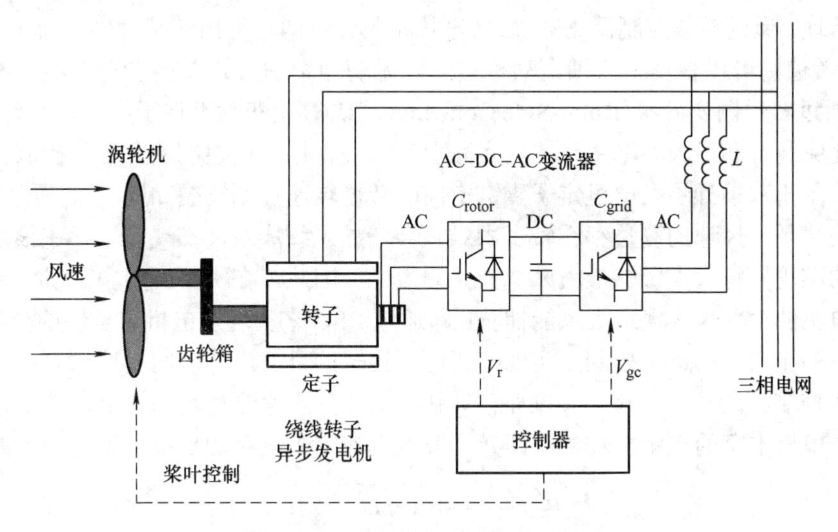

图 9-9　变速恒频风力发电系统结构

双馈风力发电系统的控制策略如下：

(1) 转差功率控制　对转子侧 PWM 变流器进行转差功率控制，实现有功功率调节和无功功率补偿。不过风力发电双馈控制系统的转差功率控制与前述的电力传动控制不同，在忽略系统损耗的条件下，定子功率 P_s、转差功率 P_{sl} 与电网功率 P_G 之间的功率关系为

$$P_G \approx P_s + P_{sl} \tag{9-24}$$

这里的转差功率为 $P_{sl}=-sP_s$，与电力传动应用相反。这说明：当风机在次同步速运行时，由电网通过 PWM 变流器向异步发电机转子提供转差功率 P_{sl}，以避免因风力不足造成的转速下降；当风机在超同步速运行时，由转子通过 PWM 变流器将转差功率 P_{sl} 回馈给电网。由此，双馈风力发电系统输出给电网的功率为

$$P_G=(1-s)P_s \tag{9-25}$$

(2)变速恒频控制　对电网侧的 PWM 变流器则采用变速恒频(VSCF)控制。当风机在次同步速运行时，需要由电网向转子供电，网侧 PWM 变流器应工作在 PWM 整流状态；当风机在超同步速运行时，网侧 PWM 变流器应工作在 PWM 逆变状态，将转子提供的转差功率回馈电网。虽然风机的转速是随风速变化的，但电网频率应保持恒定的工频，所以需要采取 VSCF 控制。

由于通过变换器的功率仅仅是转差功率，因此，双馈风力发电系统特别适合于调速范围不宽而系统容量比较大的风力发电系统，尤其是兆瓦(MW)级以上的风力发电系统[10]。

2. 双馈风力发电机的机侧控制

风力发电系统中，发电机侧控制的主要目的是实现风能最大效率的捕获。风力发电系统双馈发电机的控制策略有很多，但是基本结构均为双闭环结构。本节将简单介绍两种控制策略：一种是转矩转速控制型，可以实现转矩转速和无功功率的解耦控制；另一种是功率控制型，可以实现有功功率与无功功率的解耦控制[11]。

转矩转速控制型控制策略较为直观。通过检测当前的风速，利用风机的最优叶尖速比得出风机的最佳转速后，进行外环转速控制。此时所求得的最佳转速，正是风机能捕获最大风能对应的转速。通过转速控制器 ASR 后并进行相关计算即可得出转子 q 轴电流参考值；而转子 d 轴参考值则可以根据与双馈电动机定子侧无功功率的公式直接求得。经过电流控制器 ACR 后，通过转子侧变流器(Rotor-Side Converter，RSC)逆变输出转子电压来实现交流励磁，进而实现变频运行和最大功率跟踪。这实际上是一种直接转速控制的方法，控制目标明确，原理简单。基于双馈异步发电机定子磁链定向的转矩转速控制框图如图 9-10 所示[12，13]。

但是在风场，风速的测量存在较多困难且会增加系统成本，实现起来存在很多问题，而风速检测的准确性将大大影响最大风能捕获的效果。因此，在实际应用中，可以通过直接控制双馈发电机的功率来实现最大风能捕获：即通过 RSC 来实现发电机转子侧的交流励磁，并对有功功率和无功功率进行控制，实现改变电磁转矩的目的，从而间接地控制电动机转速。这就是功率控制型的控制策略。在文献[11]中，如果充分考虑发电机的定、转子绕组功率损耗和风力发电机本身的机械损耗，双馈异步发电机的定子侧有功功率和无功功率参考值为

$$P_s^*=\frac{1}{2A}(-B+\sqrt{B^2-4AC}) \tag{9-26}$$

$$Q_s^*=-\frac{3L_sR_rU_s^2}{R_sL_m^2+R_s^2R_r+L_s^2R_r} \tag{9-27}$$

式中，$A=\dfrac{R_s}{3U_s^2}$；$B=1$；$C=\dfrac{1}{s-1}(k\omega^3-P_{ms})+\dfrac{R_s}{3U_s^2}Q_s$；$k=0.5\rho SC_{p\_opt}\left(\dfrac{R}{\lambda_{opt}}\right)$。

其中各参数的定义为：$\omega=j\omega_r/n_p$ 为风机转速(j 为齿轮升速比，ω_r 为转子电角速度，n_p

为极对数）；P_{ms} 为风电机组机械损耗；ρ 为空气密度；S 为风轮的掠面积；λ_{opt} 为最优叶尖速比；C_{p_opt} 为最优叶尖速比对应的最大风能吸收系数。

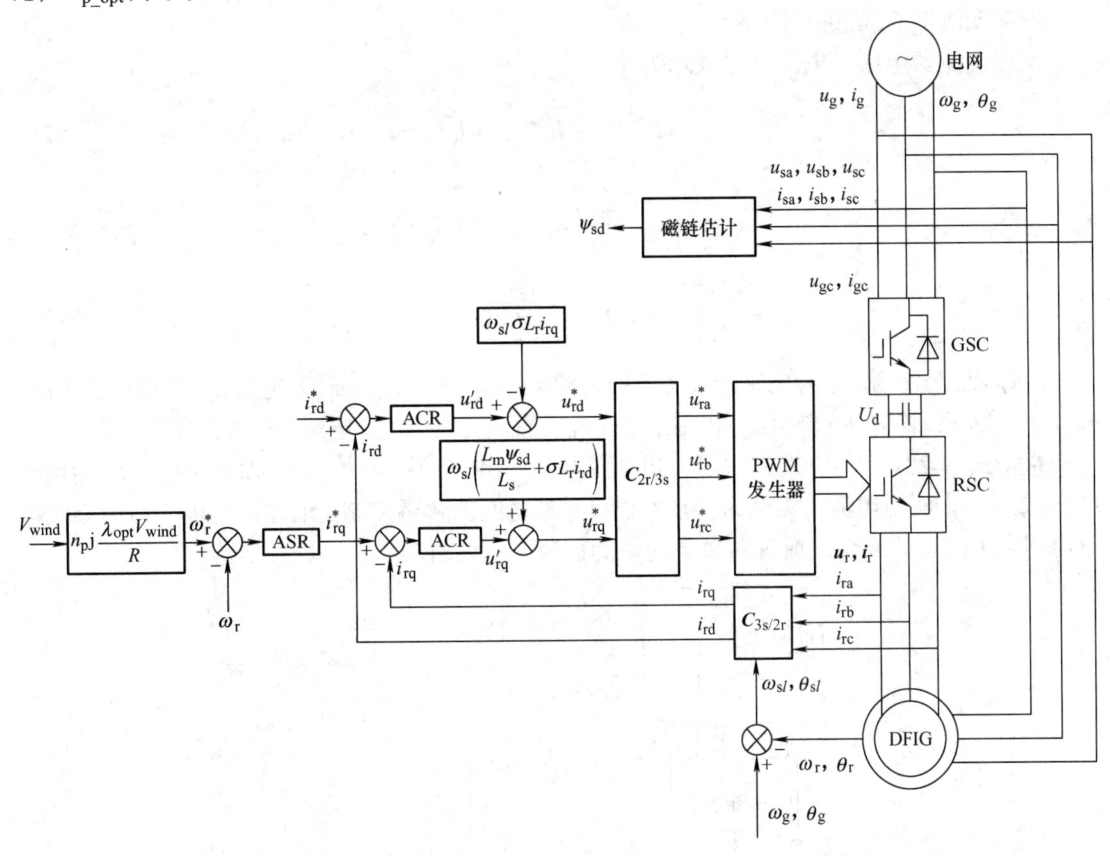

图 9-10　基于定子磁链定向的双馈异步发电机转矩转速矢量控制框图

3. 双馈风力发电机的网侧控制

通常，双馈异步发电系统采用背靠背的电压型 PWM 变换器连接双馈发电机和电网。对于网侧变流器，因为直流环节的解耦功能，与机侧没有直接耦合，其控制目标主要是保持直流母线电压的稳定、保证输入电流正弦和控制输入的功率因数。而直流母线电压的稳定取决于交流侧与直流侧有功功率的平衡，如果能够有效地控制交流侧输入的有功功率，即可保证直流母线电压的稳定[11, 14]。

由于电网电压恒定，对交流侧有功功率的控制就是对输入交流电流有功分量的控制，因此，网侧控制系统主要有两个环节：电压外环和电流内环。基本结构如图 9-11 所示。

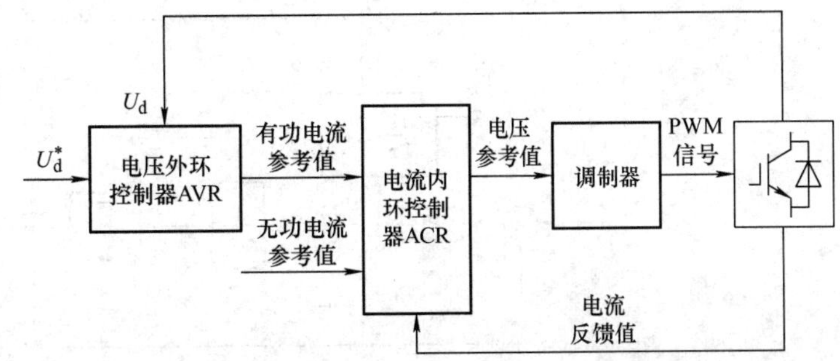

图 9-11　网侧变流器控制结构示意图

在图 9-11 中，直流电压给定值 U_d^*与反馈值 U_d 进行比较，并进入电压外环控制器 AVR，得到有功电流的参考值；无功电流参考值通过数值计算后直接给定。电流控制器 ACR 的输出电压参考值直接进入调制器产生 PWM 控制信号，随后进入网侧变流器 GSC 进行控制。

网侧变流器电压、电流可以表示为

$$u_{gd}=-L_g\frac{di_{gd}}{dt}-R_gi_{gd}+\omega_gL_gi_{gq}+u_{gcd} \tag{9-28}$$

$$u_{gq}=-L_g\frac{di_{gq}}{dt}+R_gi_{gq}-\omega_gL_gi_{gd}+u_{gcq} \tag{9-29}$$

$$i_d=C\frac{dU_d}{dt} \tag{9-30}$$

式中，R_g，L_g 为网侧定子和电感；ω_g 为电网角频率；u_{gd}，u_{gq}，i_{gd}，i_{gq} 为电网 d-q 轴电压和电流；u_{gcd}，u_{gcq} 为变流器侧 d-q 轴电压和电流；U_d，i_d 为直流母线电压、电流；C 为直流母线电容。

根据式(9-28)～式(9-30)，采用 PI 控制器，并结合图 9-11，一种双闭环的控制结构如图 9-12 所示，利用电流反馈值来实现网侧 d-q 轴之间的解耦控制，通过电网电压前馈来实现对电网电压扰动的补偿，通过对负载功率的前馈来实现对功率扰动的补偿。

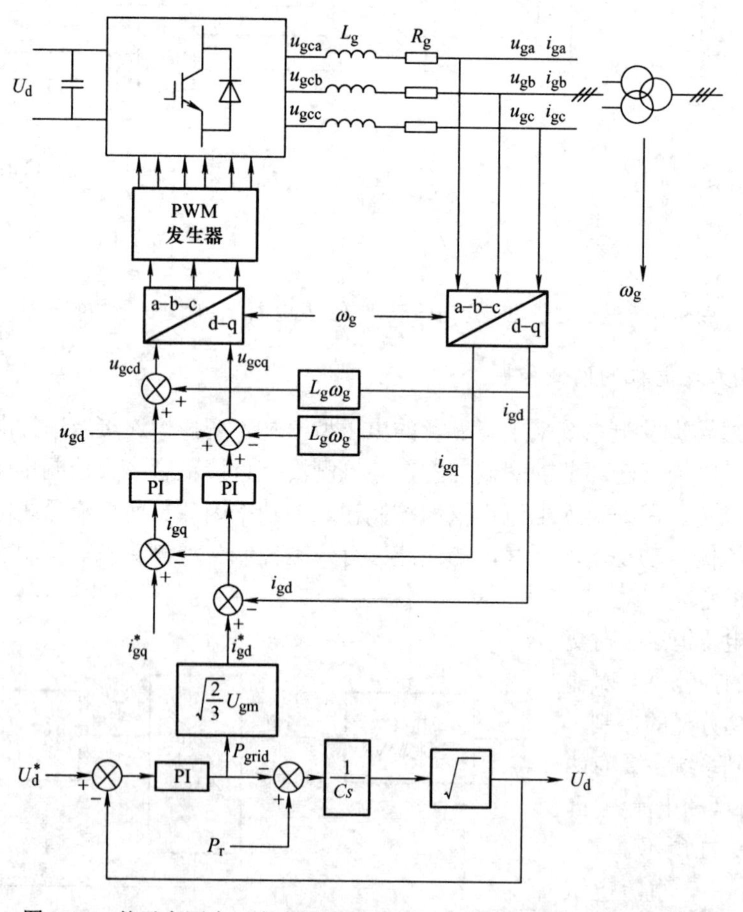

图 9-12　基于电网电压定向的电压外环、电流内环双闭环控制框图

该控制策略需要检测电网电压、电流，直流母线电压、电流等众多变量，需要各种传感器以及相应的信号处理装置。

4. 系统仿真与试验

利用 MATLAB/Simulink 工具库，对双馈发电系统进行建模，控制策略采用机侧最大功率跟踪控制和网侧无功功率控制相结合的策略。系统的仿真结构如图 9-13 所示。

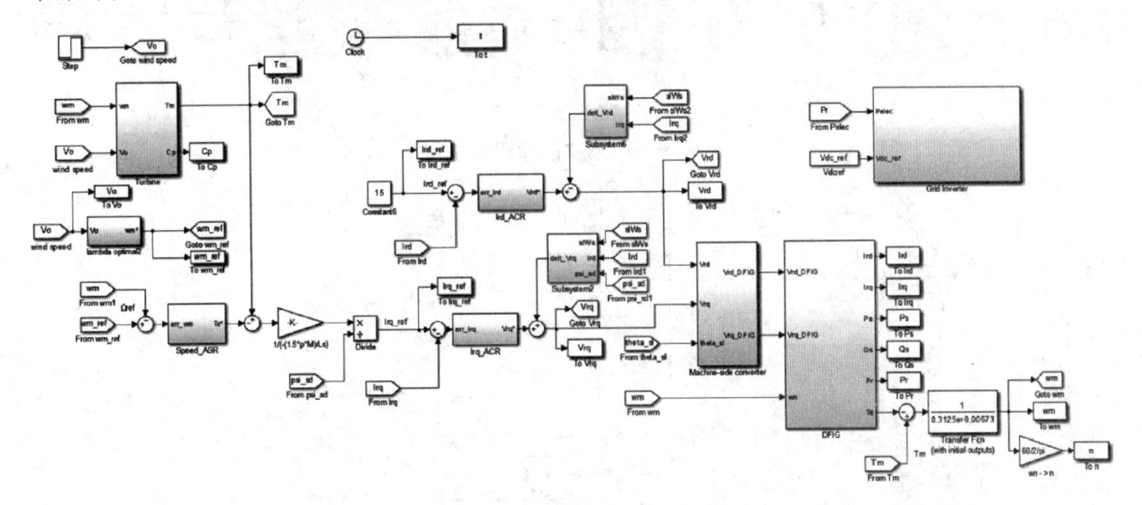

图 9-13　基于功率控制的双馈发电系统仿真结构

仿真系统主要由风机(Turbine)、机侧变流器(Machine-side converter)、双馈异步发电机(DFIG)、转速控制器 ASR、电流控制器 ACR 和网侧逆变器(Grid inverter)构成。

(1) 风机(Turbine)　根据贝兹理论(Betz' Law)，单位时间内风力机输出捕获的风能为

$$P=\frac{1}{2}\rho C_{\mathrm{p}}SV_{\mathrm{wind}}^{3} \tag{9-31}$$

式中，ρ 为空气密度；S 为风轮的掠面积；V_{wind} 为风速；C_{p} 为风力机的风能吸收系数，是叶尖速比 λ 和叶片桨距角 β 的函数。

仿真所采用的 C_{p} 根据数值近似计算的方法求得，具体形式为

$$C_{\mathrm{p}}(\lambda,\beta)=0.5176\left(\frac{116}{\lambda_i}-0.4\beta-5\right)\mathrm{e}^{-\frac{21}{\lambda_i}}+0.0068\lambda$$

式中，$\dfrac{1}{\lambda_i}=\dfrac{1}{\lambda+0.08\beta}-\dfrac{0.035}{\beta^3+1}$

(2) 机侧变流器(Machine-side converter)　由于矢量控制是通过对 d-q 轴变量进行控制，因此在仿真中，首先需要将 d-q 轴变量变换成 a-b-c 轴变量，再通过 PWM 发生器产生 PWM 信号，最后变换成 d-q 轴变量，仿真结构如图 9-14 所示。在本节中，为了缩短仿真时间，变流器简化为 1。

(3) 双馈异步发电机(DFIG)　利用前文的数学公式，通过 MATLAB/Simulink 模块构建双馈发电机模型，当输入双馈发电机转子 d-q 轴电压时，可以得到转子 d-q 轴电流、发电机功率以及转速等变量，仿真结构如图 9-15 所示。

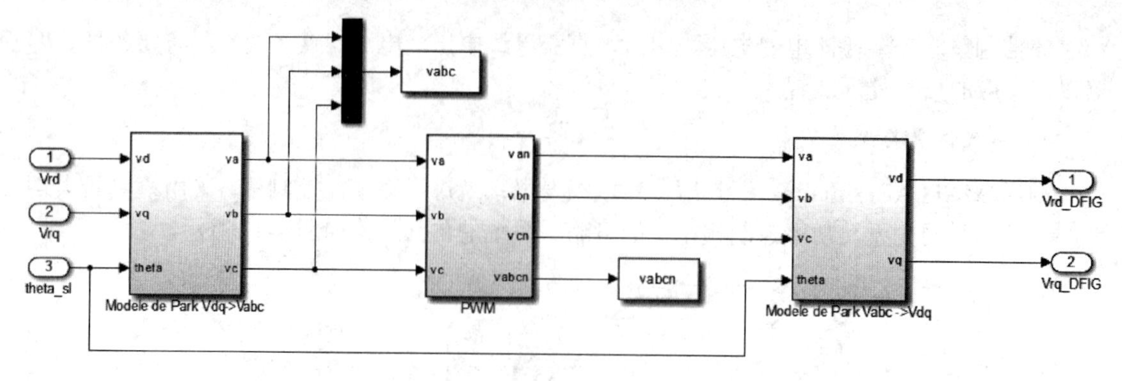

图 9-14　机侧变流器仿真结构

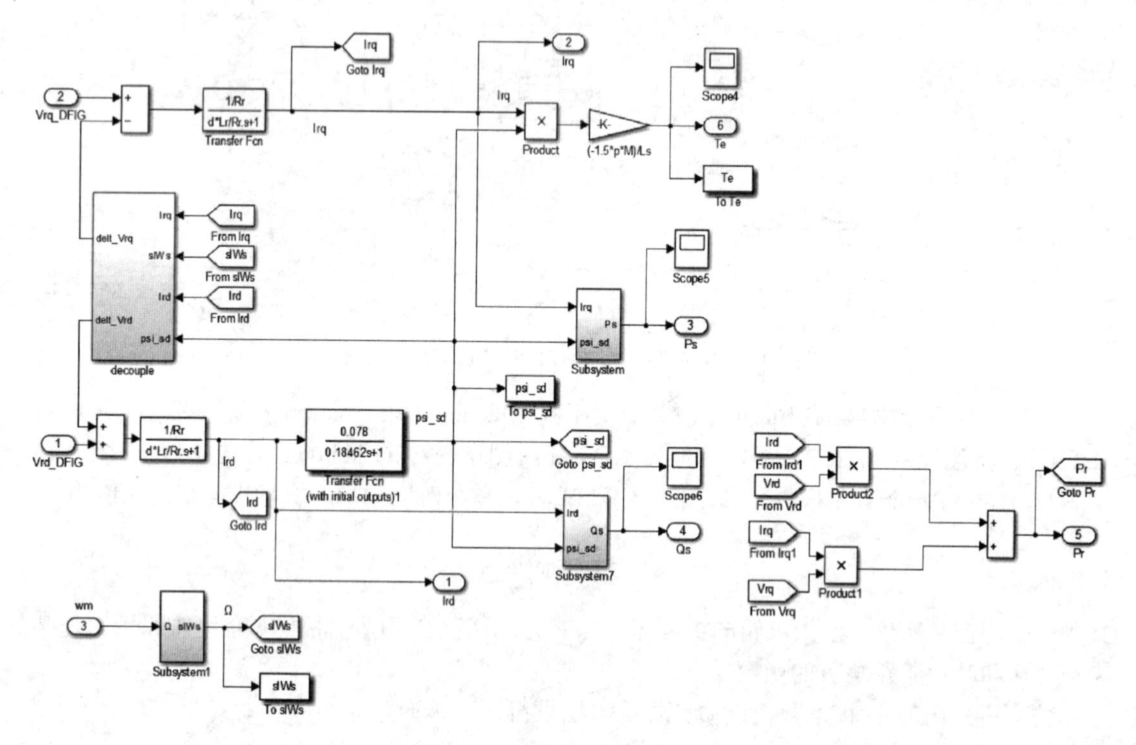

图 9-15　双馈发电机仿真结构

(4) 转速控制器 ASR 和电流控制器 ACR　机侧控制器均采用 PI 控制器，其仿真结构如图 9-16 所示。

(5) 网侧逆变器 (Grid inverter)　网侧变流器主要实现了发电机转子侧功率向网侧进行传输。仿真中，网侧采用电压外环电流内环的控制方法，且均采用 PI 控制器，基本结构与图 9-16 一致，系统具体如图 9-17 所示。

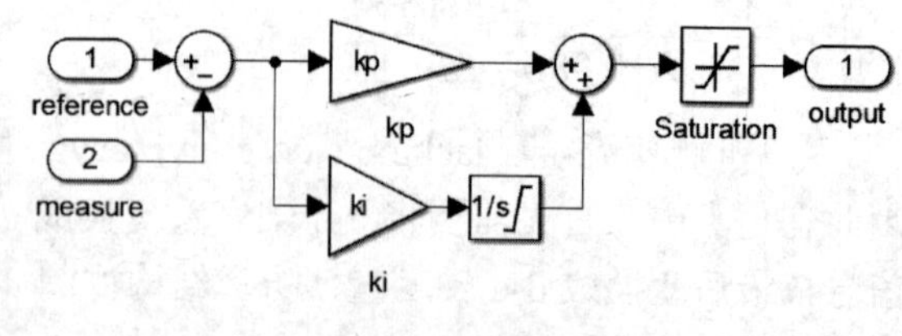

图 9-16　PI 控制器仿真结构

(6) 仿真结果　仿真采用 8 极异步发电机，额定功率为 7.5kW，额定频率为 50Hz，额定电压为 220V，R_s=0.455Ω，R_r=0.62Ω，L_r=0.081H，L_s=0.084H，L_m=0.078H。风力机参数：叶片半径 R=2.5m，最佳叶尖速比 λ=8.1，最大风能吸

收系数 C_p=0.48。齿轮箱升速比为 4.1258，空气密度 ρ=1.25kg / m^3。转子 d 轴电流给定 15A，此时，定子无功功率为 0[12]。

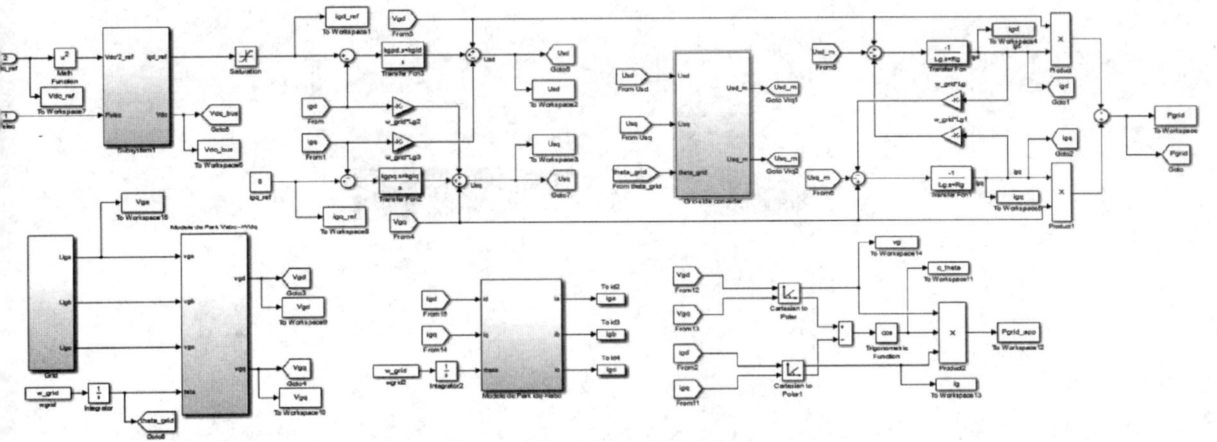

图 9-17　网侧逆变器仿真结构

假设风速初始速度为 6m/s，并在 2s 时突变为 10m/s，如图 9-18 所示。相应的双馈发电机参考转速从 766r/min 变为 1277r/min，在转速控制器 ASR 的调节下，发电机转速能够快速跟随参考值，如图 9-19 所示。

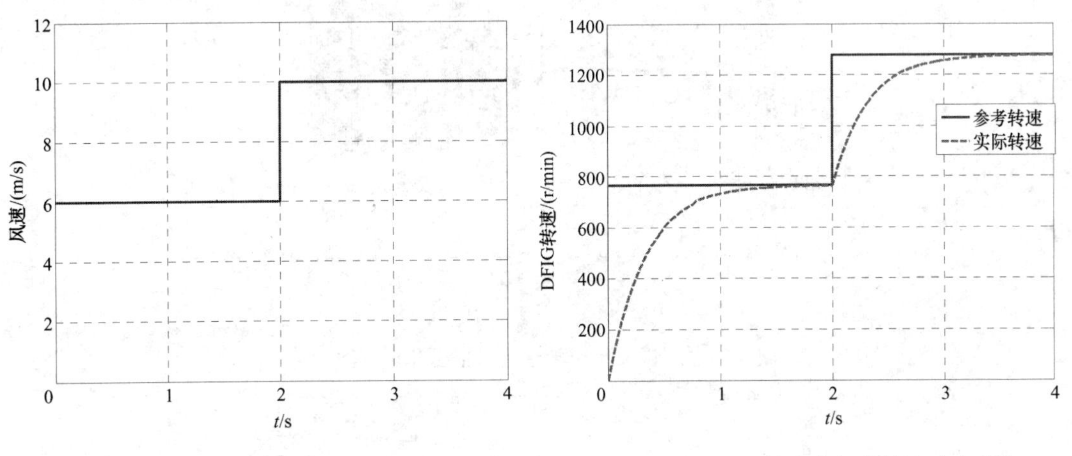

图 9-18　风速变化曲线

图 9-19　双馈发电机的转速响应曲线

双馈发电机转子电压和电流波形如图 9-20 和图 9-21 所示。转速升高时，转子电流的幅值稍增大。

系统起动几分钟后，双馈异步发电机稳定运行在 766r/min，定子侧输出到电网功率 1220W，转子侧输出到电网功率 165W，风力机稳定输出功率 1385W，在 2s 后，风速上升到 10m/s，最佳理论给定转速为 1277r/min。当系统稳定后，定子侧输出到电网功率 3490W，而转子侧馈入电网功率 2650W，发电机共输出功率 6140W。具体结果如图 9-22 所示。

网侧 a 相的电压和电流波形如图 9-23 所示。当发电机转速达到 766r/min 时，转子侧输入到电网的功率比较小，因此网侧变流器电流也较小。当发电机转速上升时，转子侧输出功率变大，因此网侧电流也随之变大。由于在网侧采用了简单的单位功率因数的控制策略，所以网侧电压和电流同相位。

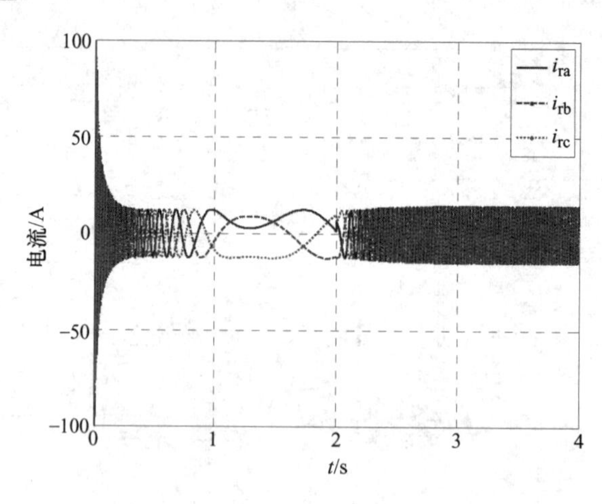

图 9-20　双馈发电机转子电流波形

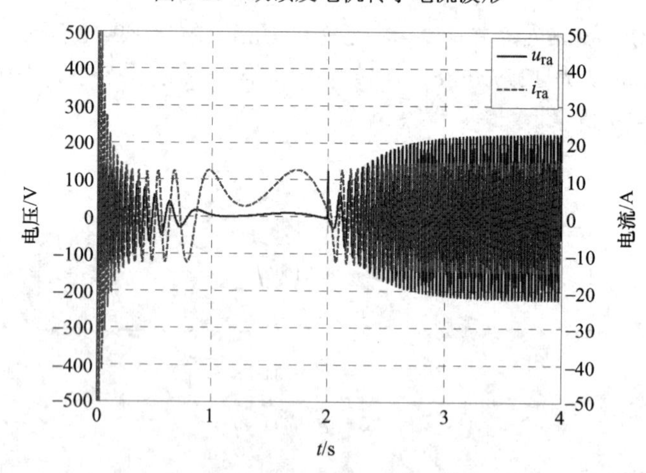

图 9-21　双馈发电机转子 a 相电压和电流波形

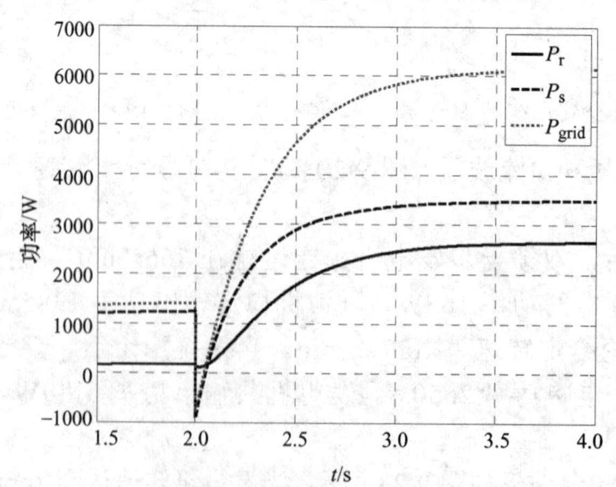

图 9-22　机侧和网侧功率曲线

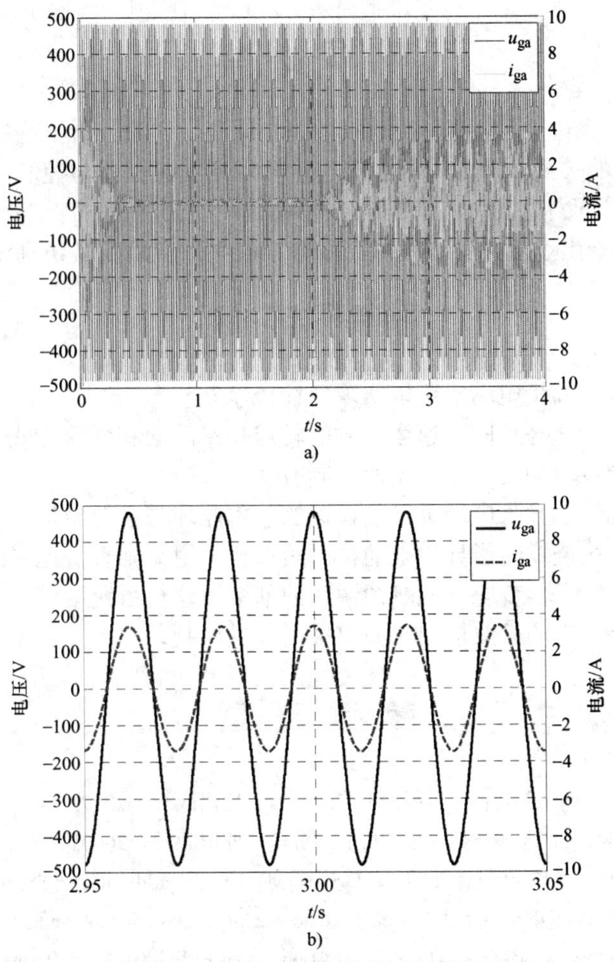

图 9-23　网侧 a 相的电压和电流波形

a) 电流波形　b) 电压波形

为了让定子无功功率为 0，转子 d 轴电流设定为 15A，仿真后，定子侧的无功功率如图 9-24 所示，经过动态响应后，无功功率最终变为 0。

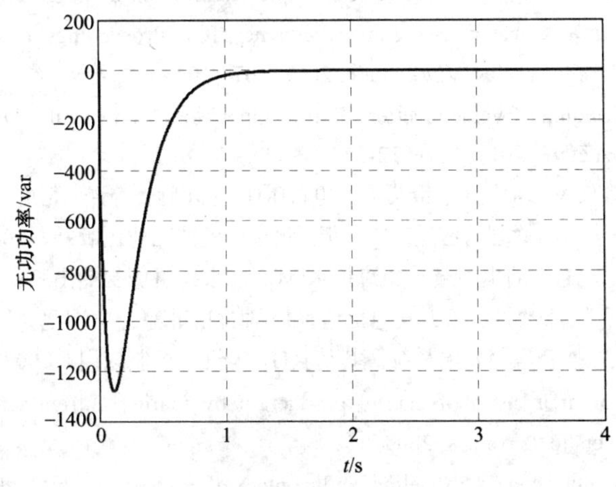

图 9-24　定子侧无功功率

本章小结

本章主要讨论了绕线转子异步电动机双馈控制原理，详细分析了绕线转子异步电动机的转子功率与转差功率的关系，在此基础上给出了转子侧变流模式与控制方法，进而按次同步速调速与超同步速调速两种控制方式。介绍了串级调速系统和双馈控制系统的组成结构、控制方式和性能分析。给出了双馈控制在风力发电系统中的应用及其仿真试验。

思考题与习题

9-1　为何绕线转子异步电动机可以实现双馈控制？

9-2　请分析次同步速与超同步速运行时的转差功率流向和变流方式。

9-3　绕线转子异步电动机有哪些调速控制方法？

9-4　请分析绕线转子异步电动机串级调速的基本原理与系统结构。

9-5　如何改善传统绕线转子异步电动机串级调速采用晶闸管变流器的问题？

9-6　请分析绕线转子异步电动机双馈调速的基本原理与系统结构。

9-7　绕线转子异步电动机双馈调速如何采用矢量控制？

参考文献

[1] 汤天浩，谢卫. 电机与拖动基础[M]. 3 版. 北京：机械工业出版社，2017.

[2] 陈伯时. 电力拖动自动控制系统[M]. 3 版. 北京：机械工业出版社，2003.

[3] BOSE B K. Modern Power Electronics and AC Drives [M]. Upper Saddle River: Prentise Hall, Inc, 2002.

[4] HOPFENSPERGER B, ATKINSON D J. Doubley-fed ac machines: classification and comparison [C]. Proceedings of 9th European Conference on power Electronics and Applications EPE 2001, Graz, Austria, 2001: 17.

[5] ROBERTS P C, et al. Equivalent circuit for the brushless doubly fed machine（BDFM）including parameter estimation and experimental verification [J]. IEEE trans. onElctric Power Applications, 2005, 152(4): 933-942.

[6] IZASKUN SARASOLA, et al. Predictive Direct Torque Control for Brushless Doubly Fed Machine with Reduced Torque Ripple at Constant Switching Frequency [C]. Proceedings of 2007 IEEE International Symposium on Industrial Electronics, Vigo, Spain, 2007: 1074-1079.

[7] BOSE B K. Ore-Grinding Cycloconverter Drive Operation and Fault [J]. IEEE INDUSTRIAL ELECTRONICS MAGAZINE, 2011, 5(4): 12-22.

[8] VLADISLAV AKHMATOV. 风力发电用感应发电机[M]. 王伟胜，等译. 北京：中国电力出版社，2009.

[9] 姚兴佳, 宋俊. 风力发电机组原理与应用[M]. 2 版. 北京：机械工业出版社，2011.

[10] 李建林，许洪华. 风力发电中的电力电子变流技术[M]. 北京：机械工业出版社，2008.

[11] 贺益康，胡家兵，等. 并网双馈异步风力发电机运行控制[M]. 北京：中国电力出版社, 2012.

[12] 张琦玮，蔡旭. 最大风能捕获风力发电系统及其仿真[J]. 电机与控制应用，2007, 34(5): 42-46.

[13] LI J. Study and control of a chain of energy production by marine current turbine [D]. Nantes: Ecole Polytechnique de l'Université de Nantes, 2009.

[14] BENELGHALI S. On multiphysics modeling and control of marine current turbine systems [D]. Brest: Université de Bretagne Occidentale, 2009.

第 10 章　交流同步电动机控制系统

同步电动机作为交流电动机的另一类型，具有转速与旋转磁场同步、功率因数高等优点，其应用越来越广泛。特别是永磁同步电动机的出现，为同步电动机在电力传动中的应用开拓了新的领域。本章主要介绍高性能同步电动机调速的系统结构和控制方法。

10.1　同步电动机的主要类型与调速方法

同步电动机的定子与三相异步电动机的定子结构基本相同，所不同的是转子也有磁极，运行时由定子和转子磁场形成合成磁动势。同步电动机按转子结构可分为凸极式和隐极式两种，又分为由直流电源提供励磁电流的电励磁方式和采用永磁材料的励磁方式。

10.1.1　电励磁同步电动机

一种凸极式同步电动机的基本结构如图 10-1 所示，隐极式异步电动机的转子结构与异步电动机相似，其励磁绕组在转子上均匀分布。

三相同步电动机的工作原理是：当定子对称绕组通以三相对称电流时，定子绕组就会产生圆形旋转磁场，其旋转速度为同步转速 n_0。此时，转子励磁绕组也通以直流励磁电流，在转子中产生相应的磁极，且保持磁场恒定不变。在两个磁场的共同作用下，转子被定子旋转磁场牵引着以同步转速一起旋转，即有

$$n = n_0 \tag{10-1}$$

即转子转速以同步转速运行，同步电动机由此而得名。

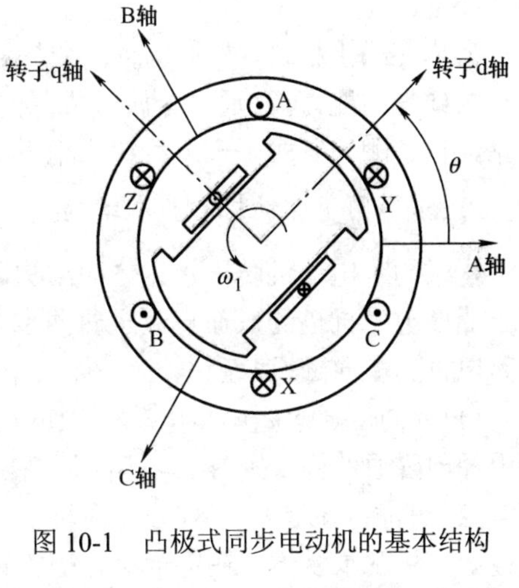

图 10-1　凸极式同步电动机的基本结构

10.1.2　永磁同步电动机

随着稀土永磁材料的发展，永磁电动机的研发工作得到了世界各国的广泛重视。这种电动机可直接驱动负载运行，不需要机械减速机构，使得驱动系统的机械结构变得非常简单，同时也就没有了相应的机械损耗，可以提高系统的机械效率。此外，永磁电动机无须再由直流电源提供励磁电流，不仅无励磁损耗以及与集电环、电刷有关的损耗，而且系统的可靠性也大为提高。

永磁电动机是采用永磁材料作为部分结构的电动机，其技术关键在于：永磁材料、电动机构造与性能优化等。

1. 永磁材料与特性

具有永久磁性的材料称为永磁体。永磁体的磁通密度由两部分组成：一部分是固有磁性，

其产生的磁通密度称为内禀磁通密度B_i；另一部分是由其自身的磁场强度产生的励磁分量B_h。由此，永磁体的磁通密度为

$$B_m = B_i + B_h \tag{10-2}$$

由于其励磁分量B_h正比于磁场强度H，即有

$$B_h = \mu_0 H \tag{10-3}$$

式中，μ_0为真空磁导率。将式(10-3)代入式(10-2)，永磁体的磁通密度为

$$B_m = B_i + \mu_0 H \tag{10-4}$$

式(10-4)说明，通过改变外加磁场强度H，可以改变永磁体的磁通密度。这可用来使永磁体退磁，典型的退磁曲线如图10-2所示[1]。

由图10-2可知，永磁体内禀磁通密度B_i在第二象限是常值，表示其能保持永久磁性。但是如果外加反向的励磁磁场，可以使其退磁。由此可写出永磁体的磁通密度一般表达式为

$$B_m = B_r + \mu_0 \mu_{rm} H \tag{10-5}$$

式中，μ_{rm}为永磁材料的相对磁导率；B_r为剩余磁通密度。

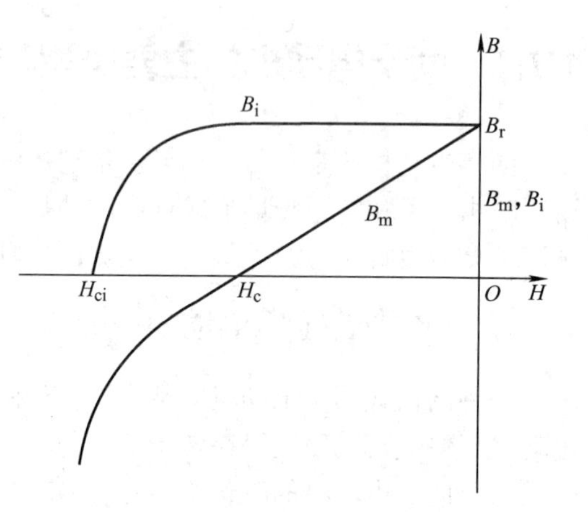

图10-2　典型的永磁体退磁曲线

人们在稀土材料，如钴、铁、镍中发现了维持永久磁性的能力，又通过金属合成，如铝镍钴、钐钴、钕铁硼等制成了永磁材料，用于电动机。

2. 永磁同步电动机的基本结构

永磁同步电动机转子永磁体的结构和布置形式灵活多样，按照气隙磁通的不同方向，适用于船舶电力推进的低速直驱永磁同步电动机可分为三类[2]：径向磁通永磁电机、轴向磁通永磁电机和横向磁通永磁电机。

(1)径向磁通永磁同步电动机(RFPM synchronous machine)　通常，永磁同步电动机大都采用径向磁通结构，如图10-3所示，在定子或转子侧设置永磁体来代替电励磁绕组。根据转子与定子的相对位置，可划分为内转子式和外转子式[3]。图10-3a为内转子结构，其转子为圆柱形，外贴永磁体，在定子侧开槽放置线圈绕组；图10-3b为外转子结构，转子侧开槽，在定子内侧放置永磁体。一般以内转子结构较为常见。

按照永磁体布置方式的不同，主要分为内嵌式和表面式两种[2]，如图10-4所示。内嵌式结构将永磁体埋在转子中，如图10-4a所示，每极磁通由两块永磁体联合提供，可产生较大的气隙磁密；表面式结构是将永磁体贴在转子表面，如图10-4b所示，极间漏磁较少，可采用导磁转轴，不需要隔磁衬套，因而转子零件较少，工艺也较简单，但需解决永磁体的粘贴问题。

永磁体的相对磁导率μ_{rm}与空气的相对磁导率相近(≈1)，所以，表面式永磁同步电动机的工作原理与隐极式同步电动机相似，而内嵌式永磁同步电动机的工作原理与凸极式同步电动机相似。

图 10-3　径向磁通永磁同步电动机基本结构[3]

a) 内转子结构　b) 外转子结构

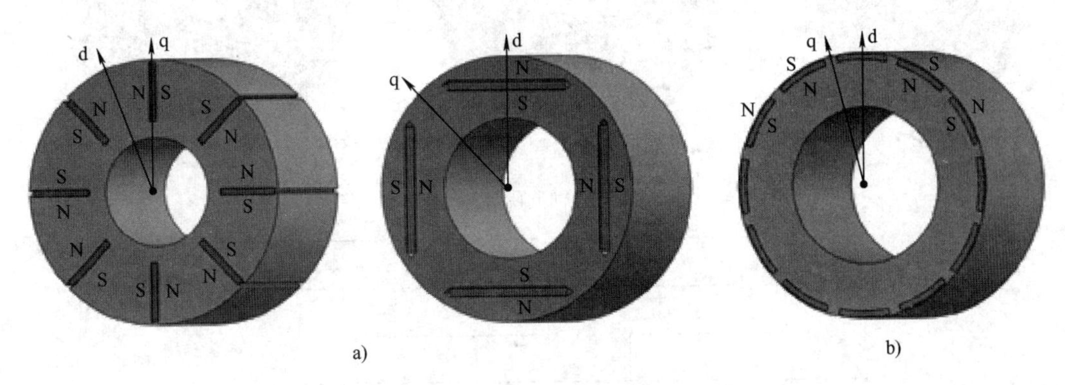

图 10-4　永磁体的布置方式

a) 内嵌式　b) 表面式

(2) 轴向磁通永磁同步电动机（AFPM synchronous machine）　轴向磁通永磁同步电动机由于外形扁平，又称为盘式永磁电动机，其轴向尺寸较短，气隙呈平面形，特别适用于安装空间有严格限制的场合。实际上，当年世界上第一台电动机便是轴向磁通电动机（又称盘式电动机）。然而，局限于当时的材料与技术水平，以及该类型电动机本身存在的缺点，使得轴向磁通电动机的发展远远落后于径向磁通电动机。

近年来，由于高磁能积材料的出现以及轴向磁通电动机的盘式形状，该类型电动机又重新受到了重视。根据电动机定子与转子的数量、相对位置的不同，轴向磁通电动机可以被设计成很多种不同的结构，如图 10-5 所示。图 10-5a 是最简单的单转单定结构，不难看出，可以通过增大转子的尺寸来提高永磁体的极对数，这样的设计结构非常适用于低速的应用设备；图 10-5b 是外转子的双层结构，又称为“TORUS”结构[3]；而图 10-5c 是内转子的双层结构。A. Parviainen[2]就曾介绍和对比了不同结构的 AFPM 电动机。

AFPM 电动机可以设计成多层的结构，从而非常简单地就能实现输出功率的增大，获得更高的转矩。与 RFPM 电动机相比，AFPM 电动机具有更高的转矩密度，电动机半径与长度的比值更大等特点[5, 6]。

3. 永磁同步电动机的工作原理

永磁同步电动机目前通常采用径向磁通结构，其定子与普通的电励磁同步电动机的定子相同，在转子表面或内部嵌入永磁体来代替直流励磁绕组。因此，永磁同步电动机的工作原理与普通同步电动机相似，当交流电流通入交流绕组时，在气隙中产生圆形旋转磁场，其转子磁通是由永磁体产生，因此，电动机的主要参数将取决于永磁体的结构和参数。图 10-6 给出了表贴式永磁同步电动机的永磁体结构与磁通密度的关系[1]。

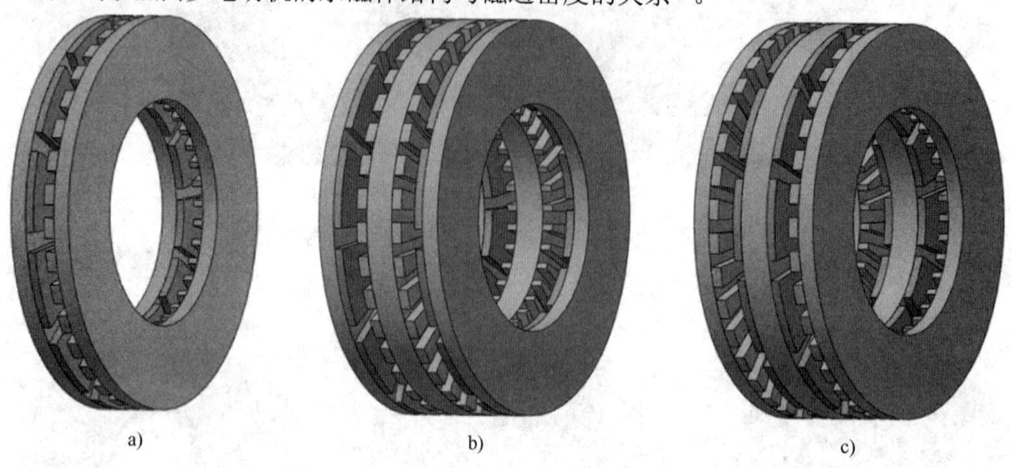

图 10-5　三种常见的轴向磁通永磁电动机结构

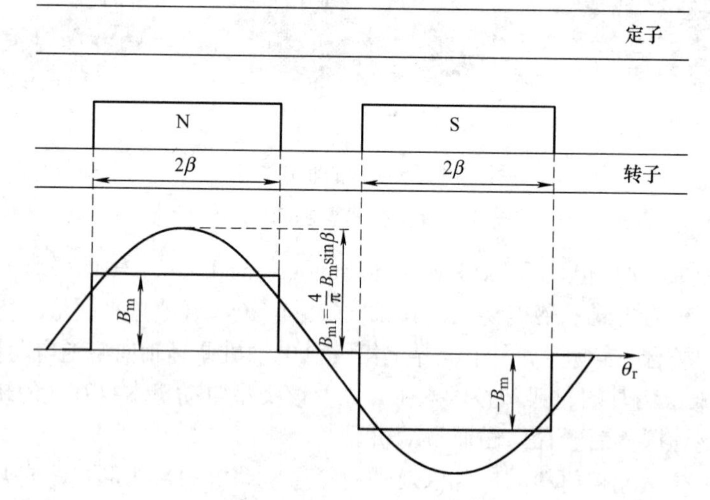

图 10-6　永磁体的气隙磁通密度

根据交流电动机原理，主磁通在定子绕组中产生的感应电动势为

$$e_s = -N_s k_{ws}\frac{\mathrm{d}\Phi}{\mathrm{d}t} = -\omega_s N_s k_{ws}\Phi_m\cos\omega_s t \tag{10-6}$$

其有效值为

$$E_s = \frac{\omega_s N_s k_{ws}\Phi_m}{\sqrt{2}} = \frac{2\pi f_s N_s k_{ws}\Phi_m}{\sqrt{2}} = 4.44 f_s N_s k_{ws}\Phi_m \tag{10-7}$$

按图 10-6 所示，如果永磁体的宽度(又称极弧)为 2β，其产生的磁通密度是一个幅值为 $\pm B_m$ 的交替方波。经傅里叶分解，可以得到其基波分量的幅值为

$$B_{m1} = \frac{4}{\pi}B_m\sin\beta \tag{10-8}$$

假设电动机的主磁通由永磁体产生，则其正弦基波分量的幅值为

$$\Phi_{m1}=\frac{B_{m1}Dl}{n_p} \tag{10-9}$$

式中，D 为定子叠片的内径；l 为定子叠片的有效长度。

将式(10-8)和式(10-9)代入式(10-7)，永磁电动机的感应电动势的有效值为

$$E_s=\frac{\omega_s N_s k_{ws}\Phi_{m1}}{\sqrt{2}}=\frac{2\sqrt{2}}{\pi}N_s k_{ws}DlB_m\omega_m\sin\beta \tag{10-10}$$

为简化起见，假设定子磁动势为正弦波，则其幅值为

$$F_s=\frac{3}{2}\frac{N_s k_{ws}}{2n_p}I_{sm}=\frac{3N_s k_{ws}}{4n_p}I_{sm} \tag{10-11}$$

式中，I_{sm} 为定子电流幅值。

根据电磁转矩由定子与转子合成磁动势产生的原理，可推导出电磁转矩的通用公式[7]为

$$T_e=\frac{\pi}{2}n_p^2\Phi_{sr}F_s\sin\varphi_s \tag{10-12}$$

考虑气隙磁通主要由永磁体产生，将式(10-9)和式(10-11)代入式(10-12)，可得永磁电动机的电磁转矩为

$$T_e=\frac{\pi}{2}n_p^2\Phi_{sr}F_s\sin\varphi_s=\frac{\pi}{2}n_p^2\frac{4Dl}{\pi n_p}B_m\sin\beta\frac{3N_s k_{ws}}{4n_p}I_{sm}\sin\varphi_s$$

即

$$T_e=\frac{3}{2}N_s k_{ws}DlB_m I_{sm}\sin\beta\sin\varphi_s \tag{10-13}$$

按照气隙磁通和感应电动势的波形，径向磁通永磁同步电动机又可分为正弦波永磁电动机和梯形波永磁电动机(又称为方波永磁电动机或无刷直流电动机)。

10.1.3　同步电动机调速方法

由于同步电动机的稳态转速总是与电源频率严格同步，因此只能靠变压变频调速，根据频率控制的方式可分为以下几种[8]：

1. 他控变频同步电动机调速系统

他控变频同步电动机调速系统的结构如图 10-7 所示，采用独立的变压变频器给定子供电，并由专门的晶闸管整流器提供直流转子励磁。

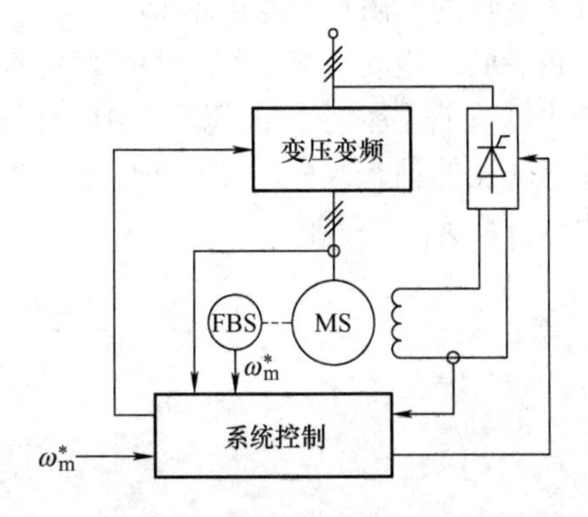

图 10-7　他控变频同步电动机调速系统的结构

2. 自控变频同步电动机调速系统

自控变频同步电动机调速系统的结构如图 10-8 所示，采用 PWM 变频器，由转子磁场位置检测器提供的信号来控制 PWM 变频器的换相时刻。由于其换相类似于直流电动机中电刷和换向器的作用，有时又称作无换向器电动

机调速，又因从变频器输入直流来看像是直流电动机，因而又称为无刷直流电动机调速。

目前已发展了不同类型的自控变频同步电动机，包括：

(1) 无换向器电动机　用电子换相取代机械换向器，用于带直流励磁的同步电动机。

(2) 梯形波永磁自控变频同步电动机　转子磁极采用永磁材料，当定子绕组输入方波电流时，气隙磁场呈梯形波分布，类似直流电动机，但没有电刷，故又称无刷直流电动机 (Brushless DCMotor，BLDC 或 BLDCM)。但受相间换流影响，有转矩脉动。

(3) 正弦波永磁自控变频同步电动机　当定子输入三相正弦波电流时，气隙磁场为正弦分布，可消除转矩脉动，即称永磁同步电动机 (Permanent Magnet Synchronous Motor，PMSM)。

用于同步调速系统的高动态性能控制策略有两大类[9]：

1) 矢量控制——磁场定向控制，其中又可采用：①按转子励磁磁链定向控制；②按定子磁链定向控制；③按气隙磁链定向控制；④按阻尼磁链定向控制。

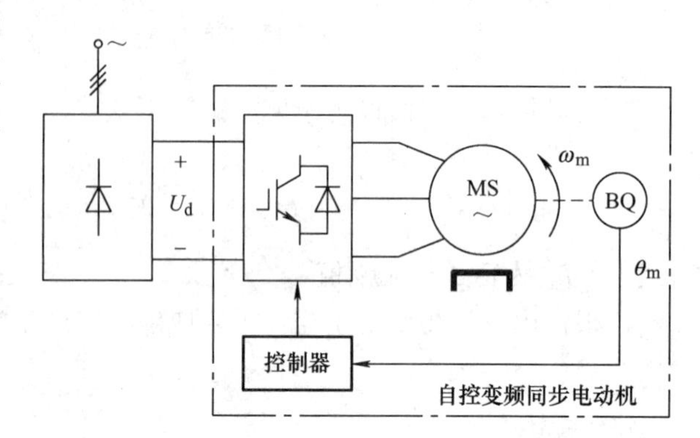

图 10-8　自控变频同步电动机调速系统的结构

2) 直接转矩控制——按转矩和定子磁链采用砰-砰 (Bang-Bang) 控制方式。

本节先给出交流同步电动机的通用等效电路及动态方程，再讨论三种同步电动机的高性能控制方法。

10.1.4　同步电动机在旋转坐标系的动态等效电路及方程

通用的三相同步电动机定子有三相绕组、转子带励磁绕组和三套阻尼绕组，各类同步电动机都能通过对它做不同程度的简化或变动获得。其在 d-q 坐标系的等效电路如图 10-9 所示，定子绕组电路基本与异步电动机相同，L_{ls} 为定子漏感，L_{md} 为 d 轴互感，L_{mq} 为 q 轴互感。设励磁绕组放在转子磁轴 (d 轴)，有 N_{df} 匝等效线圈，电阻为 R_{df}，L_{ldf} 为漏感；沿励磁绕组 d 轴方向上还设有阻尼绕组，其等效线圈为 N_{dk} 匝，电阻为 R_{dk}，L_{ldk} 为漏感。在交轴 (q 轴) 上设有两套阻尼绕组，其等效线圈匝数和电阻分别为 N_{qk1}、N_{qk2} 和 R_{qk1}、R_{qk2}；L_{lqk1} 和 L_{lqk2} 分别是 q 轴两套阻尼绕组的漏感。

由于同步电动机转子结构的不对称性，电动机的动态方程只有在按转子位置定向的同步旋转坐标系上才能消去电感矩阵中所有与转子位置有关的表达式，因此只研究在此坐标系上同步电动机的动态方程。设定子电流以流入方向为正，所有量都折合到定子侧，同步电动机的电压方程为

$$u_{sd} = R_s i_{sd} - \omega_r \psi_{sq} + p\psi_{sd} \tag{10-14}$$

$$u_{fd} = R_{df} i_{fd} + p\psi_{fd} \tag{10-15}$$

$$u_{kd} = R_{dk} i_{kd} + p\psi_{kd} \tag{10-16}$$

$$u_{sq} = R_s i_{sq} + \omega_r \psi_{sd} + p\psi_{sq} \tag{10-17}$$

$$u_{qk1}=R_{qk1}i_{qk1}+p\psi_{qk1} \tag{10-18}$$

$$u_{qk2}=R_{qk2}i_{qk2}+p\psi_{qk2} \tag{10-19}$$

同步电动机的磁链方程为

$$\psi_{sd}=L_{ls}i_{sd}+L_{md}(i_{sd}+i_{fd}+i_{kd}) \tag{10-20}$$

$$\psi_{fd}=L_{ldf}i_{fd}+L_{md}(i_{sd}+i_{fd}+i_{kd}) \tag{10-21}$$

$$\psi_{kd}=L_{ldk}i_{kd}+L_{md}(i_{sd}+i_{fd}+i_{kd}) \tag{10-22}$$

$$\psi_{sq}=L_{ls}i_{sq}+L_{mq}(i_{sq}+i_{qk1}+i_{qk2}) \tag{10-23}$$

$$\psi_{qk1}=L_{lqk1}i_{qk1}+L_{mq}(i_{sq}+i_{qk1}+i_{qk2}) \tag{10-24}$$

$$\psi_{qk2}=L_{lqk2}i_{qk2}+L_{mq}(i_{sq}+i_{qk1}+i_{qk2}) \tag{10-25}$$

同步电动机的转矩方程为

$$T_e=\frac{3}{2}n_p(\psi_{sd}i_{sq}-\psi_{sq}i_{sd}) \tag{10-26}$$

这与异步电动机的转矩方程具有相同的形式。但值得注意的是，这一表达式不仅适用于按转子位置定向的同步旋转坐标系，也适用于按任意速度旋转的坐标系，包括静止坐标系。

下面阐述三种常用的同步电动机的变频调速控制系统。

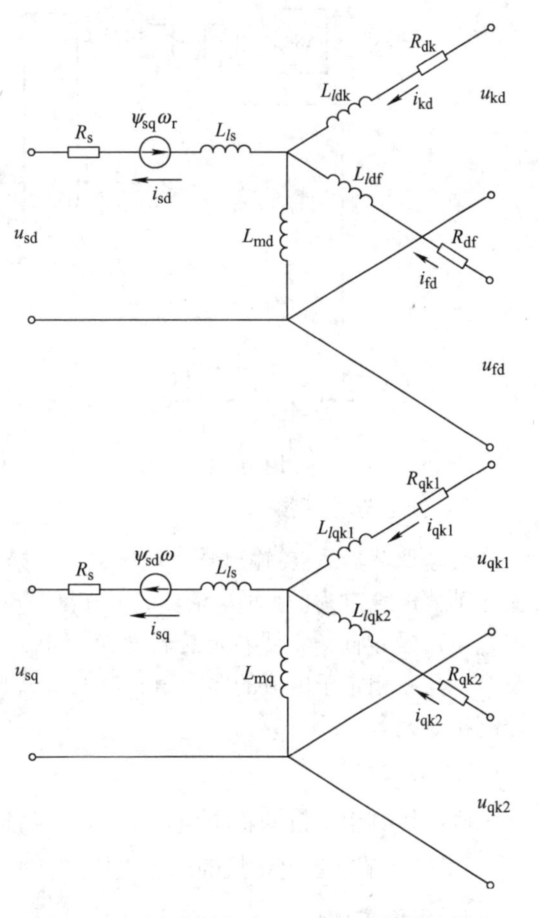

图 10-9　同步电动机在 d-q 坐标系的等效电路

10.2　同步电动机按定子磁链定向的矢量控制系统

如前文分析，调速的关键是控制转矩。由转矩方程式(10-26)可知同步电动机的电磁转矩正比于定子磁链矢量和定子电流矢量的叉积，而且该方程在任意速度旋转的参考坐标上成立，包括静止参考坐标系。

如果按定子磁链定向，则$\psi_s=\psi_{sd}$且$\psi_{sq}=0$，同步电动机的转矩方程变成

$$T_e=\frac{3}{2}n_p\psi_{sd}i_{sq} \tag{10-27}$$

通过控制定子磁链幅值和定子电流的 q 轴分量就能达到控制转矩的目的。定子磁链的计算由同步电动机的定子电压和磁链方程式在静止坐标系上完成。

10.2.1　控制系统的组成与控制原理

1. 同步电动机按定子磁链定向的矢量控制系统组成

同步电动机按定子磁链定向的矢量控制调速系统结构如图 10-10 所示，采用按定子磁链定向的矢量控制策略。

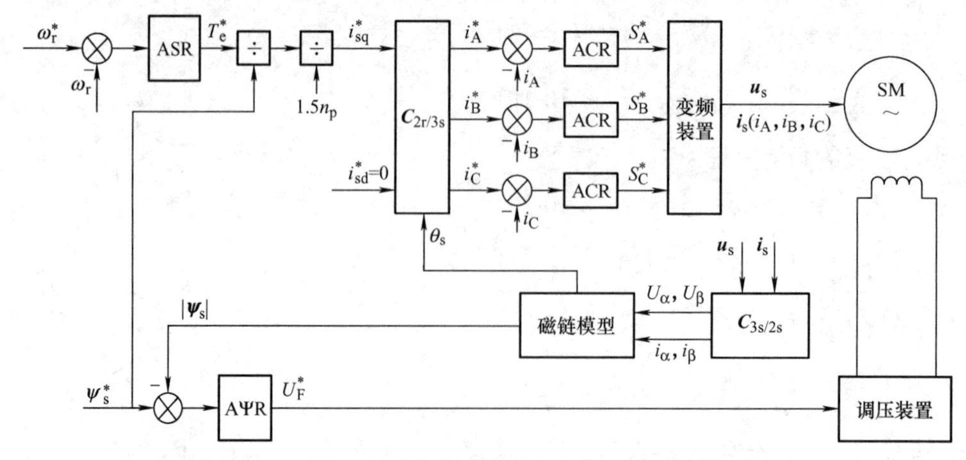

图 10-10　同步电动机按定子磁链定向的矢量控制调速系统

2. 转速与转矩控制

转速调节器 ASR 输出转矩给定 T_e^*，根据式(10-27)除以定子磁链幅值给定 ψ_s^* 得到定子电流 q 轴分量给定 i_{sq}^*。d 轴电流给定 i_{sd}^* 始终为 0 以减小变频装置的容量。根据定子电流的给定值 i_{sq}^*、i_{sd}^* 及定向角 θ_s 进行反旋转变换，可以得到三相静止坐标系上的定子电流给定值 i_A^*、i_B^* 及 i_C^*，与三相定子电流的实际值 i_A、i_B 及 i_C 比较，经电流调节器 ACR 得到变频装置的开关控制指令 S_A^*、S_B^*、S_C^*。

3. 励磁控制

励磁控制由磁链的给定值 ψ_s^* 与定子磁链的估计值进行比较，经磁链调节器 AΨR 得到 U_f^*，用以调节同步电动机的励磁电压。

4. 定子磁链估计

在静止坐标系α-β轴上定子磁链为

$$\psi_{\alpha s} = \int (u_{\alpha s} - R_s i_{\alpha s})\,dt \tag{10-28}$$

$$\psi_{\beta s} = \int (u_{\beta s} - R_s i_{\beta s})\,dt \tag{10-29}$$

定子磁链矢量的幅值与相位可计算为

$$|\boldsymbol{\psi}_s| = \sqrt{\psi_{\alpha s}^2 + \psi_{\beta s}^2} \tag{10-30}$$

$$\theta_s = \tan\left(\frac{\psi_{\beta s}}{\psi_{\alpha s}}\right) \tag{10-31}$$

通过式(10-30)和式(10-31)计算，$|\boldsymbol{\psi}_s|$ 用于进行定子磁链幅值的闭环控制，θ_s 用于定向即坐标变换。

定子磁链可按式(10-28)和式(10-29)建立定子磁链模型进行估计，将检测到的三相定子电压及电流变换到两相静止坐标系后由磁链模型算出定子磁链 $\hat{\psi}_{s\alpha}$ 和 $\hat{\psi}_{s\beta}$，再由式(10-18)和式(10-19)计算其幅值 $|\boldsymbol{\psi}_s|$ 及相位 θ_s。具体的估计算法请参见第 12 章。

10.2.2　MATLAB/Simulink 仿真

在 MATLAB/Simulink 提供同步电动机按定子磁链定向的矢量控制调速系统的 Simulink 模

型。该模型位于工具箱 SimPowerSystem 下子工具箱 Electric Drives 内，图 10-11 所示是利用该模型建立的矢量控制调速系统。该模型 AC5 包括 PWM 有源整流单元、直流环节、PWM 逆变器、带励磁绕组的同步电动机、转速控制器及转矩磁链矢量控制器。电流调节器采用的是滞环比较的方式。转矩磁链矢量控制器和转速控制器的采样时间可分别设置。Simulink 提供的基于定子磁链定向的同步电动机矢量控制变频调速系统做了离散化处理，仿真速度相当快。

该调速系统既可运行于转矩控制模式，又可运行于转速控制模式。

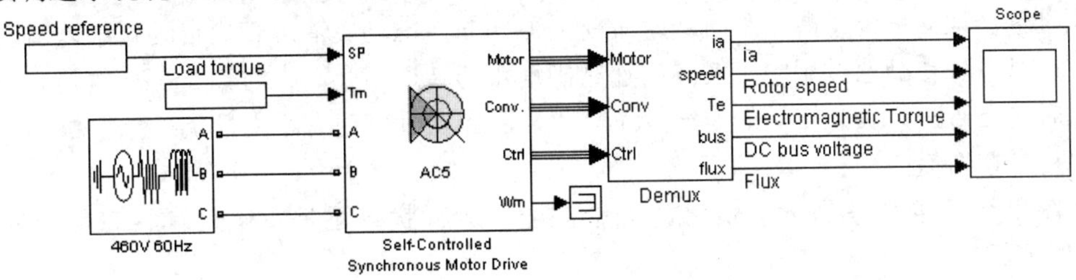

图 10-11　同步电动机按定子磁链定向的矢量控制调速系统的 Simulink 模型

图 10-12 给出了 200hp(1hp=745.7W)同步电动机的矢量控制波形。该电动机的参数如下：R_s=2.01mΩ，L_{ls}=0.4289mH，R_{df}=0.4083 mΩ，L_{ldf}=0.429mH，R_{dk}=8.25mΩ，L_{ldk}=0.85mH，L_{md}=4.477mH；设该电动机的 q 轴阻尼绕组只有一套，R_{qk}=13.89mΩ，L_{lqk}=1.44mH，L_{mq}=1.54mH。

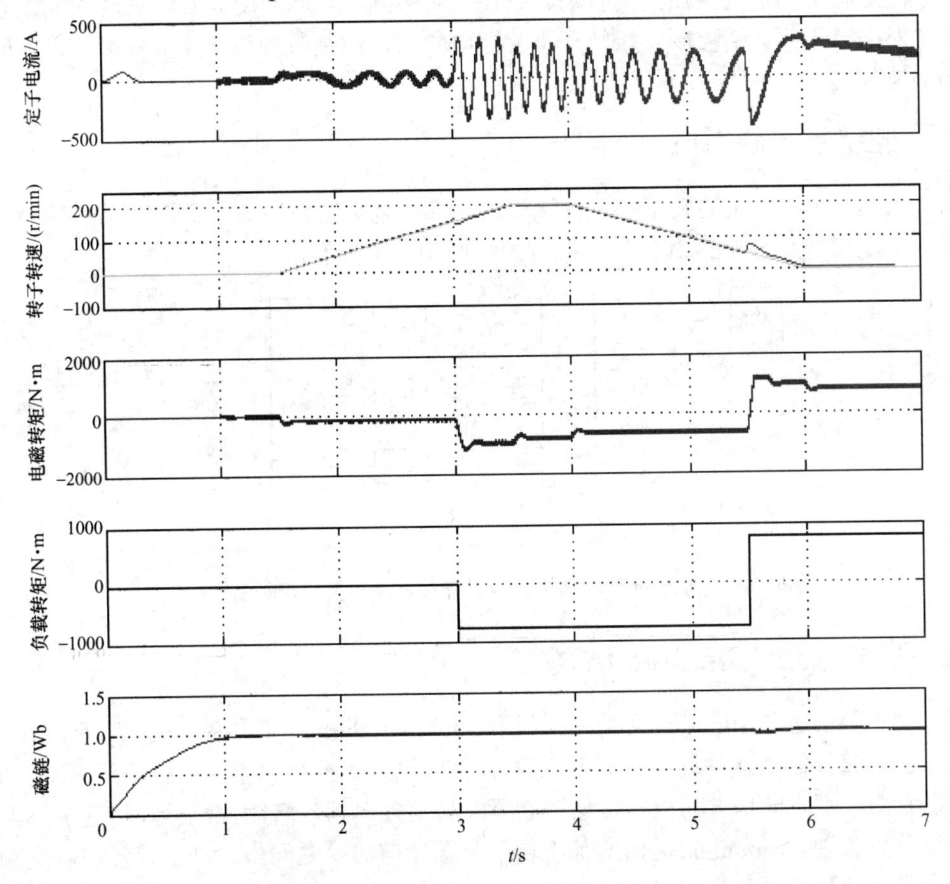

图 10-12　同步电动机按定子磁链定向的矢量控制波形

在 0～1s 时段进行的是磁通初始化。这时采用的是固定的开关模式，直到转子磁链达到额定值 1Wb，同步电动机的定子电流调节器才投入工作。

在时刻 t=1.5s，转速指令由 0 爬坡至 200r/min，可以看到实际转速精确地跟踪转速给定，定子电流的幅值与频率也同时逐渐上升。

在时刻 t=3.0s，转轴上突加了额定负载转矩，电动机转速略有下降，很快就达到指令值 200r/min。注意图中电磁转矩为负代表电动运行状态，电磁转矩为正代表发电运行状态。

在时刻 t=4.0s，转速指令发出减速命令至 0r/min，电动机输出转矩自动减小以适应这一变化。可以看到在减速过程中，实际转速精确地跟随转速指令，在时刻 t=6.0s 达到 0r/min。

在时刻 t=5.5s，负载转矩的符号变了。可以看到实际转速有小的超调，电动机的电磁转矩很快稳定在新值上。

从图中还可以观察到电动机磁链无论在电动运行状态还是发电运行状态都能保持接近恒定。

10.3　永磁同步电动机按转子磁链定向的矢量控制系统

永磁同步电动机在伺服控制领域应用得十分广泛。它的特点是转子由永久磁钢组成，无励磁绕组。这种电动机的优点是没有励磁铜耗、效率高、功率密度高及转子转动惯量小；缺点是无法对磁链进行灵活控制。按转子位置定向的矢量控制系统是工业上常用的永磁同步电动机的调速方案。

10.3.1　控制系统的组成

由于永磁同步电动机的转子上无励磁绕组，其矢量控制系统通常都没有励磁控制环节，而只有转矩控制/电流控制，其控制系统框图如图 10-13 所示。

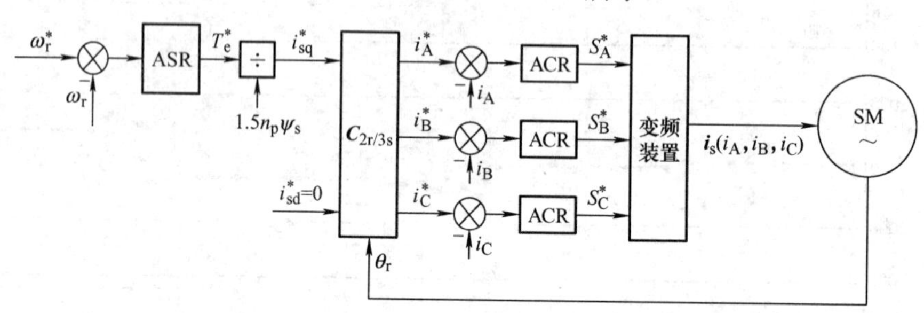

图 10-13　永磁同步电动机按转子位置定向的矢量控制系统框图

10.3.2　MATLAB/Simulink 仿真

图 10-14 所示是在 Simulink 环境中，利用 SimPowerSystem 工具箱中的 Electric Drives 模块组建立的矢量控制调速系统。该模型 AC6 包括二极管不控整流单元、直流环节制动单元、PWM 逆变器、永磁同步电动机、转速控制器及转矩控制器。转矩控制器和转速控制器的采样时间可分别设置。Simulink 提供的基于转子位置定向的永磁同步电动机矢量控制变频调速系统做了离散化处理，仿真速度相当快。

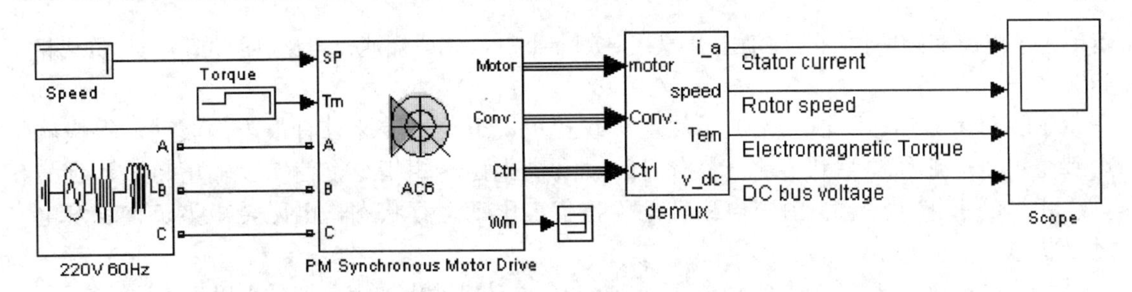

图 10-14　永磁同步电动机按转子位置定向的矢量控制系统的 Simulink 模型

该调速系统既可运行于转矩控制模式，又可运行于转速控制模式。当同步电动机运行于发电模式时，电能通过直流环节制动单元的电阻消耗掉。

图 10-15 是 3hp 永磁同步电动机的矢量控制系统波形。该电动机的主要参数如下：R_s=0.2Ω，L_{md}=8.5mH，L_{mq}=8.5mH，ψ_s=0.175Wb，为永久磁钢产生的磁链。由于永久磁钢的电阻很大，通常电动机模型都忽略这种电动机的阻尼绕组，因此永磁同步电动机的 Simulink 模型参数很少。

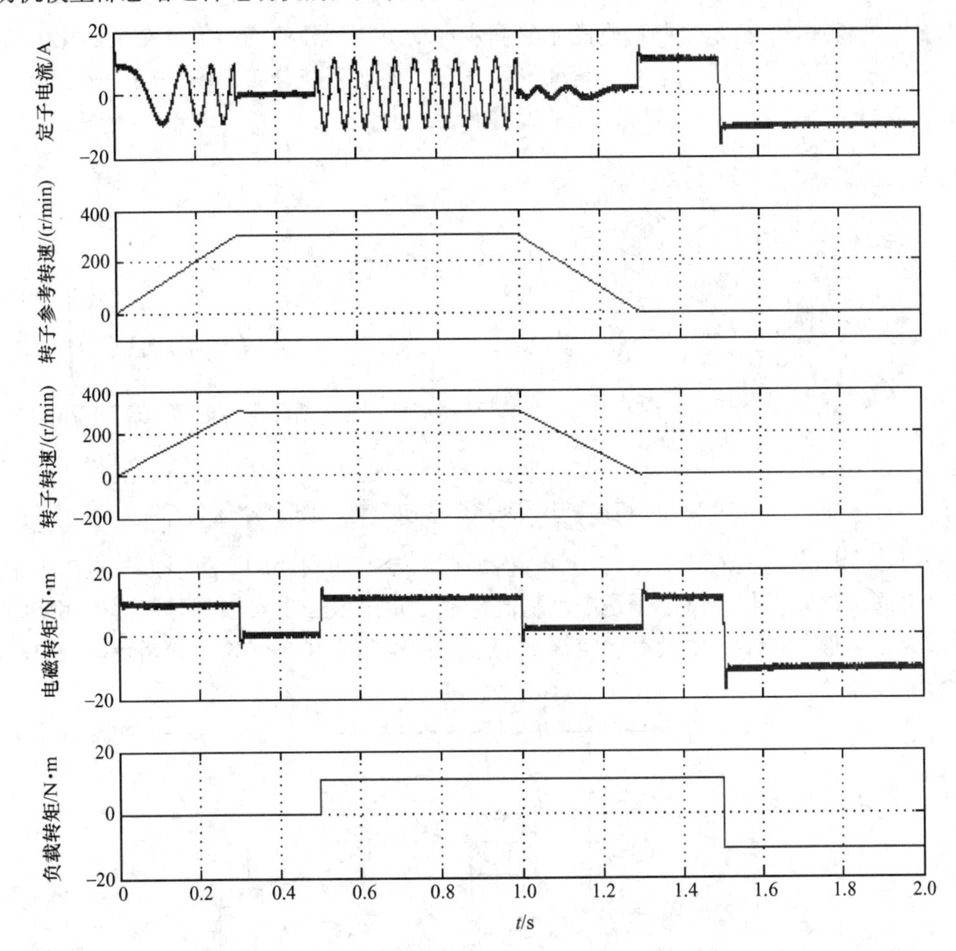

图 10-15　永磁同步电动机按转子位置定向的矢量控制系统波形

永磁同步电动机的矢量控制无须磁链初始化过程。

在时刻 t=0s，转速指令开始由 0 爬坡至 300r/min，可以看到实际转速精确地跟踪转速给定，定子电流的频率也同时逐渐上升。在时刻 t=0.3s，完成加速，电磁转矩回落到与负载相当的水平。

在时刻 t=0.5s，转轴上突加了额定负载转矩，电动机转速只有很小的波动，很快就达到稳定。转速环检测到了这一变化，自动升高电磁转矩指令，使实际输出转矩达到与负载相当的水平。注意，图中电磁转矩为正代表电动运行状态，电磁转矩为负代表发电运行状态。

在时刻 t=1.0s，转速指令值减小直至 0r/min，电动机输出转矩自动减小以适应这一变化。可以看到在减速过程中，实际转速精确地跟随转速指令。

在时刻 t=1.5s，负载转矩的符号变了，由 11N・m 跳至−11N・m。可以看到实际转速有很小的超调，电动机的电磁转矩很快稳定在新值上。

10.4　直流无刷同步电动机调速系统

永磁直流无刷电动机是一种特殊的永磁同步电动机，其独特的绕组分布及磁化方式使得永磁铁产生的气隙磁场及感应电动势呈梯形波分布，而非正弦分布。图 10-16 所示为一个采用径向预充磁的永磁电动机的气隙磁通密度分布[1]。

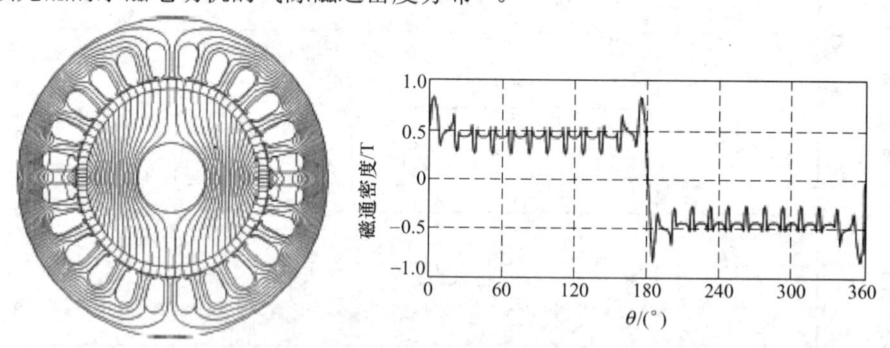

图 10-16　永磁电动机径向预充磁的气隙磁通密度分布

永磁直流无刷电动机的基本结构与气隙磁通密度分布如图 10-17 所示，其电动机本体与正弦波永磁同步电动机相似，定子是电动机的电枢，定子铁心中安放着对称的多相绕组，可接成星形或三角形，转子是由具有一定极数的永磁体构成，并通过径向预充磁使气隙磁通密度按梯形波分布。

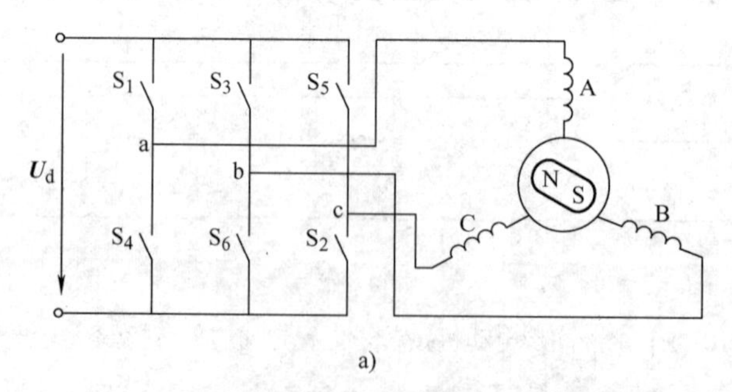

图 10-17　无刷直流电动机的基本结构与气隙磁通分布

a) 无刷直流电动机的基本结构

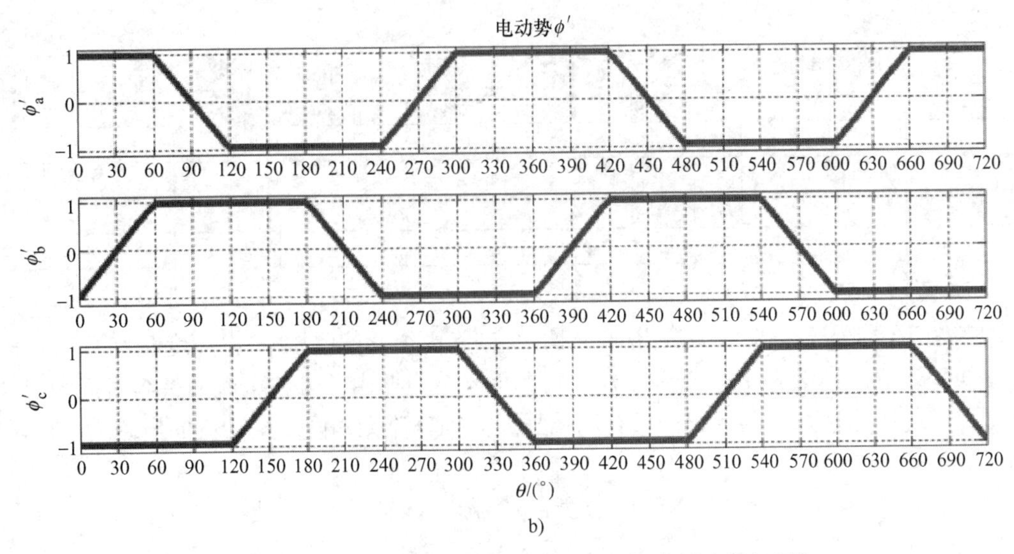

b)

图 10-17　无刷直流电动机的基本结构与气隙磁通分布（续）

b）气隙磁通的梯形波分布

直流无刷同步电动机反电动势/气隙磁场的位置可以通过三只在空间彼此间隔 120°的霍尔传感器测得。图 10-18 给出霍尔传感器输出与反电动势的关系。

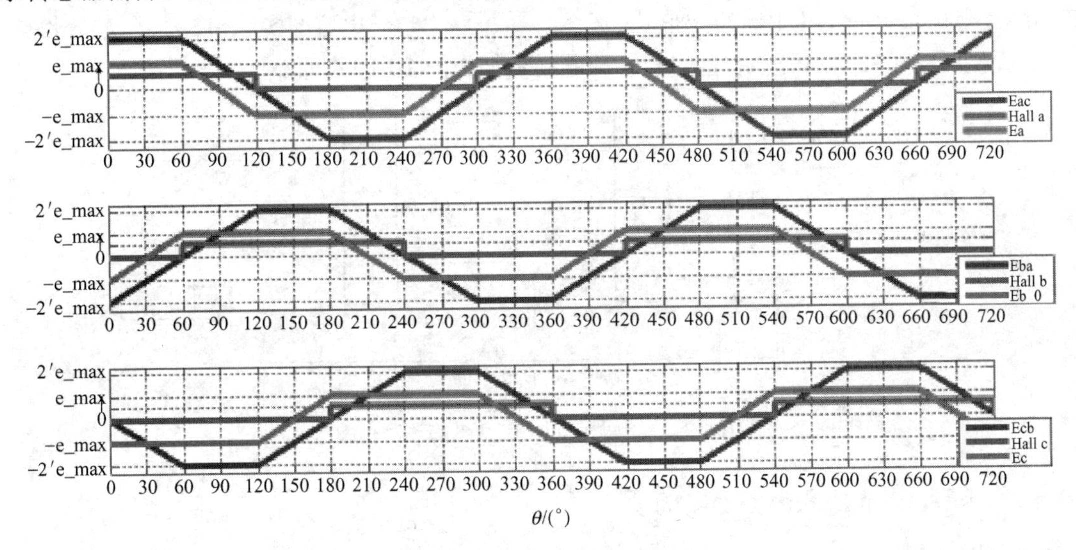

图 10-18　霍尔传感器输出与反电动势的关系

由霍尔传感器检测的反电动势信号，其关系见表 10-1。

表 10-1　霍尔传感器输出与反电动势的关系表

霍尔传感器输出信号			三相反电动势的极性		
Hall a	Hall b	Hall c	EMF_a	EMF_b	EMF_c
0	0	0	0	0	0
0	0	1	0	−1	1
0	1	0	−1	1	0

（续）

霍尔传感器输出信号			三相反电动势的极性		
Hall a	Hall b	Hall c	EMF_a	EMF_b	EMF_c
0	1	1	−1	0	+1
1	0	0	1	0	−1
1	0	1	1	−1	0
1	1	0	0	1	−1
1	1	1	0	0	0

根据图 10-18 所示，反电动势为梯形波，且空间内彼此间隔 120° 电角度。为了产生恒定的电磁转矩，必须要求定子电流为方波，且在每半个周期内，方波电流的持续时间为 120° 电角度。因此，在任意时刻，定子只有两相导通，则直流无刷同步电动机的电磁功率可以简化为

$$T_e = 2n_p\psi_s i_s \tag{10-32}$$

10.4.1　控制系统的组成

直流无刷同步电动机的控制与图 10-13 类似。不同之处在于直流无刷同步电动机的控制是在三相静止坐标系上进行的，通过转矩命令计算定子电流的幅值 i_s^*，再根据霍尔信号生成三相静止坐标系上的定子电流给定值 i_A^*、i_B^* 及 i_C^*，与三相定子电流的实际值 i_A、i_B 及 i_C 比较，经电流调节器 ACR 得到变频装置的开关控制指令，如图 10-19 所示。

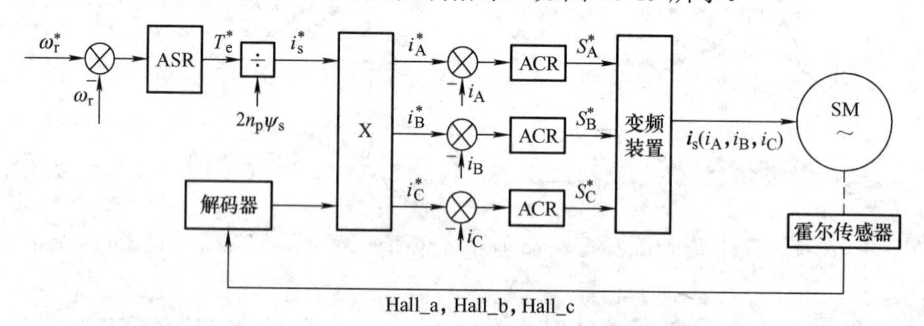

图 10-19　直流无刷同步电动机的控制框图

10.4.2　MATLAB/Simulink 仿真

Release 2007a 以上的 MATLAB/Simulink 版本都提供直流无刷电动机的调速控制系统的 Simulink 模型。该模型位于工具箱 SimPowerSystem 下子工具箱 Electric Drives 内，图 10-20 所示是利用该模型建立的直流无刷电动机调速系统。该模型 AC7 包括二极管不控整流单元、直流环节制动单元、PWM 逆变器、直流无刷同步电动机、转速控制器及转矩控制器。转矩控制器和转速控制器的采样时间可分别设置。Simulink 提供的直流无刷电动机变频调速系统做了离散化处理，仿真速度相当快。

图 10-21 是 3hp 直流无刷同步电动机的调速控制波形。该电动机的参数如下：R_s=0.2Ω，L_{md}=8.5mH，L_{mq}=8.5mH，ψ_s= 0.175Wb，φ_{flat}=120°，φ_{flat} 为反电动势的平顶区域，当 φ_{flat}=0° 时，直流无刷同步电动机就是正弦波永磁同步电动机。与永磁同步电动机类似，由于永久磁

钢的电阻很大，通常直流无刷电动机模型也都忽略电动机的阻尼绕组，因此其相应的Simulink模型参数也很少。

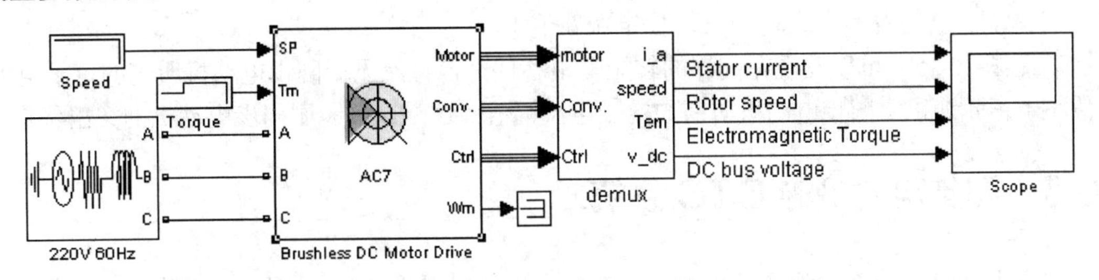

图10-20 直流无刷同步电动机变频调速系统的Simulink模型

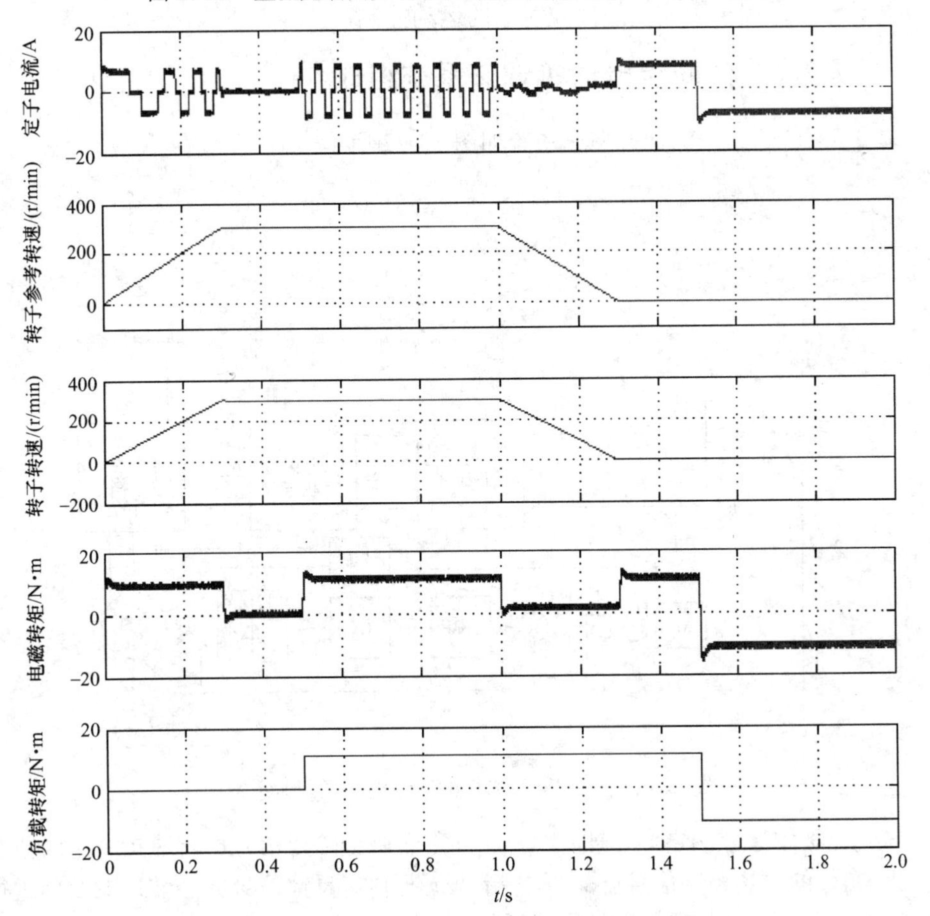

图10-21 直流无刷同步电动机的控制系统波形

由于有永磁体，直流无刷同步电动机的调速控制也无须磁链初始化过程。

在时刻t=0s，转速指令开始由0爬坡至300r/min，可以看到实际转速精确地跟踪转速给定，定子电流的频率也同时逐渐上升。

在时刻 t=0.5s，转轴上突加了额定负载转矩，电动机转速只有很小的波动，很快就达到稳定。注意，图中电磁转矩为正代表电动运行状态，电磁转矩为负代表发电运行状态。

在时刻t=1.0s，转速指令值减小直至0r/min，电动机输出转矩自动减小以适应这一变化。

可以看到在减速过程中，实际转速精确地跟随转速指令。

在时刻 t=1.5s，负载转矩的符号变了，由 11N・m 跳至−11N・m。可以看到实际转速有很小的超调，电动机的电磁转矩很快稳定在新值上。

对比图 10-15，可以发现在同样的转矩输出条件下，直流无刷同步电动机所需的定子电流幅值小于正弦波永磁同步电动机所需的定子电流幅值。这是直流无刷同步电动机的突出优点。

10.5 同步电动机的 DTC 系统

同步电动机传动系统除了采用 VC 方式外，也可以采用 DTC 方法，以简化 PI 调节器的参数设计和计算，适用于大惯量的被控对象的运动控制。

10.5.1 基于 DTC 的同步电动机调速系统组成

一种基于 DTC 的同步电动机调速系统如图 10-22 所示[9]。

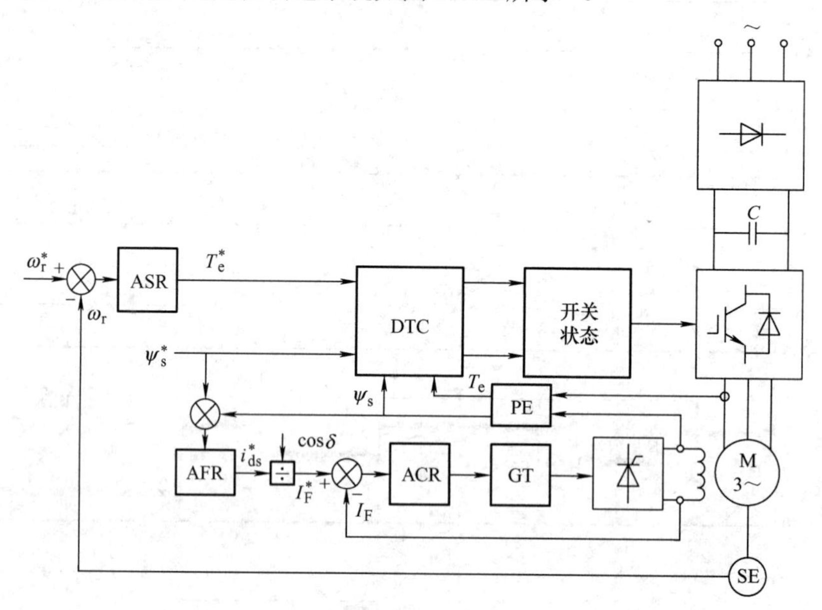

图 10-22　一种基于 DTC 的同步电动机调速系统

该系统也是按定子磁场定向，即 $\psi_s=\psi_{sd}$。其定子磁链给定信号由转速指令经函数发生器产生，作为 DTC 的磁场控制信号 ψ_s^*。转速指令 ω_r^* 与转速反馈信号 ω_r 经转速调节器进行闭环控制，输出的转矩给定信号 T_e^* 经限幅器限制最大转矩，作为 DTC 的转矩控制信号。

DTC 中设有两个滞环比较器，分别对转矩和定子磁链进行 Bang-Bang 控制，其控制算法由式(8-9)和式(8-10)给出。由 DTC 产生的转矩控制器输出 U_{cT}，磁链控制器输出 $U_{c\psi}$ 以及定子磁链所在的位置可以选择最优的开关状态组合。

同步电动机转子励磁环节与前述 VC 控制系统相似，只是在转子励磁电流环外加了一个磁链闭环，由定子磁链给定信号 ψ_s^* 经磁链调节器产生定子 d 轴分量电流 i_{ds}^*，再除以转矩角 $\cos\delta$，获得转子励磁电流给定信号 I_F^*。

同样采用参数估计器 PE 根据检测的电压和电流值来计算所需的各种反馈信号。具体方法请参见本书第 12 章的有关内容。

10.5.2　系统仿真与试验

设计的仿真系统如图 10-23 所示，系统由永磁同步电动机模块、Clark 坐标变换模块、磁链估算模块、滞环控制器和 PI 调节器以及 SVPWM 信号发生模块等组成[10, 11]。

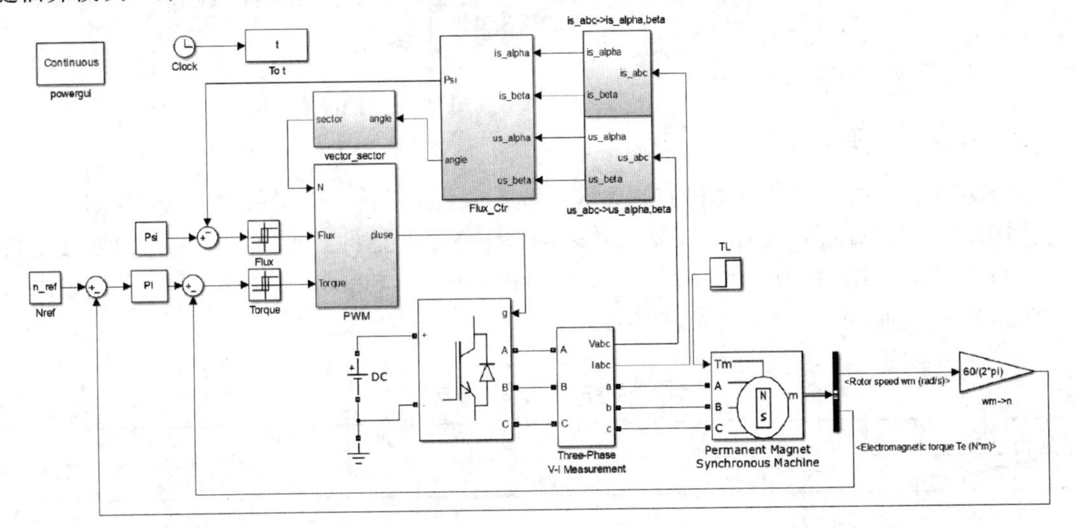

图 10-23　基于 DTC 控制的同步电动机调速系统仿真模型

1. 永磁同步电动机模块

该仿真系统直接采用 MATLAB/Simulink 模块库中的自带模块 Permanent Magnet Synchronous Machine。在该模块左侧有变流器 Universal Bridge 模块和三相电压电流测量模块 Three-PhaseV-I Measurement。在电动机右侧，则是电动机的输出端，在该仿真中，电动机输出机械转速ω_r和电磁转矩 T_e。

2. Clark 坐标变换模块

Clark 变换是实现三相静止坐标系到两相静止坐标系的转换。通过该种坐标变换，可以在下一步更加方便地计算永磁同步电动机的磁链和相位，其基本结构如图 10-24 所示。

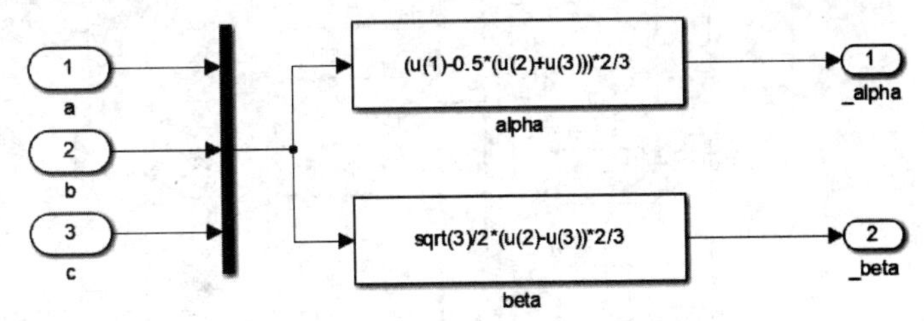

图 10-24　Clark 坐标变换模块

3. 磁链估算模块

根据电动机的磁链方程式(10-28)和式(10-29)以及相位计算方程式(10-31)，磁链估算模块如图 10-25 所示。

4. 滞环控制器和 PI 调节器

对于直接转矩控制，转速外环采用 PI 调节器，而转矩和磁链内环采用的是滞环控制。磁链与转矩滞环控制器的函数形式可以写成

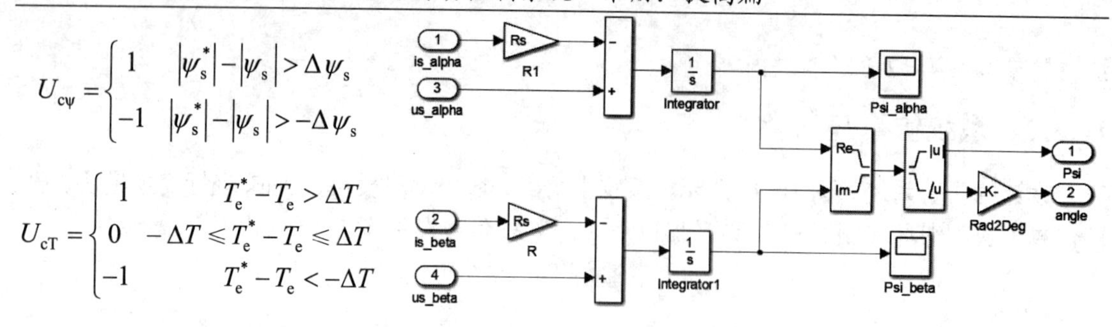

$$U_{c\psi}=\begin{cases}1 & \left|\psi_s^*\right|-\left|\psi_s\right|>\Delta\psi_s \\ -1 & \left|\psi_s^*\right|-\left|\psi_s\right|>-\Delta\psi_s\end{cases}$$

$$U_{cT}=\begin{cases}1 & T_e^*-T_e>\Delta T \\ 0 & -\Delta T\leqslant T_e^*-T_e\leqslant\Delta T \\ -1 & T_e^*-T_e<-\Delta T\end{cases}$$

图 10-25　磁链估算模块

5. SVPWM 信号发生模块

SVPWM 信号的产生是电动机控制关键环节，对于直接转矩控制系统，需要根据相位角所在的扇区以及转矩磁链内环的控制信号来确定逆变器合适的开关信号。扇区的划分见表 10-2，考虑到 MATLAB 角度计算值为−180°～180°，因此，Simulink 中扇区 N 的判断修改如图 10-26 所示，而电压矢量开关见表 10-3。

表 10-2　直接转矩扇区划分

扇区 N	1	2	3	4	5	6
相位角	−30°～30°	30°～90°	90°～150°	150°～210°	210°～270°	270°～330°

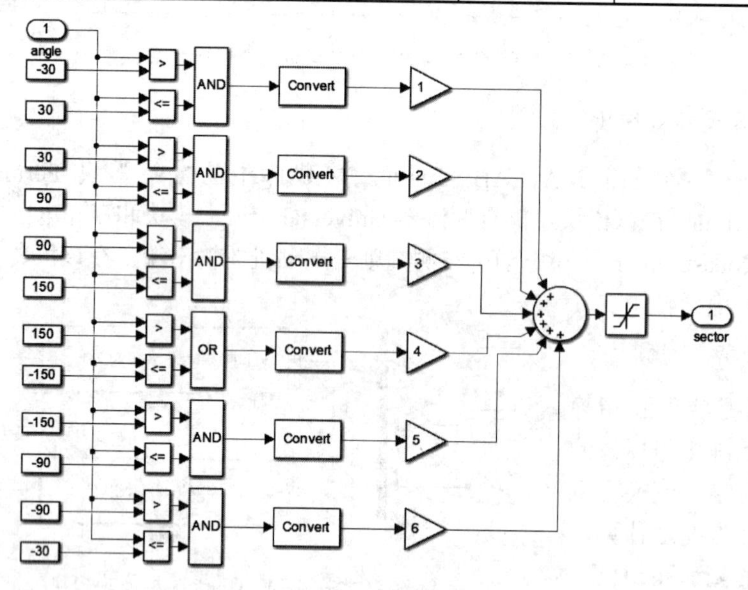

图 10-26　扇区判断模块

表 10-3　逆变器电压矢量开关表

$U_{c\psi}$	U_{cT}	1	2	3	4	5	6
1	1	u_2	u_3	u_4	u_5	u_6	u_1
	0	u_0	u_7	u_0	u_7	u_0	u_7
	−1	u_6	u_1	u_2	u_3	u_4	u_5

(续)

$U_{c\psi}$	U_{cT}	1	2	3	4	5	6
−1	1	u_3	u_4	u_5	u_6	u_1	u_2
	0	u_7	u_0	u_7	u_0	u_7	u_0
	−1	u_5	u_6	u_1	u_2	u_3	u_4

6. 仿真结果

永磁同步电动机的参数如下：R_s=1.2Ω，L_{md}=8.5mH，L_{mq}=8.5mH，ψ_s = 0.175Wb，假设给定转速为 800r/min，磁链给定为 0.4Wb，负载初始输入为 0，在 0.2s 时，突加负载 3N·m，则系统仿真结果如图 10-27～图 10-29 所示。

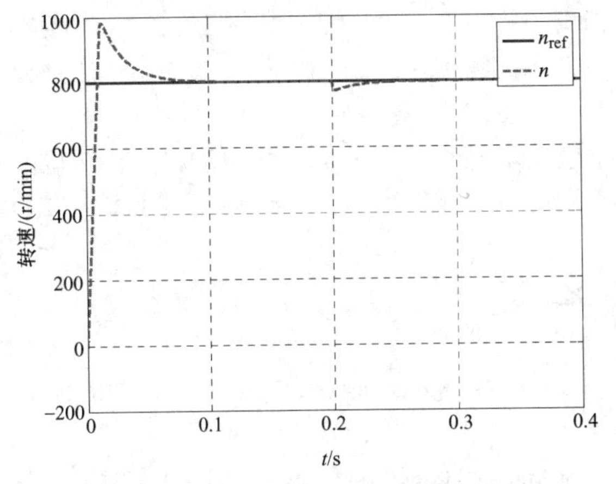

图 10-27　转速变化曲线

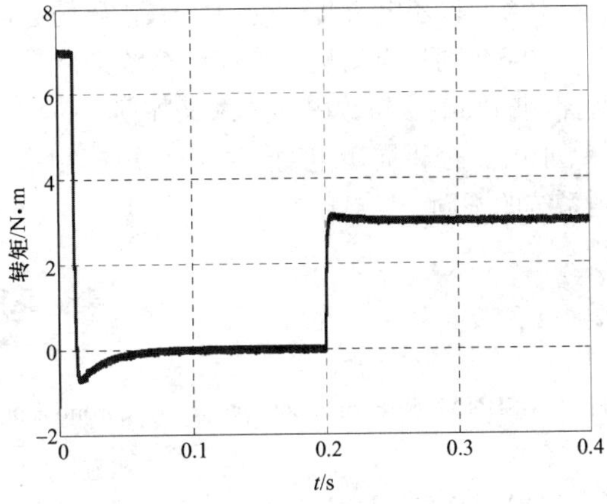

图 10-28　转矩变化曲线

对于该系统，给定转速为 800r/min，在图 10-27 中，系统迅速响应，转速控制器 ASR 输出最大值。当系统转速超过额定值后，转速控制器开始进入退饱和状态，转速继续上升。当达到最高转速后，随即下降最终稳定在给定值 800r/min。当在 0.2s 时，突加负载 3N·m，转速受到短暂影响后，恢复到给定值。在图 10-28 中，转矩始终紧紧跟随负载转矩。图 10-29 给出了永磁电动机的磁链变化曲线，通过该图可以发现，利用 DTC 方法，该电动机可以得到较为稳定的磁链，电动机性能较为稳定。

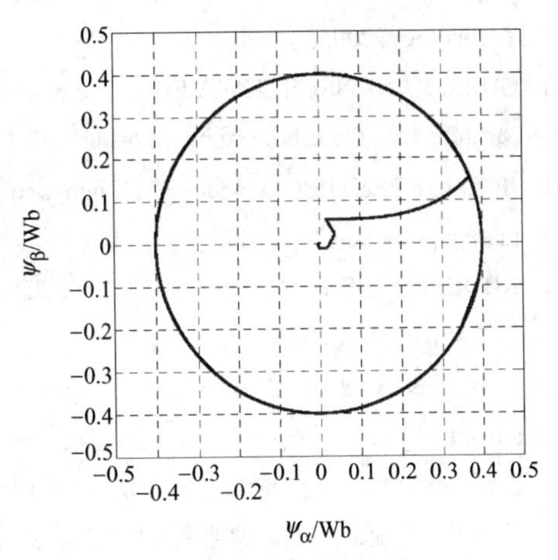

图 10-29　磁链变化曲线

本章小结

本章首先介绍了同步电动机的类型与结构，根据同步电动机转子励磁的方式有电励磁与永磁两种形式，重点介绍了近年发展迅速的永磁同步电动机。随后，介绍了三种典型的同步电动机的矢量控制系统，给出了系统结构和控制方法，并进行了系统仿真。最后讨论了同步电动机的 DTC 系统。

思考题与习题

10-1　同步电动机有哪两种基本控制方式？其主要区别在何处？

10-2　梯形波永磁同步电动机自控变频调速系统和正弦波永磁同步电动机自控变频调速系统在组成原理上有什么区别？

10-3　分析永磁直流无刷电动机的基本原理，并说明其优缺点。

10-4　从电压频率协调控制的角度，比较同步电动机调速系统与异步电动机调速系统的不同。

10-5　同步电动机矢量控制系统的磁场定向轴线有哪几种常用的取法？其各自的优缺点如何？

10-6　同步电动机矢量控制系统仍然是 VVVF 调速系统吗？这时逆变器的输出电压是如何控制的？电压与频率的关系又如何？

10-7　分析同步电动机直接转矩控制系统的基本原理，并比较与异步电动机直接转矩控制系统的不同。

参 考 文 献

[1] KRISHNAN R. Permanent Magnet Synchronous and Brushless DC Motor Drives[M]. Boca Raton: CRC Press, 2010.

[2] PARVIAINEN A. Design of Axial-Flux Permanent-Magnet Low-Speed Machines and Performance Comparison between Radial-Flux and Axial-Flux Machines[D]. Lappeenranta: Lappeenranta University of Technology, 2005.

[3] CHEN R, NILSSEN, NYSVEEN A. Performance Comparisons Among Radial-Flux , Transverse-Flux PM Machines for Downhole Applications[J]. IEEE Transactions on Industry Applications, 2010, 46(2): 779-789.

[4] JF CHARPENTIER. Modeling, Design and Tests of “Rim-driven” marine current turbine generators and marine propellers[Z]. 2011.

[5] ABDERREZAK REZZOUG, MOHAMMED EIHADI ZAIM. 特种电机[M]. 谢卫，汤天浩，译. 北京：机械工业出版社，2015.

[6] MULTON B, et al. Comparaison du couple massique de diverses architectures de machines synchrones a aimants[C]. Colloque Electrotechnique du Futur, Grenoble, 2005.

[7] 汤天浩. 电机及拖动基础 [M]. 北京：机械工业出版社，2011.

[8] 李崇坚. 交流同步电机调速系统[M]. 北京：科学出版社，2013.

[9] BOSE B K. Power electronics and motor drives—Recent progress and perspective[J]. IEEE Trans. Ind. Electron, 2009, 56(2): 581-588.

[10] 袁雷. 现代永磁同步电机控制原理及 MATLAB 仿真[M]. 北京：北京航空航天大学出版社，2016.

[11] 袁登科, 徐延东, 李秀涛. 永磁同步电动机变频调速系统及其控制[M]. 北京：机械工业出版社，2015.

第 11 章 电力传动系统的弱磁控制

弱磁控制是电动机调节转速的手段之一。虽然其调速范围有限，且调速特性较软，但适用于恒功率负载类的电力传动系统。特别是在交通电气化的时代，弱磁控制在轨道交通、电动汽车、船舶电力推进等领域都有重要的应用。本章主要讨论弱磁控制的原理与方法，并重点介绍直流电动机、交流异步电动机和同步电动机的弱磁控制。

11.1 电动机弱磁控制的基本概念

电动机的调速控制，通常在额定转速以下时按照恒转矩方式进行控制，保持磁通为额定值，通过调压或变频来调速。当电动机达到额定转速后，由于耐压限制不能继续通过提高输入电压来提升转速，为了获得更宽的调速范围，在额定转速以上运行时，需要对电动机进行弱磁控制。

在电动机弱磁控制时，一般保持输入电压恒定，通过减小励磁电流来降低电动机的主磁通，以达到增速目的。但随着磁场的减弱，电动机的电磁转矩也相应减小。

由于弱磁控制的调速范围有限，且调速特性较软，一般不会单独使用。对于调速范围较宽的电力传动系统，通常采用变压(变频)与弱磁配合控制的方案。在额定转速之下，保持磁通恒定，采用变压(变频)调速；在额定转速之上，保持输入电压恒定，采用弱磁升速[1]。

11.2 直流电动机的弱磁控制

根据直流电动机的转速表达式

$$n = \frac{U_d - RI_d}{C_e \Phi} \tag{11-1}$$

可以通过调节磁通实现直流电动机的调速。但为了避免磁饱和，往往采用减弱电动机磁通的方式，实现转速提升，即弱磁升速控制。

11.2.1 他励直流电动机弱磁调速

他励直流电动机因其电枢绕组与励磁绕组分别供电，且机械特性硬，是最为常用的直流调速电动机，既可以调压调速，也可以弱磁调速。

1. 他励直流电动机不同调速方式下的转矩和功率特性

由式(11-1)可知，直流电动机调速可分为两种：基速(即额定转速 n_N)以下的调压调速；基速以上的弱磁升速。而且为了充分利用电动机，要求在不同转速下长期运行时，允许的电枢电流为其额定值 I_N。这样，采用不同的调速方式，电动机输出的转矩和功率特性也不一样。

(1)恒转矩调速方式　在变压调速范围内，根据电磁转矩公式 $T_e = C_T \Phi I_d$，如果保持励磁磁通不变，即 $\Phi = \Phi_N$，可知当 $I_d = I_N$ 时，则 T_e 为常数，容许的转矩也不变，故称作“恒转矩调速方式”。此时，$P = T_e \omega_m$，当转速上升时，电动机输出功率也上升。

(2)恒功率调速方式　在弱磁调速范围内，当 $I_d = I_N$ 时，若 Φ 减小，则转速上升，同时转矩减小，而转矩与转速的乘积不变，即 $P = T_e \omega_m$ 为常数，因此输出功率不变，故称为“恒功率调速方式”。但随着转速进一步增加，调速范围更大时，因受直流电机换流器的限制，功率会随之减小。恒功率调速也有一定的范围要求。

“恒转矩”和“恒功率”调速方式，是指在不同运行条件下，当电枢电流在其允许值为额定值 I_N 时，所容许的转矩或功率不变，是电动机能长期承受的限度。

但是，实际的转矩和功率要由具体负载决定，而不同性质的负载要求也不一样。例如矿井卷扬机和载客电梯，当最大载重量相同时，无论速度快慢，负载转矩都一样，所以属于“恒转矩类型的负载”；而机床主轴传动，调速时容许的最大切削功率一般不变，属于“恒功率类型的负载”。

电力传动系统采用何种调速方式，应根据负载特性和生产要求来进行选取，并使调速系统特性与负载特性相匹配[2~4]。显然，恒转矩调速方式更适合恒转矩类型的负载，而恒功率的调速方式更适合恒功率类型的负载。

2. 电压和磁场配合控制策略

由于直流电动机允许的弱磁调速范围有限，一般用于基速以上的恒功率调速。如果当负载要求的调速范围更大时，需要采用变压和弱磁配合控制策略：

1)在基速以下保持磁通为额定值不变，只调节电枢电压。

2)在基速以上则保持电压为额定值，减弱磁通以达到升速目的。

采用配合控制策略的系统特性如图 11-1 所示，其中，横坐标为转速，以额定转速为分界线，分为基速以下和基速以上两个区域；纵坐标同时表示电压 U_d、磁通 Φ、转矩 T_e 和功率 P。在基速以下，磁通 $\Phi = \Phi_N$，随着电压增大，转速升高，但转矩不变，随电压增大而增大；在基速以上，电压 $U_d = U_N$ 保持不变，随着磁通 Φ 减小，转速进一步增大，但转矩却随磁通一起减小，而功率保持不变。

必须指出，变压与弱磁配合控制只能在基速以上满足恒功率调速的要求，在基速以下，输出功率不得不有所降低，而且电压越低，功率也越小[1]。

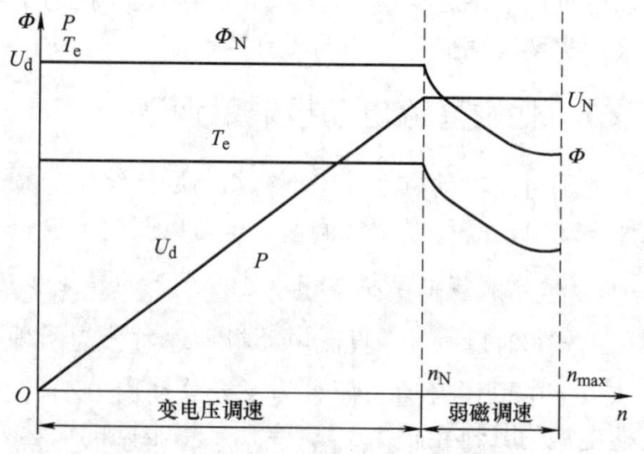

图 11-1　变压与弱磁配合控制特性

3. 直流电动机磁场控制的问题

他励直流电动机采用磁场控制进行调速，存在一些特殊问题需要解决。

(1)直流电动机模型的非线性　根据图 7-9 给出的他励直流电动机的数学模型，在保持磁通不变的条件下，电枢回路与磁场回路是相互独立的，它们之间没有耦合关系，因此其数学模型可以看作是线性和解耦的。

如果通过改变磁场进行调速，需要调节励磁电流。忽略磁场饱和，直流电动机的主磁通 $\varPhi$ 与励磁电流 I_F 成正比，因而磁场的变化也会改变电磁转矩和感应电动势，假定其影响系数为 K_T 和 K_e，则有

$$E_a = K_e I_F \omega_m \tag{11-2}$$

$$T_e = K_T I_F I_d \tag{11-3}$$

再考虑磁链与励磁电流的关系

$$\varPsi = L_F I_F \tag{11-4}$$

在励磁回路电压方程式 (3-1) 和电枢回路电压方程式 (3-2) 两边取拉普拉斯变换，这时电动机就变为非线性多变量耦合模型[5]，如图 11-2 所示。

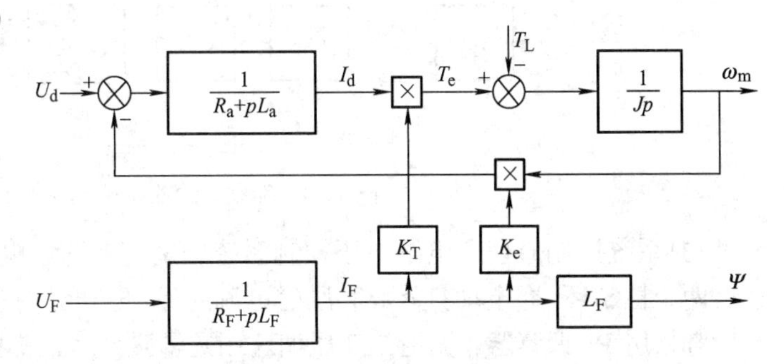

图 11-2　考虑磁场耦合的直流电动机模型

(2) 多变量耦合系统控制问题　对于变压调速系统，其控制方法较简单，只要采用固定电源以保持磁场恒定，然后通过电枢的变压控制进行调速即可。因此，虽然系统有电枢和励磁两个子系统，但因两者解耦，可以看作是一个单输入单输出系统来处理。而磁场控制则针对的是一个非线性多变量耦合系统，其控制就变得复杂起来。由于电枢电压和磁场两个变量的相互影响，系统设计时就需要考虑这两个变量的协调控制。

4. 电压与磁场协调控制的直流调速系统结构与控制原理

由以上分析可知，在变压调速系统的基础上进行弱磁控制时，变压与弱磁的给定装置不应该完全独立，而是要互相关联的。

(1) 电压与磁场协调控制的基本思路　从图 11-1 给出的电压与磁场配合控制的特性可以看出，在基速以下，应在满磁的条件下调节电压；在基速以上，应在额定电压的条件下调节励磁，因而需要选择一种合适的切换控制策略，可以在恒转矩的变压调速和恒功率的弱磁调速两个区段中交替工作，并能够从一个区段平滑地过渡到另一个区段中去。

实现这样的控制过程的基本思路是：根据直流电动机的反电动势公式 $E = C_e\varPhi n$,如果在弱磁调速过程中能保持电动机反电动势 E 不变，则减小磁通 $\varPhi$ 时转速 n 将随之升高。为此，在励磁控制系统中引入电动势调节器 AER，利用电动势反馈，使励磁系统在弱磁调速过程中保持电动势 E 基本不变。以下是电压与磁场协调控制的基本原则：

1) 在基速以下，以保持磁通恒定为准则，通过调节电枢电压进行调速。

2) 在基速以上，以保持反电动势恒定为准则，通过调节励磁磁通进行调速。

(2) 电压与磁场协调控制调速系统的组成　一种电压与磁场协调控制的调速系统结构[1]如图 11-3 所示，系统分为电枢电压控制与磁场控制两个子系统：电枢电压控制子系统由转速、电流双闭环组成；磁场控制子系统引入电动势调节器 AER 和励磁电流调节器 AFR，以控制可控整流器 UCR_F，通过改变磁场电压调节他励直流电机的磁通，构成电动势与励磁电流双闭环系统。

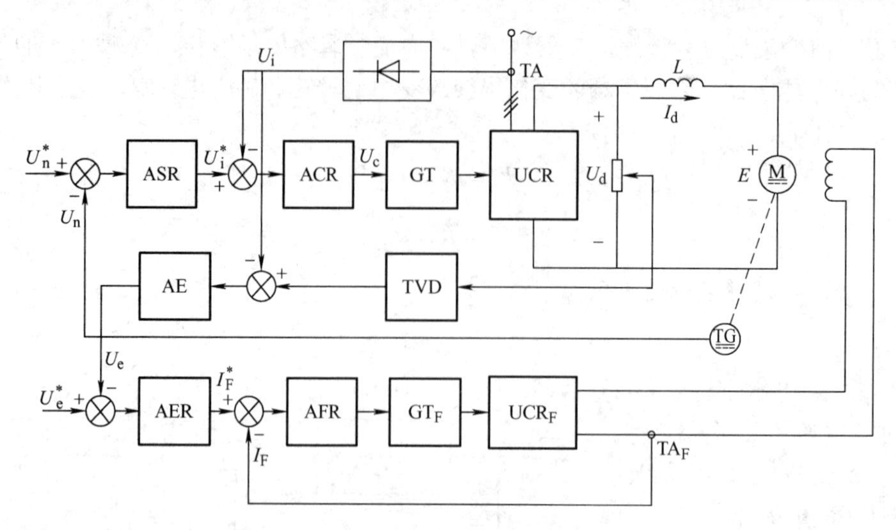

图 11-3　非独立控制励磁的调速系统

(3) 系统控制原理　电枢电压控制系统仍采用转速、电流双闭环控制，而励磁控制系统也有两个控制环，即电动势外环和励磁电流内环，电动势调节器 AER 和励磁电流调节器 AFR 一般都采用 PI 调节器。无论是变压调速还是弱磁升速，都由转速给定电压 U_n^* 按转速的高低连续调节。电枢电压控制系统和励磁控制系统通过由电动势运算器 AE 获得的电动势信号 U_e 联系在一起，从而实现从调压调速自动转入弱磁升速。

1) 电动势检测。由于直接检测电动势比较困难，因此，采用间接检测的方法。从电枢回路检测电压 U_d，通过直流电压隔离变换器 TVD 的高、低压隔离和电平转换，与检测的电流 I_d，并根据直流电机电枢回路电压方程

$$E = U_d - RI_d - L\frac{dI_d}{dt} \tag{11-5}$$

由电动势运算器 AE，算出电动势 E 的反馈信号 U_e。

2) 电动势的设定。控制时，先设定电动势给定电压 U_e^*，使 $U_e^* = 95\%U_N$，并在整个调速过程中保持 U_e^* 恒定，则该给定电压同时使得励磁磁通处于额定磁通，即 $\Phi = \Phi_N$。

3) 控制过程。在基速以下变压调速范围内，设置 $n < 95\%\ n_N$，则 $E < 95\%\ U_N$，此时，$U_e^* > U_e$，AER 饱和，相当于电动势环开环。AER 的输出限幅值设置为满磁给定，加到励磁电流调节器 AFR，由 AFR 调节并保持磁通为额定值。此时，由转速给定电压 U_n^* 输入电枢电压子系统，转速、电流双闭环系统起控制作用，转速 n 的调节范围为 0 ～ n_N。

在基速以上弱磁升速范围内，提高转速给定电压 U_n^*，使转速继续上升。当 $n > 95\%\ n_N$ 时，$E > 95\%\ U_N$，使 $U_e^* < U_e$，AER 开始退饱和，减少励磁电流给定电压，通过 AFR 减弱励磁电流，从而减少励磁磁通，以提高转速，系统便自动进入弱磁升速范围。在弱磁升速范围内，$n = n_N$ ～ n_{max}。在这一过程中，当励磁减弱而转速升高时，电动势 E 值保持不变，采用 PI 型的电动势调节器保证了电动势无静差的控制要求。

如果负载是恒功率负载，则 I_d 和 U_d 都保持满磁时的稳态值不变；如果是恒转矩负载，则随着 Φ 下降，I_d 和 U_d 都上升，所以在给定电动势设置时留有 5%的裕量，让 U_d 可以上升到 100% U_N。

11.2.2　串励直流电动机弱磁调速系统

串励直流电动机的励磁回路与电枢回路串联，因而不能采用降压的办法来减小励磁电流，因为降压的同时会减少电枢电压。为此需要采用特殊的弱磁调节方法[6]。

1. 串励直流电动机的弱磁调节方法及其特性

(1)分路电流法减弱磁场　图 11-4 为用电阻分路的方法实现减弱磁场的原理图。当接触器 K_1、K_2 都断开时，电枢电流 I_d 全部流经主极绕组，则 $I_F = I_d$，这种状态称为全磁场或满磁场。如果闭合接触器 K_1，一部分 I_d 将流过分路电阻 R_1，这时 $I_F < I_d$，电动机处于磁场减弱状态。磁场减弱程度取决于分路电阻的大小，所以这种调速方法简单、方便，只要改变分路电阻的数值，就能获得所需的几个不同的磁场减弱级，分路电阻的阻值一般很小，能耗并不大。

串励直流电动机磁场减弱的程度，可用磁场减弱系数β表示，定义为：电动机在电枢电流相同的条件下，磁场减弱励磁磁动势 F_β与全磁场时的励磁磁动势 F_d之比，即

$$\beta = \frac{F_\beta}{F_d} \tag{11-6}$$

由磁动势和电流关系可进一步得到

$$\beta = \frac{F_\beta}{F_d} = \frac{I_F}{I_d} \tag{11-7}$$

从物理意义上可以理解为串励绕组励磁电流与电枢电流之比。

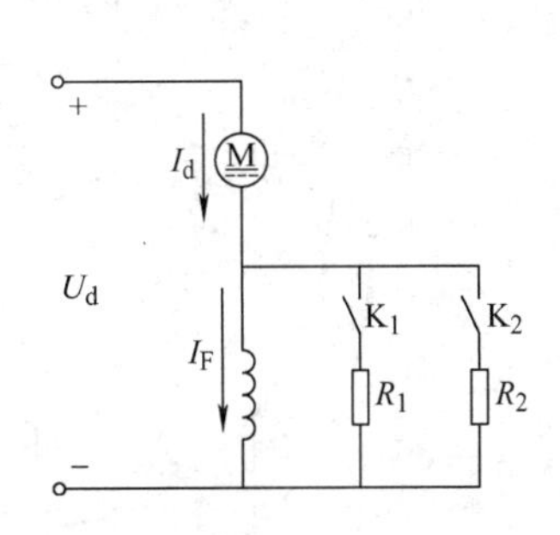

图 11-4　串励直流电动机磁场减弱原理图

假设励磁(主极)绕组的电阻为 R_F、分路电阻为 R，则由图 11-4，可得

$$I_F = \frac{R}{R + R_F} I_d \tag{11-8}$$

式中，R 为分流电阻总值。

由式(11-7)、式(11-8)可得

$$\beta = \frac{R}{R + R_F} \tag{11-9}$$

上述关于磁场减弱系数 β 的定义，是以满磁场为基础的。实际上β表示磁动势减弱的百分率，当电动机磁路不饱和时，其接近于磁通减弱的百分率。当电动机磁路饱和时，β不能表示磁通减弱的百分率。

(2)串励直流电动机的弱磁调速特性　串励直流电动机的转速、转矩特性曲线一般是在额定电压和满磁场条件下绘制的。当电动机在某一磁场减弱条件下运行时，相应地有减弱磁场时的转速、转矩特性曲线，它们可以根据满磁场时的转矩特性曲线求得。

1)恒电压磁场减弱时的转速特性。满磁场时的转速公式为

$$n = \frac{U_d - I_d \sum R}{C_e \Phi_d} \approx \frac{U_d}{C_e \Phi_d} \tag{11-10}$$

弱磁时，由磁场减弱系数β，磁通 $\Phi=\Phi_{\beta}$，其转速公式为

$$n_{\beta}=\frac{U_{d}-I_{d}\sum R}{C_{e}\Phi_{\beta}}\approx\frac{U_{d}}{C_{e}\Phi_{\beta}} \tag{11-11}$$

式中，有β下标的符号为弱磁调速后的各参数。

如令满磁场时的电动机转速 n 等于磁场减弱后电动机的转速 n_{β}，即 $n=n_{\beta}$，可知，磁场减弱时的电枢电流 $I_{d\beta}$必须为满磁场时的电枢电流 I_{d} 的 $1/\beta$倍，弱磁调速的转速特性如图 11-5 所示，曲线①为满磁场时的转速特性，曲线②为弱磁调速时的转速特性。

2）恒电压弱磁调速时的转矩特性。满磁场时的转矩公式为

$$T_{e}=C_{T}\Phi_{d}I_{d}=C_{T}K_{f}I_{d}^{2} \tag{11-12}$$

减弱磁场后的转矩公式为

$$T_{e\beta}=C_{T}\Phi_{\beta}I_{d\beta}=C_{T}K_{f}I_{d\beta}^{2}\beta \tag{11-13}$$

根据式（11-12）和式（11-13）可绘制出弱磁调速时的转矩特性曲线，如图 11-6 所示，曲线①为满磁场时的转矩特性，曲线②为弱磁调速时的转矩特性。

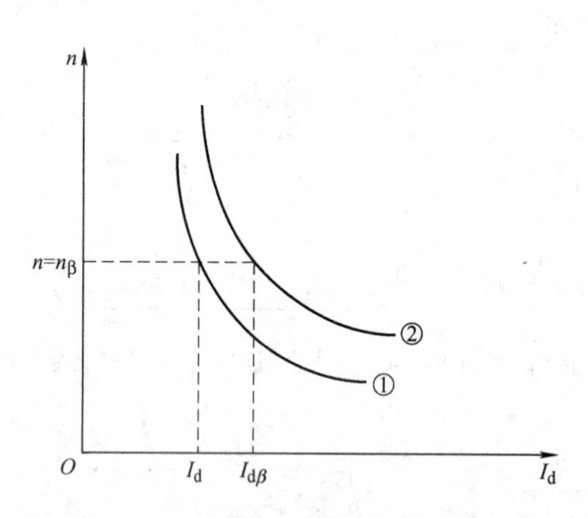

图 11-5　串励直流电动机弱磁时的转速特性

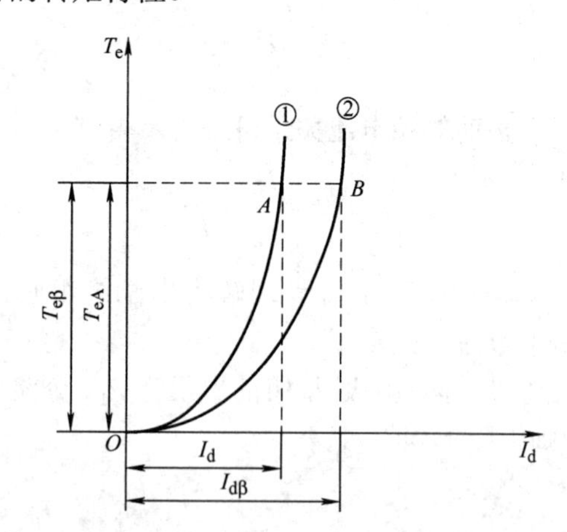

图 11-6　串励直流电动机弱磁时的转矩特性

3）恒电压弱磁调速的机械特性。将式（11-12）代入式（11-10）可得串励直流电机的机械特性为

$$n=\frac{U_{d}-I_{d}\sum R}{C_{e}K_{f}\sqrt{\frac{T_{e}}{C_{T}K_{f}}}}\approx\frac{\sqrt{C_{T}}U_{d}}{C_{e}\sqrt{K_{f}}}\frac{1}{\sqrt{T_{e}}} \tag{11-14}$$

考虑到 $I_{d\beta}=(1/\beta)I_{f}$，故弱磁调速后的转矩公式可写成

$$T_{e\beta}=C_{T}K_{f}\frac{1}{\beta}I_{f}^{2} \tag{11-15}$$

于是得到电动机的机械特性为

$$n_{\beta}=\frac{U_{d}-I_{d}\sum R}{C_{e}K_{f}\sqrt{\frac{T_{e\beta}\beta}{C_{T}K_{f}}}}\approx\frac{\sqrt{C_{T}}U_{d}}{C_{e}\sqrt{K_{f}}}\frac{1}{\sqrt{T_{e\beta}\beta}} \tag{11-16}$$

比较式(11-14)与式(11-16)可知，若保持 $n=n_{\beta}$，把恒电压满磁场时的机械特性曲线各点的横坐标乘以 $1/\beta$倍，就可以得到恒电压磁场减弱系数为β时的机械特性曲线，如图 11-7 所示，曲线①为满磁场时的机械特性，曲线②为弱磁调速时的机械特性。

弱磁调速特性显示，在转矩不变的情况下(若磁场减弱系数为β)，串励电动机的功率和转速均增大到原值的$\sqrt{1/\beta}$倍，电枢电流也增大到原值的$\sqrt{1/\beta}$倍。

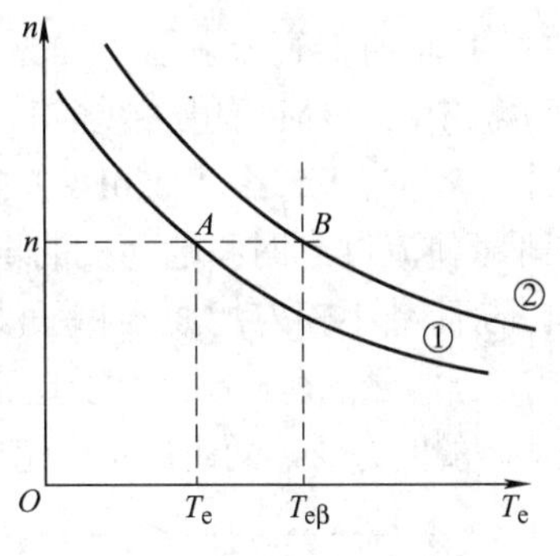

图 11-7　恒电压磁场减弱系数为β时的机械特性

2. 串励直流电动机控制系统应用举例

地铁动车组在早期均采用直流传动技术。上海地铁一号线早期采用德国 SIEMENS 公司引进的直流传动动车组，牵引电动机为 CUS5668B 型直流串励电机，在牵引工况下，其额定功率为 207kW，额定电流为 302A，额定电压为 750V(电网电压为 1500V，一节车中 4 台牵引电动机固定两串两并连接)，额定转速为 1470r/min，在电阻制动工况下，最大制动电流为 360A。

上海地铁一号线车辆直流传动系统主电路原理图如图 11-8 所示，采用直流斩波器作为调压电源，有调压调速与弱磁升速两种控制方式，并有再生制动。其工作原理如下：

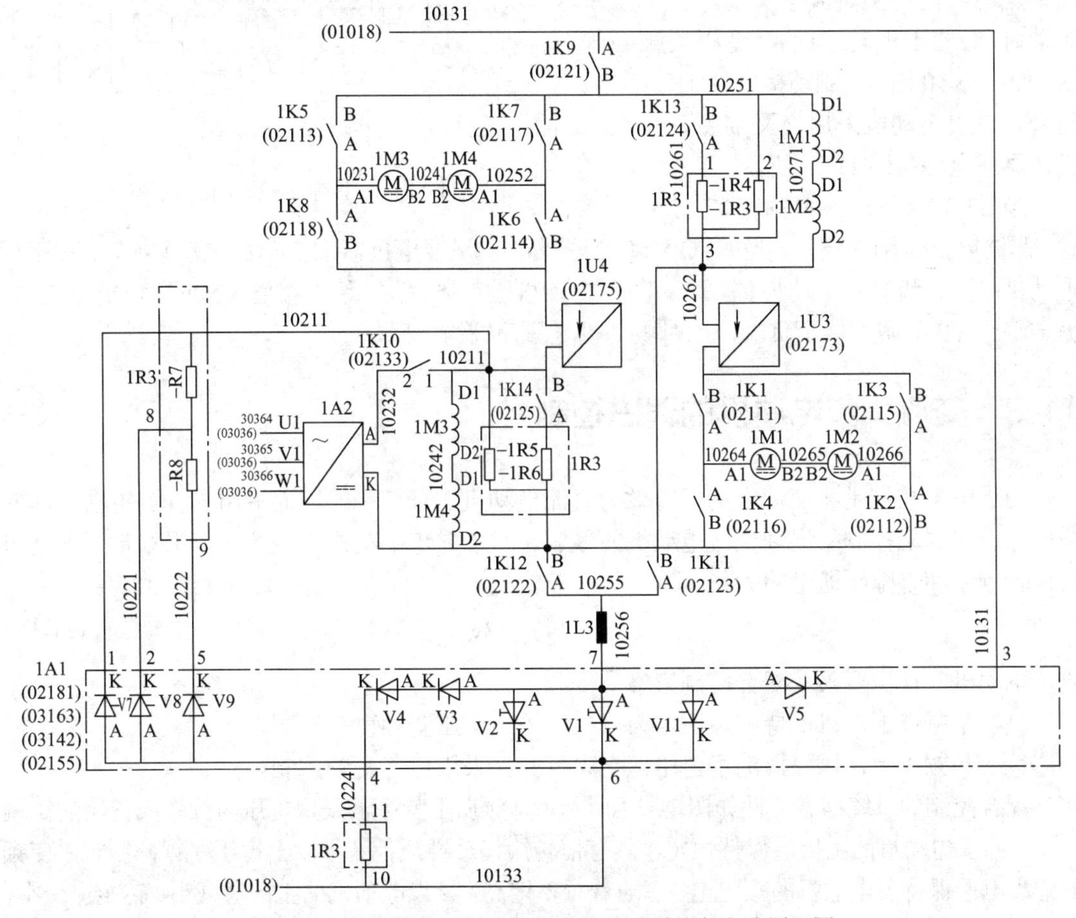

图 11-8　上海地铁一号线车辆直流传动系统主电路原理图

(1)斩波器直流调速　主驱动电路如图 11-9 所示。图中，1M3(F)、1M4(F)分别为牵引电动机 1M3、1M4 的励磁绕组，lM1(F)、1M2(F)分别为牵引电动机 1M1、1M2 的励磁绕组。图中，V1 与 V5 各以 250Hz 频率交替开关工作(GTO 器件最小导通比为 0.05)。两管交替工作既可使流过电网和电动机的电流脉动量减小，也可使流过平波电抗器 1L3 的电流脉动量减小，从而减小输入滤波器和平波电抗器的体积与质量。

(2)弱磁调速控制　对于直流牵引电动机，要使电动机速度增加(高于额定转速)，可以采用磁场减弱的方法，两组串励绕组分别并有弱磁分流电阻，接法如图 11-10 所示(1K14 未闭合)。

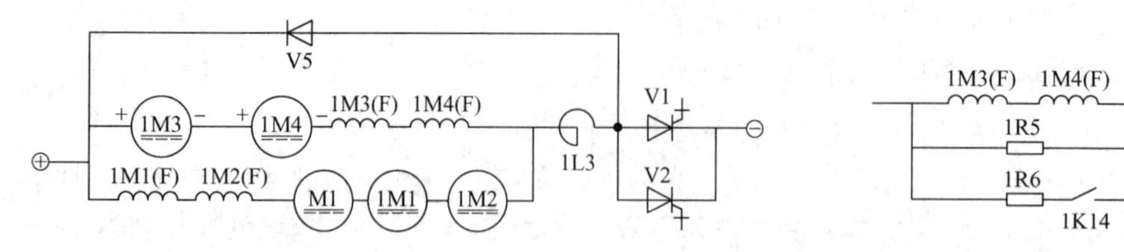

图 11-9　正向牵引工况工作原理电路图

图 11-10　磁场减弱分流电阻接线图

(3)再生制动工况　再生制动在牵引电动机处于发电机工况时向电网反馈电能，由再生斩波器实现。再生制动时(对应于正向运行)，牵引接触器 1K9、1K10 断开，制动接触器 1K11 闭合，牵引电动机采用交叉励磁，其工作原理电路如图 11-11 所示。

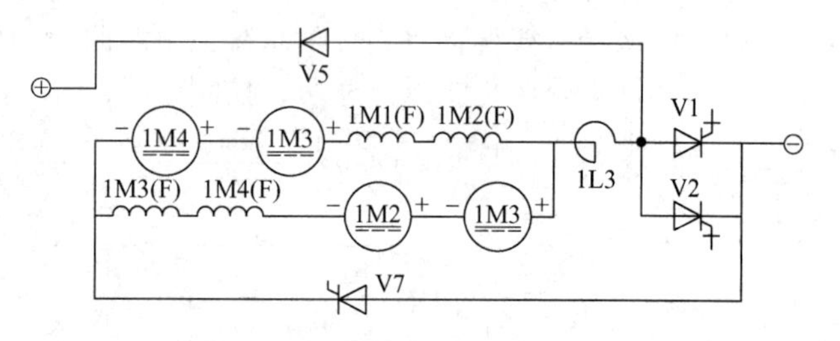

图 11-11　再生制动工况工作原理图

当 GTO V1(V2)和晶闸管 V7 导通时，平波电抗器 1L3 储能，当 GTO V1(V2)关断时，平波电抗器 1L3 自感电动势(左负右正)、电动机串励绕组自感电动势(左负右正)与电动机电动势叠加。经二极管 V5 反馈电能至正端，另一端经 V7 晶闸管接至负端，此时电动机能量反馈给电网。

11.3　交流异步电动机的弱磁控制

由于矢量控制是将交流电动机等效为直流电动机进行控制，因而沿用了直流电动机的弱磁概念，将弱磁控制拓展到交流电动机的领域。对于异步电动机变频调速，根据定子电动势与定子频率和气隙磁通量的关系

$$E_s = 4.44 f_s N_s k_{Ns} \Phi_m \tag{11-17}$$

异步电动机同样需要采取配合控制策略：

1)在基频以下，以保持磁通恒定为目标，采用变压变频协调控制。

2)在基频以上，以保持定子电压恒定为目标，采用恒压变频控制。

配合控制的系统稳态特性如图 11-12 所示，基频以下变频器采用电压与频率成正比的协调控制，异步电动机的主磁通保持恒定，具有恒转矩调速性质；基频以上恒压变频控制时，变频器输出电压保持为电动机的额定电压，随着频率增高，异步电动机的主磁通减小，转矩也减小，但功率保持不变，具有弱磁恒功率调速性质。这与他励直流电动机的配合控制相似[1]。

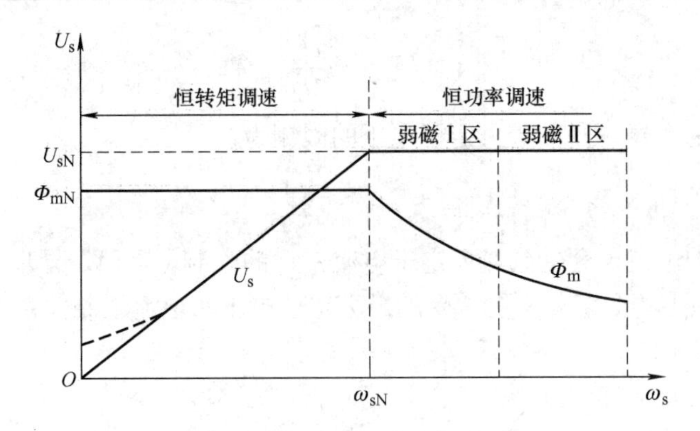

图 11-12　异步电动机变频调速控制特性

异步电动机变压变频调速已在前面章节介绍，本节仅讨论弱磁控制。

11.3.1　异步电动机的弱磁调速基本原理

1. 异步电动机的运行区域与限制

异步电动机在 d-q 坐标系上的定子电压方程为

$$\begin{cases} u_{sd} = R_s i_{sd} + p\psi_{sd} - \omega_s \psi_{sq} \\ u_{sq} = R_s i_{sq} + p\psi_{sq} + \omega_s \psi_{sd} \end{cases} \tag{11-18}$$

磁链方程为

$$\begin{cases} \psi_{sd} = L_s i_{sd} + L_m i_{rd} \\ \psi_{sq} = L_s i_{sq} + L_m i_{rq} \end{cases} \tag{11-19}$$

在稳态运行时，如果假定磁链的变化很缓慢，可忽略磁链微分产生的压降，进行弱磁控制时，因转速较高，其定子阻抗压降可以忽略。这样，异步电动机的稳态电压方程可近似为

$$\begin{cases} u_{sd} \approx -\omega_s \psi_{sq} \\ u_{sq} \approx \omega_s \psi_{sd} \end{cases} \tag{11-20}$$

如果采用矢量控制，按转子磁链定向时，因 $\psi_{rd} = \psi_r$， $\psi_{rq} = 0$，其稳态磁链方程可近似为

$$\begin{cases} \psi_{sd} = L_s i_{sd} \\ \psi_{sq} = \sigma L_s i_{sq} \end{cases} \tag{11-21}$$

代入式(11-20)，可得

$$\begin{cases} u_{sd} \approx -\omega_s \sigma L_s i_{sq} \\ u_{sq} \approx \omega_s L_s i_{sd} \end{cases} \tag{11-22}$$

此时的转矩方程为

$$T_e = \frac{L_m}{L_r} n_p \psi_r i_{sq} \tag{11-23}$$

当异步电动机采用 PWM 变频调速时，其定子电压会受到逆变器输出最大电压的限制，其最大定子电压幅值 U_{smax} 与直流母线电压 U_d 的关系应满足

$$U_{\text{smax}} \leqslant \frac{U_{\text{d}}}{\sqrt{3}} \tag{11-24}$$

如果采用 6 拍逆变器，则其最大定子电压的限制为

$$U_{\text{smax}} \leqslant \frac{2U_{\text{d}}}{\pi} \tag{11-25}$$

同理，电动机的电流也会受到最大定子电流 I_{smax} 的限制。因而，异步电动机的定子电压和电流在 d-q 坐标系上的分量与所能承受的最大定子电压和电流限制关系为

$$\begin{cases} u_{\text{sd}}^2 + u_{\text{sq}}^2 \leqslant u_{\text{smax}}^2 \\ i_{\text{sd}}^2 + i_{\text{sq}}^2 \leqslant i_{\text{smax}}^2 \end{cases} \tag{11-26}$$

由式(11-26)可知，异步电动机的电流限制条件对应的轨迹是一个圆形，如图 11-13a 所示；电压限制条件对应的轨迹是一个椭圆，并且受同步旋转角速度 ω_{s} 的影响，随着电动机转速越来越高，其椭圆越来越小，如图 11-13b 所示。

考虑到异步电动机按转子磁链定向时，d 轴的定子电流为励磁电流，所以转子磁链方程为

$$\psi_{\text{r}} = \frac{L_{\text{m}}}{1 + T_{\text{r}} p} i_{\text{sd}} \tag{11-27}$$

代入式(11-23)，可以得到新的转矩方程为

$$T_{\text{e}} = \frac{3n_{\text{p}} L_{\text{m}}^2}{4L_{\text{r}}} i_{\text{sq}} i_{\text{sd}} \tag{11-28}$$

式(11-28)在 d-q 坐标系上是一组双曲线，和电流与电压限制轨迹画在一起，如图 11-14 所示。其中，电流环与电压环包围的共同区为电动机运行区。

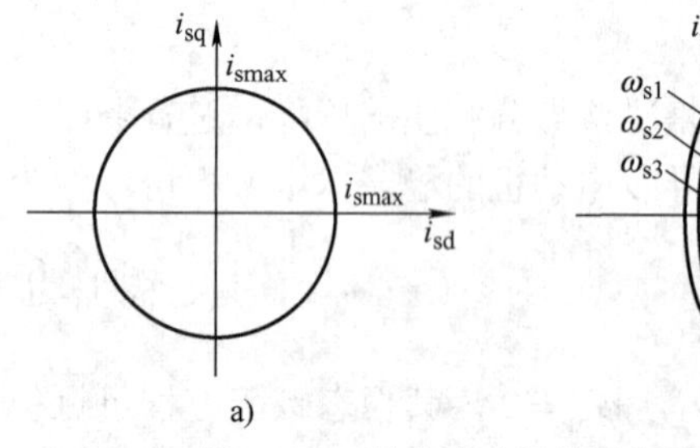

图 11-13　异步电动机的运行限制环

a) 电流限制环　b) 电压限制环

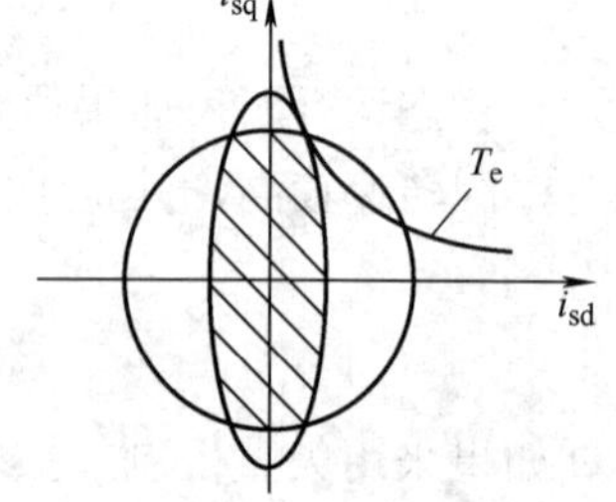

图 11-14　电流与电压限制圆

2. 异步电动机各种控制运行状态分析

(1) 恒转矩区　在基速以下，d 轴电流为给定的最大电流 i_{sdm}^*，同时产生一个恒定的最大磁通 $\Phi_{\text{max}}=\Phi_{\text{N}}$。恒转矩区电流和电压限制圆如图 11-15 所示。

在恒转矩控制时，d 轴最大电流一直保持额定励磁电流不变，即 $i_{\text{sdm}}=i_{\text{fN}}$。由式(11-28)，电磁转矩正比于 $i_{\text{sd}} i_{\text{sq}}$，这时转矩将正比于转矩电流 i_{sq}。同时，按电流限制条件，有

$$i_{\text{sq}} \leqslant \sqrt{i_{\text{smax}}^2 - i_{\text{sd}}^2} \tag{11-29}$$

由于磁通保持在额定值不变，于是在这个区间内电动机处于最大恒转矩运转状态，并且 $i_{\text{sd}} i_{\text{sq}}$ 对应于最大转矩值。但是由于电动机电压不断上升并且极可能超过最大电压限值，因此必须采取相关的措施来限制电动机电压的不断上升。

(2) 弱磁控制Ⅰ区(恒功率区)　弱磁控制Ⅰ区如图 11-16 所示。

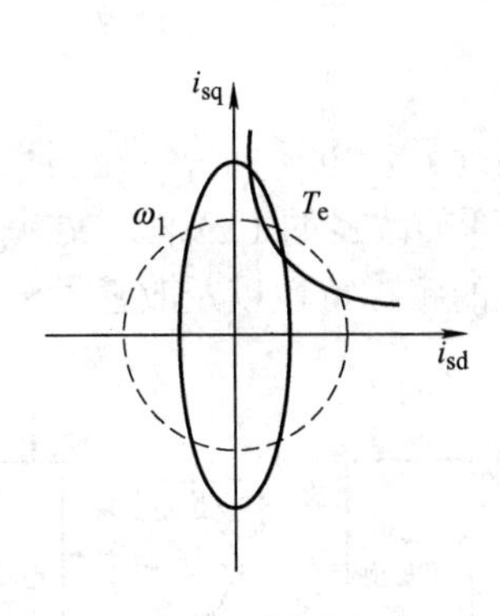

图 11-15　恒转矩区电流与电压限制圆

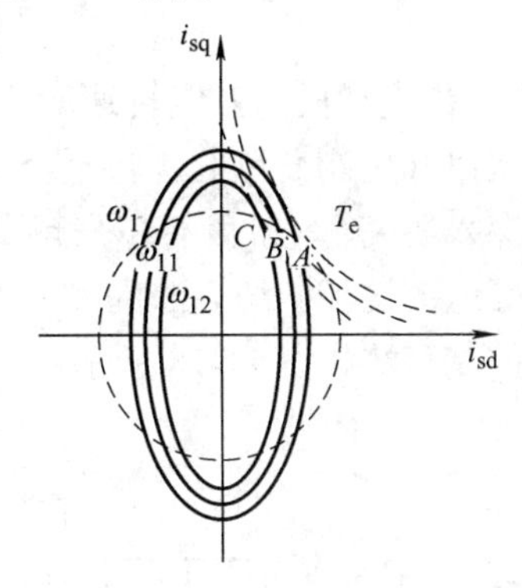

图 11-16　恒功率区电流与电压限制圆

当电动机转速不断上升时，电压限制圆逐渐减小，定子电压不断上升，电压环不断收缩，此时在 A 点上，电动机达到额定临界转速。如果不对转矩电流做任何控制，A 点将向着圆心方向运动，电动机能够继续升速，但却不在最大转矩曲线之上。于是必须考虑对转矩电流进行相应处理，使运行点沿着 A—B—C 这个轨迹运转，保证一个最大的输出转矩。很明显，由于运动轨迹的不断左移，励磁电流 i_{sd} 不再恒定，而是由相应的控制器输出并不断减小。同样必须保证转矩电流最大限幅值满足式(11-29)。

在这段区域内，转速升高时磁通不断减少，允许输出转矩减少的同时，输出功率基本不变，由公式

$$P = T_e \omega_m \tag{11-30}$$

可知，$i_{sd} i_{sq}$ 必须按照电动机转速成反比变化。

(3) 弱磁控制Ⅱ区(恒电压区)　如图 11-17 所示，当转速继续持续上升时，电压限制圆越来越小，电流已逐渐远离电流限制环，仅受电压环限制。电动机运行状态沿着 A—B—C 移动。与弱磁控制恒功率区不同的是，i_{sd} 和 i_{sq} 均不断下降，而不仅仅是励磁电流 i_{sd} 下降。

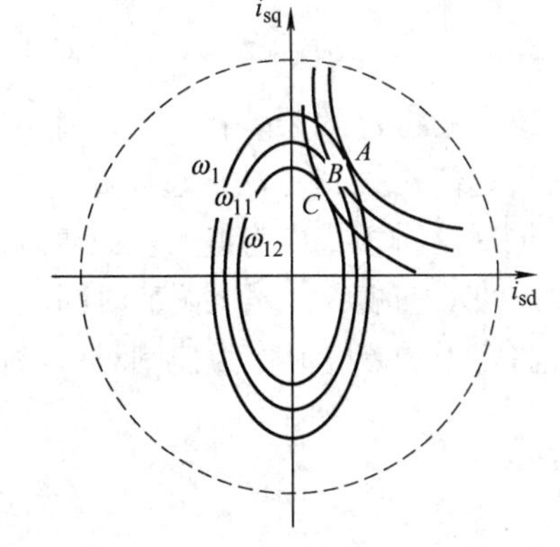

图 11-17　恒电压区电流与电压限制圆

从图中可以看到，电动机在这个阶段不再保持恒功率运行，但是电压始终保持额定状态，所以称这个阶段为恒电压区。

由于 T_e 与 $i_{sd} i_{sq}$ 成正比，所以在这个区域，转矩下降较快，随着转速不断升高，转矩也下降，这时会影响到电动机出力。同样在这个区域，励磁电流 i_{sd} 的输出与控制器有关，而 i_{sq} 的算法则非常多，随后会具体讨论其取值大小。

11.3.2　异步电动机弱磁调速的控制方法

对于异步电动机的弱磁控制方法，其主要思想是在矢量控制的基础上，当电机运行进入弱磁区后降低励磁电流的给定值，以达到降低磁通的目的。目前，主要有以下两种方式：

1. $1/\omega_r$ 法

对于这种算法，其核心是使得磁通大小随着转速的上升不断减少，其中最常见的方法是使得励磁电流的给定满足

$$i_{sd}^{*} = \frac{\omega_{rN}}{\omega_{r}} i_{fN} \tag{11-31}$$

式中，ω_{rN}为异步电动机的额定转速。

这种算法以其控制简单的优势至今仍广泛适用于高转速异步电动机矢量控制系统。随着研究人员的深入研究，现阶段有越来越多的学者开始提出新的改良的 $1/\omega_r$ 法。文献[3]提出的改进算法较好地改良了传统算法的多种不足，提高了电流的跟踪特性以及改善了电动机的动态响应，其控制算法如图 11-18 所示。

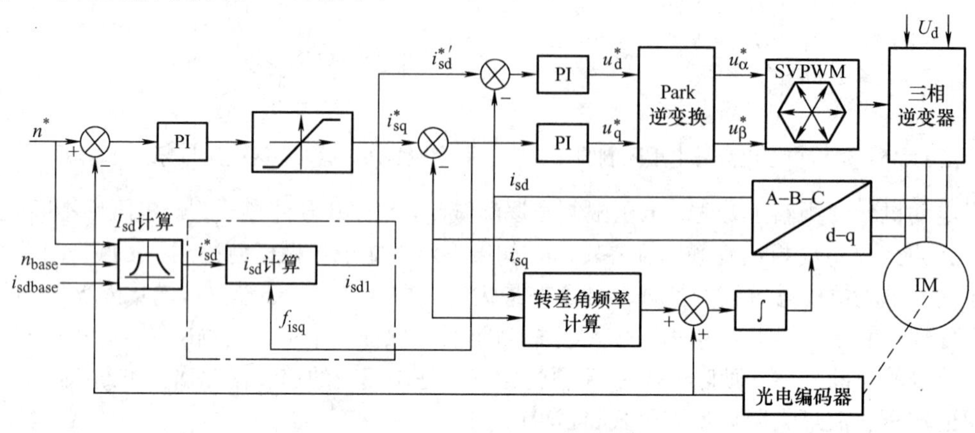

图 11-18　改进的 $1/\omega_r$ 控制结构框图

该方案将 i_{sq} 的误差作为二次输入，然后通过计算，将 i_{sd}^* 更正为 i_{sd1}，以此作为励磁电流最后给定值 $i_{sd}^{*\prime}$。该方法通过跟踪 i_{sd} 的变化来实现，从而使得实际的 i_{sq} 也能紧紧跟随给定的 i_{sq}。同时这种模式也将进一步改善励磁电流的跟踪特性，提升电动机的电磁转矩输出特性，最终加快动态响应，缩短调节时间。

将定子励磁电流作为控制对象，传统方法如下式所示：

$$\begin{cases} i_{sd}^{*} = i_{fN} & \omega_r \leqslant \omega_{rN} \\ i_{sd}^{*} = \dfrac{\omega_{rN}}{\omega_r} i_{fN} & \omega_r > \omega_{rN} \end{cases} \tag{11-32}$$

改进的方法考虑到转矩电流的误差输入，如下式所示：

$$\begin{cases} i_{sd1} = i_{fN} & \omega_r \leqslant \omega_{rN}, i_{sd1} = i_{sdmin} \\ i_{sd1} = i_{fN} - (i_{sq}^{*} - i_{sq}) & \omega_r > \omega_{rN}, i_{sd1} < i_{sdfmin} \end{cases} \tag{11-33}$$

式中，i_{sdfmin} 为最小励磁电流限幅值。

2. 基于电压闭环控制算法

这类方法也是现今异步电动机常用的控制算法，其基本思想是：监控实际的定子电压是否超过定子最大限制电压，并以此作为是否进入弱磁控制的标志。在电压闭环控制算法中，当检测定子电压值（$u_s = \sqrt{u_{sd}^2 + u_{sq}^2}$）大于 u_{smax} 时，就认为其电压已经过大，这时需要降低励磁电流；反之当检测定子电压值小于 u_{smax} 时，要适当增加励磁电流。

该类方法在现阶段主要分为两大类：第一类算法是基于对励磁电流、转矩电流的传统方式，也是最常用的一种控制算法；第二类算法则是基于定子磁链的误差求出 u_{sd}、u_{sq}，然后经过旋转反变换转化为 $u_{s\alpha}$、$u_{s\beta}$。第二类算法在计算以及系统复杂程度上比较高，但是可以达到一种非常理想的结果。

本文主要分析第一类算法的一种改进方法。其控制系统如图 11-19 所示，图中，为了获得一个更大的输出转矩，需要将定子电压提升到一个新的值，将这个新的定子电压与实际的定子电压进行比较，将差值作为输入进行 PI 运算，输出值为励磁电流，但是励磁电流也有一个最小值并且其受到最大励磁电流限制。经过上述限幅运算，所得到的给定励磁电流经过 $\sqrt{i_{smax}^2 - i_{sd}^2}$ 计算可以得到转矩电流的最大限幅值。

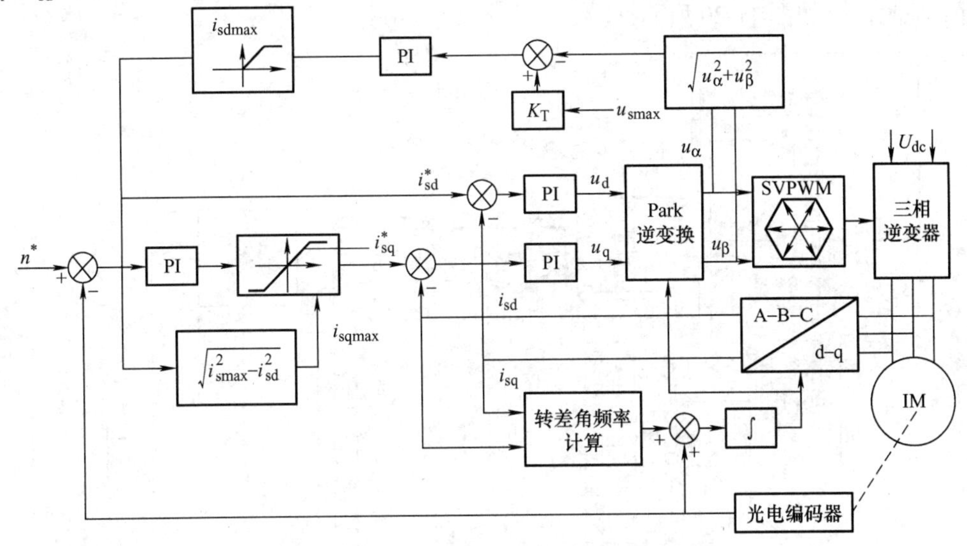

图 11-19　改进的基于电压闭环控制结构框图

该算法最大的改进就是在控制方案中加入了负载系数 K_T，这个 K_T 等于实际转矩与最大转矩的二次方根。

$$K_T = \sqrt{T_e / T_{max}} \tag{11-34}$$

由前所述，电磁转矩正比于励磁电流和转矩电流，并有如下关系：

$$T_e = \frac{3n_p L_m^2}{4L_r} i_{sq} i_{sd} \tag{11-35}$$

当电动机运行在稳定状态时，可以认为磁通不变，即励磁电流是恒定不变的，所以有如下方程：

$$K_T = \sqrt{i_{sq}^* / i_{sqmax}} \tag{11-36}$$

该负载系数可以有效地了解电动机当前负载的运行状况，清晰地知道电动机还需要提高的电磁转矩大小。

将 $i_{sq} = \sqrt{i_{smax}^2 - i_{sd}^2}$ 代入式(11-35)可以得到

$$T_e = \frac{3n_p L_m^2}{4L_r} i_{sd} \sqrt{i_{smax}^2 - i_{sd}^2} \tag{11-37}$$

将式(11-37)电磁转矩 T_e 对励磁电流分量 i_{sd} 求导，可以得到励磁电流的最大值，此时

$$i_{smax} = \frac{\sqrt{2}}{2} i_{sd} \tag{11-38}$$

11.3.3　异步电动机的弱磁控制应用实例

以广州地铁一号线车辆的动车组控制为例。电动车(组)电力传动的核心部件之一是牵引控制单元(TCU)，一方面接受列车司机控制器的指令，另一方面实现牵引电动机的瞬时转矩控制。它由SIEMENS公司的SIBAS 32牵引控制单元(TCU)、带有32位Intel 80×86处理器的中央计算机和一个(或几个)较低等级的信号处理器(如高速数字信号处理器)等构成，信号处理器实现信号变换和实时控制(实现基于转子磁场定向的牵引电动机矢量控制)，中央计算机执行其他功能，如图11-20所示。

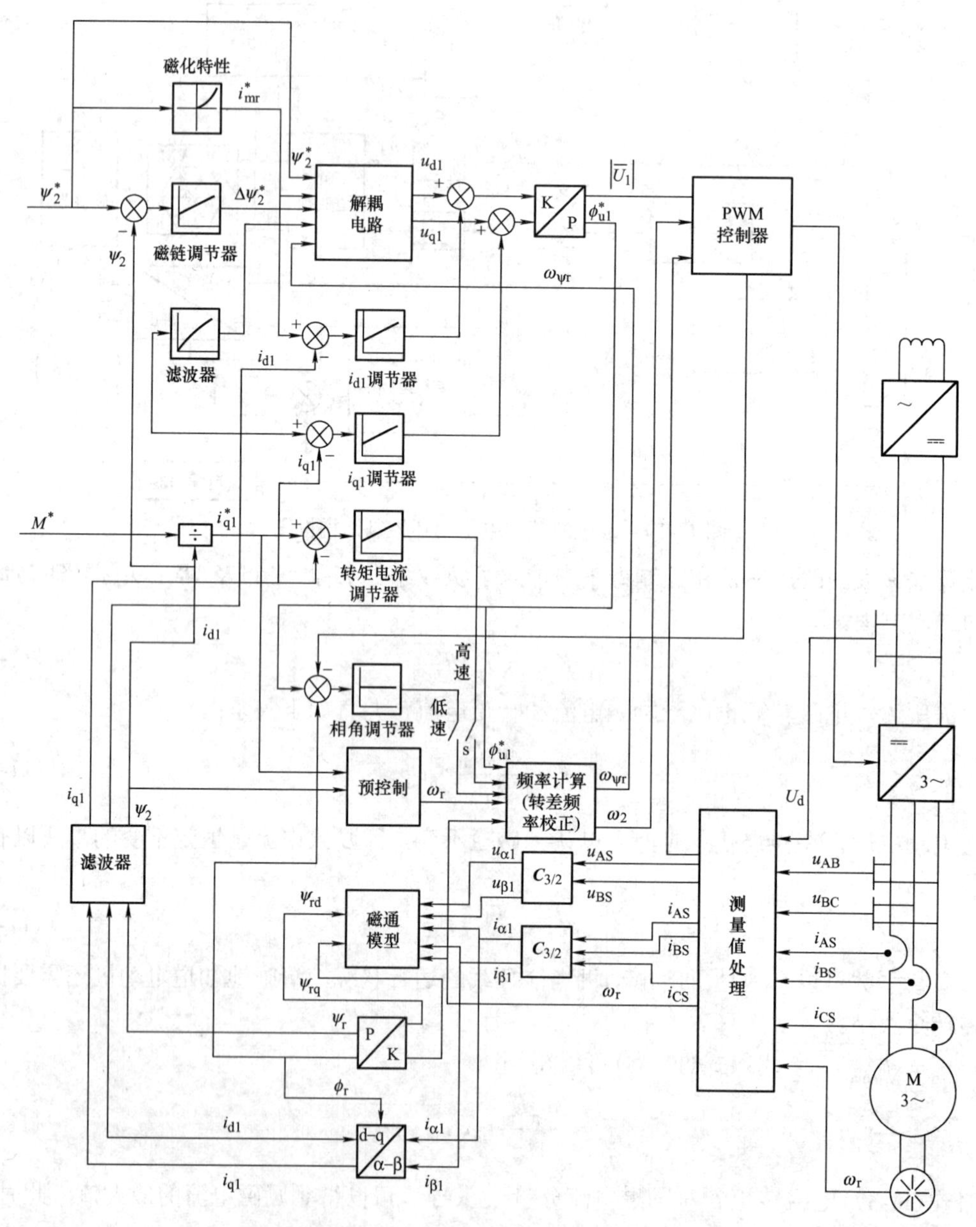

图 11-20　广州地铁一号线动车组控制框图

图中，开关 S 的触点位置由电动机的速度决定，当电动机的速度进入高转速区时，开关 S 使得电动机进入磁场减弱区，此时根据不同的弱磁算法来实现转速的控制。

11.4　同步电动机的弱磁控制

与异步电动机不同，同步电动机是定子与转子同时励磁的，因而同步电动机可采用转子弱磁控制。同步电动机转子励磁分为电励磁和永磁两大类，对应弱磁控制方法是不同的。

11.4.1　电励磁同步电动机的弱磁控制

在电励磁同步电动机（ESM）中转子上有专门的励磁绕组，可直接调节转子励磁电流来控制同步电动机的直轴磁场，从而方便地实现弱磁运行。

一种电励磁同步电动机的弱磁控制系统如图 11-21 所示，其控制原理是：在同步电动机额定转速以下，采用矢量控制，变频器的电压与频率协调输出，以保持电动机的定子主磁通 Φ_m 恒定，实现高性能调速。在额定转速以上，定子端电压幅值达到受限值，变频器输出电压和频率保持在额定值，通过减小转子励磁电压的给定值，以减小同步电动机转子磁通，进而减小合成主磁通的幅值，实现弱磁升速。

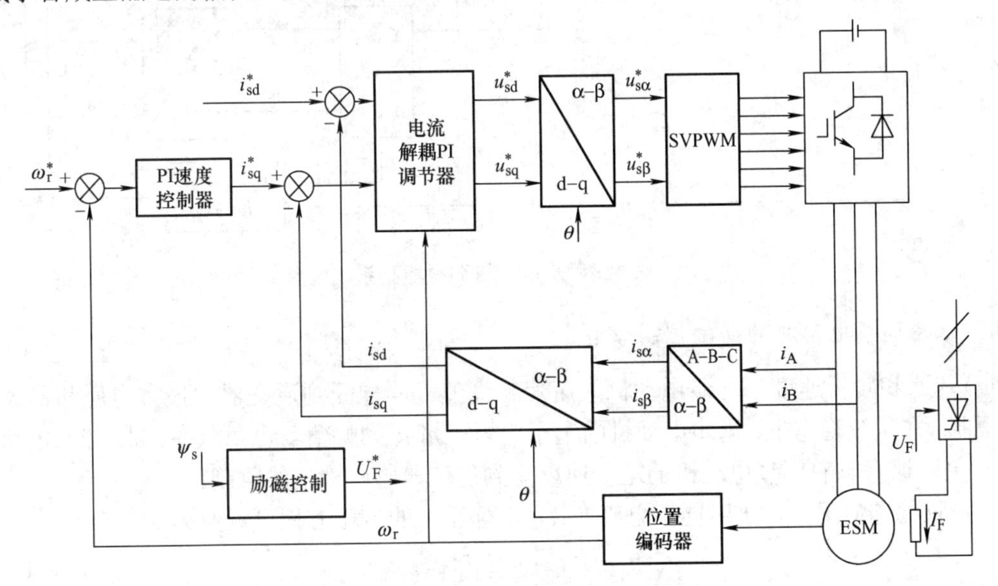

图 11-21　励磁同步电动机的弱磁控制框图

由此，在 $0\sim\omega_{rN}$ 区间，为了最大限度地利用电动机的铁心导磁性能，定子磁链幅值控制在额定值并保持恒定，在一定的功率因数条件下电动机输出的电磁转矩 T_{emax} 不随转速变化而变化，所以把 $0\sim\omega_{rN}$ 区域称为恒转矩调速区。当电动机转速大于 ω_{rN}，则通过减小转子励磁，进而减小合成磁链幅值 ψ_m，以实现升速运行，即为电励磁同步电动机的弱磁运行范围。

11.4.2　永磁同步电动机的弱磁控制

永磁同步电动机（PMSM）大都在转子上安装永磁体来励磁，其转子磁场恒定，因此 PMSM

的弱磁控制的基本思想是利用其电动机的直轴电枢反应，使电动机直轴方向上的定子磁场减弱，达到等效于直接减小励磁磁场的控制效果[7]。

图 11-22 为永磁同步电动机弱磁控制系统框图，图中转速环主要用于得到转子位置角 θ_r，经取微分得到转子电角速度 ω_r。转速的偏差值通过转速调节器得到给定转矩 T_e^*，由电流发生器按照最大转矩电流比控制或弱磁控制的电流输出公式给出参考电流 i_d^* 和 i_q^*，电流偏差通过电流调节器输出 u_d^* 和 u_q^*。当 $\sqrt{u_d^2+u_q^2}$ 超过 $u_{lim}/\sqrt{3}$ 时切换到弱磁控制模式，通过两者偏差值减弱 i_d^* 实现弱磁控制。

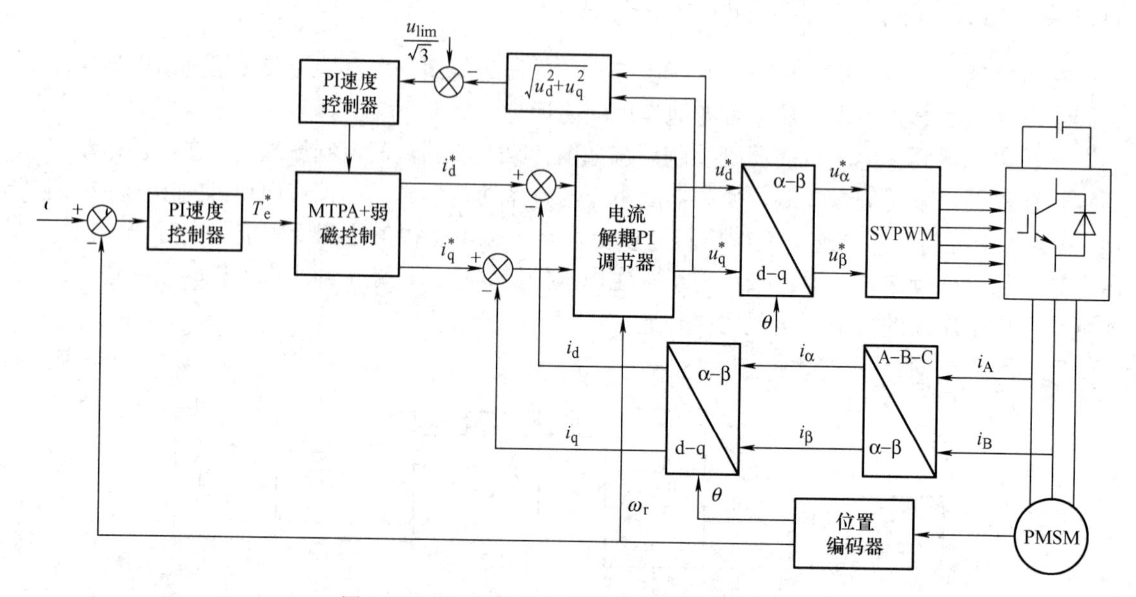

图 11-22　永磁同步电动机弱磁控制系统框图

1. 永磁同步电动机的弱磁控制原理

(1) 基速和转折速度　同步电动机采用变频调速，同样受到逆变器的最大电压和最大电流的限制。在正弦稳态下，同步电动机的定子电压矢量 $\boldsymbol{u}_s$ 的幅值与电角频率 ω_s 即转子电角速度 ω_r 有关，这意味着同步电动机的运行速度受到逆变器电压极限的限制。

在正弦稳态情况下，永磁同步电机在 d-q 坐标系上的电压方程可近似为

$$u_q = R_s i_q + \omega_r L_d i_d + \omega_r \psi_f \tag{11-39}$$

$$u_d = R_s i_d - \omega_r L_q i_q \tag{11-40}$$

由此，定子电压的幅值为

$$|\boldsymbol{u}_s| = \sqrt{u_d^2 + u_q^2} \tag{11-41}$$

当电动机在弱磁高速运行时，式 (11-39) 和式 (11-40) 中的电阻压降可以忽略不计，式 (11-40) 可写为

$$|\boldsymbol{u}_s|^2 = (\omega_r L_d i_d + \omega_r \psi_f)^2 + (\omega_r L_q i_q)^2 \tag{11-42}$$

设逆变器的输出最大电压为 U_{smax}，应有

$$|\boldsymbol{u}_{\mathrm{s}}|^2 \leqslant |\boldsymbol{u}_{\mathrm{s}}|_{\max}^2 \tag{11-43}$$

式中，$|\boldsymbol{u}_{\mathrm{s}}|_{\max}$ 为 $|\boldsymbol{u}_{\mathrm{s}}|$ 允许达到的极限值。

在空载情况下，若忽略空载电流，则由式(11-43)，可得

$$\omega_{\mathrm{r}}\psi_{\mathrm{f}} = e_0 = |\boldsymbol{u}_{\mathrm{s}}| \tag{11-44}$$

定义空载电动势 e_0 达到 $|\boldsymbol{u}_{\mathrm{s}}|_{\max}$ 时的转子速度为速度基值，记为 ω_{rb}。由式(11-44)，可得

$$\omega_{\mathrm{rb}} = \frac{|\boldsymbol{u}_{\mathrm{s}}|_{\max}}{\psi_{\mathrm{f}}} = \frac{|\boldsymbol{u}_{\mathrm{s}}|_{\max}}{L_{\mathrm{mf}} i_{\mathrm{f}}} \tag{11-45}$$

式中，L_{mf} 为面装式 PMSM 永磁体等效励磁电感，对于插入式和内装式 PMSM 应为 L_{md}。

在电动机带载运行情况下，当面装式 PMSM 在恒转矩运行区运行时，通常控制定子电流矢量相位 θ 为 90° 电角度，则有 $i_{\mathrm{d}} = 0$ 和 $i_{\mathrm{q}} = i_{\mathrm{s}}$，由式(11-42)和式(11-43)，可得

$$\omega_{\mathrm{rt}} = \frac{|\boldsymbol{u}_{\mathrm{s}}|_{\max}}{\sqrt{(L_{\mathrm{mf}} i_{\mathrm{f}})^2 + (L_{\mathrm{s}} i_{\mathrm{s}})^2}} \tag{11-46}$$

转折速度为电动机在恒转矩运行区，定子电流为额定值，$|\boldsymbol{u}_{\mathrm{s}}|$ 达到极限值时的转子的速度，记为 ω_{rt}。式(11-45)与式(11-46)对比表明，由于电枢磁场的存在使得转折速度要低于速度基值，但由于面装式 PMSM 的同步电感 L_{s} 较小，因此可以认为两者近似相等。

对于插入式和内装式 PMSM，则有

$$\omega_{\mathrm{rt}} = \frac{|\boldsymbol{u}_{\mathrm{s}}|_{\max}}{\sqrt{(L_{\mathrm{md}} i_{\mathrm{f}} + L_{\mathrm{d}} i_{\mathrm{d}})^2 + (L_{\mathrm{q}} i_{\mathrm{q}})^2}} \tag{11-47}$$

当 $\beta > 90°$ 时，式(11-47)中的 i_{d} 为负值，此时，直轴电枢磁场会使定子电压降低，而交轴电枢磁场会使定子电压升高。

(2) 电压极限椭圆和电流极限圆

1) 电压极限椭圆。同步电动机变频调速时，如果采用 PWM 逆变器，其最大电压限制值 $u_{\lim}$ 与式(11-24)中 $U_{\max}$ 的计算公式相同。高速运行时，由式(11-42)可以得到

$$(L_{\mathrm{q}} i_{\mathrm{q}})^2 + (L_{\mathrm{d}} i_{\mathrm{d}} + \psi_{\mathrm{f}})^2 \leqslant \left(\frac{u_{\lim}}{\omega_{\mathrm{r}}}\right)^2 \tag{11-48}$$

当电动机为内置式转子磁路结构时，$L_{\mathrm{d}} \neq L_{\mathrm{q}}$，d-q 坐标系上表示的是一个椭圆方程。当电压矢量幅值 $u_{\mathrm{s}} = u_{\lim}$ 时，每个转速 ω_{r} 下都会对应 d-q 坐标系下一个中心为 $C(-\psi_{\mathrm{f}}/L_{\mathrm{d}}, 0)$ 的椭圆，这个椭圆称为电压极限椭圆。

电压极限椭圆规定了控制过程中永磁同步电动机电压和转速的约束条件。对某一给定转速，当电动机调速至稳定运行状态时，工作点不能长时间落在该转速所对应的电压极限椭圆轨迹外。调速时，随着转速 ω_{r} 的增大，电压极限椭圆随之缩小，不同转速对应一簇同心椭圆曲线，如图 11-23 所示。

2) 电流极限圆。除了电压极限约束外，永磁同步电动机在运行时还要受到电流极限约束，这是由逆变器输出电流和电动机本身额定电流限制所决定的。

由式(11-26)可以看出，电流限制方程的轨迹是在 d-q 坐标系下对应一个圆心处于原点的圆形，称为电流极限圆，如图 11-23 所示。

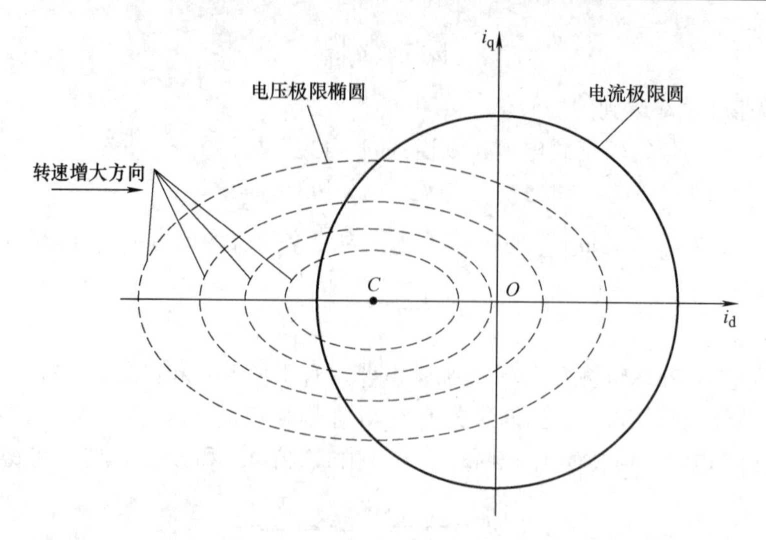

图 11-23　电压和电流约束曲线

电流极限圆表示了对电动机电流幅值的约束条件，电动机运行时其电流只能处于圆的内部或者边线上，不能长期运行在圆外，否则需要根据电动机的运行情况和承热负荷能力，及时采取保护措施。

电动机在运行过程中，既要受到电压极限椭圆的限制，又要受到电流极限圆的约束，其运行轨迹必须位于两者交叉的公共范围内。

(3) 永磁同步电动机弱磁控制的基本原理　永磁同步电动机弱磁控制的基本思想来源于他励直流电动机的弱磁控制。永磁同步电动机的转子由永磁体构成，其励磁磁动势无法调节，只有通过调节定子电流，即增加定子直轴去磁电流分量来维持高速运行时电压的平衡，以达到弱磁升速的目的。以下从电压方程式进一步理解永磁同步电动机的弱磁本质。

$$u_s = \omega_r \sqrt{(L_q i_q)^2 + (L_d i_d + \psi_f)^2} \tag{11-49}$$

由式(11-49)可以发现，当电动机电压达到逆变器所能输出的电压极限时，即当 $u_s = u_{lim}$ 时，要想继续升高转速只有靠调节 i_d 和 i_q 来实现。这就是电动机的弱磁控制的基本原理。增加永磁同步电动机直轴去磁电流分量和减小交轴电流分量，以维持电压平衡关系，都可得到弱磁的效果，前者弱磁能力与电动机直轴电感直接相关，后者与交轴电感相关。

需要进行弱磁算法切换的速度点就是转折速度 ω_{rt}。根据式(11-49)可得

$$\omega_{rt} = \frac{u_{lim}}{\sqrt{(L_d i_d + \psi_f)^2 + (L_q i_q)^2}} \tag{11-50}$$

在弱磁控制的研究中，表面式永磁同步电动机(SPMSM)可以看作是内置式永磁同步电动机(IPMSM)的一种简化模型。本书主要针对 IPMSM 研究永磁同步电动机的弱磁控制[11,12]。

对于 IPMSM，当电动机运行在最大转矩/电流(Maximum Torque Per Ampere，MTPA)曲线上且电动机输出最大转矩时，由极限椭圆公式以及最大转矩/电流交直轴电流分配公式求得

$$\omega_{rt} = \frac{u_{lim}}{\sqrt{(L_q i_q)^2 + \psi_f^2 + \dfrac{(L_d + L_q)C^2 + 8\psi_f L_d C}{16(L_d - L_q)}}} \tag{11-51}$$

式中，

$$C=-\psi_{\mathrm{f}}+\sqrt{\psi_{\mathrm{f}}^{2}+8(L_{\mathrm{d}}-L_{\mathrm{q}})^{2}i_{\mathrm{lim}}^{2}} \tag{11-52}$$

永磁同步电动机的弱磁扩速控制可以用图 11-24 所示的定子电流矢量轨迹加以阐述。图中，A 点对应在转速 ω_{rt} 时的转矩为 $T_1=T_{\mathrm{emax}}$，即为电动机可以输出的最大转矩。转速进一步升高至 $\omega_{\mathrm{b}}>\omega_{\mathrm{rt}}$ 时，最大转矩/电流轨迹与电压极限椭圆相交于 B 点，对应的转矩为 T_2（$T_2<T_1$），若此时定子电流矢量偏离最大转矩/电流轨迹由 B 点移至 C 点，则电动机可输出更大的转矩，从而提高了电动机超过转折速度运行时的输出功率。从图上还可以看出，定子电流矢量从 B 点移至 C 点，直轴去磁电流分量增大，减弱了永磁体产生的气隙磁场，达到了弱磁扩速的目的。

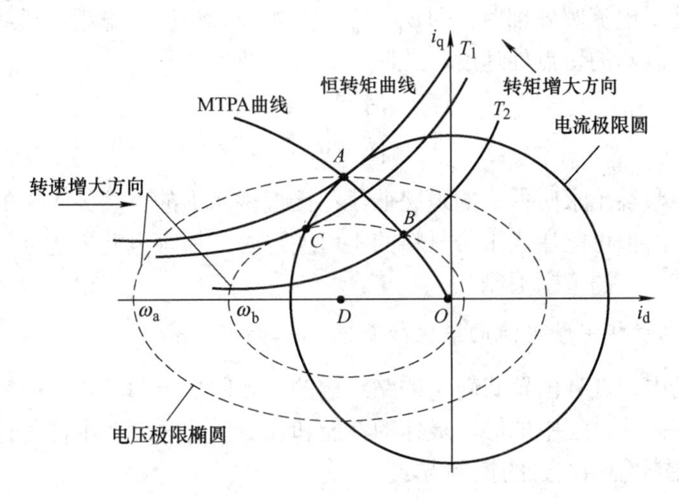

图 11-24　永磁同步电动机弱磁运行轨迹

永磁同步电动机弱磁过程中，当电机运行在某一转速 ω_{r} 时，根据电压方程可以得到电流矢量控制轨迹：

$$\begin{cases} i_{\mathrm{d}}=-\dfrac{\psi_{\mathrm{f}}}{L_{\mathrm{d}}}+\dfrac{1}{L_{\mathrm{d}}}\sqrt{\left(\dfrac{u_{\mathrm{lim}}}{\omega_{\mathrm{r}}}\right)^{2}-(L_{\mathrm{q}}i_{\mathrm{q}})^{2}} \\ i_{\mathrm{q}}=\dfrac{1}{L_{\mathrm{q}}}\sqrt{\left(\dfrac{u_{\mathrm{lim}}}{\omega_{\mathrm{r}}}\right)^{2}-(L_{\mathrm{d}}i_{\mathrm{d}}+\psi_{\mathrm{f}})^{2}} \end{cases} \tag{11-53}$$

根据式(11-53)可以推导出弱磁阶段 i_{d} 和 i_{s} 的关系式为

$$i_{\mathrm{d}}=\frac{1}{L_{\mathrm{d}}^{2}-L_{\mathrm{q}}^{2}}\left(\sqrt{(\psi_{\mathrm{f}}L_{\mathrm{q}})^{2}-(L_{\mathrm{d}}^{2}-L_{\mathrm{q}}^{2})\left[(L_{\mathrm{q}}i_{\mathrm{s}})^{2}-\left(\frac{u_{\mathrm{lim}}}{\omega_{\mathrm{r}}}\right)^{2}\right]}-\psi_{\mathrm{f}}L_{\mathrm{d}}\right) \tag{11-54}$$

由于电动机有一定的功率限制，随着速度不断升高，永磁同步电动机会受到功率曲线约束。根据椭圆圆心是否处于电流圆内部有两种不同情况，即 $\psi_{\mathrm{f}}/L_{\mathrm{d}}<i_{\mathrm{lim}}$ 和 $\psi_{\mathrm{f}}/L_{\mathrm{d}}>i_{\mathrm{lim}}$。

当椭圆圆心处于电流圆内部时，即 $\psi_{\mathrm{f}}/L_{\mathrm{d}}<i_{\mathrm{lim}}$，理想情况下电动机运行轨迹最终可以达到 D 点，此时为极限状态。交轴电流 $i_{\mathrm{q}}=0$，电磁转矩为零，定子电流全部变为励磁分量。理想最高转速为

$$\omega_{\max}=\frac{u_{\lim}}{|\psi_{\mathrm{f}}-L_{\mathrm{d}}i_{\lim}|} \tag{11-55}$$

定子电流全部为直轴电流分量，此时

$$\begin{cases} i_{\mathrm{d}}=-\dfrac{\psi_{\mathrm{f}}}{L_{\mathrm{d}}} \\ i_{\mathrm{q}}=0 \end{cases} \tag{11-56}$$

可见这种理想状态下，电动机可以无限升速。但是实际情况中，PMSM 是一个强耦合的系统，并且采用弱磁控制时 d 轴和 q 轴交叉耦合，d 轴电流增大带来的 d 轴磁路饱和以及转速升高时摩擦转矩的急剧增加，都制约了电动机转速的上升。

当椭圆圆心处于电流圆外部时，即 $\psi_{\mathrm{f}}/L_{\mathrm{d}}>i_{\lim}$，理想情况下电动机最终运行速度为电压限制椭圆与电流限制圆的切点处速度，此时

$$\begin{cases} i_{\mathrm{d}}=-i_{\lim} \\ i_{\mathrm{q}}=0 \end{cases} \tag{11-57}$$

事实上，大多数稀土永磁材料的退磁曲线在接近矫顽力的一端为下垂的直线，若电动机进行深度弱磁运行，很可能造成永磁材料的不可逆退磁，损害电动机运行性能，所以一般电动机的弱磁运行有一定的范围限制。

2. 永磁同步电动机定子电流的最优控制

在本节的讨论中，选择内置式转子磁路结构的永磁同步电动机作为研究对象，为了实现永磁同步电动机在调速过程中能够以最佳的性能和在更宽的速度范围内运行，深入探讨最大转矩/电流比和弱磁控制相结合的控制方法。

(1) 两种主要的控制方式

1) 最大转矩/电流比控制(Maximum Torque Per Ampere，MTPA)。也称单位电流输出最大转矩的控制，它是凸极永磁同步电动机用得较多的一种电流控制策略。对于面装式永磁同步电动机，有 $L_{\mathrm{d}}=L_{\mathrm{q}}$，由同步电动机的转矩公式

$$T_{\mathrm{e}}=\frac{3}{2}n_{\mathrm{p}}[\psi_{\mathrm{f}}i_{\mathrm{q}}+(L_{\mathrm{d}}-L_{\mathrm{q}})i_{\mathrm{d}}i_{\mathrm{q}}] \tag{11-58}$$

可知，无论 i_{d} 是否为 0，式中 $(L_{\mathrm{d}}-L_{\mathrm{q}})i_{\mathrm{d}}i_{\mathrm{q}}$ 项均为 0，电磁转矩 T_{e} 仅与 i_{q} 相关，电动机的转矩与 q 轴电流呈线性变化，此时最大转矩/电流控制就是 $i_{\mathrm{d}}=0$ 控制，即

$$T_{\mathrm{e}}=\frac{3}{2}n_{\mathrm{p}}\psi_{\mathrm{f}}i_{\mathrm{q}} \tag{11-59}$$

对于内置式永磁同步电动机，因 $L_{\mathrm{d}}\neq L_{\mathrm{q}}$，则式(11-57)中的第二项不为 0。

最大转矩/电流控制的核心思想是寻求 d-q 轴电流的最优组合，使得给定转矩下的定子电流幅值最小。电动机的电流矢量应满足

$$\begin{cases} \dfrac{\partial(T_{\mathrm{e}}/i_{\mathrm{s}})}{\partial i_{\mathrm{d}}}=0 \\ \dfrac{\partial(T_{\mathrm{e}}/i_{\mathrm{s}})}{\partial i_{\mathrm{q}}}=0 \end{cases} \tag{11-60}$$

将式(11-58)和$i_s=\sqrt{i_d^2+i_q^2}$代入式(11-60)，可求得

$$\begin{cases} i_d=\dfrac{-\psi_f+\sqrt{\psi_f^2+4(L_d-L_q)^2 i_q^2}}{2(L_d-L_q)} \\ i_q=\sqrt{i_s^2-i_d^2} \end{cases} \tag{11-61}$$

进一步可以得出

$$i_d=\frac{-\psi_f+\sqrt{\psi_f^2+8(L_d-L_q)^2 i_s^2}}{4(L_d-L_q)} \tag{11-62}$$

MTPA 控制时最优的空间角为

$$\beta=\arccos\left[\frac{-\psi_f+\sqrt{\psi_f^2+8(L_d-L_q)^2 i_s^2}}{4(L_d-L_q)i_s}\right] \tag{11-63}$$

把式(11-58)表示为标幺值，得到

$$T_e^*=i_q^*(1-i_d^*) \tag{11-64}$$

将式(11-64)代入式(11-60)可以得到交、直轴电流分量与电磁转矩的关系为

$$\begin{cases} T_e^*=\sqrt{i_d^*(1-i_d^*)^3} \\ T_e^*=\dfrac{i_q^*}{2}\left(1+\sqrt{1+4i_q^{*2}}\right) \end{cases} \tag{11-65}$$

反过来，此时的定子电流分量i_d^*和i_q^*可表示为

$$\begin{cases} i_d^*=f_1(T_e^*) \\ i_q^*=f_2(T_e^*) \end{cases} \tag{11-66}$$

对任一给定转矩，按式(11-66)求出最小电流的两个分量作为电流的控制指令值，即可实现电动机的最大转矩/电流控制。图 11-25 给出了式(11-66)所表示的曲线。

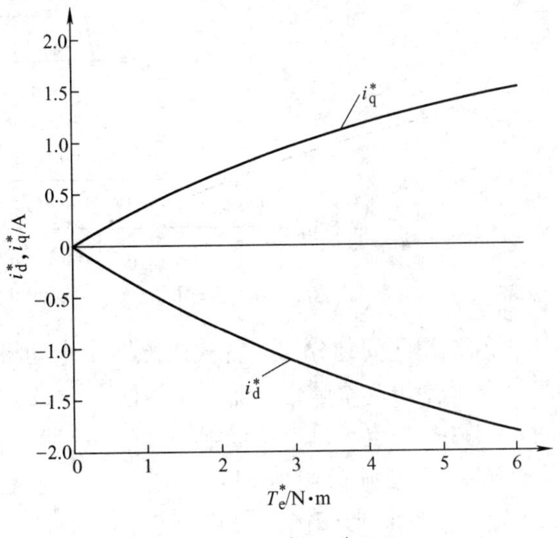

图 11-25　i_d^*和i_q^*曲线

对于内置式永磁同步电动机来说，由于$L_d<L_q$，最大转矩/电流控制是最大限度利用磁阻转矩来提高单位电流的转矩输出能力。这种方法有效地降低了系统损耗，可以改善电动机的高速性能。不足的是随着输出转矩的增大，功率因数下降较快。

2) 最大转矩/电压比控制(Maximum Torque Per Voltage，MTPV)。也称最大输出功率控制。电动机超过转折速度ω_{rt}后，定子电压达到逆变器输出极限值并保持恒定，对定子电流矢量的控制转为弱磁控制。最大转矩/电压比控制的核心思想是寻求 d-q 轴电流的最优组合，使得给定定子电压与转速下，输出转矩最大。同时电动机输出功率等于电动机转速与转矩的乘积，因而该工作点对应的输出功率也最大。

最大转矩/电压比工作点在电流矢量图中，表现为电压极限椭圆与恒转矩曲线的切点。在弱磁工作区，定子电流矢量受电压极限椭圆和电流极限圆共同限制。存在某一转速，该转速对应电动机极限椭圆与恒转矩曲线切点落在电流极限圆上。当电动机超过此转速后，对于任意转速，MTPV对应的电流工作点均落在电流极限圆内。

某转速下输出功率最大时，定子电流矢量的求解过程如下：

该点所表示的定子电流矢量使电动机输出功率最大，相应的输入功率 P_1 也最大[7]。电动机运行于某转速 ω_r 而输入功率最大时应为

$$\frac{\mathrm{d}P_1}{\mathrm{d}i_d}=0 \tag{11-67}$$

由电压方程，交轴电流分量可表示为

$$i_q=\frac{\sqrt{(u_{lim}/\omega_r)^2-(L_d i_d+\psi_f)^2}}{L_q} \tag{11-68}$$

把式(11-68)和式 $P_1=u_d i_d+u_q i_q$ 代入式(11-67)并忽略定子电阻，可求得电动机输入最大功率时的定子直、交轴电流为

$$\begin{cases} i_d=-\dfrac{\psi_f}{L_d}+\Delta i_d \\ i_q=\dfrac{\sqrt{(u_{lim}/\omega_r)^2-(L_d\Delta i_d)^2}}{L_q} \end{cases} \tag{11-69}$$

式中

$$\begin{cases} \Delta i_d=\dfrac{\psi_f L_d-\sqrt{(L_q\psi_f)^2+8(L_q-L_d)^2(u_{lim}/\omega_r)^2}}{4(L_q-L_d)L_d}，\ \rho=\dfrac{L_q}{L_d}\neq 1 \\ \Delta i_d=0，\ \rho=1 \end{cases} \tag{11-70}$$

(2) 工作区间划分　内置式永磁同步电动机根据运行情况同样可近似分为恒转矩区和恒功率区，其中恒功率区也是弱磁调速区[8~10]。ω_{rt} 为恒转矩区和弱磁调速区切换时的转折速度。实际工作中，当电动机电压极限椭圆的圆心在电流极限圆内，即 $\psi_f/L_d<i_{lim}$ 时，弱磁区又可以划分为弱磁Ⅰ区和弱磁Ⅱ区。ω_c 为弱磁区间切换时的转折速度。工作区间的整体划分如图11-26所示。

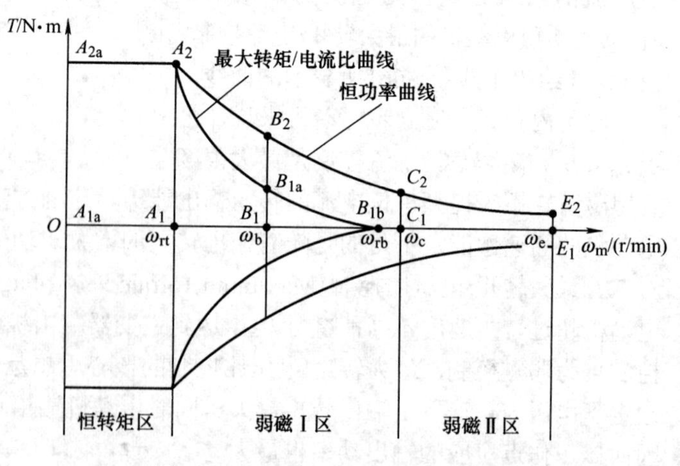

图11-26　永磁同步电动机工作区间

图中，轨迹 $A_{2a}-A_2$ 为电动机的恒转矩曲线，代表电动机的最大转矩与额定转矩，可通过最大转矩电流比控制达到此最大转矩。$A_2-B_2-C_2-E_2$ 是电动机的恒功率曲线，代表电动机的额定功率，

电动机可以在此曲线上实现长期运行以输出最大稳定功率。

1) 恒转矩区。在图 11-26 中，曲线 A_{1a} — A_1 — A_2 — A_{2a} 包围的区域为恒转矩区。在此区间运行时，电动机端电压小于逆变器限制电压，定子电流矢量只受电流圆限制。A_2 点为最大转矩/电流比曲线与电流极限圆的交点，它对应的转矩为电动机正常运行时的最大转矩，也是额定转矩。在恒转矩区，电动机可以以最大转矩恒转矩运行。

当转速较低时，恒转矩区电动机运行时电流铜耗相比铁耗来说所占比例较大，可采用 MTPA 控制提高电动机单位定子电流的转矩输出能力，减小电动机和逆变器损耗。

2) 弱磁 I 区。图 11-26 中，曲线 A_1 — C_1 — C_2 — A_2 包围的区域为弱磁 I 区。当电动机加速到转折速度 ω_{rt} 时，即 A_2 点，电动机的端电压达到逆变器能够输出的最高极限。如果继续加速，电动机将受电流极限圆和电压极限椭圆的共同制约。控制电流使 i_d 反向增大，i_q 逐渐减小，从而减弱直轴励磁磁场，通过弱磁的方式继续提高转速。在此区间，受容许功率的限制，电动机能输出的最大转矩随转速的升高而降低。

图 11-26 中，轨迹 A_{2a} — A_2 — B_{1a} — B_{1b} 为电动机的最大转矩/电流线，在该曲线上运行可以减少系统损耗，提高运行效率。最大转矩/电流能达到的最大转速为速度基值 ω_{rb}，其与弱磁区切换转折速度 ω_c 的大小关系由实际驱动系统参数决定。

在弱磁 I 区，MTPA 控制曲线与电压限制椭圆有相交部分。达到速度平衡时，根据所需转矩的大小决定电动机工作点。若所需转矩较小，仍可继续工作在 MTPA 曲线与电压极限椭圆的交点上以减小损耗。若转矩需求加大偏离 MTPA 曲线，电动机根据速度情况沿着电压极限椭圆轨迹移动，达到更大的恒转矩曲线上。实际工作时需要根据 MTPA 轨迹和电压限制曲线，针对不同的转矩和损耗要求选择合适的最佳运行点。

3) 弱磁 II 区。图 11-26 中，曲线 C_1 — E_1 — E_2 — C_2 包围的区域为弱磁 II 区。电动机在弱磁 I 区内继续提速，随着速度超过 ω_c，电动机进入弱磁 II 区。恒转矩曲线与电压极限椭圆切点进入电流极限圆内部，此时电动机运动轨迹可以沿着 MTPV 曲线继续加速，以输出最大的转矩和功率。电压极限椭圆中心为电动机理论最高速度。

(3) 定子电流最佳运行轨迹　如图 11-27 所示，在恒转矩阶段，电动机工作在最大转矩/电流控制状态。定子电流矢量运行在 O—A_2 所代表的 MTPA 曲线上，以减少电动机和逆变器的损耗。低速运行时，电流矢量对应曲线上的一点，此时有 $i_s \leqslant i_{lim}$，$u_s \leqslant u_{lim}$。最大加速时工作在 A_2 点(即 MTPA 轨迹与电流极限圆交点)，以最大转矩运行来获得最大加速度，直至达到极限电压，速度加速到转折速度，进入弱磁阶段。

随着速度上升，电流极限圆与电压极限椭圆交汇在 A_2 点，进入弱磁 I 阶段。当速度超过转折速度，继续加速，电流矢量沿电流极限圆从 A_2 向 C_2 移动，以当前速度能达到的最大转矩量来进行加速，此时 $i_s = i_{lim}$，$u_s = u_{lim}$。在弱磁阶段，当速度达到稳定平衡时，所需转矩较小，电流矢量可在此稳定速度所在的电压极限椭圆上向电流极限圆内移动，以减小定子电流矢量大小，降低损耗，此时 $i_s \leqslant i_{lim}$，$u_s = u_{lim}$；当定子电流矢量移动到 MTPA 轨迹上，若还需减小转矩输出，则逆变器退出饱和状态，电压减小，电流矢量沿着 MTPA 轨迹向原点靠近，此时 $i_s \leqslant i_{lim}$，$u_s \leqslant u_{lim}$。

速度上升到弱磁 II 阶段时，定子电流矢量沿着最大 MTPV 轨迹继续提速，以输出最大转矩，其运动轨迹为 C_2—E_{1a}—C，向着理论最高速度前进。

在工程应用中，永磁同步电动机的速度范围受到各种因素的制约。由于永磁材料特性的约束，电流流过元器件造成的温升会对各部件造成很大影响，必须保证工作过程中电动机在冷却系统下发热处于可控范围。综合各种情况，永磁同步电动机运行范围会被限制在一个区间内，以保证电动机的正常运行性能。

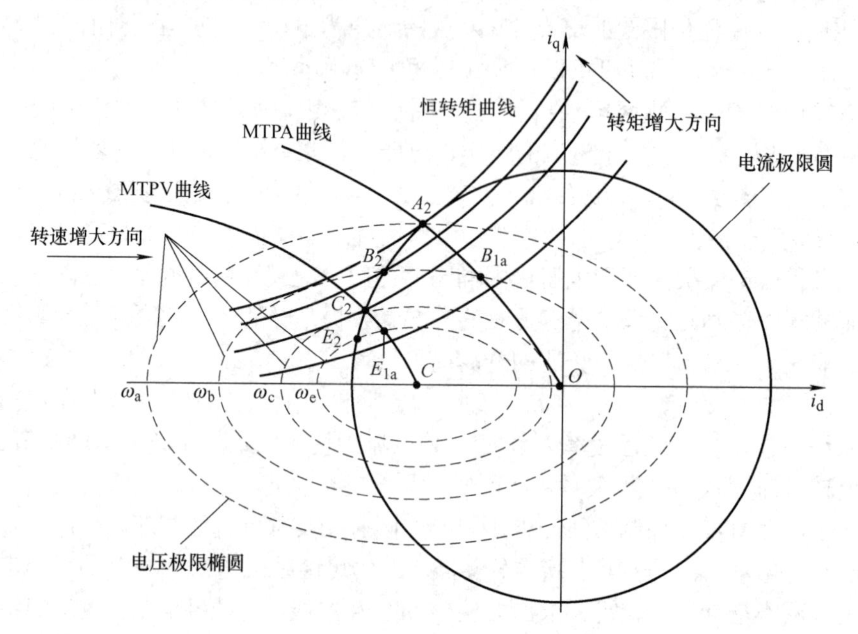

图 11-27　永磁同步电动机工作点轨迹

3. 永磁同步电动机弱磁控制算法

根据弱磁控制中采用方式的不同，本节将对已有的弱磁控制算法进行讨论，分析各种控制策略的优缺点。具体有公式计算法、反馈法、查表法等。永磁同步电动机弱磁控制算法框图如图 11-28 所示。

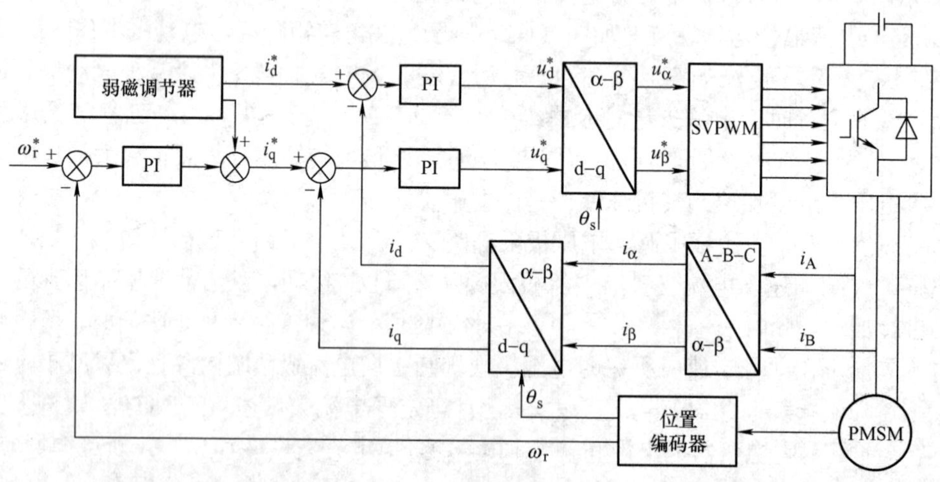

图 11-28　永磁同步电动机弱磁控制算法框图

(1) 公式计算法　这种方法是通过电流极限圆、电压极限椭圆和转矩公式来得到控制中的参考电流 i_d 和 i_q，并带有电角速度的前馈。

在恒转矩控制阶段，电流给定值由 PI 调节器输出的转矩指令值 T_e^* 决定。

设最大转矩为 T_{emax}，转速调节器输出转矩为 T_{ec}，有

$$T_e^* = \begin{cases} T_{ec} & T_{ec} < T_{emax} \\ T_{emax} & T_{ec} \geqslant T_{emax} \end{cases} \tag{11-71}$$

然后 q 轴电流用下式进行调整：

$$i_q = \frac{T_e^*}{n_p[\psi_f + (L_d - L_q)i_d]} \tag{11-72}$$

在弱磁阶段，当忽略定子电阻时，交、直轴电流给定分别为

$$\begin{cases} i_d = \dfrac{1}{L_d^2 - L_q^2}\left(\sqrt{(\psi_f L_q)^2 - (L_d^2 - L_q^2)\left[(L_q i_s)^2 - \left(\dfrac{u_{lim}}{\omega_r}\right)^2\right]} - \psi_f L_d\right) \\ i_q = \sqrt{i_{smax}^2 - i_d^2} \end{cases} \tag{11-73}$$

公式计算法弱磁控制的框图如图 11-29 所示，通过电动机参数来实时计算电流分量的给定，具有结构简单、易于实现的优点，有较好的稳定性和良好的暂态响应，但同时伴随的是繁杂的公式计算，对处理速度要求高。而且它对电动机的模型和参数有较大的依赖性，电动机的参数随温度而变化、电动机材料的性能随着时间而变化及磁路饱和效应等因素都可能影响控制的性能，致使控制的效果恶化。

(2) 反馈法　反馈法通过引入反馈支路，在弱磁控制时，产生去磁电流或定子电流空间角的增量，改变交、直轴电流的给定值。反馈法中常见的反馈方式有直流电压反馈法、电流差反馈法、电压差反馈法。

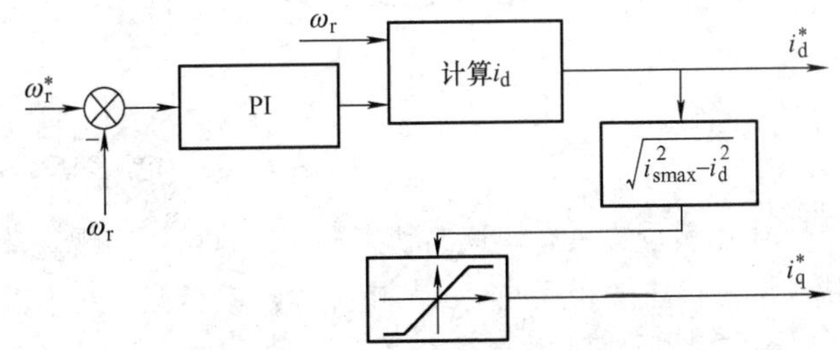

图 11-29　公式计算法弱磁控制的框图

1) 直流电压反馈法。图 11-30 为表面式永磁同步电动机的弱磁控制框图，图中，电流调节器输出的电压指令 u_d^* 和 u_q^*，如果其幅值 $u_s^* = \sqrt{u_d^{*2} + u_q^{*2}}$ 大于参考调制电压的幅值 u_{lim}，则判断电动机进入了弱磁运行区[11]，经过 PI 调节器使 d 轴电流给定值 i_d^* 减小，从而实现弱磁控制。

电压反馈法对电机参数具有较好的鲁棒性，并且能实现最大转矩/电流比控制到弱磁控制的平滑过渡。

2) 电流差反馈法。如图 11-31 所示，电流差反馈法是计算同步电动机给定的 q 轴电流和反馈的 q 轴电流之差，通过低通滤波器后，将输出结果作为 d 轴电流分量的给定。

电流差反馈法不依赖于电动机的参数，适用于对转矩电流暂态响应要求较高的场合，不需要检测反馈电压的大小，但是需要设置滤波参数。文献[12]将电流差和电压反馈两种方法的控制效果进行了比较，并指出直流电压反馈法能快速进入弱磁控制，得益于 i_d 分量的自我产生能力。当转速超过转折速度后，就会产生负的 i_d 增量来减弱直轴分量。而电流差则具有很好的暂态响应，适用于稳态误差要求不高的场合。

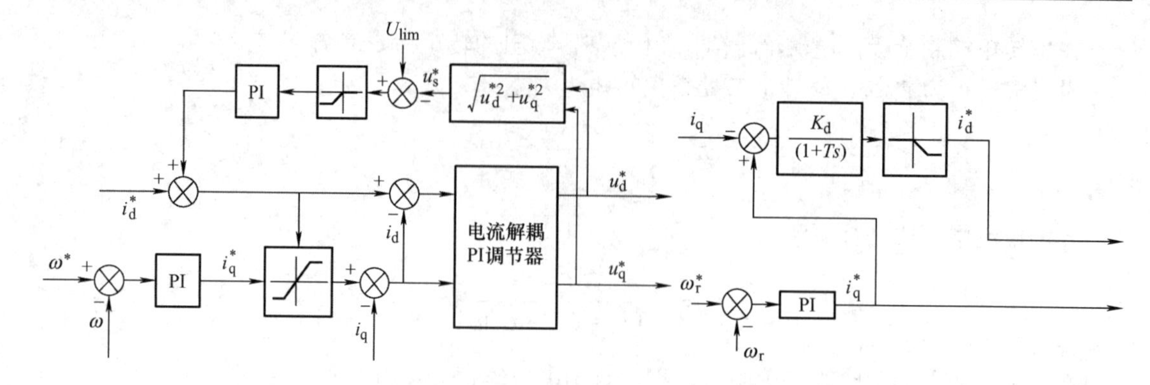

图 11-30　基于直流电压反馈法的永磁同步电动机弱磁控制系统　　　图 11-31　电流差反馈法框图

3) 电压差反馈法。电压差反馈法则是计算反馈解耦补偿后的 q 轴电压分量与空间矢量调制后输出的 q 轴电压分量之差，通过低通滤波后，以输出结果作为 d 轴电流调整量。其计算过程如图 11-32 所示。

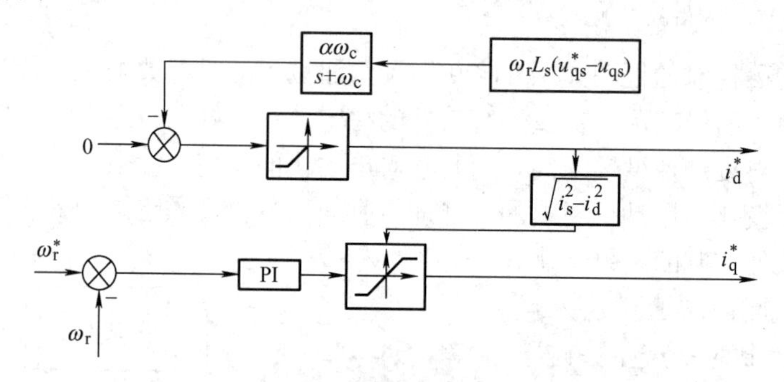

图 11-32　电压差反馈法框图

电压差反馈具有快速的动态响应，且可以实现直流母线电压的最大利用，防止反饱和 PI 模块和弱磁模块的相互冲突。与电流差反馈类似，对于低通滤波器的引入，需要正确设置其参数。

以上是反馈法的基本介绍，下面通过一个应用来具体分析。

文献[13]针对在深度弱磁区域产生的电流振荡，提出一种新的深度弱磁策略，并通过仿真和实验验证了所提方案对电流振荡的明显抑制作用。具体控制框图如图 11-33 所示。

如图所示，整个控制算法大致由三部分组成：MTPA、普通弱磁和 MTPV(即深度弱磁)。普通弱磁采用直流电压反馈法得到直轴去磁电流增量；进入深度弱磁后，根据一个判断 (flag=0 或 1，可以是速度或直轴电流的比较)，选择是否通过改变交轴电流分量而非直轴电流分量，来进一步弱磁升速。

(3) 查表法　查表法[14,15]既有前馈通路也有反馈通路。在最大转矩/电流比中，通过查表法来获得励磁电流的给定；在弱磁运行区时，通过反馈来产生去磁分量，修正励磁电流的给定。常见的控制框图如图 11-34 所示。查表法可以克服电动机参数和电动机模型的不确定性，但是制作表格需要大量的实验计算，增加了实现难度。

下面通过一个应用来具体分析。

文献[16]提出了一种考虑交、直轴交叉耦合后计算内置式永磁同步电动机输出转矩的方法。其控制框图如图 11-35 所示。

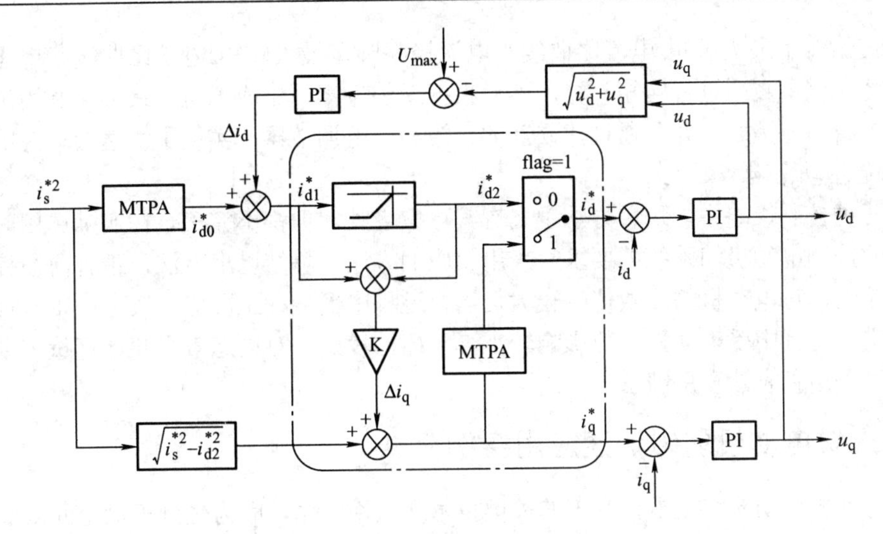

图 11-33　采用直流电压反馈法的弱磁控制框图

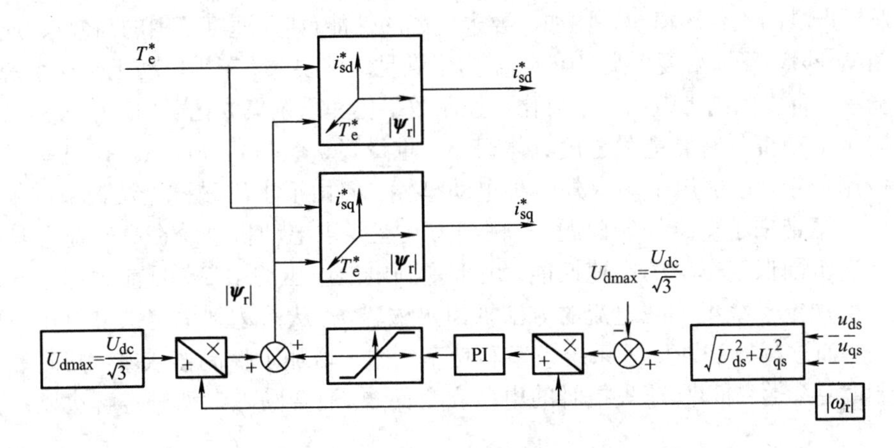

图 11-34　查表法框图

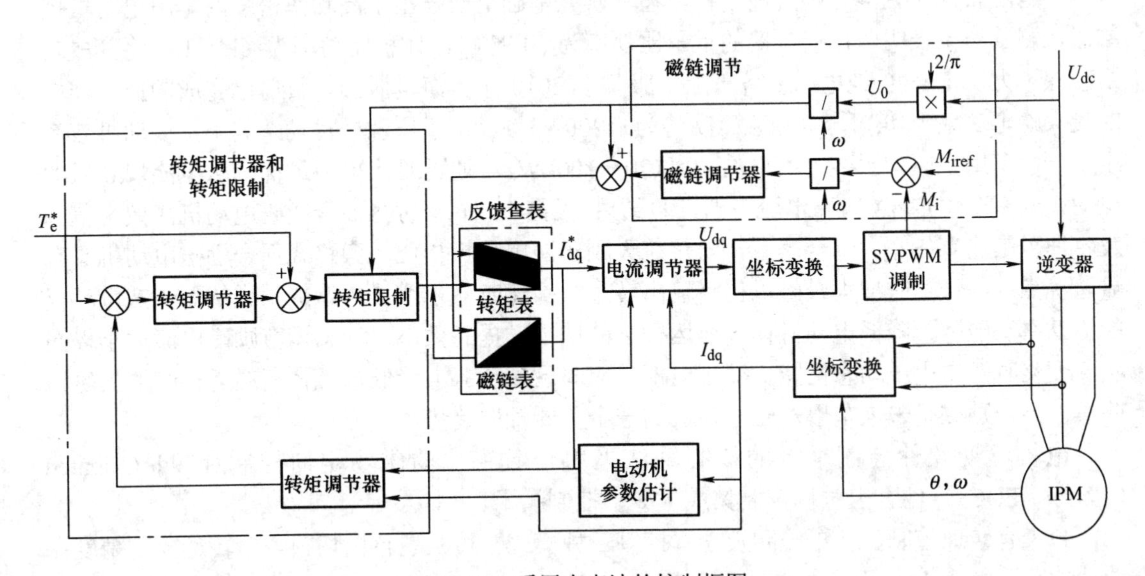

图 11-35　采用查表法的控制框图

该方案结合了最大转矩/电流比曲线、电流极限圆、最大转矩/电压比曲线、电压极限椭圆和非线性变化参数来进行转矩计算。然后根据新的方案，生成了可以最大化利用测量的电动机参数的新的前馈表，并且通过建立新的转矩和磁链调节器，实现了快速的动态响应和精确的稳态转矩/功率响应。

上述几种控制策略中，每种方法都具有其可取之处，但都不完美。在实际选用时，往往根据具体的控制电动机和系统的要求，采用相应的方法。总结以上方法，带有前馈控制的方法计算量较大，对电动机的参数依赖较大，运行过程中受各种工况影响较大；带有反馈控制的方法在实际运行中受电动机参数影响较小，鲁棒性较好。对动态效果和计算量需要进行考虑时，可以采用查表法和反馈法。

11.4.3　永磁电动机弱磁调速应用实例

车用电动机驱动系统是电动汽车的关键技术和共性技术，因为受到车辆空间限制和使用环境的约束，车用电动机驱动系统不同于普通的电传动系统，它要求具有更高的运行性能、比功率以及更严酷的工作环境等，比如，要求更高的性能(如全速度范围的高效)、质量比功率更高(1.2kW/kg)、环境温度更高(105℃)。为了满足这些要求，车用电动机驱动系统的技术发展趋势基本上可以归纳为电动机永磁化、控制数字化和系统集成化[17,18]。

永磁同步电动机具有高能量密度、体积小、重量轻、效率高等优点，在电动汽车中具有极好的应用前景，已应用于国内外多种电动车辆。但由于永磁磁链无法调节的缺点，在恒定供电电压下带来了弱磁控制问题。车辆动力性能要求电动机系统在高转速下具有较宽的恒功率调速范围保证车辆的高速性能。由于受到电池电压的限制，目前大部分永磁电动机系统采用增加定子绕组去磁电流的方法抵消永磁磁场，从而达到恒定供电电压下弱磁调速的目的。然而这种方法降低了系统效率和功率因数，增加了控制器成本，同时还存在深度弱磁控制时稳定性差和高速失控时的电压安全问题。混合励磁电动机是解决以上问题的可行方案。

中科院长期研究混合励磁电动机，在其研究基础上研发出了高功率密度的车用电动机控制器，测试结果表明，该控制器的重量比功率为 4kW/kg，体积比功率为 6kW/L，将其成功搭载在了力帆 LF620 纯电动警务车上，服务于 2010 年上海世博会。目前已完成的原理样机的最大输出功率为 4kW，电励磁磁动势为±1200A・T。由于原理样机功率偏小，电动机效率小于一般车用主驱动永磁电动机的功率(20～100kW)。通过对比采用最优励磁电流规划后的电动机效率及恒定 4A 励磁电流下的试验结果(见图 11-36)，可得混合励磁电动机高效区范围及转速范围均有拓宽。综合来看，与传统无刷永磁电动机相比，旁路式混合励磁电动机具有显著优点，如低速时增大励磁以提高输出转矩，高速时减小或反向增加励磁从而拓宽电动机的恒功率弱磁区，降低电动机在高速运行下的铁损，提高效率，动态调节励磁电流大小提高负载变化时发电电压动态性能，减小电枢反应弱磁磁动势，降低永磁体高温运行时的失磁风险等。混合励磁是未来车用永磁电动机的一个重要发展趋势。

电机驱动软件控制平台的核心算法采用全数字化的磁场定向控制(Field Oriented Control，FOC)，结合上位机控制集成了如下控制技术。

1) 具有转速控制、转矩控制及功率控制三种模式并可实现自由切换，恒转速控制精度在全速度范围内≤±10r/min，恒转矩控制精度≤±5%T_N(T_N为额定转矩)，转矩响应速度<0.3ms。

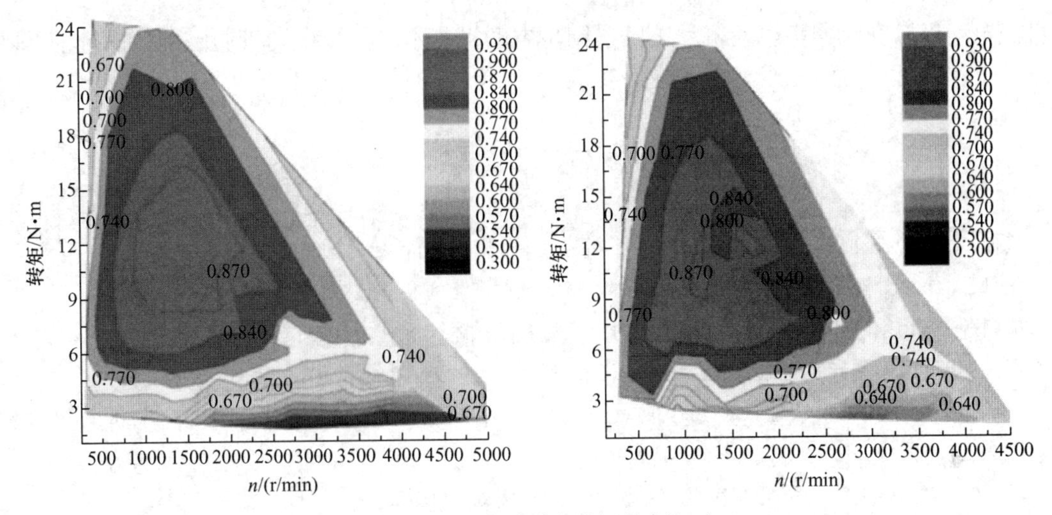

图 11-36　混合励磁电动机效率比对

2) 具有沿 MTPA 曲线开始，沿电流圆弱磁进入弱磁一区，再沿 MTPV 曲线(即最大输出功率曲线)进入弱磁二区的深度弱磁控制技术。如图 11-37 所示，运行区域Ⅰ、Ⅱ、Ⅲ分别代表 MTPA、弱磁一区和弱磁二区对应的区域。

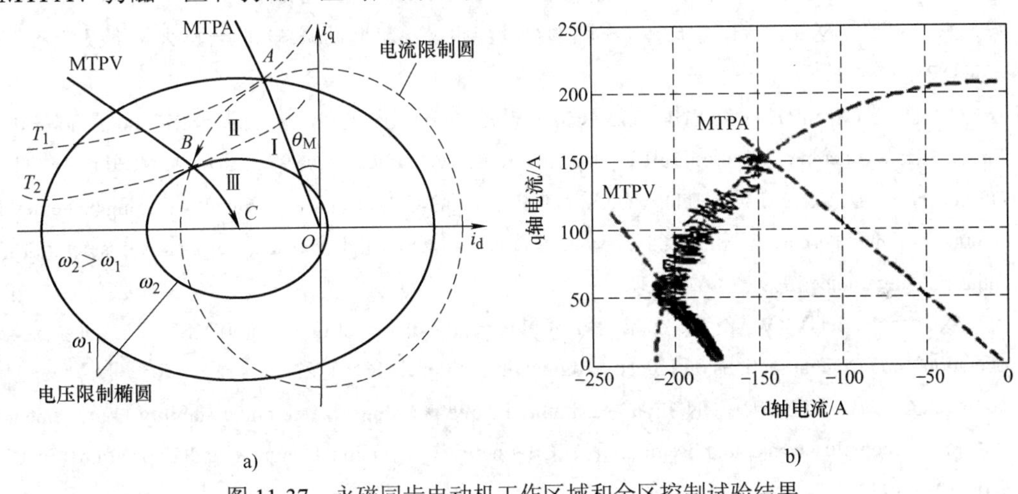

图 11-37　永磁同步电动机工作区域和全区控制试验结果

a) 工作区域　b) 试验结果

3) 采用死区补偿技术有效地抑制了电压源逆变器零电流钳位效应，有效地改善了电动机的低速性能；采用一种具有预测功能的抗积分饱和速度 PI 控制器，电流调节更加快速，高速性能更加稳定，无超调，实现了电压解耦。

在软件平台中关于 MTPA 控制和弱磁控制技术实现了永磁同步电动机三个工作区域，即Ⅰ区 MTPA→Ⅱ区沿电流圆弱磁→Ⅲ区沿 MTPV 弱磁的全区控制，目前恒功率区可达 1∶5，试验中基速为 600r/min，进入三区弱磁最高转速为 4000r/min。

本章小结

本章首先介绍了电动机弱磁调速控制的基本概念，然后分别阐述了他励直流电动机、串励直流电动机、交流异步电动机、电励磁同步电动机和永磁同步电动机弱磁调速系统的基本组成和工作原理，并给出了相应的应用实例。

参考文献

[1] 陈伯时. 电力拖动自动控制系统[M]. 3版. 北京：机械工业出版社，2003.

[2] 张舟云，贡俊. 新能源汽车电机技术与应用[M]. 上海：上海科学技术出版社，2013.

[3] 徐国卿. 城市轨道车辆电力传动[M]. 上海：上海科学技术出版社，2003.

[4] 邓伟. 电动汽车用异步电机弱磁控制研究[D]. 上海：上海交通大学，2013.

[5] 王云龙，曹翼，李光耀，等. 小功率电动车用串励直流电机的优化设计[J]. 电机与控制应用,2013,11:23-26.

[6] 汤天浩. 电力传动控制系统[M]. 北京：机械工业出版社，2010.

[7] KRISHNAN R. Permanent Magnet Synchronous and Brushless DC Motor Drives[M]. Boca Raton: CRC Press, 2010.

[8] 王艾萌. 内置式永磁同步电机的优化设计及弱磁控制研究[D]. 北京：华北电力大学，2010.

[9] 张鹏. 永磁同步电机弱磁调速控制方法的研究[D]. 天津：天津大学，2007.

[10] 温旭辉，刘钧，赵峰，等. 用于电动车辆的高性能永磁电机驱动系统[J]. 吉林大学学报（工学版），2011(S2): 321-326.

[11] JANG MOK KIM, SEUNG KI SUL. Speed Control of Interior permanent magnet synchronous motor drive for the Flux Weakening Operation[J].IEEE Trans on Industry Application,1997,33(1)：43-48+11.

[12] DRAGAN S MARIC, SILVA HITI, CONSTNTIN C STANCU, et al. Two Flux Weakening Schemes for Surface-Mounted Permanent-Magnet Synchronous Drives - Design and Transient Response Considerations[J]. Industrial Electronics,1999:673-678.

[13] KWON T, CHOI G, KWAK M, et al. Novel flux-weakening control of an IPMSM for quasi-six-step operation[J]. IEEE Transactions on Industry Applications, 2008,44(6): 1722-1731.

[14] HU DAKAI, ZHU LEI, XU LONGYA. Maximum Torque per Volt operation and stability improvement of PMSM in deep flux-weakening Region[C]. IEEE Energy Conversion Congress and Exposition (ECCE), 2012:1233-1237.

[15] BON HO BAE, PATL N, SCHULZ S, et al. New field weakening technique for high saliency interior permanent magnet motor[J]. IEEE Transaction on Industry Application, 2003, 12(18):898-905.

[16] HUANG LEI, ZHAO CHUNMING, HUANG PENG. An approach to improve the torque performance of IPMSM by considering cross saturation applied for hybrid electric vehicle[C].Electrical Machines and Systems(ICEMS),2010: 1378-1381.

[17] 陈方辉. 基于DSP的电动汽车永磁同步电机驱动控制系统的研究与设计[D]. 重庆：重庆大学，2009.

[18] 刘钧，罗建，顾凌云，等. 上海世博会LF620车用高功率密度电机控制器研发[C]. 第六届中国智能交通年会暨第七届国际节能与新能源汽车创新发展论坛优秀论文集（下册）——新能源汽车. 2011.

第 12 章　电力传动系统的参数辨识与状态估计

本章主要针对电力传动系统的状态监测和参数变化问题，引入系统辨识和参数估计技术。在介绍系统辨识与估计的基本原理和方法的基础上，讨论电力传动系统重要敏感参数的估计，进而构造无传感器控制系统，以简化系统结构和解决一些传感器难以安装等问题。

12.1　问题的提出

前面章节介绍了交流传动系统的几种经典的高性能控制方法。自 VC 和 DTC 两种控制方法应用以来，交流传动系统的性能得到很大提升和改善，目前已成为传动系统的主流控制模式。但是，这两种方法都依赖于交流电动机的动态模型，因此被控对象模型是否精确至关重要。然而，要精确地检测电动机内部的参数往往并非易事。而且，由于被控对象的参数是变化的，比如电动机的电阻随温度变化等，前述基于模型参数的状态检测和估计器会产生检测误差，造成系统性能的降低。

另一方面，由于高性能的电力传动控制系统需要获取系统状态和输出变量全部信息，从而实现系统的精密控制。但是，仅仅依赖传感器的直接检测很难获得系统完整的状态信息，或因安装大量传感器而提高成本和降低可靠性。为了解决这一难题，自 20 世纪 80 年代末，研究者们致力于无传感器控制（Sensorless control）技术[1]，通过状态重构来实现电动机磁通、转速等状态变量的检测和参数估计。

无传感器控制技术的基本思路是采用比较容易采集的电压、电流等信息，利用系统的数学模型和参数之间的函数关系推算出所需的状态信息。对于电力传动控制系统，需要实时监测和估计的状态变量主要有转速、转矩、磁通等。

电力传动控制系统的状态观测和参数估计方法主要分为两大类：

第一类是基于模型的状态估计方法。该方法的基本原理是根据电动机的数学模型，从电动机的电磁关系式中推导出转速或转差的表达式，并由算法公式估算出电动机的状态或参数。基于模型状态估计器的基本结构如图 12-1a 所示，其输入为检测的电动机的电压矢量 $\boldsymbol{u}$ 或电流矢量 $\boldsymbol{i}$，输出为转速估计值 $\hat{\omega}_{\mathrm{r}}$ 或磁链 $\hat{\psi}$。具体的实现算法有直接计算法、扩展的龙伯格（Luenberger）观测器、扩展的卡尔曼（Kalman）滤波器（EKF）、模型参考自适应系统（MRAS）、变结构观测器、间接磁链检测法、高频注入和低频注入法等[2]。基于模型的转速估计方法直观简单，易于实现。但由于模型的简化以及参数的变化，会带来估计误差。

第二类是基于人工神经网络（ANN）的转速估计方法。该方法不需要依赖电动机的数学模型，而是通过神经网络的学习建立输入和输出之间的非线性映射关系。基于 ANN 的转速估计器如图 12-1b 所示[3]，其输入仍是系统的部分状态变量，比如电压、电流等；输出为转速估计值。神经网络的学习有离线训练和在线训练两种，特别是在线学习的神经网络具有自适应功能，可随着系统参数的变化，实时调整网络参数，以提高估计精度。

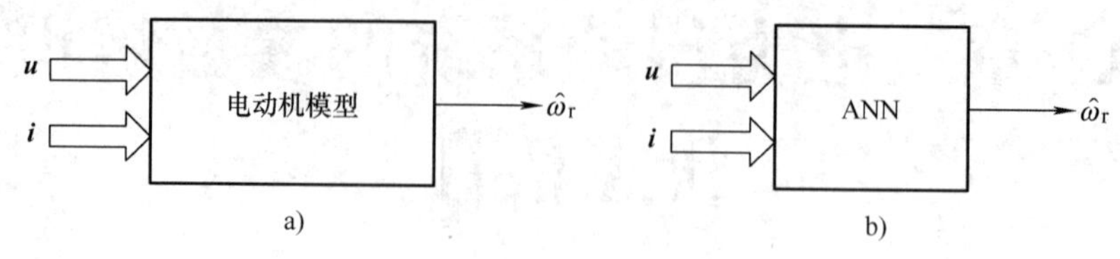

图 12-1　转速观测器和估计器的基本结构
a) 模型法　b) 神经网络法

本章主要介绍电力传动系统参数辨识与状态估计的常用方法。

12.2　参数辨识与状态估计的基本原理与方法

对于一类被控对象内部机理无法知道或难以用数学描述的系统，其建模可以采用测试方法，通过测取被控对象在人为输入激励信号作用下的输出响应，或正常工作时的系统运行的输入和输出记录，进行数据处理和算法推算，估计出系统的模型。这种方法称为系统辨识[4]。

12.2.1　系统辨识的基本结构和一般描述

L.A.Zadeh 给出了辨识的定义：辨识就是在输入输出数据的基础上，从一组给定的模型类中，确定一个与所测系统等价的模型。这个定义明确说明了系统辨识的三个要素：①系统输入输出数据；②模型类；③等价准则。

由此可见，系统辨识需要解决两个主要问题：

1) 系统结构的辨识，以确定被控对象应采用何种模型来描述；

2) 系统参数的辨识，在系统结构已确定的前提下，利用系统输入输出数据来确定模型的参数。

对于第一个问题，由于被控对象未知，要寻找一个与实际对象完全等价的模型非常困难。往往是选择一个能表达动态系统本质特征的数学表达式，即数学模型，然后通过数据拟合来确定其参数。

由于辨识是利用系统的输入与输出数据来建模，因此系统的模型结构采用差分方程的形式更为方便。

设线性系统的离散状态方程为

$$\begin{cases}\boldsymbol{x}(k+1)=\boldsymbol{A}\boldsymbol{x}(k)+\boldsymbol{B}u(k)\\ y(k)=\boldsymbol{C}\boldsymbol{x}(k)\end{cases} \tag{12-1}$$

式中，$\boldsymbol{x}(k)\in\boldsymbol{R}^n$ 为系统的状态变量；$y(k)$和 $u(k)$分别为系统的输出和输入变量。

式(12-1)可转换成差分方程形式：

$$y(k)+\alpha_1 y(k-1)+\cdots+\alpha_n y(k-n)=\beta_1 u(k-1)+\cdots+\beta_n u(k-n) \tag{12-2}$$

式中，α_1，α_2，…，α_n 为矩阵 $\boldsymbol{A}$ 的特征多项式系数，其中 z^{-1} 为滞后因子，即

$$\det\left[z\boldsymbol{I}-\boldsymbol{A}\right]=z^n+\alpha_1 z^{n-1}+\cdots+\alpha_{n-1}z^{n-1}+\alpha_n \tag{12-3}$$

$(\beta_1 \quad \beta_2 \quad \cdots \quad \beta_n)^{\mathrm{T}} = \boldsymbol{\beta} = \boldsymbol{P}\boldsymbol{T}_{\mathrm{o}}\boldsymbol{\beta}$，其中，

$$\boldsymbol{P} = \begin{pmatrix} 1 & 0 & \cdots & 0 & 0 \\ \alpha_1 & 1 & \cdots & 0 & 0 \\ \vdots & \vdots & & \vdots & \vdots \\ \alpha_{n-1} & \alpha_{n-2} & \cdots & \alpha_1 & 1 \end{pmatrix} \tag{12-4}$$

$\boldsymbol{T}_{\mathrm{o}} = (\boldsymbol{C} \quad \boldsymbol{A}^{\mathrm{T}}\boldsymbol{C} \quad \cdots \quad (\boldsymbol{A}^{\mathrm{T}})^{n-1}\boldsymbol{C})^{\mathrm{T}}$ 为系统的观测矩阵。

如果考虑系统的噪声，即可得到系统的随机模型。假定系统的确定性模型由式(12-2)表示成

$$\frac{y(k)}{u(k)} = \frac{\beta(z^{-1})}{\alpha(z^{-1})} = \frac{\beta_1 z^{-1} + \beta_2 z^{-2} + \cdots + \beta_n z^{-n}}{1 + \alpha_1 z^{-1} + \cdots + \alpha_n z^{-n}} \tag{12-5}$$

若用 $\boldsymbol{w}(k)$表示噪声，看作外界对系统的某种随机干扰，其随机模型可表示为

$$y(k) = \frac{\beta(z^{-1})}{\alpha(z^{-1})} u(k) + \frac{1}{\gamma(z^{-1})} w(k) \tag{12-6}$$

式中，$u(k)$是过程确定性输入量；$w(k)$是随机噪声。

这样，一个未知被控对象的线性离散模型的辨识过程如图 12-2 所示。

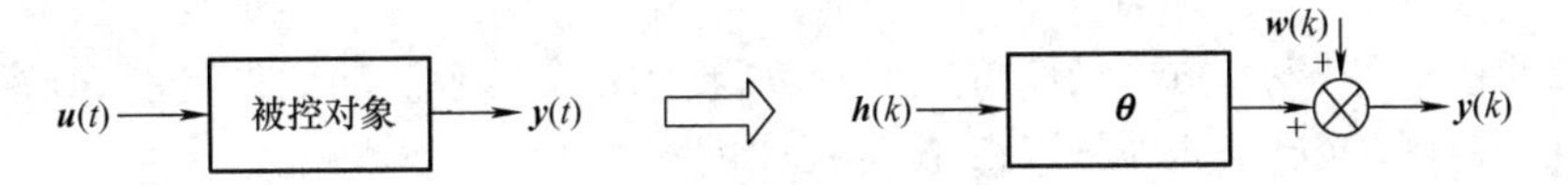

图 12-2　线性离散模型的辨识过程

图中，设 $\boldsymbol{h}(k)$和 $y(k)$为线性离散系统的可测量的输入和输出变量；$w(k)$为模型噪声；$\boldsymbol{\theta}$是未知的模型参数，则模型的输出可表示为

$$y(k) = \sum_{i=1}^{n} \theta_i h_i(k) + w(k) \tag{12-7}$$

式中，$\boldsymbol{h}(k) = (h_1(k) \quad h_2(k) \quad \cdots \quad h_n(k))^{\mathrm{T}}$，$\boldsymbol{\theta} = (\theta_1 \quad \theta_2 \quad \cdots \quad \theta_n)^{\mathrm{T}}$。

上述辨识过程是用一个线性组合式来表示未知的被控对象模型，其中系统的输入 $\boldsymbol{h}(k)$是广义的，既可包括原被控对象的控制量 $\boldsymbol{u}(t)$，也可包括系统的输出量 $\boldsymbol{y}(t)$。而式中的参数 $\boldsymbol{\theta}$ 是待定的。

这种线性组合是系统辨识的基本表达式，又称为最小二乘格式。一般来说，线性系统或本质线性系统，其模型多能转换成最小二乘格式。

接下来的问题是如何确定模型的参数。参数辨识的基本思想是根据已知的测量信息，在某种准则的条件下，估计模型

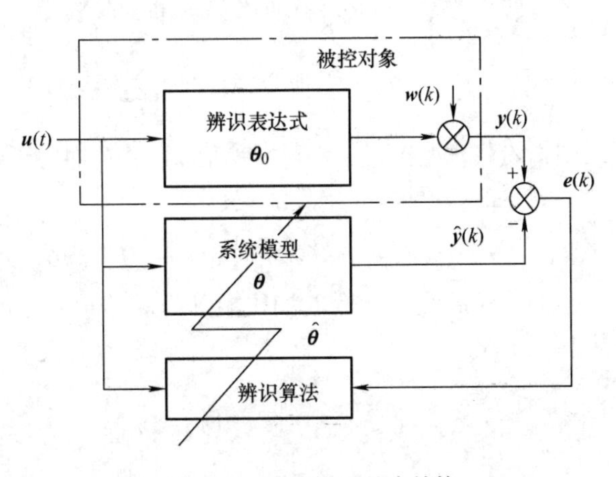

图 12-3　系统辨识基本结构

的未知参数。然后将误差反馈到辨识算法中，按减小误差的要求来修改参数估计值，直到误差最小。因此，参数辨识的实质是参数估计。系统辨识的基本结构如图 12-3 所示，点画线框中为被控对象。

为了得到模型参数的$\boldsymbol{\theta}$估计值$\hat{\boldsymbol{\theta}}$，通常采用逐步逼近方法，在 k 时刻根据前一时刻的估计参数计算出模型在 k 时刻的输出预报值$\hat{\boldsymbol{y}}(k)$为

$$\hat{\boldsymbol{y}}(k)=\boldsymbol{U}^{\mathrm{T}}(k)\hat{\boldsymbol{\theta}}(k-1) \tag{12-8}$$

其预报误差(又称为新息)为

$$\boldsymbol{u}(k)=y(k)-\hat{y}(k) \tag{12-9}$$

式中，系统的输入量 $\boldsymbol{u}(k)$和输出量 $y(k)$是可以测量的。

目前，常用的参数辨识算法有贝叶斯(Bayes)估计、极大似然估计、线性最小方差(LMS)估计和最小二乘估计等方法。

12.2.2　最小二乘估计方法

最小二乘估计方法最早由高斯(Guass)为预报星体运动轨迹提出，其后成为估计理论的重要基础，并发展出基于最小二乘估计的许多算法。

1. 基本最小二乘算法(LS)

设系统的模型可表示为式(12-7)的形式，如果有 L 个可观测的数据向量 $\boldsymbol{h}(k)$和输出向量 $\boldsymbol{y}(k)$的序列$\{\boldsymbol{h}(k)\}$和$\{\boldsymbol{y}(k)\}$，根据式(12-7)可写成矩阵形式

$$\boldsymbol{Y}(k)=\boldsymbol{H}(k)\boldsymbol{\theta}+\boldsymbol{W}(k) \tag{12-10}$$

假定其输出观测值 $\boldsymbol{y}(k)$与输出估计值 $\boldsymbol{h}(k)\hat{\boldsymbol{\theta}}$ 的误差函数为

$$\boldsymbol{J}(\theta)=\sum_{i=1}^{L}[\boldsymbol{y}_i(k)-\boldsymbol{h}_i^{\mathrm{T}}(k)\hat{\boldsymbol{\theta}}_i]^2 \tag{12-11}$$

辨识的过程就是不断修正系统参数$\hat{\boldsymbol{\theta}}$，使误差函数极小，即

$$\min \boldsymbol{J}(\boldsymbol{\theta}) \tag{12-12}$$

将误差函数式(12-11)改成如下准则函数

$$\boldsymbol{J}(\boldsymbol{\theta})=\sum_{i=1}^{L}\boldsymbol{\Lambda}(k)\left[\boldsymbol{y}_i(k)-\boldsymbol{h}_i^{\mathrm{T}}(k)\hat{\boldsymbol{\theta}}_i\right]^2 \tag{12-13}$$

式中，$\boldsymbol{\Lambda}(k)$为加权因子，对于所有 k，$\boldsymbol{\Lambda}(k)$均为正数。

式(12-13)可写成矩阵形式：

$$\boldsymbol{J}(\boldsymbol{\theta})=\left[\boldsymbol{Y}(k)-\boldsymbol{H}^{\mathrm{T}}(k)\hat{\boldsymbol{\theta}}\right]^{\mathrm{T}}\boldsymbol{\Lambda}(k)\left[\boldsymbol{Y}(k)-\boldsymbol{H}^{\mathrm{T}}(k)\hat{\boldsymbol{\theta}}\right] \tag{12-14}$$

为简化起见，一般取加权矩阵为对角矩阵，即

$$\boldsymbol{\Lambda}(k)=\begin{pmatrix} \Lambda_1(k) & 0 & \cdots & 0 \\ 0 & \Lambda_2(k) & & 0 \\ \vdots & \vdots & & \vdots \\ 0 & \cdots & 0 & \Lambda_L(k) \end{pmatrix} \tag{12-15}$$

对式(12-14)求极值，有

$$\frac{\partial J(\hat{\boldsymbol{\theta}})}{\partial \hat{\boldsymbol{\theta}}}=\frac{\partial}{\partial \hat{\boldsymbol{\theta}}}\left[\boldsymbol{Y}(k)-\boldsymbol{H}^{\mathrm{T}}(k)\hat{\boldsymbol{\theta}}\right]^{\mathrm{T}}\boldsymbol{\Lambda}(k)\left[\boldsymbol{Y}(k)-\boldsymbol{H}^{\mathrm{T}}(k)\hat{\boldsymbol{\theta}}\right]=0$$

可得

$$(\boldsymbol{H}^{\mathrm{T}}\boldsymbol{\Lambda}\boldsymbol{H})\hat{\boldsymbol{\theta}}=\boldsymbol{H}^{\mathrm{T}}\boldsymbol{Y}(k)$$

当 $\boldsymbol{H}^{\mathrm{T}}\boldsymbol{\Lambda}\boldsymbol{H}$ 为正定矩阵时，可求出系统参数估计值为

$$\hat{\boldsymbol{\theta}}=(\boldsymbol{H}^{\mathrm{T}}\boldsymbol{\Lambda}\boldsymbol{H})^{-1}\boldsymbol{H}^{\mathrm{T}}\boldsymbol{Y}(k) \tag{12-16}$$

2. 递推最小二乘算法(RLS)

为了加快计算机运算速度，并节省内存，通常采用递推算法，以实现在线系统辨识。在式(12-10)中，由前 $k-1$ 次数据构成的最小二乘表达式为

$$\boldsymbol{Y}(k-1)=\boldsymbol{H}(k-1)\boldsymbol{\theta}+\boldsymbol{W}(k-1) \tag{12-17}$$

令 $\boldsymbol{P}(k)=[\boldsymbol{H}^{\mathrm{T}}(k)\boldsymbol{\Lambda}(k)\boldsymbol{H}(k)]^{-1}$， $\boldsymbol{P}(k-1)=[\boldsymbol{H}^{\mathrm{T}}(k-1)\boldsymbol{\Lambda}(k-1)\boldsymbol{H}(k-1)]^{-1}$

由此可得 $\hat{\boldsymbol{\theta}}(k)=\boldsymbol{P}(k)\boldsymbol{H}^{\mathrm{T}}(k)\boldsymbol{Y}(k)$， $\hat{\boldsymbol{\theta}}(k-1)=\boldsymbol{P}(k-1)\boldsymbol{H}^{\mathrm{T}}(k-1)\boldsymbol{Y}(k-1)$，即有

$$\begin{aligned}\hat{\boldsymbol{\theta}}(k)&=\boldsymbol{P}(k)[\boldsymbol{P}^{-1}(k-1)\hat{\boldsymbol{\theta}}(k-1)+\boldsymbol{H}^{\mathrm{T}}(k)\boldsymbol{Y}(k)]\\&=\boldsymbol{P}(k)\{[\boldsymbol{P}^{-1}(k)-\boldsymbol{H}(k)\boldsymbol{H}^{\mathrm{T}}(k)]\hat{\boldsymbol{\theta}}(k-1)+\boldsymbol{H}^{\mathrm{T}}(k)\boldsymbol{Y}(k)\}\\&=\hat{\boldsymbol{\theta}}(k-1)+\boldsymbol{P}(k)\boldsymbol{H}(k)[\boldsymbol{Y}(k)-\boldsymbol{H}^{\mathrm{T}}(k)\hat{\boldsymbol{\theta}}(k-1)]\end{aligned}$$

令 $\boldsymbol{K}(k)=\boldsymbol{P}(k)\boldsymbol{H}(k)$，则得到参数估计的递推公式为

$$\hat{\boldsymbol{\theta}}(k)=\hat{\boldsymbol{\theta}}(k-1)+\boldsymbol{K}(k)[\boldsymbol{Y}(k)-\boldsymbol{H}^{\mathrm{T}}(k)\hat{\boldsymbol{\theta}}(k-1)] \tag{12-18}$$

3. 扩展递推最小二乘算法(ELS)

基本最小二乘算法是针对离散模型式(12-1)的一种参数估计方法。对于一些内部结构复杂、无法建立解析模型的系统，往往是利用其运行或测量数据进行建模。时间序列分析是这类建模的有效途径之一。

设被控对象可表示成自回归滑动平均(ARMA)模型

$$\boldsymbol{A}(z^{-1})y(k)=\boldsymbol{B}(z^{-1})u(k)+\boldsymbol{C}(z^{-1})w(k) \tag{12-19}$$

式中，$\boldsymbol{A}(z^{-1})$、$\boldsymbol{B}(z^{-1})$、$\boldsymbol{C}(z^{-1})$ 为滞后因子的多项式，且有

$$\boldsymbol{A}(z^{-1})=1+a_1z^{-1}+\cdots+a_pz^{-p}$$

$$\boldsymbol{B}(z^{-1})=1+b_1z^{-1}+\cdots+b_qz^{-q}$$

$$\boldsymbol{C}(z^{-1})=1+c_1z^{-1}+\cdots+c_rz^{-r}$$

假定被控对象的输出是模型参数的线性组合，即有

$$\boldsymbol{Y}(k)=\boldsymbol{H}(k)\boldsymbol{\theta}+\boldsymbol{W}(k) \tag{12-20}$$

式中，

$$\boldsymbol{H}(k)=\left[-y(k-1)\quad\cdots\quad-y(k-p)\quad u(k)\quad\cdots\quad u(k-q)\quad w(k)\quad\cdots\quad w(k-r)\right]$$

$$\boldsymbol{\theta}=\left[a_1\ ,\cdots a_p\ ,1\ ,\ b_1\ ,\cdots b_q\ ,1\ ,\ c_1\ \ ,\cdots c_r\right]^{\mathrm{T}} \tag{12-21}$$

在 $\boldsymbol{H}(k)$ 中，由于 $w(k)$ 不可测，因此用其估计值 $\hat{w}(k)$ 来替换，即有

$$\hat{w}(k)=y(k)-\hat{y}(k)=y(k)-\hat{\boldsymbol{H}}(k)\hat{\boldsymbol{\theta}} \tag{12-22}$$

这时

$$\hat{\boldsymbol{H}}(k)=\left[-y(k-1)\ \ \cdots\ \ -y(k-p)\ \ u(k)\ \ \cdots\ \ u(k-q)\ \ \hat{w}(k)\ \ \cdots\ \ \hat{w}(k-r)\right]$$

$$\hat{\boldsymbol{\theta}}=\left[\hat{a}_1,\ \cdots\ \hat{a}_p,\ 1,\ \hat{b}_1,\ \cdots\ \hat{b}_q,\ 1,\ \hat{c}_1,\ \cdots\ \hat{c}_r\right]^{\mathrm{T}} \tag{12-23}$$

按照前述类似方法，可推出 ELS 算法的递推公式为

$$\hat{\boldsymbol{\theta}}(k)=\hat{\boldsymbol{\theta}}(k-1)+\boldsymbol{K}(k)[\boldsymbol{Y}(k)-\boldsymbol{H}^{\mathrm{T}}(k)\hat{\boldsymbol{\theta}}(k-1)] \tag{12-24}$$

$$\boldsymbol{K}(k)=\boldsymbol{P}(k)\hat{\boldsymbol{H}}(k)=[\hat{\boldsymbol{H}}^{\mathrm{T}}(k)\boldsymbol{\Lambda}(k)\hat{\boldsymbol{H}}(k)]^{-1}\hat{\boldsymbol{H}}(k) \tag{12-25}$$

12.3　系统状态估计的理论与方法

如果已知系统模型及其参数，且系统的输入和输出是可测量的，但系统内部的状态不易直接获取，或因系统参数变化与受到外部干扰而影响状态观测的准确性。针对这类问题，需要采用状态观测或估计的方法来解决。目前常用的状态估计方法有龙伯格状态观测器、卡尔曼滤波器等。

12.3.1　龙伯格状态观测器

1966 年，龙伯格（Luenberger）提出了龙伯格状态观测器，这成为最经典的状态观测器方法[5]。

假定已知线性系统模型可用离散状态方程式（12-1）来描述，为了估计系统的状态变量 $\hat{\boldsymbol{x}}(k)$，设计一个状态观测器如图 12-4 所示，其基本思想是通过实际输出 $\boldsymbol{y}(k)$ 与估计输出 $\hat{\boldsymbol{y}}(k)$ 的误差 $\boldsymbol{e}(k)$ 来修正状态估计值 $\hat{\boldsymbol{x}}(k)$。

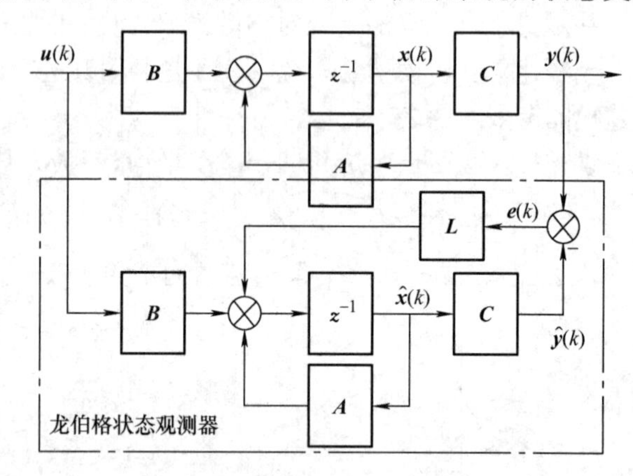

图 12-4　龙伯格状态观测器结构

图中点画线框内为龙伯格状态观测器，可知其状态观测值 $\hat{\boldsymbol{x}}(k)$ 可表示为

$$\hat{\boldsymbol{x}}(k+1)=\boldsymbol{A}\hat{\boldsymbol{x}}(k)+\boldsymbol{B}\boldsymbol{u}(k)+\boldsymbol{L}\boldsymbol{e}(k) \tag{12-26}$$

式中，$\boldsymbol{L}$ 为反馈增益矩阵；$\boldsymbol{e}(k)$ 为系统实际输出与估计输出的误差，且有

$$\boldsymbol{e}(k)=\boldsymbol{y}(k)-\hat{\boldsymbol{y}}(k) \tag{12-27}$$

观测器的设计目标是设计适当的反馈增益矩阵 $\boldsymbol{L}$，使得误差极小，即 $\boldsymbol{e}(k)\to 0$。式（12-27）可写成 $\boldsymbol{e}(k)=\boldsymbol{C}[\boldsymbol{x}(k)-\hat{\boldsymbol{x}}(k)]$，将其代入式（12-26），可推导出龙伯格状态观测器的另一种表达式为

$$\hat{\boldsymbol{x}}(k+1)=(\boldsymbol{A}-\boldsymbol{L}\boldsymbol{C})\hat{\boldsymbol{x}}(k)+\boldsymbol{B}\boldsymbol{u}(k)+\boldsymbol{L}\boldsymbol{y}(k) \tag{12-28}$$

可以证明：如果系统（$\boldsymbol{A}$, $\boldsymbol{C}$）是可观测的，那么一定存在式（12-28）所表达的渐进观测器[6]。由此可构成如图 12-5 所示的龙伯格状态观测器结构。

对于一类非线性系统，有

$$\begin{cases}\dot{\boldsymbol{x}}=\boldsymbol{f}(\boldsymbol{x})+\boldsymbol{B}(\boldsymbol{x})\boldsymbol{u}\\ \boldsymbol{y}=\boldsymbol{h}(\boldsymbol{x})\end{cases} \tag{12-29}$$

如果可以通过微分同胚或反馈线性化，即存在一个变量转换 $\boldsymbol{z}=\boldsymbol{\Phi}(\boldsymbol{x})$，将式(12-29)的系统转换为一个线性系统，即有

$$\begin{cases}\dot{\boldsymbol{z}}=\boldsymbol{A}\boldsymbol{z}+\boldsymbol{\phi}(\boldsymbol{y})\\ \boldsymbol{y}=\boldsymbol{C}\boldsymbol{z}\end{cases} \tag{12-30}$$

可设计龙伯格状态观测器为

$$\dot{\hat{\boldsymbol{z}}}=\boldsymbol{A}\hat{\boldsymbol{z}}+\boldsymbol{\phi}(\boldsymbol{y})-\boldsymbol{L}(\boldsymbol{C}\hat{\boldsymbol{z}}-\boldsymbol{y}) \tag{12-31}$$

观测器的误差定义为

$$\boldsymbol{e}=\hat{\boldsymbol{z}}-\boldsymbol{z} \tag{12-32}$$

误差的变化率为

$$\dot{\boldsymbol{e}}=(\boldsymbol{A}-\boldsymbol{L}\boldsymbol{C})\boldsymbol{e} \tag{12-33}$$

如果存在线性转换 $\boldsymbol{z}=\boldsymbol{\Phi}(\boldsymbol{x})$，使非线性系统转换为如下形式：

$$\begin{cases}\dot{\boldsymbol{z}}=\boldsymbol{A}[\boldsymbol{u}(t)]+\boldsymbol{\phi}[\boldsymbol{y},\boldsymbol{u}(t)]\\ \boldsymbol{y}=\boldsymbol{C}\boldsymbol{z}\end{cases} \tag{12-34}$$

则龙伯格状态观测器可设计为如图 12-6 所示扩展的龙伯格状态观测器，有[7,8]

$$\dot{\hat{\boldsymbol{z}}}=\boldsymbol{A}[\boldsymbol{u}(t)]\hat{\boldsymbol{z}}+\boldsymbol{\phi}[\boldsymbol{y},\boldsymbol{u}(t)]-\boldsymbol{L}(t)(\boldsymbol{C}\hat{\boldsymbol{z}}-\boldsymbol{y}) \tag{12-35}$$

式中，$\boldsymbol{L}(t)$是一个时变的观测器增益。

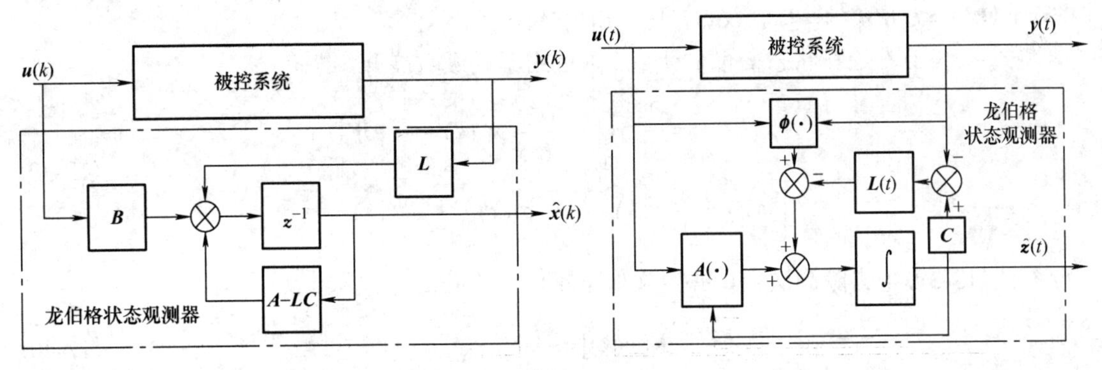

图 12-5　龙伯格状态观测器结构　　　　图 12-6　扩展的龙伯格状态观测器结构

12.3.2　卡尔曼滤波器

所谓滤波是对输入信息进行处理，获得期望输出的过程。广义地，可看作是从输入集合(包含了所有可能的输入信号)到输出集合(可以是输出信号，也可以是信号的某些统计特征)的映射。因此，设计适当的滤波器也可用来实现系统的状态估计。

卡尔曼滤波器是一种常用的信号处理方法，广泛用于信息技术和控制工程的诸多方面[9,10]。

1. 卡尔曼滤波器状态观测的基本算法

仍然考虑一个线性离散系统，其状态方程为

$$\begin{cases} \boldsymbol{x}(k+1)=\boldsymbol{A}\boldsymbol{x}(k)+\boldsymbol{w}(k) \\ \boldsymbol{y}(k)=\boldsymbol{C}\boldsymbol{x}(k)+\boldsymbol{v}(k) \end{cases} \tag{12-36}$$

式中，$\boldsymbol{w}(k)$为系统噪声，且满足$E=[\boldsymbol{w}(k)]=0$，$E=[\boldsymbol{w}^{\mathrm{T}}(k)\boldsymbol{w}(k)]=\sigma^2$；$\boldsymbol{v}(k)$为测量噪声，且满足$E=[\boldsymbol{v}(k)]=0$，$E=[\boldsymbol{v}^{\mathrm{T}}(k)\boldsymbol{v}(k)]=\sigma^2$

可推出卡尔曼滤波器的递推公式为

$$\begin{aligned} \hat{\boldsymbol{x}}(k)&=\boldsymbol{A}\hat{\boldsymbol{x}}(k-1)+\boldsymbol{K}(k)[\boldsymbol{y}(k)-\boldsymbol{C}\hat{\boldsymbol{x}}(k-1)] \\ &=[\boldsymbol{A}-\boldsymbol{K}(k)\boldsymbol{C}]\hat{\boldsymbol{x}}(k-1)+\boldsymbol{K}(k)\boldsymbol{y}(k) \end{aligned} \tag{12-37}$$

由式(12-37)所构造的卡尔曼滤波状态估计器结构如图12-7所示。

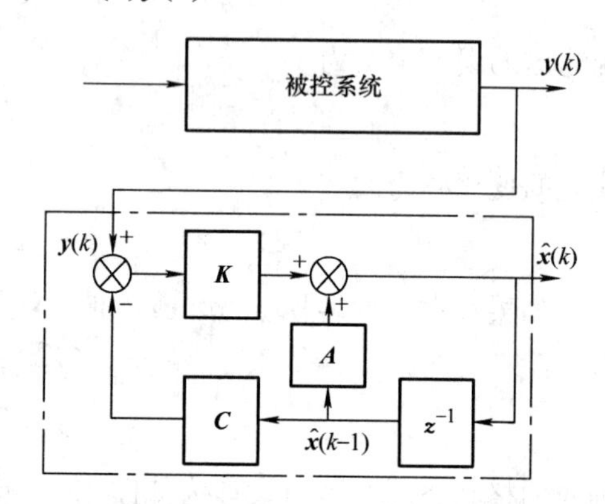

图12-7　卡尔曼滤波状态观测器结构

2. 基于扩展卡尔曼滤波器的状态观测方法

基本卡尔曼滤波器只能用于线性系统。对于非线性系统，需要对卡尔曼滤波方法进行扩展[11]。

考虑一般的非线性离散系统，其模型可用状态方程表示为

$$\begin{cases} \boldsymbol{x}(k+1)=\boldsymbol{f}(\boldsymbol{x}(k),\boldsymbol{u}(k))+\boldsymbol{W}(k) \\ \boldsymbol{y}(k)=\boldsymbol{g}(\boldsymbol{x}(k))+\boldsymbol{V}(k) \end{cases} \tag{12-38}$$

式中，$\boldsymbol{f}(\cdot)$和$\boldsymbol{g}(\cdot)$分别为某种可微的非线性函数；$\boldsymbol{W}(k)$和$\boldsymbol{V}(k)$分别为系统噪声和观测噪声，假定两者是互不相关的零均值白噪声，且有协方差矩阵$\mathrm{cov}(\boldsymbol{W})=E[\boldsymbol{W}\boldsymbol{W}^{\mathrm{T}}]=\boldsymbol{R}$，$\mathrm{cov}(\boldsymbol{V})=E[\boldsymbol{V}\boldsymbol{V}^{\mathrm{T}}]=\boldsymbol{Q}$。

将式(12-38)右边在状态变量估计值$\hat{x}$附近用泰勒级数展开，即有

$$\begin{cases} \boldsymbol{x}(k+1)=\dfrac{\partial f}{\partial x}\boldsymbol{x}(k)+\dfrac{\partial^2 f}{\partial^2 x}\boldsymbol{x}^2(k)+\cdots+\boldsymbol{W}(k) \\ \boldsymbol{y}(k)=\dfrac{\partial g}{\partial x}\boldsymbol{x}(k)+\dfrac{\partial^2 g}{\partial^2 x}\boldsymbol{x}^2(k)+\cdots+\boldsymbol{V}(k) \end{cases} \tag{12-39}$$

在式(12-39)中去除高次项，并定义如下雅可比矩阵：

$$\boldsymbol{F}[\boldsymbol{x}(k)]=\frac{\partial \boldsymbol{f}}{\partial \boldsymbol{x}}\bigg|_{\boldsymbol{x}(k)=\hat{\boldsymbol{x}}(k)} \tag{12-40}$$

$$\boldsymbol{G}[\boldsymbol{x}(k)]=\frac{\partial \boldsymbol{g}}{\partial \boldsymbol{x}}\bigg|_{\boldsymbol{x}(k)=\hat{\boldsymbol{x}}(k)} \tag{12-41}$$

这样，可将非线性模型式(12-38)线性化为

$$\begin{cases} \boldsymbol{x}(k+1)=\boldsymbol{F}(k)\boldsymbol{x}(k)+\boldsymbol{W}(k) \\ \boldsymbol{y}(k)=\boldsymbol{G}(k)\boldsymbol{x}(k)+\boldsymbol{V}(k) \end{cases} \tag{12-42}$$

由此，可推导出系统状态估计的扩展卡尔曼滤波公式

$$\hat{\boldsymbol{x}}(k+1)=\boldsymbol{f}(\hat{\boldsymbol{x}}(k),\boldsymbol{u}(k))+\boldsymbol{K}(k+1)[\boldsymbol{y}(k+1)-\boldsymbol{G}(k+1)\hat{\boldsymbol{x}}(k)] \tag{12-43}$$

式中，$\boldsymbol{K}(k+1)$为卡尔曼增益矩阵，有

$$\boldsymbol{K}(k+1)=\hat{\boldsymbol{P}}(k+1)\boldsymbol{G}^{\mathrm{T}}(k+1)[\boldsymbol{G}(k+1)\hat{\boldsymbol{P}}(k+1)\boldsymbol{G}^{\mathrm{T}}(k+1)+\boldsymbol{R}]^{-1} \tag{12-44}$$

$$\hat{\boldsymbol{P}}(k+1)=\boldsymbol{F}(k+1)\hat{\boldsymbol{P}}(k)\boldsymbol{F}^{\mathrm{T}}(k+1)+\boldsymbol{Q} \tag{12-45}$$

扩展卡尔曼滤波算法分为两个阶段：

1) 预报阶段，由系统模型和 k 时刻的状态来预估 $k+1$ 时刻状态，即计算 $\boldsymbol{f}(\hat{\boldsymbol{x}}(k),\boldsymbol{u}(k))$，并计算状态误差协方差矩阵式(12-45)以及卡尔曼增益矩阵式(12-44)。

2) 滤波阶段，根据预报阶段的计算结果，由式(12-43)计算状态估计值，并更新状态误差协方差矩阵。

12.4　电力传动系统的参数辨识与状态估计

前面几节概要地介绍了系统辨识与参数估计的基本理论与方法，本节主要根据上述方法来估计和辨识电力传动系统的主要参数与状态变量。

12.4.1　电动机参数的辨识

通常，在电动机的铭牌上标明了电动机的一些额定参数，如额定功率、电压、电流、转速等，而要获得电动机的内部参数：各绕组电阻和电感等，可通过传统的空载试验和堵转试验。但是，由传统方法得到的电动机参数比较粗略，难以满足高性能电力传动控制系统的设计要求。特别是有些参数，像转子电阻和电感等还随电动机运行的工况而变化，需要进行实时的参数辨识。本节将以异步电动机为例，介绍常用的电动机电阻与电感的参数辨识[12]。

1. 电动机参数离线辨识方法

在电力传动系统的设计时，需要知道电动机的电阻与电感等参数，可以在电动机静止状态下，通过离线辨识的方法获得。

根据式(7-132)给出的异步电动机在两相静止坐标系下的状态方程

$$\begin{cases}\dot{i}_{s\alpha}=-\dfrac{R_sL_r+R_rL_s}{\sigma L_sL_r}i_{s\alpha}-\omega_r i_{s\beta}+\dfrac{1}{\sigma L_sT_r}\psi_{s\alpha}+\dfrac{1}{\sigma L_s}\omega_r\psi_{s\beta}+\dfrac{u_{s\alpha}}{\sigma L_s}\\ \dot{i}_{s\beta}=\omega_r i_{s\alpha}-\dfrac{R_sL_r+R_rL_s}{\sigma L_sL_r}i_{s\beta}-\dfrac{1}{\sigma L_s}\omega_r\psi_{s\alpha}+\dfrac{1}{\sigma L_sT_r}\psi_{s\beta}+\dfrac{u_{s\beta}}{\sigma L_s}\\ \dot{\psi}_{s\alpha}=-R_si_{s\alpha}+u_{s\alpha}\\ \dot{\psi}_{s\beta}=-R_si_{s\beta}+u_{s\beta}\\ \dot{\omega}_r=\dfrac{n_p^2}{J}(i_{s\beta}\psi_{s\alpha}-i_{s\alpha}\psi_{s\beta})-\dfrac{n_p}{J}T_L\end{cases} \tag{12-46}$$

式中，σ 为异步电动机的漏磁系数，$\sigma=1-\dfrac{L_m^2}{L_sL_r}$；$T_r$ 为转子绕组的电磁时间常数，$T_r=\dfrac{L_r}{R_r}$。

当电动机在静止状态时，其转速 $\omega_r=0$，因定子磁链较难测取，则用电流与电压变量取代，

这样可得

$$\ddot{i}_{s\alpha}=-\frac{R_sL_r+R_rL_s}{\sigma L_sL_r}\dot{i}_{s\alpha}+\frac{1}{\sigma L_sT_r}(-R_si_{s\alpha}+u_{s\alpha})+\frac{1}{\sigma L_s}\dot{u}_{s\alpha} \tag{12-47}$$

$$\ddot{i}_{s\beta}=-\frac{R_sL_r+R_rL_s}{\sigma L_sL_r}\dot{i}_{s\beta}+\frac{1}{\sigma L_sT_r}(-R_si_{s\beta}+u_{s\beta})+\frac{1}{\sigma L_s}\dot{u}_{s\beta} \tag{12-48}$$

整理后可得

$$\ddot{i}_{s\alpha}=-\frac{R_sL_r+R_rL_s}{\sigma L_sL_r}\dot{i}_{s\alpha}-\frac{R_s}{\sigma L_sT_r}i_{s\alpha}+\frac{1}{\sigma L_s}\dot{u}_{s\alpha}+\frac{1}{\sigma L_sT_r}u_{s\alpha} \tag{12-49}$$

$$\ddot{i}_{s\beta}=-\frac{R_sL_r+R_rL_s}{\sigma L_sL_r}\dot{i}_{s\beta}-\frac{R_s}{\sigma L_sT_r}i_{s\beta}+\frac{1}{\sigma L_s}\dot{u}_{s\beta}+\frac{1}{\sigma L_sT_r}u_{s\beta} \tag{12-50}$$

令

$$\theta_1=-\frac{R_sL_r+R_rL_s}{\sigma L_sL_r} \tag{12-51}$$

$$\theta_2=-\frac{R_s}{\sigma L_sT_r} \tag{12-52}$$

$$\theta_3=\frac{1}{\sigma L_s} \tag{12-53}$$

$$\theta_4=\frac{1}{\sigma L_sT_r} \tag{12-54}$$

写成矩阵形式有

$$\begin{pmatrix}\ddot{i}_{s\alpha}\\ \ddot{i}_{s\beta}\end{pmatrix}=\begin{pmatrix}\dot{i}_{s\alpha} & i_{s\alpha} & \dot{u}_{s\alpha} & u_{s\alpha}\\ \dot{i}_{s\beta} & i_{s\beta} & \dot{u}_{s\beta} & u_{s\beta}\end{pmatrix}\begin{pmatrix}\theta_1\\ \theta_2\\ \theta_3\\ \theta_4\end{pmatrix} \tag{12-55}$$

这样就可得到式(12-10)所表示的电动机参数辨识的最小二乘形式

$$\boldsymbol{Y}(k)=\boldsymbol{H}(k)\boldsymbol{\theta}+\boldsymbol{W}(k) \tag{12-56}$$

式中，

$$\boldsymbol{H}(k)=\begin{pmatrix}\dot{i}_{s\alpha} & i_{s\alpha} & \dot{u}_{s\alpha} & u_{s\alpha}\\ \dot{i}_{s\beta} & i_{s\beta} & \dot{u}_{s\beta} & u_{s\beta}\end{pmatrix} \tag{12-57}$$

$$\boldsymbol{\theta}=(\theta_1\quad \theta_2\quad \theta_3\quad \theta_4)^{\mathrm{T}} \tag{12-58}$$

$\boldsymbol{W}(k)$为系统测量噪声。

如果采用递推最小二乘法，由式(12-18)其系统参数辨识的递推算法为

$$\hat{\boldsymbol{\theta}}(k)=\hat{\boldsymbol{\theta}}(k-1)+\boldsymbol{K}(k)[\boldsymbol{Y}(k)-\boldsymbol{H}^{\mathrm{T}}(k)\hat{\boldsymbol{\theta}}(k-1)] \tag{12-59}$$

式中，$\boldsymbol{K}(k)=\boldsymbol{P}(k)\boldsymbol{H}(k)$，$\boldsymbol{P}(k)=[\hat{\boldsymbol{H}}^{\mathrm{T}}(k)\boldsymbol{\Lambda}(k)\hat{\boldsymbol{H}}(k)]^{-1}$。

通过系统参数的离线辨识，可得电动机的主要参数为

$$R_s=-\frac{\theta_2}{\theta_4} \tag{12-60}$$

$$T_r = \frac{\theta_3}{\theta_4} \tag{12-61}$$

考虑到电动机的定子电感与转子电感相差较小，可近似为 $L_s \approx L_r$，由式(12-51)～式(12-54)可估算出转子电阻、定转子电感和互感。

$$R_r = \frac{\theta_2 - \theta_1}{\theta_4} \tag{12-62}$$

$$L_r \approx L_s = \frac{\theta_3(\theta_2 - \theta_1)}{\theta_4^2} \tag{12-63}$$

$$\sigma = \frac{\theta_4^2}{\theta_3^2(\theta_2 - \theta_1)} \tag{12-64}$$

$$L_m = L_s\sqrt{1-\sigma} \tag{12-65}$$

2. 电动机参数在线辨识方法

由于电动机的参数随工况而变化，如电动机的温升或改变频率产生的趋肤效应，都会对电动机的电阻和电感等参数产生影响。为此，需要采用在线辨识方法进行实时估算。

电动机稳态运行时，其转速保持恒速，即可假定 $\dot{\omega}_r=0$ 。这时，异步电动机在两相静止坐标系上的状态方程式(12-46)可写成

$$\ddot{i}_{s\alpha} = -\frac{R_s L_r + R_r L_s}{\sigma L_s L_r}\dot{i}_{s\alpha} - \frac{R_s}{\sigma L_s T_r}i_{s\alpha} - \omega_r \dot{i}_{s\beta} - \frac{R_s}{\sigma L_s}\omega_r i_{s\beta} + \frac{1}{\sigma L_s}\omega_r u_{s\beta} + \frac{1}{\sigma L_s}\dot{u}_{s\alpha} + \frac{1}{\sigma L_s T_r}u_{s\alpha}$$

$$\ddot{i}_{s\beta} = -\frac{R_s L_r + R_r L_s}{\sigma L_s L_r}\dot{i}_{s\beta} - \frac{R_s}{\sigma L_s T_r}i_{s\beta} + \omega_r \dot{i}_{s\alpha} + \frac{R_s}{\sigma L_s}\omega_r i_{s\alpha} - \frac{1}{\sigma L_s}\omega_r u_{s\alpha} + \frac{1}{\sigma L_s}\dot{u}_{s\beta} + \frac{1}{\sigma L_s T_r}u_{s\beta}$$

令

$$\theta_1 = -\frac{R_s L_r + R_r L_s}{\sigma L_s L_r} \tag{12-66}$$

$$\theta_2 = -\frac{R_s}{\sigma L_s T_r} \tag{12-67}$$

$$\theta_3 = \frac{1}{\sigma L_s} \tag{12-68}$$

$$\theta_4 = \frac{1}{\sigma L_s T_r} \tag{12-69}$$

$$\theta_5 = \frac{R_s}{\sigma L_s} \tag{12-70}$$

写成矩阵形式有

$$\begin{pmatrix} \ddot{i}_{s\alpha} + \omega_r \dot{i}_{s\beta} \\ \ddot{i}_{s\beta} - \omega_r \dot{i}_{s\alpha} \end{pmatrix} = \begin{pmatrix} \dot{i}_{s\alpha} & i_{s\alpha} & \dot{u}_{s\alpha} + \omega_r u_{s\beta} & u_{s\alpha} & \omega_r i_{s\beta} \\ \dot{i}_{s\beta} & i_{s\beta} & \dot{u}_{s\beta} - \omega_r u_{s\alpha} & u_{s\beta} & \omega_r i_{s\alpha} \end{pmatrix} \begin{pmatrix} \theta_1 \\ \theta_2 \\ \theta_3 \\ \theta_4 \\ \theta_5 \end{pmatrix} \tag{12-71}$$

这样就可得到式(12-10)所表示的电机参数辨识的最小二乘形式为

$$\boldsymbol{Y}(k)=\boldsymbol{H}(k)\boldsymbol{\theta}+\boldsymbol{W}(k) \tag{12-72}$$

式中，

$$\boldsymbol{H}(k)=\begin{pmatrix} \dot{i}_{s\alpha} & i_{s\alpha} & \dot{u}_{s\alpha}+\omega u_{s\beta} & u_{s\alpha} & \omega i_{s\beta} \\ \dot{i}_{s\beta} & i_{s\beta} & \dot{u}_{s\beta}+\omega u_{s\alpha} & u_{s\beta} & \omega i_{s\alpha} \end{pmatrix} \tag{12-73}$$

$$\boldsymbol{\theta}=(\theta_1 \quad \theta_2 \quad \theta_3 \quad \theta_4 \quad \theta_5)^{\mathrm{T}} \tag{12-74}$$

$\boldsymbol{W}(k)$为系统测量噪声。

如果采用递推最小二乘法，由式(12-18)，其系统参数辨识的递推算法为

$$\hat{\boldsymbol{\theta}}(k)=\hat{\boldsymbol{\theta}}(k-1)+\boldsymbol{K}(k)[\boldsymbol{Y}(k)-\boldsymbol{H}^{\mathrm{T}}(k)\hat{\boldsymbol{\theta}}(k-1)] \tag{12-75}$$

式中，$\boldsymbol{K}(k)=\boldsymbol{P}(k)\boldsymbol{H}(k)$，$\boldsymbol{P}(k)=[\hat{\boldsymbol{H}}^{\mathrm{T}}(k)\boldsymbol{\Lambda}(k)\hat{\boldsymbol{H}}(k)]^{-1}$。

通过系统参数的在线辨识，可得电动机的主要参数为

$$R_s=-\frac{\theta_2}{\theta_4} \tag{12-76}$$

$$T_r=\frac{\theta_3}{\theta_4} \tag{12-77}$$

同理，考虑到电动机的定子电感与转子电感相差较小，可近似为 $L_s \approx L_r$，由式(12-66)～式(12-70)可估算出转子电阻、定转子电感和互感。

$$R_r=\frac{\theta_2-\theta_1}{\theta_4} \tag{12-78}$$

$$L_r \approx L_s=\frac{\theta_3(\theta_2-\theta_1)}{\theta_4^2} \tag{12-79}$$

$$\sigma=\frac{\theta_4^2}{\theta_3^2(\theta_2-\theta_1)} \tag{12-80}$$

$$L_m=L_s\sqrt{1-\sigma} \tag{12-81}$$

本节主要介绍了基于递推最小二乘算法的异步电动机参数的估算方法，该方法也可用来估算其他电动机参数。还可采用基于卡尔曼滤波算法等其他系统辨识方法来估算电动机的参数[12, 14]。请读者查阅相关的文献，这里不再赘述。

12.4.2　电动机磁链的估计

基于交流电动机模型的磁链估计直接算法已在矢量控制的有关章节有所应用，这类基于电动机模型的直接估算方法具有结构简单、实现方便的优点，但因其属于开环观测器，易受系统参数变化与信号干扰，影响检测精度和鲁棒性。本节将在此基础上介绍采用基于龙伯格状态观测器等算法的磁链估计方法。

1. 转子磁链的估计

由于按转子磁链定向的矢量控制需要转子磁链反馈，因而转子磁链的观测是实现矢量控

制的关键，其基本思想通常是选择定子电压和电流作为检测值来估算转子磁链。

(1)异步电动机转子磁链电压模型　根据异步电动机在两相静止坐标系上的数学模型，其定子电压方程和磁链方程为

$$u_{\mathrm{s\alpha}} = R_{\mathrm{s}} i_{\mathrm{s\alpha}} + p\psi_{\mathrm{s\alpha}} \tag{12-82}$$

$$u_{\mathrm{s\beta}} = R_{\mathrm{s}} i_{\mathrm{s\beta}} + p\psi_{\mathrm{s\beta}} \tag{12-83}$$

$$\psi_{\mathrm{s\alpha}} = L_{\mathrm{s}} i_{\mathrm{s\alpha}} + L_{\mathrm{m}} i_{\mathrm{r\alpha}} \tag{12-84}$$

$$\psi_{\mathrm{s\beta}} = L_{\mathrm{s}} i_{\mathrm{s\beta}} + L_{\mathrm{m}} i_{\mathrm{r\beta}} \tag{12-85}$$

$$\psi_{\mathrm{r\alpha}} = L_{\mathrm{r}} i_{\mathrm{r\alpha}} + L_{\mathrm{m}} i_{\mathrm{s\alpha}} \tag{12-86}$$

$$\psi_{\mathrm{r\beta}} = L_{\mathrm{r}} i_{\mathrm{r\beta}} + L_{\mathrm{m}} i_{\mathrm{s\beta}} \tag{12-87}$$

由式(12-82)和式(12-83)可得定子磁链的积分表达式为

$$\psi_{\mathrm{s\alpha}} = \int (u_{\mathrm{s\alpha}} - R_{\mathrm{s}} i_{\mathrm{s\alpha}})\,\mathrm{d}t \tag{12-88}$$

$$\psi_{\mathrm{s\beta}} = \int (u_{\mathrm{s\beta}} - R_{\mathrm{s}} i_{\mathrm{s\beta}})\,\mathrm{d}t \tag{12-89}$$

将式(12-88)和式(12-89)分别代入式(12-84)和式(12-85)，可得到转子电流的表达式为

$$i_{\mathrm{r\alpha}} = \frac{1}{L_{\mathrm{m}}}\left[\int (u_{\mathrm{s\alpha}} - R_{\mathrm{s}} i_{\mathrm{s\alpha}})\,\mathrm{d}t - L_{\mathrm{s}} i_{\mathrm{s\alpha}}\right] \tag{12-90}$$

$$i_{\mathrm{r\beta}} = \frac{1}{L_{\mathrm{m}}}\left[\int (u_{\mathrm{s\beta}} - R_{\mathrm{s}} i_{\mathrm{s\beta}})\,\mathrm{d}t - L_{\mathrm{s}} i_{\mathrm{s\beta}}\right] \tag{12-91}$$

再将式(12-90)和式(12-91)分别代入式(12-86)和式(12-87)，可得转子磁链的表达式为

$$\psi_{\mathrm{r\alpha}} = \frac{L_{\mathrm{r}}}{L_{\mathrm{m}}}\left[\int (u_{\mathrm{s\alpha}} - R_{\mathrm{s}} i_{\mathrm{s\alpha}})\,\mathrm{d}t - L_{\mathrm{s}} i_{\mathrm{s\alpha}}\right] + L_{\mathrm{m}} i_{\mathrm{s\alpha}} \tag{12-92}$$

$$\psi_{\mathrm{r\beta}} = \frac{L_{\mathrm{r}}}{L_{\mathrm{m}}}\left[\int (u_{\mathrm{s\beta}} - R_{\mathrm{s}} i_{\mathrm{s\beta}})\,\mathrm{d}t - L_{\mathrm{s}} i_{\mathrm{s\beta}}\right] + L_{\mathrm{m}} i_{\mathrm{s\beta}} \tag{12-93}$$

在式(12-92)中合并同类项，即

$$\psi_{\mathrm{r\alpha}} = \frac{L_{\mathrm{r}}}{L_{\mathrm{m}}}\left[\int (u_{\mathrm{s\alpha}} - R_{\mathrm{s}} i_{\mathrm{s\alpha}})\,\mathrm{d}t - \left(L_{\mathrm{s}} - \frac{L_{\mathrm{m}}^2}{L_{\mathrm{r}}}\right) i_{\mathrm{s\alpha}}\right]$$

并令 $\sigma = 1 - \frac{L_{\mathrm{m}}^2}{L_{\mathrm{s}} L_{\mathrm{r}}}$，上式可写成

$$\psi_{\mathrm{r\alpha}} = \frac{L_{\mathrm{r}}}{L_{\mathrm{m}}}\left[\int (u_{\mathrm{s\alpha}} - R_{\mathrm{s}} i_{\mathrm{s\alpha}})\,\mathrm{d}t - \sigma L_{\mathrm{s}} i_{\mathrm{s\alpha}}\right] \tag{12-94}$$

同理，由式(12-93)可得

$$\psi_{\mathrm{r\beta}} = \frac{L_{\mathrm{r}}}{L_{\mathrm{m}}}\left[\int (u_{\mathrm{s\beta}} - R_{\mathrm{s}} i_{\mathrm{s\beta}})\,\mathrm{d}t - \sigma L_{\mathrm{s}} i_{\mathrm{s\beta}}\right] \tag{12-95}$$

这就是由定子电压和电流计算转子磁链的电压模型。该算法简单，且不含转子电阻，受电动机参数变化影响较小。但因有积分环节，易产生误差积累和漂移。

为简化起见，还可采用稳态模型建立电压型转子磁链模型。由异步电动机的稳态等效电路图，导出的磁链方程为

$$p\psi_s = U_s - R_s i_s + j\omega_s \psi_s \tag{12-96}$$

$$\psi_r = \frac{L_r}{L_m}(\psi_s - \sigma L_s i_s) \tag{12-97}$$

由此构建的转子磁链电压模型如图 12-8 所示。由图可见，基于稳态电压模型的转子磁链算法只需要检测电压和电流的幅值，比较易于实际检测，且不需要转速信号。特别是该方法与转子电阻 R_r 无关，只与定子电阻 R_s 有关。

(2) 异步电动机转子磁链电流模型　由异步电动机在静止两相坐标系的转子电压方程，并考虑笼型转子电压为零，即有

$$u_{r\alpha} = R_r i_{r\alpha} + p\psi_{r\alpha} + \omega_r \psi_{r\beta} = 0$$

$$u_{r\beta} = R_r i_{r\beta} + p\psi_{r\beta} - \omega_r \psi_{r\alpha} = 0$$

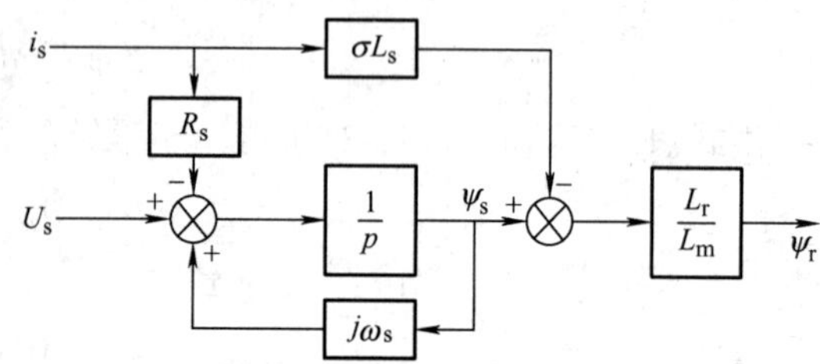

图 12-8　计算转子磁链的电压模型

可得到转子电流和磁链表达式为

$$i_{r\alpha} = \frac{1}{R_r}(-p\psi_{r\alpha} - \omega_r \psi_{r\beta}) \tag{12-98}$$

$$i_{r\beta} = \frac{1}{R_r}(-p\psi_{r\beta} + \omega_r \psi_{r\alpha}) \tag{12-99}$$

代入到转子磁链方程，得

$$\psi_{r\alpha} = \frac{L_r}{R_r}(-p\psi_{r\alpha} - \omega_r \psi_{r\beta}) + L_m i_{s\alpha} \tag{12-100}$$

$$\psi_{r\beta} = \frac{L_r}{R_r}(-p\psi_{r\beta} + \omega_r \psi_{r\alpha}) + L_m i_{s\beta} \tag{12-101}$$

设 $T_r = \frac{L_r}{R_r}$ 为转子时间常数，可整理得到转子磁链的电流模型为

$$\psi_{r\alpha} = \frac{1}{1+T_r p}(L_m i_{s\alpha} - T_r \omega_r \psi_{r\beta}) \tag{12-102}$$

$$\psi_{r\beta} = \frac{1}{1+T_r p}(L_m i_{s\beta} - T_r \omega_r \psi_{r\alpha}) \tag{12-103}$$

也可采用在两相旋转坐标系上按转子磁链定向的转子磁链模型来估计转子磁链。根据在两相旋转坐标系上按转子磁链定向后的转子磁链方程为

$$\psi_r = \frac{L_m}{1+T_r p} i_{sd} \tag{12-104}$$

再由异步电动机的转差角频率方程

$$\omega_{sl} = \frac{L_m}{T_r \psi_{rd}} i_{sq} \tag{12-105}$$

由异步电动机角频率关系 $\omega_s = \omega_r + \omega_{sl}$，经过积分 $\theta_s = \int \omega_s \mathrm{d}t$ 可算出转子磁链定向角的估计值 $\hat{\theta}_s$；再由式(12-104)计算出转子磁链的估计值 $\hat{\psi}_r$。

这样只要能够检测异步电动机的三相定子电流 i_A、i_B、i_C，然后通过坐标变换 $\boldsymbol{C}_{3/2}$ 和 $\boldsymbol{C}_{2s/2r}$ 就可以得到在同步旋转 d-q 轴上的定子电流 i_{sd} 和 i_{sq}，再利用上述公式就可以估计 $\hat{\theta}_s$ 和 $\hat{\psi}_r$。由此构建的异步电动机转子磁链模型如图 12-9 所示。

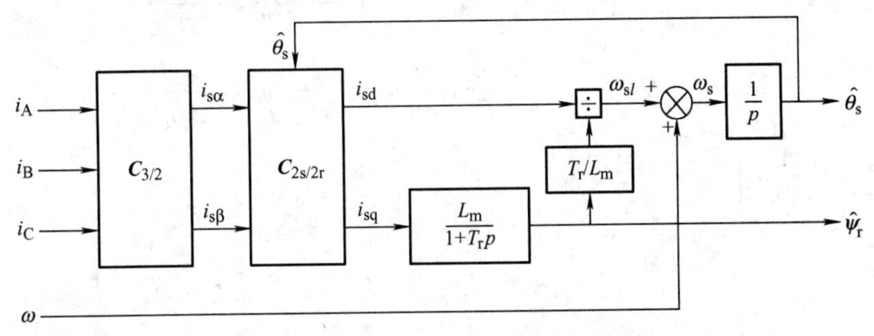

图 12-9　两相旋转坐标系上异步电动机转子磁链模型

(3) 转子磁链的状态方程　在转子磁链电压模型中，对式(12-94)和式(12-95)进行微分，可得转子磁链的微分方程为

$$\dot{\psi}_{r\alpha} = \frac{L_r}{L_m}(u_{s\alpha} - R_s i_{s\alpha} - \sigma L_s \dot{i}_{s\alpha})$$

$$\dot{\psi}_{r\beta} = \frac{L_r}{L_m}(u_{s\beta} - R_s i_{s\beta} - \sigma L_s \dot{i}_{s\beta})$$

从上式中写出转子电流的微分方程为

$$\dot{i}_{s\alpha} = -\frac{L_m}{\sigma L_s L_r}\dot{\psi}_{r\alpha} - \frac{R_s}{\sigma L_s} i_{s\alpha} + \frac{1}{\sigma L_s} u_{s\alpha} \tag{12-106}$$

$$\dot{i}_{s\beta} = -\frac{L_m}{\sigma L_s L_r}\dot{\psi}_{r\beta} - \frac{R_s}{\sigma L_s} i_{s\beta} + \frac{1}{\sigma L_s} u_{s\beta} \tag{12-107}$$

在转子磁链电流模型中，从微分算子中也可写出其微分方程为

$$\dot{\psi}_{r\alpha} = \frac{L_m}{T_r} i_{s\alpha} - \frac{1}{T_r}\psi_{r\alpha} - \omega_r \psi_{r\beta} \tag{12-108}$$

$$\dot{\psi}_{r\beta} = \frac{L_m}{T_r} i_{s\beta} - \frac{1}{T_r}\psi_{r\beta} + \omega_r \psi_{r\alpha} \tag{12-109}$$

将式(12-108)和式(12-109)分别代入式(12-106)和式(12-107)，整理后可得

$$\dot{i}_{s\alpha} = \left(-\frac{1-\sigma}{\sigma T_r} - \frac{R_s}{\sigma L_s}\right) i_{s\alpha} + \frac{L_r}{\sigma L_s L_m T_r}\psi_{r\alpha} + \frac{L_m}{\sigma L_s L_r}\omega_r \psi_{r\beta} + \frac{1}{\sigma L_s} u_{s\alpha} \tag{12-110}$$

$$\dot{i}_{s\beta}=\left(-\frac{1-\sigma}{\sigma T_r}-\frac{R_s}{\sigma L_s}\right)i_{s\beta}+\frac{L_r}{\sigma L_s L_m T_r}\psi_{r\beta}-\frac{L_m}{\sigma L_s L_r}\omega_r\psi_{r\alpha}+\frac{1}{\sigma L_s}u_{s\beta} \tag{12-111}$$

将定子电压作为系统输入变量$\boldsymbol{u}=(u_{s\alpha}\quad u_{s\beta})^T$，定子电流作为输出变量$\boldsymbol{y}=(i_{s\alpha}\quad i_{s\beta})^T$，选择定子电流和转子磁链作为系统的状态变量$\boldsymbol{x}=(i_{s\alpha}\quad i_{s\beta}\quad \psi_{r\alpha}\quad \psi_{r\beta})^T$，即有转子电流和磁链的状态方程

$$\begin{cases}\dot{\boldsymbol{x}}=\boldsymbol{A}\boldsymbol{x}+\boldsymbol{B}\boldsymbol{u}\\ \boldsymbol{y}=\boldsymbol{C}\boldsymbol{x}\end{cases} \tag{12-112}$$

式中，

$$\boldsymbol{A}=\begin{pmatrix}-\frac{1-\sigma}{\sigma T_r}-\frac{R_s}{\sigma L_s} & 0 & \frac{L_r}{\sigma L_s L_m T_r} & \frac{L_m}{\sigma L_s L_r}\omega_r\\ 0 & -\frac{1-\sigma}{\sigma T_r}-\frac{R_s}{\sigma L_s} & -\frac{L_m}{\sigma L_s L_r}\omega_r & \frac{L_r}{\sigma L_s L_m T_r}\\ \frac{L_m}{T_r} & 0 & -\frac{1}{T_r} & -\omega_r\\ 0 & \frac{L_m}{T_r} & \omega_r & -\frac{1}{T_r}\end{pmatrix} \tag{12-113}$$

$$\boldsymbol{B}=\begin{pmatrix}\frac{1}{\sigma L_s} & 0\\ 0 & \frac{1}{\sigma L_s}\\ 0 & 0\\ 0 & 0\end{pmatrix} \tag{12-114}$$

$$\boldsymbol{C}=\begin{pmatrix}1 & 0 & 0 & 0\\ 0 & 1 & 0 & 0\end{pmatrix} \tag{12-115}$$

(4)转子磁链的差分方程　根据式(7-133)和式(7-134)，转子磁链的差分方程为

$$\boldsymbol{x}(k+1)=\boldsymbol{A}_d\boldsymbol{x}(k)+\boldsymbol{B}_d\boldsymbol{u}(k) \tag{12-116}$$

$$\boldsymbol{y}(k)=\boldsymbol{C}_d\boldsymbol{x}(k) \tag{12-117}$$

采用一阶近似法，由式(7-140)和式(7-141)可得

$$\boldsymbol{A}_d=\boldsymbol{I}+\boldsymbol{A}T=\begin{pmatrix}1-\left(\frac{1-\sigma}{\sigma T_r}+\frac{R_s}{\sigma L_s}\right)T & 0 & \frac{L_r}{\sigma L_s L_m T_r}T & \frac{L_m}{\sigma L_s L_r}\omega_r T\\ 0 & 1-\left(\frac{1-\sigma}{\sigma T_r}+\frac{R_s}{\sigma L_s}\right)T & -\frac{L_m}{\sigma L_s L_r}\omega_r T & \frac{L_r}{\sigma L_s L_m T_r}T\\ \frac{L_m}{T_r}T & 0 & 1-\frac{T}{T_r} & -\omega_r T\\ 0 & \frac{L_m}{T_r}T & \omega_r T & 1-\frac{T}{T_r}\end{pmatrix} \tag{12-118}$$

$$\begin{cases} \boldsymbol{B}_{\mathrm{d}} = T\boldsymbol{B} = \begin{pmatrix} \dfrac{T}{\sigma L_{\mathrm{s}}} & 0 \\ 0 & \dfrac{T}{\sigma L_{\mathrm{s}}} \\ 0 & 0 \\ 0 & 0 \end{pmatrix} \\ \boldsymbol{C}_{\mathrm{d}} = \boldsymbol{C} \end{cases} \tag{12-119}$$

式中，T 为系统采样周期。

(5) 基于龙伯格状态观测器的转子磁链估计方法　采用龙伯格状态观测器构造转子磁链估计器[13]，由式(12-28)可得

$$\hat{\boldsymbol{x}}(k+1) = (\boldsymbol{A}_{\mathrm{d}} - \boldsymbol{L}\boldsymbol{C}_{\mathrm{d}})\hat{\boldsymbol{x}}(k) + \boldsymbol{B}_{\mathrm{d}}\boldsymbol{u}(k) + \boldsymbol{L}\boldsymbol{y}(k) \tag{12-120}$$

式中，$\boldsymbol{L}$ 为反馈增益矩阵。

在基于龙伯格状态观测器的转子磁链估计方法中，观测器的输入为定子电压 $u_{\mathrm{s\alpha}}$ 和 $u_{\mathrm{s\beta}}$，还需检测电动机的定子电流 $i_{\mathrm{s\alpha}}$、$i_{\mathrm{s\beta}}$ 和转速 ω_{r}，计算出转子磁链估计值 $\hat{\psi}_{\mathrm{r\alpha}}$ 和 $\hat{\psi}_{\mathrm{r\beta}}$。

为此，应设计适当的反馈增益矩阵 $\boldsymbol{L}$，使得定子电流的误差 $i_{\mathrm{s\alpha}} - \hat{i}_{\mathrm{s\alpha}}$ 和 $i_{\mathrm{s\beta}} - \hat{i}_{\mathrm{s\beta}}$ 极小。通常可采用极点配置法来确定矩阵 $\boldsymbol{L}$，其设计原则是：通过极点配置，使观测器矩阵 $(\boldsymbol{A}_{\mathrm{d}} - \boldsymbol{L}\boldsymbol{C}_{\mathrm{d}})$ 的极点位置处于 s 平面的左半平面，以保证系统的稳定性，并具有适当的误差收敛速度。

在观测器的设计中，考虑到电动机模型本身是稳定的，为保证观测器状态稳定并有较快的收敛速度，往往可设计观察器的极点与电动机的极点成正比，选择适当的比例系数 $k \geqslant 1$，以使观测器的收敛速度快于电动机模型的收敛速度。

2. 定子磁链的估计

定子磁链估计也可以采用模型方法或观测器法。

基于交流电动机电压模型的定子磁链估计　由式(12-88)和式(12-89)，在静止坐标系α-β轴上的定子磁链方程

$$\psi_{\mathrm{s\alpha}} = \int \left(u_{\mathrm{s\alpha}} - R_{\mathrm{s}} i_{\mathrm{s\alpha}}\right) \mathrm{d}t$$

$$\psi_{\mathrm{s\beta}} = \int \left(u_{\mathrm{s\beta}} - R_{\mathrm{s}} i_{\mathrm{s\beta}}\right) \mathrm{d}t$$

交流电动机的定子磁链的幅值与相位可计算为

$$|\boldsymbol{\psi}_{\mathrm{s}}| = \sqrt{\psi_{\mathrm{s\alpha}}^2 + \psi_{\mathrm{s\beta}}^2} \tag{12-121}$$

$$\theta_{\mathrm{s}} = \arctan\left(\frac{\psi_{\mathrm{s\beta}}}{\psi_{\mathrm{s\alpha}}}\right) \tag{12-122}$$

按上面 4 个公式建立的交流电动机定子磁链模型结构如图 12-10 所示，将检测到的三相定子电压及电流变换到两相静止坐标系后由磁链模型算出定子磁链 $\hat{\psi}_{\mathrm{s\alpha}}$ 和 $\hat{\psi}_{\mathrm{s\beta}}$，再计算其幅值 $|\boldsymbol{\psi}_{\mathrm{s}}|$ 及相角 θ_{s}。

对式(12-88)和式(12-89)进行微分，可推出定子磁链的微分方程为

$$\dot{\psi}_{\mathrm{s\alpha}} = u_{\mathrm{s\alpha}} - R_{\mathrm{s}} i_{\mathrm{s\alpha}} \tag{12-123}$$

$$\dot{\psi}_{\mathrm{s\beta}} = u_{\mathrm{s\beta}} - R_{\mathrm{s}} i_{\mathrm{s\beta}} \tag{12-124}$$

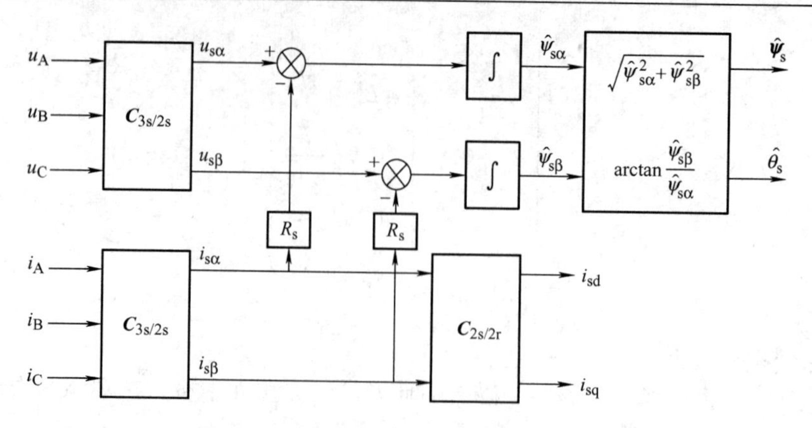

图 12-10　交流电动机定子磁链模型结构

将转子磁链方程式(12-86)和式(12-87)分别代入转子电压方程式(12-96)和式(12-97)，可得

$$L_m p i_{s\alpha} + (R_r + L_r p) i_{r\alpha} + L_m \omega_r i_{s\beta} + L_r \omega_r i_{r\beta} = 0$$

$$L_m p i_{s\beta} + (R_r + L_r p) i_{r\beta} - L_m \omega_r i_{s\alpha} - L_r \omega_r i_{r\alpha} = 0$$

在定子磁链方程式(12-84)和式(12-85)中解出转子电流为

$$i_{r\alpha} = \frac{1}{L_m}(\psi_{s\alpha} - L_s i_{s\alpha}) \tag{12-125}$$

$$i_{r\beta} = \frac{1}{L_m}(\psi_{s\beta} - L_s i_{s\beta}) \tag{12-126}$$

对上式进行微分，经整理可推导出转子电流的微分方程

$$\dot{i}_{s\alpha} = \left(-\frac{1}{\sigma T_r} - \frac{R_s}{\sigma L_s}\right) i_{s\alpha} - \omega_r i_{s\beta} + \frac{1}{\sigma L_s T_r}\psi_{s\alpha} + \frac{\omega_r}{\sigma L_s}\psi_{s\beta} + \frac{1}{\sigma L_s} u_{s\alpha} \tag{12-127}$$

$$\dot{i}_{s\beta} = \omega_r i_{s\alpha} + \left(-\frac{1}{\sigma T_r} - \frac{R_s}{\sigma L_s}\right) i_{s\beta} - \frac{\omega_r}{\sigma L_s}\psi_{s\alpha} + \frac{1}{\sigma L_s T_r}\psi_{s\beta} + \frac{1}{\sigma L_s} u_{s\beta} \tag{12-128}$$

设定子电压作为系统输入变量 $\boldsymbol{u} = (u_{s\alpha} \quad u_{s\beta})^T$，定子电流作为输出变量 $\boldsymbol{y} = (i_{s\alpha} \quad i_{s\beta})^T$，选择定子电流和磁链作为系统的状态变量 $\boldsymbol{x} = (i_{s\alpha} \quad i_{s\beta} \quad \psi_{s\alpha} \quad \psi_{s\beta})^T$，即有转子电流和磁链的状态方程为

$$\begin{cases} \dot{\boldsymbol{x}} = \boldsymbol{A}\boldsymbol{x} + \boldsymbol{B}\boldsymbol{u} \\ \boldsymbol{y} = \boldsymbol{C}\boldsymbol{x} \end{cases} \tag{12-129}$$

式中，

$$\boldsymbol{A} = \begin{pmatrix} -\frac{1}{\sigma T_r} - \frac{R_s}{\sigma L_s} & -\omega_r & \frac{1}{\sigma L_s T_r} & \frac{\omega_r}{\sigma L_s} \\ \omega_r & -\frac{1}{\sigma T_r} - \frac{R_s}{\sigma L_s} & -\frac{\omega_r}{\sigma L_s} & \frac{1}{\sigma L_s T_r} \\ -R_s & 0 & 0 & 0 \\ 0 & -R_s & 0 & 0 \end{pmatrix} \tag{12-130}$$

$$
\boldsymbol{B}=\begin{pmatrix} \dfrac{1}{\sigma L_{\mathrm{s}}} & 0 \\ 0 & \dfrac{1}{\sigma L_{\mathrm{s}}} \\ 0 & 0 \\ 0 & 0 \end{pmatrix} \tag{12-131}
$$

$$
\boldsymbol{C}=\begin{pmatrix} 1 & 0 & 0 & 0 \\ 0 & 1 & 0 & 0 \end{pmatrix} \tag{12-132}
$$

同上，采用一阶近似法，可得定子磁链的差分方程为

$$
\boldsymbol{x}(k+1)=\boldsymbol{A}_{\mathrm{d}}\boldsymbol{x}(k)+\boldsymbol{B}_{\mathrm{d}}\boldsymbol{u}(k) \tag{12-133}
$$

$$
\boldsymbol{y}(k)=\boldsymbol{C}_{\mathrm{d}}\boldsymbol{x}(k) \tag{12-134}
$$

式中，

$$
\boldsymbol{A}_{\mathrm{d}}=\begin{pmatrix} 1-\left(\dfrac{1}{\sigma T_{\mathrm{r}}}+\dfrac{R_{\mathrm{s}}}{\sigma L_{\mathrm{s}}}\right)T & -\omega_{\mathrm{r}}T & \dfrac{T}{\sigma L_{\mathrm{s}}T_{\mathrm{r}}} & \dfrac{\omega_{\mathrm{r}}T}{\sigma L_{\mathrm{s}}} \\ \omega_{\mathrm{r}}T & 1-\left(\dfrac{1}{\sigma T_{\mathrm{r}}}+\dfrac{R_{\mathrm{s}}}{\sigma L_{\mathrm{s}}}\right)T & -\dfrac{\omega_{\mathrm{r}}T}{\sigma L_{\mathrm{s}}} & \dfrac{T}{\sigma L_{\mathrm{s}}T_{\mathrm{r}}} \\ -R_{\mathrm{s}}T & 0 & 1 & 0 \\ 0 & -R_{\mathrm{s}}T & 0 & 1 \end{pmatrix} \tag{12-135}
$$

$$
\boldsymbol{B}_{\mathrm{d}}=\begin{pmatrix} \dfrac{T}{\sigma L_{\mathrm{s}}} & 0 \\ 0 & \dfrac{T}{\sigma L_{\mathrm{s}}} \\ T & 0 \\ 0 & T \end{pmatrix} \tag{12-136}
$$

$$
\boldsymbol{C}_{\mathrm{d}}=\boldsymbol{C}
$$

采用龙伯格状态观测器构造定子磁链估计器，可得

$$
\hat{\boldsymbol{x}}(k+1)=(\boldsymbol{A}_{\mathrm{d}}-\boldsymbol{L}\boldsymbol{C}_{\mathrm{d}})\hat{\boldsymbol{x}}(k)+\boldsymbol{B}_{\mathrm{d}}\boldsymbol{u}(k)+\boldsymbol{L}\boldsymbol{y}(k) \tag{12-137}
$$

式中，$\boldsymbol{L}$ 为反馈增益矩阵。

在基于龙伯格状态观测器的定子磁链估计方法中，观测器的输入为定子电压 $u_{\mathrm{s}\alpha}$和 $u_{\mathrm{s}\beta}$，还需检测电动机的定子电流 $i_{\mathrm{s}\alpha}$、$i_{\mathrm{s}\beta}$和转速ω_{r}，计算出定子磁链估计值$\hat{\psi}_{\mathrm{s}\alpha}$ 和$\hat{\psi}_{\mathrm{s}\beta}$。

本节主要介绍了基于龙伯格状态观测器的磁链估计方法，该方法又称为“全阶观测器”方法，其核心思想是通过误差反馈，使估计值接近实测值。实际使用时，可以仅利用系统部分状态变量来构建状态观测器，这就是降阶观测器方法。还可以扩展卡尔曼滤波器方法等，请读者参考有关文献。

12.4.3　电动机转速的估计

电动机的转速虽然可以采用直接检测获得，但有时因转速传感器难以安装等原因，无法

通过直接检测得到转速信号。这就需要采用状态观测器，通过其他信息间接地估算出转速信号。常用的转速估算方法有龙伯格状态观测器、卡尔曼滤波器等方法。

1. 基于龙伯格状态观测器的转速估计法

由式(12-112)表示的转子磁链状态方程中，设计转子磁链观测器时，假定矩阵 $\boldsymbol{A}$ 是已知的，即可通过转速检测获取转速值 ω_r。如果没有转速传感器，则转速也是需要估计的变量。

现设转速估计值为 $\hat{\omega}_r$，则可构造龙伯格状态观测器为[13]

$$\dot{\hat{\boldsymbol{x}}}=\hat{\boldsymbol{A}}\hat{\boldsymbol{x}}+\boldsymbol{B}\boldsymbol{u}+\boldsymbol{L}\boldsymbol{e} \tag{12-138}$$

式中，矩阵 $\hat{\boldsymbol{A}}$ 是估计值；$\boldsymbol{e}$ 为观测器输出误差，即

$$\boldsymbol{e}=\boldsymbol{y}-\hat{\boldsymbol{y}}=\boldsymbol{C}(\boldsymbol{x}-\hat{\boldsymbol{x}}) \tag{12-139}$$

式(12-138)还可写成

$$\dot{\hat{\boldsymbol{x}}}=(\hat{\boldsymbol{A}}-\boldsymbol{L}\boldsymbol{C})\hat{\boldsymbol{x}}+\boldsymbol{B}\boldsymbol{u}+\boldsymbol{L}\boldsymbol{y} \tag{12-140}$$

将式(12-112)减去式(12-140)，可得

$$\dot{\boldsymbol{e}}=(\boldsymbol{A}-\boldsymbol{L}\boldsymbol{C})(\boldsymbol{x}-\hat{\boldsymbol{x}})-(\hat{\boldsymbol{A}}-\boldsymbol{A})\hat{\boldsymbol{x}}=(\boldsymbol{A}-\boldsymbol{L}\boldsymbol{C})\boldsymbol{e}-\Delta\boldsymbol{A}\hat{\boldsymbol{x}} \tag{12-141}$$

式中，$\Delta\boldsymbol{A}$ 为误差状态矩阵，有

$$\Delta\boldsymbol{A}=\hat{\boldsymbol{A}}-\boldsymbol{A}=\begin{pmatrix}0 & -(\hat{\omega}_r-\omega_r)\dfrac{L_m}{\sigma L_s L_r}\boldsymbol{M}\\ 0 & (\hat{\omega}_r-\omega_r)\boldsymbol{M}\end{pmatrix} \tag{12-142}$$

其中矩阵 $\boldsymbol{M}$ 为

$$\boldsymbol{M}=\begin{pmatrix}0 & -1\\ 1 & 0\end{pmatrix} \tag{12-143}$$

在上述观测器中，应设计适当的反馈矩阵 $\boldsymbol{L}$，使状态观测器稳定，且误差以一定的速度收敛。可采用李雅普诺夫稳定理论或波波夫(Popov)超稳定理论来分析观测器误差的动态稳定性。

根据李雅普诺夫定理，对于式(12-141)表示的动态误差方程，定义李雅普诺夫函数为

$$V(\boldsymbol{e})=\boldsymbol{e}^{\mathrm{T}}\boldsymbol{e}+\frac{1}{\lambda}(\hat{\omega}_r-\omega_r)^2 \tag{12-144}$$

式中，λ取适当的正常数。

可见，李雅普诺夫函数 V 是正定的，当误差 $\boldsymbol{e}$ 为零，转速估计值 $\hat{\omega}_r$ 等于实际转速 ω_r 时，V=0。

按照李雅普诺夫稳定条件，还需满足 $\mathrm{d}V/\mathrm{d}t$ 负定的要求，使误差呈衰减趋势，让转速估计值 $\hat{\omega}_r$ 逐步逼近实际值 ω_r。为此，对式(12-144)求导，可得

$$\frac{\mathrm{d}V(\boldsymbol{e})}{\mathrm{d}t}=\boldsymbol{e}^{\mathrm{T}}\frac{\mathrm{d}\boldsymbol{e}}{\mathrm{d}t}+\frac{\mathrm{d}\boldsymbol{e}^{\mathrm{T}}}{\mathrm{d}t}\boldsymbol{e}+\frac{\mathrm{d}}{\mathrm{d}t}\frac{(\hat{\omega}_r-\omega_r)^2}{\lambda} \tag{12-145}$$

当系统稳态时，转速 ω_r 变化缓慢，可近似为常数。将式(12-141)代入，则有

$$\frac{\mathrm{d}V(\boldsymbol{e})}{\mathrm{d}t}=\boldsymbol{e}^{\mathrm{T}}[(\boldsymbol{A}-\boldsymbol{L}\boldsymbol{C})^{\mathrm{T}}+(\boldsymbol{A}-\boldsymbol{L}\boldsymbol{C})]\boldsymbol{e}-(\boldsymbol{e}^{\mathrm{T}}\Delta\boldsymbol{A}\hat{\boldsymbol{x}}+\hat{\boldsymbol{x}}^{\mathrm{T}}\Delta\boldsymbol{A}^{\mathrm{T}}\boldsymbol{e})+\frac{2}{\lambda}(\hat{\omega}_r-\omega_r)\frac{\mathrm{d}\hat{\omega}_r}{\mathrm{d}t}$$

在通过极点配置设计矩阵 $\boldsymbol{L}$ 时，应使系统矩阵($\boldsymbol{A}$–$\boldsymbol{L}\boldsymbol{C}$)的所有特征值具有负实部，因此可以证明$[(\boldsymbol{A}-\boldsymbol{L}\boldsymbol{C})^{\mathrm{T}}+(\boldsymbol{A}-\boldsymbol{L}\boldsymbol{C})]$是负定的。可见上式中等号右边的第一项总是负数，只要第

二项与第三项之和为零，即可满足 $\mathrm{d}V/\mathrm{d}t$ 负定的要求。为此，令

$$-(\boldsymbol{e}^{\mathrm{T}}\Delta\boldsymbol{A}\hat{\boldsymbol{x}}+\hat{\boldsymbol{x}}^{\mathrm{T}}\Delta\boldsymbol{A}^{\mathrm{T}}\boldsymbol{e})+\frac{2}{\lambda}(\hat{\omega}_{\mathrm{r}}-\omega_{\mathrm{r}})\frac{\mathrm{d}\hat{\omega}_{\mathrm{r}}}{\mathrm{d}t}=0$$

可得

$$\frac{\mathrm{d}\hat{\omega}_{\mathrm{r}}}{\mathrm{d}t}=\frac{\lambda}{2(\hat{\omega}_{\mathrm{r}}-\omega_{\mathrm{r}})}(\boldsymbol{e}^{\mathrm{T}}\Delta\boldsymbol{A}\hat{\boldsymbol{x}}+\hat{\boldsymbol{x}}^{\mathrm{T}}\Delta\boldsymbol{A}^{\mathrm{T}}\boldsymbol{e}) \tag{12-146}$$

将式(12-141)和式(12-142)代入，并计及状态变量的估计值为 $\hat{\boldsymbol{x}}=(\hat{\boldsymbol{i}}_{\mathrm{s}}\quad\hat{\boldsymbol{\psi}}_{\mathrm{r}})^{\mathrm{T}}$，即有

$$\frac{\mathrm{d}\hat{\omega}_{\mathrm{r}}}{\mathrm{d}t}=\frac{\lambda L_{\mathrm{m}}}{\sigma L_{\mathrm{s}}L_{\mathrm{r}}}\hat{\boldsymbol{\psi}}_{\mathrm{r}}^{\mathrm{T}}\boldsymbol{M}(\boldsymbol{i}_{\mathrm{s}}-\hat{\boldsymbol{i}}_{\mathrm{s}})-\lambda\hat{\boldsymbol{\psi}}_{\mathrm{r}}^{\mathrm{T}}\boldsymbol{M}(\boldsymbol{\psi}_{\mathrm{r}}-\hat{\boldsymbol{\psi}}_{\mathrm{r}})$$

假如系统稳定运行时，$\boldsymbol{\psi}_{\mathrm{r}}=\hat{\boldsymbol{\psi}}_{\mathrm{r}}$，上式简化为

$$\frac{\mathrm{d}\hat{\omega}_{\mathrm{r}}}{\mathrm{d}t}=\frac{\lambda L_{\mathrm{m}}}{\sigma L_{\mathrm{s}}L_{\mathrm{r}}}\hat{\boldsymbol{\psi}}_{\mathrm{r}}^{\mathrm{T}}\boldsymbol{M}(\boldsymbol{i}_{\mathrm{s}}-\hat{\boldsymbol{i}}_{\mathrm{s}}) \tag{12-147}$$

令 $K_{\omega}=\lambda L_{\mathrm{m}}/(L_{\mathrm{s}}L_{\mathrm{r}})$ 为转速估计系数，两边取积分，可得基于龙伯格状态观测器的转速估计算法公式为

$$\hat{\omega}_{\mathrm{r}}=K_{\omega}\int\hat{\boldsymbol{\psi}}_{\mathrm{r}}^{\mathrm{T}}\boldsymbol{M}(\boldsymbol{i}_{\mathrm{s}}-\hat{\boldsymbol{i}}_{\mathrm{s}})\mathrm{d}t \tag{12-148}$$

为加快转速估计器的动态响应，可在式(12-148)中增加一个比例项，构成一个比例积分环节

$$\begin{aligned}\hat{\omega}_{\mathrm{r}}&=K_{\mathrm{P}}\hat{\boldsymbol{\psi}}_{\mathrm{r}}^{\mathrm{T}}\boldsymbol{M}(\boldsymbol{i}_{\mathrm{s}}-\hat{\boldsymbol{i}}_{\mathrm{s}})+K_{\mathrm{I}}\int\hat{\boldsymbol{\psi}}_{\mathrm{r}}^{\mathrm{T}}\boldsymbol{M}(\boldsymbol{i}_{\mathrm{s}}-\hat{\boldsymbol{i}}_{\mathrm{s}})\mathrm{d}t\\&=\left(K_{\mathrm{P}}+\frac{K_{\mathrm{I}}}{p}\right)\hat{\boldsymbol{\psi}}_{\mathrm{r}}^{\mathrm{T}}\boldsymbol{M}(\boldsymbol{i}_{\mathrm{s}}-\hat{\boldsymbol{i}}_{\mathrm{s}})\end{aligned} \tag{12-149}$$

式中，K_{P} 和 K_{I} 分别为比例调节系数和积分调节系数。

由此可见，选择适当的 K_{P} 和 K_{I} 系数，利用龙伯格状态观测器获取电动机定子电流和转子磁链的估计值 $\hat{\boldsymbol{i}}_{\mathrm{s}}$ 和 $\hat{\boldsymbol{\psi}}_{\mathrm{r}}$，可由式(12-149)估算出电动机转速 $\hat{\omega}_{\mathrm{r}}$。

式(12-149)还可写成标量形式

$$\hat{\omega}_{\mathrm{r}}=\left(K_{\mathrm{P}}+\frac{K_{\mathrm{I}}}{p}\right)[\hat{\psi}_{\mathrm{r\beta}}(i_{\mathrm{s\alpha}}-\hat{i}_{\mathrm{s\alpha}})-\hat{\psi}_{\mathrm{r\alpha}}(i_{\mathrm{s\beta}}-\hat{i}_{\mathrm{s\beta}})] \tag{12-150}$$

2. 基于卡尔曼滤波器的转速估计法

根据扩展卡尔曼滤波器原理，选择异步电动机在两相静止坐标系上的离散模型式(12-116)和式(12-117)，在无速度传感器条件下，因转速 ω_{r} 也是待估计的变量，因此模型变成非线性方程。

为了估算转速 ω_{r}，将其也看作一个状态变量，这样将矩阵式(12-118)和式(12-119)扩展为一个 5 阶的增广矩阵。

设状态变量为

$$\boldsymbol{x}=(i_{\mathrm{s\alpha}}\quad i_{\mathrm{s\beta}}\quad \psi_{\mathrm{r\alpha}}\quad \psi_{\mathrm{r\beta}}\quad \omega_{\mathrm{r}})^{\mathrm{T}} \tag{12-151}$$

在一个较小的采样周期内，有 $\mathrm{d}\omega_{\mathrm{r}}/\mathrm{d}t=0$，增广模型可用差分方程表示为

$$\begin{cases}\boldsymbol{x}(k+1)=\boldsymbol{A}_{\mathrm{d}}\boldsymbol{x}(k)+\boldsymbol{B}_{\mathrm{d}}\boldsymbol{u}(k)\\ \boldsymbol{y}(k)=\boldsymbol{C}_{\mathrm{d}}\boldsymbol{x}(k)\end{cases} \tag{12-152}$$

式中，
$$
\boldsymbol{A}_{\mathrm{d}}=\begin{pmatrix}
1-\left(\dfrac{1-\sigma}{\sigma T_{\mathrm{r}}}+\dfrac{R_{\mathrm{s}}}{\sigma L_{\mathrm{s}}}\right)T & 0 & \dfrac{L_{\mathrm{r}}}{\sigma L_{\mathrm{s}}L_{\mathrm{m}}T_{\mathrm{r}}}T & \dfrac{L_{\mathrm{m}}}{\sigma L_{\mathrm{s}}L_{\mathrm{r}}}\omega_{\mathrm{r}}T & 0 \\
0 & 1-\left(\dfrac{1-\sigma}{\sigma T_{\mathrm{r}}}+\dfrac{R_{\mathrm{s}}}{\sigma L_{\mathrm{s}}}\right)T & -\dfrac{L_{\mathrm{m}}}{\sigma L_{\mathrm{s}}L_{\mathrm{r}}}\omega_{\mathrm{r}}T & \dfrac{L_{\mathrm{r}}}{\sigma L_{\mathrm{s}}L_{\mathrm{m}}T_{\mathrm{r}}}T & 0 \\
\dfrac{L_{\mathrm{m}}}{T_{\mathrm{r}}}T & 0 & 1-\dfrac{T}{T_{\mathrm{r}}} & -\omega_{\mathrm{r}}T & 0 \\
0 & \dfrac{L_{\mathrm{m}}}{T_{\mathrm{r}}}T & \omega_{\mathrm{r}}T & 1-\dfrac{T}{T_{\mathrm{r}}} & 0 \\
0 & 0 & 0 & 0 & 1
\end{pmatrix} \tag{12-153}
$$

$$
\boldsymbol{B}_{\mathrm{d}}=\begin{pmatrix}
\dfrac{T}{\sigma L_{\mathrm{s}}} & 0 & 0 & 0 & 0 \\
0 & \dfrac{T}{\sigma L_{\mathrm{s}}} & 0 & 0 & 0
\end{pmatrix} \tag{12-154}
$$

$$
\boldsymbol{C}_{\mathrm{d}}=\begin{pmatrix}
1 & 0 & 0 & 0 & 0 \\
0 & 1 & 0 & 0 & 0
\end{pmatrix} \tag{12-155}
$$

构造扩展卡尔曼滤波器，由式(12-40)和式(12-41)的雅可比矩阵，可得

$$
\begin{aligned}
\boldsymbol{F}[\boldsymbol{x}(k)]&=\frac{\partial f}{\partial \boldsymbol{x}}\bigg|_{\boldsymbol{x}(k)=\hat{\boldsymbol{x}}(k)}=\frac{\partial}{\partial \boldsymbol{x}}[\boldsymbol{A}_{\mathrm{d}}\boldsymbol{x}(k)+\boldsymbol{B}_{\mathrm{d}}\boldsymbol{u}(k)]\bigg|_{\boldsymbol{x}(k)=\hat{\boldsymbol{x}}(k)}=\frac{\partial}{\partial \boldsymbol{x}}\boldsymbol{A}_{\mathrm{d}}\boldsymbol{x}(k)\bigg|_{\boldsymbol{x}(k)=\hat{\boldsymbol{x}}(k)} \\
&=\boldsymbol{A}_{\mathrm{d}}\frac{\partial \boldsymbol{x}(k)}{\partial \boldsymbol{x}}+\frac{\partial \boldsymbol{A}_{\mathrm{d}}}{\partial \boldsymbol{x}}\boldsymbol{x}(k)
\end{aligned}
$$

$$
\boldsymbol{F}=\begin{pmatrix}
1-\left(\dfrac{1-\sigma}{\sigma T_{\mathrm{r}}}+\dfrac{R_{\mathrm{s}}}{\sigma L_{\mathrm{s}}}\right)T & 0 & \dfrac{L_{\mathrm{r}}T}{\sigma L_{\mathrm{s}}L_{\mathrm{m}}T_{\mathrm{r}}} & \dfrac{L_{\mathrm{m}}T}{\sigma L_{\mathrm{s}}L_{\mathrm{r}}}\hat{\omega}_{\mathrm{r}} & \dfrac{L_{\mathrm{m}}T}{\sigma L_{\mathrm{s}}L_{\mathrm{r}}}\hat{\psi}_{\mathrm{r\beta}} \\
0 & 1-\left(\dfrac{1-\sigma}{\sigma T_{\mathrm{r}}}+\dfrac{R_{\mathrm{s}}}{\sigma L_{\mathrm{s}}}\right)T & -\dfrac{L_{\mathrm{m}}T}{\sigma L_{\mathrm{s}}L_{\mathrm{r}}}\hat{\omega}_{\mathrm{r}} & \dfrac{L_{\mathrm{r}}T}{\sigma L_{\mathrm{s}}L_{\mathrm{m}}T_{\mathrm{r}}} & -\dfrac{L_{\mathrm{m}}T}{\sigma L_{\mathrm{s}}L_{\mathrm{r}}}\hat{\psi}_{\mathrm{r\alpha}} \\
\dfrac{L_{\mathrm{m}}}{T_{\mathrm{r}}}T & 0 & 1-\dfrac{T}{T_{\mathrm{r}}} & -T\hat{\omega}_{\mathrm{r}} & -T\hat{\psi}_{\mathrm{r\beta}} \\
0 & \dfrac{L_{\mathrm{m}}}{T_{\mathrm{r}}}T & T\hat{\omega}_{\mathrm{r}} & 1-\dfrac{T}{T_{\mathrm{r}}} & T\hat{\psi}_{\mathrm{r\alpha}} \\
0 & 0 & 0 & 0 & 1
\end{pmatrix} \tag{12-156}
$$

$$
\boldsymbol{G}[\boldsymbol{x}(k)]=\frac{\partial g}{\partial \boldsymbol{x}}\bigg|_{\boldsymbol{x}(k)=\hat{\boldsymbol{x}}(k)}=\frac{\partial}{\partial \boldsymbol{x}}\boldsymbol{C}_{\mathrm{d}}\boldsymbol{x}(k)\bigg|_{\boldsymbol{x}(k)=\hat{\boldsymbol{x}}(k)}=\boldsymbol{C} \tag{12-157}
$$

这样，可将非线性模型式(12-152)线性化为

$$
\begin{cases}
\boldsymbol{x}(k+1)=\boldsymbol{F}(k)\boldsymbol{x}(k)+\boldsymbol{W}(k) \\
\boldsymbol{y}(k)=\boldsymbol{C}\boldsymbol{x}(k)+\boldsymbol{V}(k)
\end{cases} \tag{12-158}
$$

由式(12-43)可推导出基于扩展卡尔曼滤波器的系统状态估计公式为

$$
\hat{\boldsymbol{x}}(k+1)=\hat{\boldsymbol{A}}_{\mathrm{d}}(k)\hat{\boldsymbol{x}}(k)+\boldsymbol{B}_{\mathrm{d}}(k)\boldsymbol{u}(k)+\boldsymbol{K}(k+1)[\boldsymbol{C}\boldsymbol{x}(k+1)-\boldsymbol{C}\hat{\boldsymbol{x}}(k)] \tag{12-159}
$$

式中，$\boldsymbol{K}(k+1)$为卡尔曼增益矩阵，有

$$\boldsymbol{K}(k+1)=\hat{\boldsymbol{P}}(k+1)\boldsymbol{C}^{\mathrm{T}}[\boldsymbol{C}\hat{\boldsymbol{P}}(k+1)\boldsymbol{C}^{\mathrm{T}}+\boldsymbol{R}]^{-1} \tag{12-160}$$

$$\hat{\boldsymbol{P}}(k+1)=\boldsymbol{F}(k+1)\hat{\boldsymbol{P}}(k)\boldsymbol{F}^{\mathrm{T}}(k+1)+\boldsymbol{Q} \tag{12-161}$$

采用扩展卡尔曼滤波算法可以同时估算电动机的磁链和转速。但如何选择和确定矩阵 $\boldsymbol{R}$、$\boldsymbol{Q}$ 和 $\boldsymbol{P}$ 的初值是设计增益矩阵 $\boldsymbol{K}(k+1)$的关键。

如果假定式(12-158)的噪声 $\boldsymbol{W}$ 与 $\boldsymbol{V}$ 互不相关，则可选择矩阵 $\boldsymbol{R}$ 和 $\boldsymbol{Q}$ 为对角矩阵。

$\boldsymbol{Q}$ 是系统噪声的协方差矩阵，包括电动机模型及其参数的误差及变化、系统扰动等。对于模型式(12-158)，可取

$$\boldsymbol{Q}=\mathrm{diag}\begin{bmatrix}q_1 & q_2 & q_3 & q_4 & q_5\end{bmatrix} \tag{12-162}$$

式中，参数 q_i 分别对应定子两相电流、转子两相磁链和转速。为简单和便于调试，可假设电动机在两相静止坐标系上两个分量的噪声相同，这样就有 $q_1=q_2$、$q_3=q_4$，仅需确定 3 个常数。应选取适当的 q_i 数值，增大 $\boldsymbol{Q}$ 会增强系统噪声，影响观测器的稳定；但也使滤波增益矩阵增大，加快滤波器的动态响应。

$\boldsymbol{R}$ 是测量噪声的协方差矩阵，包括传感器、滤波和 A-D 转换环节的误差和扰动。同样，增大 $\boldsymbol{R}$ 会增强系统测量噪声，影响观测器的稳定；但减小 $\boldsymbol{R}$ 会使动态响应变慢。考虑到电流检测来源相同，则可认为其噪声也一样，可取

$$\boldsymbol{R}=\mathrm{diag}\begin{bmatrix}q_1 & q_1\end{bmatrix} \tag{12-163}$$

$\boldsymbol{P}$ 是状态误差协方差矩阵，其初值仅影响观测器暂态过程的振幅，对于暂态持续时间和稳态性能影响不大。可取 $\boldsymbol{P}_0$ 为单位矩阵，即 $\boldsymbol{P}_0=\boldsymbol{E}$。

本节介绍的两种转速观测方法都是基于定子电流与转子磁链状态方程的，这两种方法也可以采用定子电流与磁链等模型。此外，还有滑模观测器、模型参考自适应、基于模糊自适应和人工神经网络等转速估计方法。请读者参阅有关文献。

12.4.4　电动机转矩的估计

电力传动系统的动态性能取决于其转矩的控制，因而转矩也是重要的反馈信号，但实际转矩的检测并非易事。本节主要介绍电动机的电磁转矩与负载转矩的估计方法。

1. 电磁转矩的估算

一般而言，电动机的电磁转矩是磁链与电流的乘积。例如，直流电动机的电磁转矩是与励磁磁通、电枢电流成正比的；交流电动机的电磁转矩是与各绕组的磁链、电流相关的变量。

根据异步电动机在两相静止坐标系的模型，仍然选取定子电流与转子磁链为状态变量，其电磁转矩公式为

$$T_{\mathrm{e}}=\frac{L_{\mathrm{m}}}{L_{\mathrm{r}}}n_{\mathrm{p}}(\psi_{\mathrm{r}\alpha}i_{\mathrm{s}\beta}-\psi_{\mathrm{r}\beta}i_{\mathrm{s}\alpha}) \tag{12-164}$$

如果采用上述磁链估计方法可以估算出转子磁链的估计值，则由式(12-164)可得电磁转矩的估计公式为

$$\hat{T}_{\mathrm{e}}=\frac{L_{\mathrm{m}}}{L_{\mathrm{r}}}n_{\mathrm{p}}(\hat{\psi}_{\mathrm{r}\alpha}i_{\mathrm{s}\beta}-\hat{\psi}_{\mathrm{r}\beta}i_{\mathrm{s}\alpha}) \tag{12-165}$$

也就是说，采用龙伯格状态观测器或扩展卡尔曼滤波器可以同时估算出电动机的电磁转矩。

同理，也可以采用定子磁链估计方法结合相应的电磁转矩公式来估算电磁转矩。交流同步电动机的电磁转矩估计方法也是按此思路来构建相应的估计器。

2. 负载转矩的估算

负载扰动是电力传动系统的主要外部影响，负载转矩的检测或估算，进而采取相应的控制措施，可以提高系统动态性能。

在基于扩展卡尔曼滤波器的转速估计方法中，无速度传感器 5 阶模型式(12-153)中引入负载转矩 T_{L} 为状态变量，设

$$\boldsymbol{x}=(i_{\mathrm{s}\alpha}\quad i_{\mathrm{s}\beta}\quad \psi_{\mathrm{r}\alpha}\quad \psi_{\mathrm{r}\beta}\quad \omega_{\mathrm{r}}\quad T_{\mathrm{L}})^{\mathrm{T}} \tag{12-166}$$

考虑电力传动系统的运动方程

$$T_{\mathrm{e}}-T_{\mathrm{L}}=\frac{J}{n_{\mathrm{p}}}\frac{\mathrm{d}\omega_{\mathrm{r}}}{\mathrm{d}t}$$

写成状态变量形式为

$$\frac{\mathrm{d}\omega_{\mathrm{r}}}{\mathrm{d}t}=\frac{n_{\mathrm{p}}}{J}(T_{\mathrm{e}}-T_{\mathrm{L}})=\frac{n_{\mathrm{p}}}{J}\left[\frac{L_{\mathrm{m}}}{L_{\mathrm{r}}}n_{\mathrm{p}}(\psi_{\mathrm{r}\alpha}i_{\mathrm{s}\beta}-\psi_{\mathrm{r}\beta}i_{\mathrm{s}\alpha})-T_{\mathrm{L}}\right] \tag{12-167}$$

这是一个非线性方程，对其微分线性化，得到状态估计的雅可比方程

$$\begin{aligned}\frac{\mathrm{d}\omega_{\mathrm{r}}}{\mathrm{d}t}&=\left[\frac{n_{\mathrm{p}}^2L_{\mathrm{m}}}{JL_{\mathrm{r}}}\frac{\partial}{\partial\hat{\boldsymbol{x}}}(\psi_{\mathrm{r}\alpha}i_{\mathrm{s}\beta}-\psi_{\mathrm{r}\beta}i_{\mathrm{s}\alpha})-\frac{n_{\mathrm{p}}}{J}\frac{\partial}{\partial\hat{\boldsymbol{x}}}T_{\mathrm{L}}\right]\\&=-\frac{n_{\mathrm{p}}^2L_{\mathrm{m}}}{JL_{\mathrm{r}}}\hat{\psi}_{\mathrm{r}\beta}+\frac{n_{\mathrm{p}}^2L_{\mathrm{m}}}{JL_{\mathrm{r}}}\hat{\psi}_{\mathrm{r}\alpha}+\frac{n_{\mathrm{p}}^2L_{\mathrm{m}}}{JL_{\mathrm{r}}}\hat{i}_{\mathrm{s}\beta}-\frac{n_{\mathrm{p}}^2L_{\mathrm{m}}}{JL_{\mathrm{r}}}\hat{i}_{\mathrm{s}\alpha}-\frac{n_{\mathrm{p}}}{J}\end{aligned} \tag{12-168}$$

式中，$\boldsymbol{x}$ 为状态变量。

虽然负载转矩动态特性往往是未知的，但在一个采样周期的短暂时间内，可以认为负载的变化可以忽略，即假定 $\mathrm{d}T_{\mathrm{L}}/\mathrm{d}t=0$。这样，将模型式(12-153)再增广到 6 阶模型，并通过微分线性化得到的雅可比矩阵 $\boldsymbol{F}(k)$和 $\boldsymbol{G}(k)$为

$$\boldsymbol{F}=\begin{pmatrix}1-\left(\dfrac{1-\sigma}{\sigma T_{\mathrm{r}}}+\dfrac{R_{\mathrm{s}}}{\sigma L_{\mathrm{s}}}\right)T & 0 & \dfrac{L_{\mathrm{r}}T}{\sigma L_{\mathrm{s}}L_{\mathrm{m}}T_{\mathrm{r}}} & \dfrac{L_{\mathrm{m}}T}{\sigma L_{\mathrm{s}}L_{\mathrm{r}}}\hat{\omega}_{\mathrm{r}} & \dfrac{L_{\mathrm{m}}T}{\sigma L_{\mathrm{s}}L_{\mathrm{r}}}\hat{\psi}_{\mathrm{r}\beta} & 0\\ 0 & 1-\left(\dfrac{1-\sigma}{\sigma T_{\mathrm{r}}}+\dfrac{R_{\mathrm{s}}}{\sigma L_{\mathrm{s}}}\right)T & -\dfrac{L_{\mathrm{m}}T}{\sigma L_{\mathrm{s}}L_{\mathrm{r}}}\hat{\omega}_{\mathrm{r}} & \dfrac{L_{\mathrm{r}}T}{\sigma L_{\mathrm{s}}L_{\mathrm{m}}T_{\mathrm{r}}} & -\dfrac{L_{\mathrm{m}}T}{\sigma L_{\mathrm{s}}L_{\mathrm{r}}}\hat{\psi}_{\mathrm{r}\alpha} & 0\\ \dfrac{L_{\mathrm{m}}}{T_{\mathrm{r}}}T & 0 & 1-\dfrac{T}{T_{\mathrm{r}}} & -T\hat{\omega}_{\mathrm{r}} & -T\hat{\psi}_{\mathrm{r}\beta} & 0\\ 0 & \dfrac{L_{\mathrm{m}}}{T_{\mathrm{r}}}T & T\hat{\omega}_{\mathrm{r}} & 1-\dfrac{T}{T_{\mathrm{r}}} & T\hat{\psi}_{\mathrm{r}\alpha} & 0\\ -\dfrac{n_{\mathrm{p}}^2L_{\mathrm{m}}T}{JL_{\mathrm{r}}}\hat{\psi}_{\mathrm{r}\beta} & \dfrac{n_{\mathrm{p}}^2L_{\mathrm{m}}T}{JL_{\mathrm{r}}}\hat{\psi}_{\mathrm{r}\alpha} & \dfrac{n_{\mathrm{p}}^2L_{\mathrm{m}}T}{JL_{\mathrm{r}}}\hat{i}_{\mathrm{s}\beta} & -\dfrac{n_{\mathrm{p}}^2L_{\mathrm{m}}T}{JL_{\mathrm{r}}}\hat{i}_{\mathrm{s}\alpha} & 1 & -\dfrac{n_{\mathrm{p}}T}{J}\\ 0 & 0 & 0 & 0 & 0 & 1\end{pmatrix} \tag{12-169}$$

$$\boldsymbol{G}[x(k)] = \boldsymbol{C}_{\mathrm{d}} = \begin{pmatrix} 1 & 0 & 0 & 0 & 0 & 0 \\ 0 & 1 & 0 & 0 & 0 & 0 \end{pmatrix} \tag{12-170}$$

由此，再采用基于扩展卡尔曼滤波器的系统状态估计方法，其状态估计公式为

$$\hat{\boldsymbol{x}}(k+1) = \hat{\boldsymbol{A}}_{\mathrm{d}}(k)\hat{\boldsymbol{x}}(k) + \boldsymbol{B}_{\mathrm{d}}(k)\boldsymbol{u}(k) + \boldsymbol{K}(k+1)[\boldsymbol{C}\boldsymbol{x}(k+1) - \boldsymbol{C}\hat{\boldsymbol{x}}(k)] \tag{12-171}$$

式中，$\boldsymbol{K}(k+1)$ 为卡尔曼增益矩阵，有

$$\boldsymbol{K}(k+1) = \hat{\boldsymbol{P}}(k+1)\boldsymbol{C}^{\mathrm{T}}[\boldsymbol{C}\hat{\boldsymbol{P}}(k+1)\boldsymbol{C}^{\mathrm{T}} + \boldsymbol{R}]^{-1} \tag{12-172}$$

$$\hat{\boldsymbol{P}}(k+1) = \boldsymbol{F}(k+1)\hat{\boldsymbol{P}}(k)\boldsymbol{F}^{\mathrm{T}}(k+1) + \boldsymbol{Q} \tag{12-173}$$

这里，取系统噪声协方差矩阵 $\boldsymbol{Q}$ 为

$$\boldsymbol{Q} = \mathrm{diag}(q_1 \quad q_2 \quad q_3 \quad q_4 \quad q_5 \quad q_6) \tag{12-174}$$

分别对应定子电流、转子磁链、转速和负载转矩。其参数可按前述原则选择。

同上原理，系统测量噪声的协方差矩阵 $\boldsymbol{R}$ 可取为

$$\boldsymbol{R} = \mathrm{diag}(q_1 \quad q_1) \tag{12-175}$$

12.5　无速度传感器控制系统

系统辨识与状态估计技术现已在现代电力传动系统中得到越来越多的应用，主要用途包括电动机的参数辨识，磁链、转速和转矩的估算等。本节主要介绍两种最为常用的无速度传感器电力传动控制系统。

12.5.1　基于 VC 的无速度传感器控制系统

如前所述，矢量控制是目前高性能交流调速的主要控制方法之一。在通常的矢量控制系统中，需要测量电动机的电压、电流、磁链和转速作为系统反馈的主要变量。第 8 章已介绍了 VC 系统的结构和控制原理，其中，转速反馈采用转速传感器直接检测，磁链的反馈值是通过磁链模型计算出来的。

无速度传感器调速系统则是在没有或无法安装转速传感器的情况下，采用系统状态估计方法，去替代转速传感器来间接地估算转速值[14]。典型的基于 VC 的无速度传感器电力传动系统的结构如图 12-11 所示，其中的转速与磁链估计器可以采用前节所述的龙伯格状态观测器或扩展卡尔曼滤波器构成，这两种转速观测方法都是基于定子电流与转子磁链状态方程的，即需要检测系统的定子电压、定子电流作为估计器的输入，通过估计算法来获得转速与磁链的输出值。

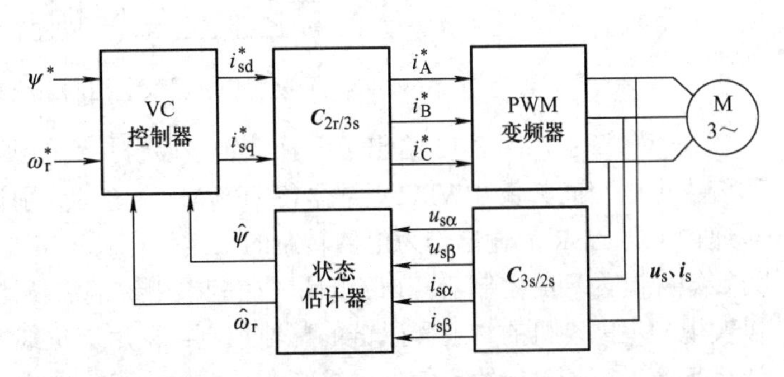

图 12-11　无速度传感器矢量控制系统的基本结构

图中的状态估计器也可以采用定子电流与磁链等模型。此外，还有滑模观测器、模型参考自适

应、基于模糊自适应和人工神经网络等转速与磁链估计方法。

一种采用无速度传感器的间接转子磁场定向矢量控制系统如图 12-12 所示，系统的控制原理与图 8-7 中的间接转子磁场定向的矢量控制系统相同，仅采用转速与磁链估计器替换原系统的转速传感器和磁链模型。

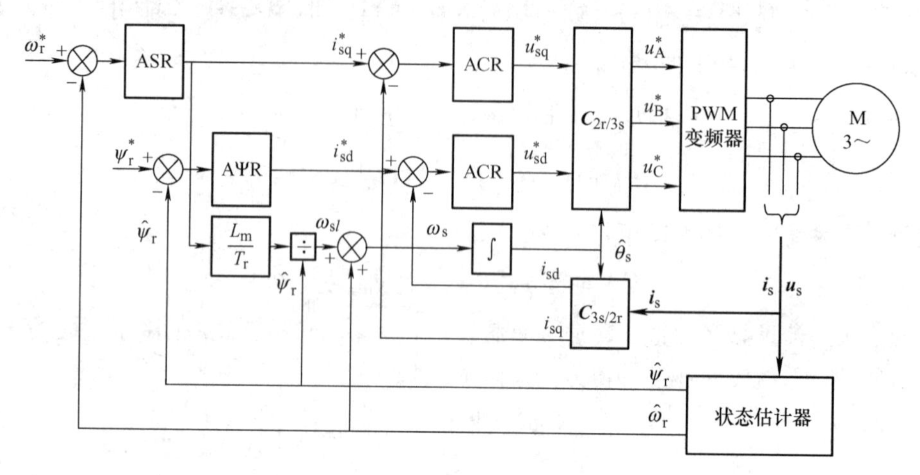

图 12-12　间接转子磁场定向的矢量控制系统

12.5.2　基于 DTC 的无速度传感器控制系统

基于 DTC 的交流调速系统也是一种交流电动机高性能的控制方案。根据基本的 DTC 系统方案，系统分别设置磁链、转速和转矩 3 个反馈控制环，转速调节器 ASR 的输出作为电磁转矩的给定信号 T_e^*，在 T_e^* 后引入了转矩滞环比较器 THB 作为转矩控制内环的控制器，以实现转矩的直接比较控制。因此基于 DTC 的无速度传感器交流调速系统基本结构如图 12-13 所示，与 VC 系统的不同之处在于其状态观测器除了要估计磁链和转速外，还需估算转矩值。

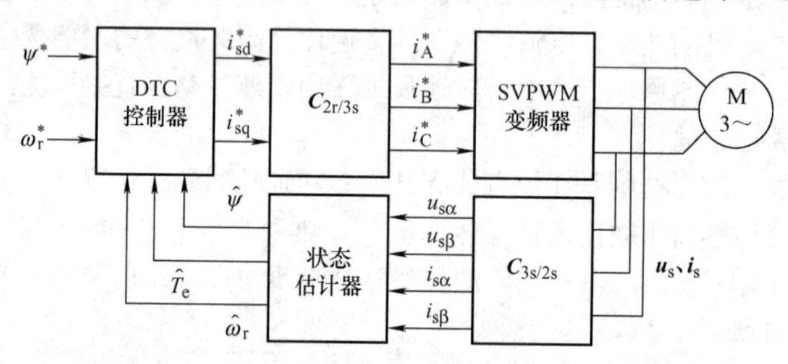

图 12-13　无速度传感器矢量控制系统的基本结构

在第 8 章中，图 8-13 给出了一种按定子磁链控制的经典直接转矩控制系统的控制框图，系统由电压空间矢量 PWM 变频器（SVPWM）供电，分别设置转速和磁链两个反馈控制环，转速调节器 ASR 的输出作为电磁转矩的给定信号 T_e^*，在 T_e^* 后引入了转矩滞环比较器 THB 作为转矩控制内环的控制器；在磁链闭环控制中用磁链滞环比较器ΨHB 取代磁链调节器 AΨR，以实现异步电动机的转速和磁链的单独控制；采用双位式 Bang-Bang 控制，通过开关状态的选择来产生定子电压给定信号，控制变频器输出可变的电压和频率以驱动异步电动机调速。

在这个系统方案中，如果采用无速度传感器控制，则需要用状态观测器来估计电动机的磁链、转矩和转速三个变量。为此，设计的基于 DTC 的无速度传感器控制系统如图 12-14 所示，仅采用状态观测器代替了原系统中的定子磁链模型。

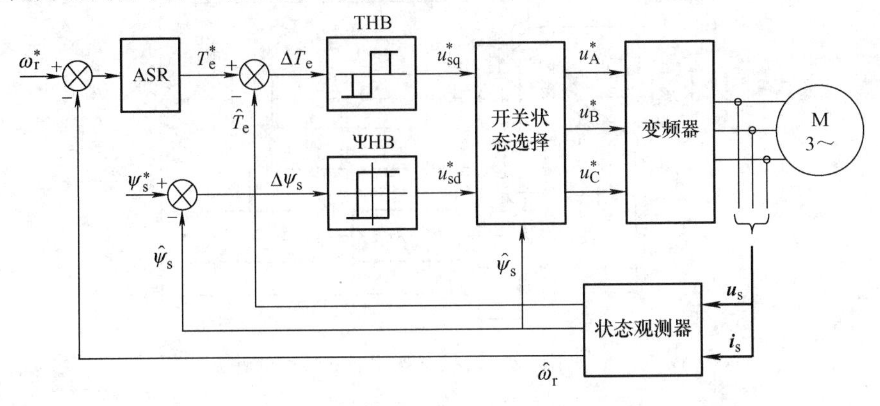

图 12-14　基于 DTC 的无速度传感器控制系统

基于 DTC 的无速度传感器电力传动控制系统中，因除了磁链和转速观测外，还需要转矩观测，因而设计的状态观测器应能同时估算这三个变量。典型的状态估计方法有龙伯格状态观测器或扩展卡尔曼滤波器等。

12.5.3　无速度传感器控制系统的仿真与实验

现以基于 DTC 的无速度传感器异步电动机控制系统为例来说明其性能。

根据图 12-14 所示系统结构，在 MATLAB 仿真平台上建立基于 DTC 的无速度传感器异步电动机调速仿真系统，其系统结构如图 12-15 所示。

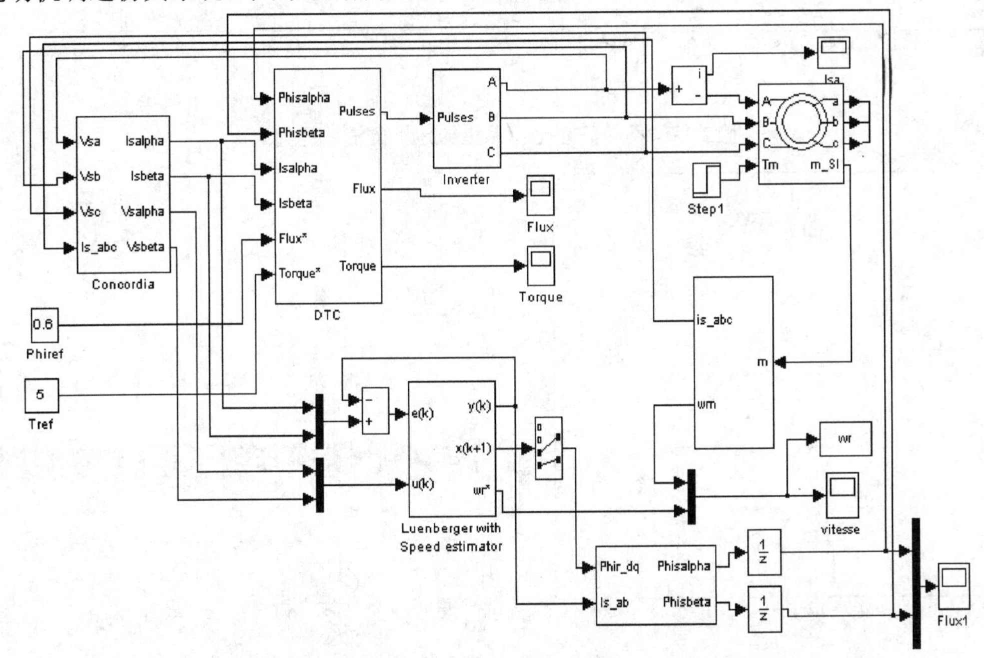

图 12-15　异步电动机无速度传感器控制仿真系统

系统中采用龙伯格状态观测器来估计磁链、转矩与转速。根据式(12-138)～式(12-150)所设计的观测器结构如图 12-16 所示。

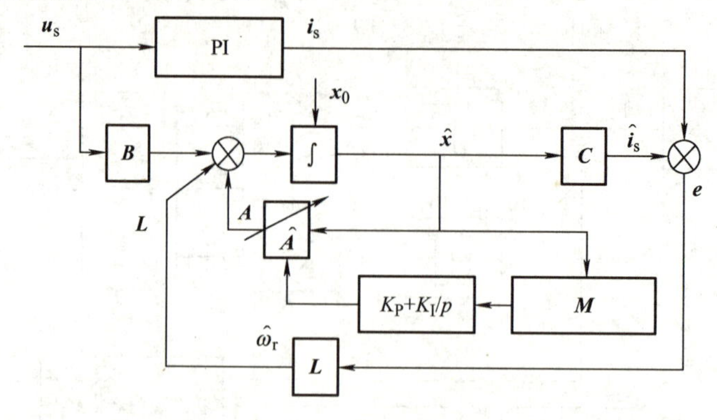

图 12-16　基于龙伯格状态观测器的转速估计

仿真系统设置转速的参考值 200r/min，转矩参考值为 5N•m，磁链的参考值为 0.6Wb。系统仿真结果如图 12-17～图 12-21 所示。

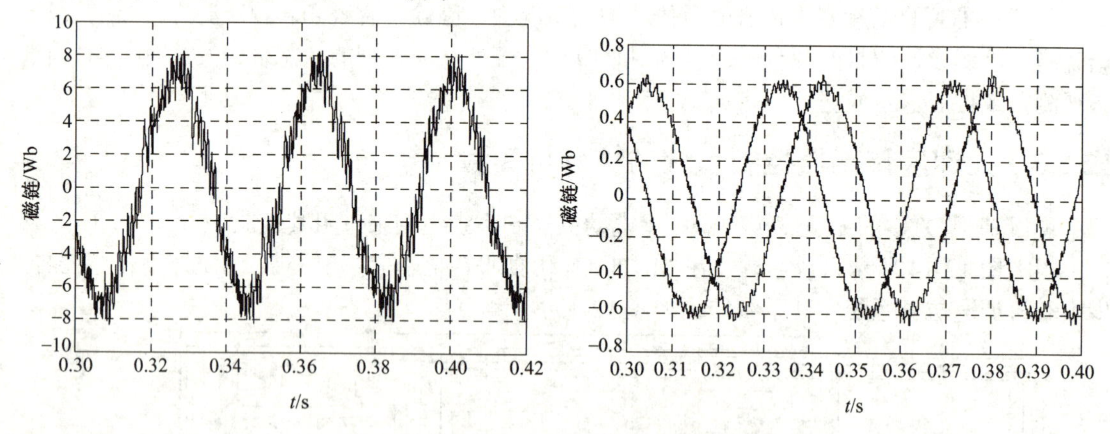

图 12-17　两相静止坐标系上的定子磁链估计值

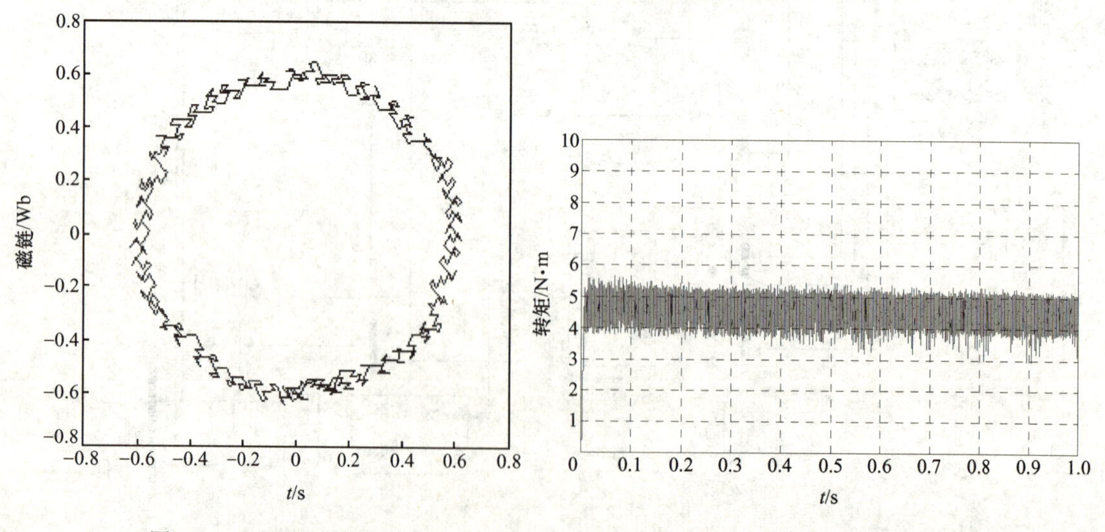

图 12-18　定子合成磁链估计

图 12-19　系统转矩动态响应曲线

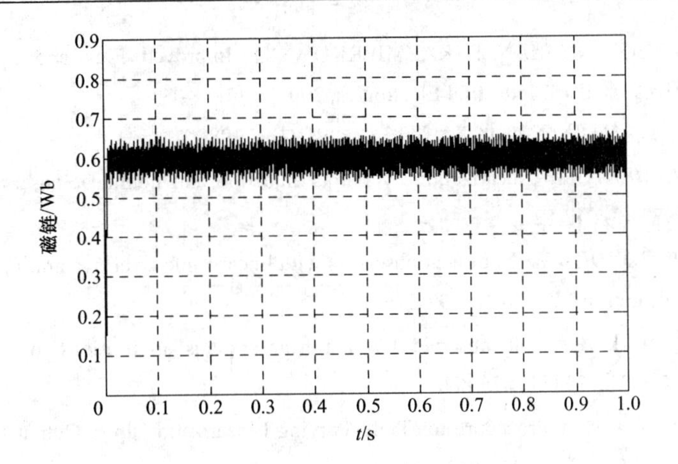

图 12-20　系统磁链动态响应曲线

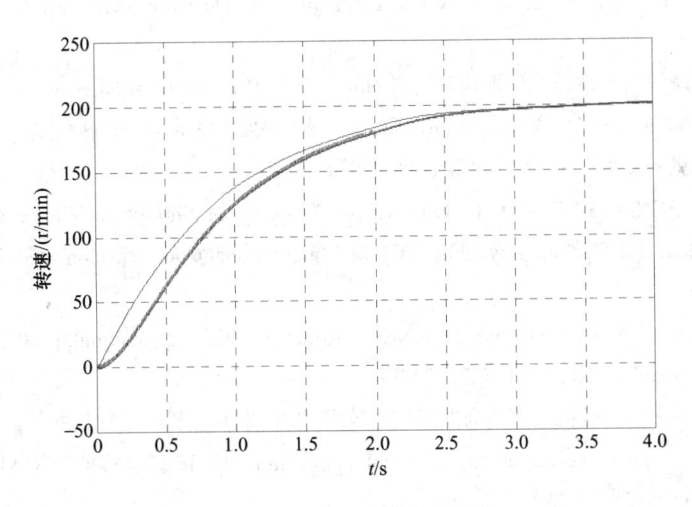

图 12-21　系统转速响应曲线

本章小结

本章以系统辨识理论为基础，介绍了常用的几种参数估计方法，包括最小二乘法、龙伯格状态观测器和卡尔曼滤波器等。基于上述方法，重点讨论了电力传动系统的系统辨识和参数估计方法，特别是电动机转速、磁链和转矩等参数的估计；进而介绍了无传感器调速系统的组成及控制原理，并进行了系统仿真。

参考文献

[1] JOACHIM HOLTZ. Sensorless Control of Induction Motor Drives [J]. Proceedings of IEEE, 2002, 90 (8): 1359-1394.

[2] RAJASHEKARA K, KAWAMURA A, MATSUE K. Sensorless Control of AC Motor Drives, Speed and Position Sensorless Operation[M]. New York: IEEE Press, 1996.

[3] LECH M GRZESIAK, MARIAN P KAZMIERKOWSKI. Improved Flux and Speed Estimators for Sensorless AC Drives [J]. IEEE Industrial Electronics, 2007, 1 (3): 8-19.

[4] 方崇智，萧德云. 过程辨识 [M]. 北京：清华大学出版社，1988.

[5] KRENER A J, ALBERTO I. Linearization by output injection and nonlinear observers [J]. System and Control Letters, 1983, (3): 47-52.

[6] KRENER A J, RESPONDEK W. Nonlinear observers with linearizable error dynamics [J]. SIAM Journal on Control and Optimization, 1985, 23 (2): 197-216.

[7] GAUTHIER J P, et al. A simple observer for nonlinear systems applications to bioreactors [J]. IEEE Transactions on AC, 1992, 37 (6): 875-880.

[8] H H, KINNAERT M. A New Procedure for Time-Varying Linearization up to Output Injection [J]. System and Control Letters, 1996, 28 (3): 151-157.

[9] LUDEMAN L C. Random Processes: Filtering, Estimation and Detection [M]. New York: John Wiley and Sons, Inc, 2003.

[10] 邓自立. 卡尔曼滤波与维纳滤波—现代时间序列分析方法 [M]. 哈尔滨：哈尔滨工业大学出版社，2001.

[11] 韩正之，陈彭年，陈树中. 自适应控制 [M]. 北京：清华大学出版社，2011.

[12] 廖晓钟. 感应电机多变量控制 [M]. 北京：科学出版社，2014.

[13] TABBACHE B, BENBOUZID M E H. Observateur Adaptatif de Flux et de Vitesse pour la Commande Directe du Couple d'une Machine Asynchrone[C]. 2nd International Conference on Electrical and Electronics Engineering, 2008.

[14] FERNANDO BRIZ, MICHAEL W DEGNER. Rotor position estimation[J]. IEEE INDUSTRIAL ELECTRONICS MAGAZINE, 2011, 5 (2): 24-36.

[15] 张永昌，等. 异步电机无速度传感器高性能控制技术 [M]. 北京：机械工业出版社，2015.

[16] MARIO PACAS. Sensorless drives in industrial applications[J]. IEEE INDUSTRIAL ELECTRONICS MAGAZINE, 2011, 5 (2): 16-23.

第 13 章　电力传动系统的先进控制方法

本章主要介绍在 PID 控制之后发展起来的一些控制方法及其在电力传动系统的应用。针对电力传动系统非线性和强耦合的本质特征，以及动态过程中参数变化的特性，选择了目前常用的自适应控制和非线性控制等方法；进而引入了当前热门的人工智能技术，探索采用模糊控制、学习控制与人工神经网络控制在电力传动系统的尝试，以解决传统控制系统依赖精确数学模型及其对参数和环境不确定等难题。

虽然 VC 与 DTC 问世以来，有效地解决了交流电力传动系统高阶非线性强耦合系统难以控制的问题，提高了系统性能并广泛应用于满足高性能要求的运动控制系统需求。但由于经典的 VC 与 DTC 电力传动控制系统仍然采用 PID 调节器，其参数设计直接影响着系统的性能指标[1]。而在一些大动态范围运动和复杂外部环境运行条件下，系统的参数变化与环境影响的不确定性问题突显，仅仅靠调整 PID 参数难以满足控制需求和性能指标[2]。

随着自动控制理论的发展，在经典控制理论之后陆续出现了最优控制、自适应控制、非线性控制、随机控制等理论和方法，以解决线性控制理论与方法存在的不足，提高了系统控制性能并扩展了控制应用的领域。近年来，随着计算机技术的发展，利用计算机的逻辑判断和数值运算功能，使数字控制能完成各种复杂的控制算法。这些先进的控制方法与技术的应用，大大拓宽了控制规律的实现范畴，也为解决电力传动系统在现代运动控制中遇到的新问题和新应用提供了解决方案[3]。

特别是最近人工智能技术的突破，使得引入智能控制来求解复杂控制系统在系统建模与适应环境不确定性等方面的难题成为可能[4]。这方面的新进展为电力传动控制系统在未来智能运动领域，包括智能机器人和各类自主运动系统，比如智能汽车、自主水下运载工具（AUV）和无人飞机等这些新的研究热点提供新思路和新机遇。

本章主要选择目前常用的自适应控制、非线性控制和智能控制方法及其在电力传动系统的应用，简要介绍这类控制的基本原理和方法，给出典型的系统控制方案，为未来的应用提供技术基础。

13.1　电力传动系统的自适应控制方法

自适应控制系统是一种具有一定适应能力的系统，能根据被控对象和外界干扰实时修正控制器的结构、参数或根据自适应律来改变控制作用，以保证系统运行在某种意义下的最优或次最优状态[5]。

由于电动机在运行过程中参数变化、负载与环境变化的扰动，固定的控制器结构与参数难以在大范围动态过程中满足电力传动控制系统性能的要求。采用自适应控制构成电力传动控制系统是解决这类问题的方案之一[6]。

13.1.1　自适应控制的基本概念与思想

自适应控制的基本思想是[5]：通过实时监测被控对象状态和系统动态特性，根据系统变化及时修改控制器参数，以保持系统的性能。为此，自适应控制需要解决的基本问题包括：

1) 系统辨识，用来识别系统模型和估计参数变化。

2) 设计决策，能根据系统变化选择控制策略。

3) 参数修正，根据系统性能在线修正控制器参数。

13.1.2　自适应控制的基本原理与方法

自适应控制系统的基本结构如图 13-1 所示，其基本思想是在反馈控制系统中引入模型估计器，对被控对象的参数变化进行辨识与估算，进而通过控制器的修正算法，对控制器的参数进行修改或选择相应的控制策略。

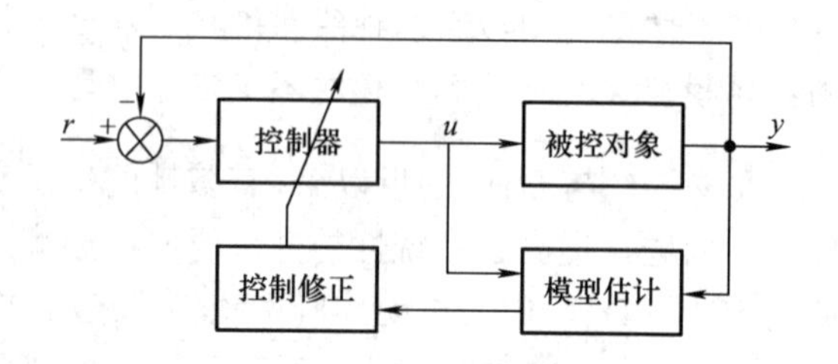

图 13-1　自适应控制系统的基本结构

自适应控制系统的形式是多样的，新的形式和设计方法还在不断地被研究。根据设计原理和实现结构的不同，自适应控制系统主要有以下几种形式：

1. 增益调度(Gain scheduling)自适应系统

如果系统的某个变化因素的变化规律可以事先把握，则依据先验知识设计出的控制系统对这个变化因素有适应能力。增益自调度系统的设计方案原则上是：依照事先设定变化规律，自动调整系统增益或改变控制器参数。

2. 自校正控制系统

自校正控制(Self-tuning control)系统的结构与图 13-1 相似，主要由参数估计器(Estimator)、控制器参数修正器和可调控制器组成，通过被控对象的参数辨识，将当前的被控对象的参数估计值直接送给控制器参数修正算法，实时调整控制器参数以实现自适应控制。

3. 模型参考自适应控制系统

模型参考自适应控制系统(Model Reference Adaptive System，MRAS)通过系统参考模型输出与被控对象实际输出的误差来设计自适应参数调整律，调节控制器参数，在保证系统稳定性的同时使系统输出接近期望输出。

13.1.3　模型参考自适应控制

模型参考自适应(MRAS)法是一类重要的自适应控制方法，其主要思想是将不含未知参数的方程作为参考模型、将含有待估计参数的方程作为可调模型，两个模型具有相同物理意义的输出量，两个模型同时工作，利用输出量的误差构成合适的自适应律以调节可调模型参数，以达到控制对象输出跟踪参考模型的目的。

1. MRAS 控制的基本结构与原理

MRAS 控制的基本结构如图 13-2 所示[7]。

MRAS 控制器参数的自适应调整过程如下：

当参考输入 $r(t)$同时加到被控系统和参考模型时，由于被控对象的参数变化或系统扰动使得实际系统的输出响应 $y(t)$与参考模型的输出响应 $y_m(t)$之间存在误差 $e(t)$，可由 $e(t)$驱动自适应机构来产生适当调节作用，直接改变控制器的参数，从而使系统的输出 $y(t)$逐步与参考模型输出 $y_m(t)$接近，直到

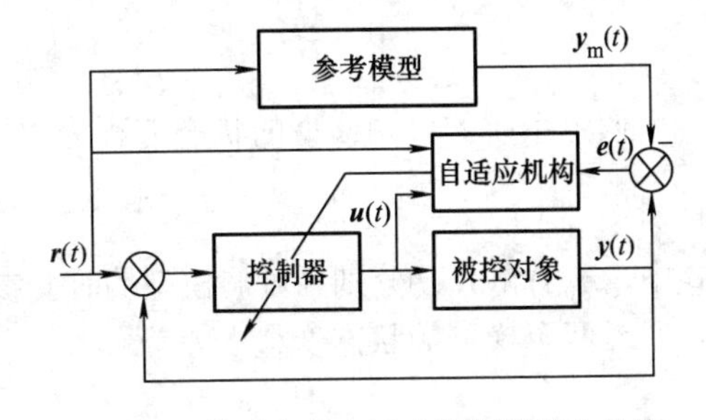

图 13-2　模型参考自适应控制的基本结构

$$y(t) \to y_m(t) \tag{13-1}$$

自适应调整过程自动停止，控制器参数也就自动整定完毕。

2. MRAS 控制器的设计

MRAS 方法的关键问题之一是图 13-2 中自适应机构所执行的自适应规律的确定。如何设计合适的自适应规律，通常有三种基本方法：

(1) 以局部参数最优化理论为基础的设计方法　主要采用梯度法、牛顿法等优化方法求取一组控制参数，使误差函数最小。但因要对参数不断寻优，需要有较长的自适应调整时间，并且不是以稳定性理论为依据的，当自适应增益过大或者参数输入太大时，都可能导致自适应控制系统的不稳定。

(2) 以李雅普诺夫函数为基础的设计方法　采用该方法来设计稳定的模型参数自适应系统。但是用其推导系统自适应控制规律存在两个问题：

1) 由于李雅普诺夫函数的非唯一性，如何寻求合适的李雅普诺夫函数。

2) 如何设计出合适的自适应律，满足系统性能要求。

(3) 以超稳定与正性动态系统理论为基础的设计方法　超稳定理论是由波波夫(Popov)提出的。图 13-3 所示系统是由一个线性定常正向环节和一个反馈环节构成，反馈环节可以是线性或非线性的、定常或时变的。当正向环节的传递函数为正实时，根据 Popov 超稳定理论给出的反馈环节的参数自适应算法可以保证系统的稳定性。这种方法的逻辑推理性较强，可以取得较普遍的结果。

第二种和第三种设计方法能够成功地用来设计稳定的 MRAS，因为 MRAS 自身就是一个时变的非线性系统，其稳定性问题是系统固有的也是首要解决的问题。但第二种方法要寻求李雅普诺夫函数，因此，本节重点讨论采用 Popov 方法设计自适应律[8]。

考虑一个输出并联型的 MRAS，其结构如图 13-4 所示。

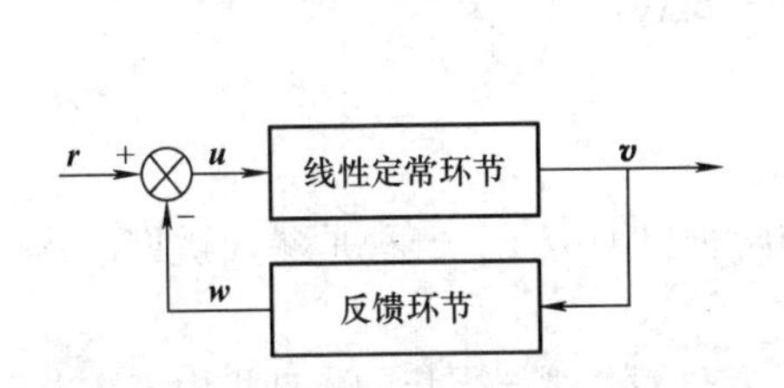

图 13-3　基于 Popov 超稳定理论的自适应律

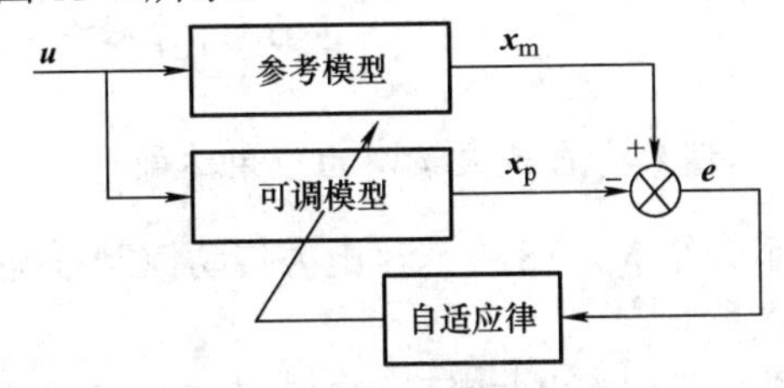

图 13-4　输出并联型 MRAS 的结构

系统的参考模型可用状态方程表示为

$$\dot{\boldsymbol{x}}_{\mathrm{m}} = \boldsymbol{A}_{\mathrm{m}}\boldsymbol{x}_{\mathrm{m}} + \boldsymbol{B}_{\mathrm{m}}\boldsymbol{u} \tag{13-2}$$

假定系统的可调模型的状态方程为

$$\dot{\boldsymbol{x}}_{\mathrm{p}} = \boldsymbol{A}_{\mathrm{p}}(t)\boldsymbol{x}_{\mathrm{p}} + \boldsymbol{B}_{\mathrm{p}}(t)\boldsymbol{u} \tag{13-3}$$

式中，$\boldsymbol{A}_{\mathrm{p}}(t)$和$\boldsymbol{B}_{\mathrm{p}}(t)$分别为可调模型的时变参数矩阵，其维数与参考模型的对应系数矩阵相同。

设两个模型的状态变量误差为

$$\boldsymbol{e} = \boldsymbol{x}_{\mathrm{m}} - \boldsymbol{x}_{\mathrm{p}} \tag{13-4}$$

则误差的变化率为

$$\dot{\boldsymbol{e}} = \dot{\boldsymbol{x}}_{\mathrm{m}} - \dot{\boldsymbol{x}}_{\mathrm{p}} = \boldsymbol{A}_{\mathrm{m}}\boldsymbol{e} + (\boldsymbol{B}_{\mathrm{m}} - \boldsymbol{B}_{\mathrm{p}})\boldsymbol{u} + (\boldsymbol{A}_{\mathrm{m}} - \boldsymbol{A}_{\mathrm{p}})\boldsymbol{x}_{\mathrm{p}} \tag{13-5}$$

由此可得一个标准的反馈系统，其框图如图 13-5 所示。

为寻求自适应矢量 $\boldsymbol{v}$ 与反馈矢量 $\boldsymbol{W}$ 间的关系，先用一个非线性时变环节来表示它们之间的关系。这样，就得到如图所示的等效非线性反馈系统。在图中，$\boldsymbol{D}$ 是增益矩阵，将 $\boldsymbol{e}$ 处理为用于自适应控制的另一矢量 $\boldsymbol{v}$，即有

$$\boldsymbol{v} = \boldsymbol{De} \tag{13-6}$$

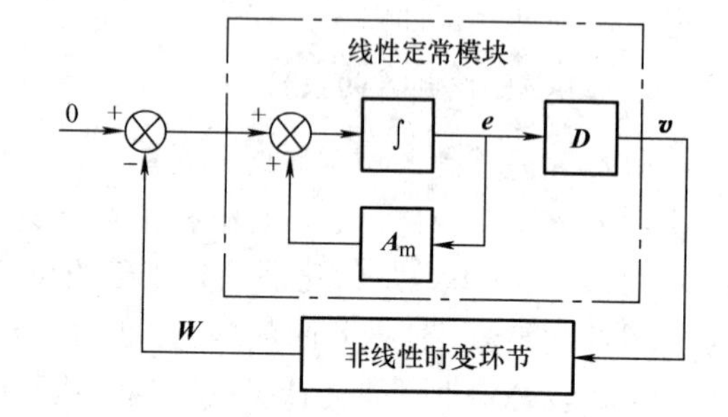

图 13-5　等效非线性反馈系统结构框图

为使自适应机构对参数矩阵 $\boldsymbol{A}_{\mathrm{p}}(t)$和 $\boldsymbol{B}_{\mathrm{p}}(t)$在 $\boldsymbol{e} = 0$ 时仍可调节，一般可采用比例积分的自适应调节律。因此，考虑采用 PI 调节律构成参数矩阵 $\boldsymbol{A}_{\mathrm{p}}(t)$和 $\boldsymbol{B}_{\mathrm{p}}(t)$，令

$$\boldsymbol{A}_{\mathrm{p}}(t) = \int_0^t \boldsymbol{F}_{\mathrm{I}}(\boldsymbol{v},t,\tau)\mathrm{d}\tau + \boldsymbol{F}_{\mathrm{P}}(\boldsymbol{v},t) + \boldsymbol{A}_{\mathrm{p}}(\boldsymbol{0}) \tag{13-7}$$

$$\boldsymbol{B}_{\mathrm{p}}(t) = \int_0^t \boldsymbol{G}_{\mathrm{I}}(\boldsymbol{v},t,\tau)\mathrm{d}\tau + \boldsymbol{G}_{\mathrm{P}}(\boldsymbol{v},t) + \boldsymbol{B}_{\mathrm{p}}(\boldsymbol{0}) \tag{13-8}$$

将式(13-7)和式(13-8)代入式(13-5)，可得等效非线性反馈系统的状态方程

$$\dot{\boldsymbol{e}} = \boldsymbol{A}_{\mathrm{m}}\boldsymbol{e} - \boldsymbol{IW} \tag{13-9}$$

$$\boldsymbol{v} = \boldsymbol{De} \tag{13-10}$$

$$\begin{aligned}\boldsymbol{W} = &\left[\int_0^t \boldsymbol{F}_{\mathrm{I}}(\boldsymbol{v},t,\tau)\mathrm{d}\tau + \boldsymbol{F}_{\mathrm{P}}(\boldsymbol{v},t) + \boldsymbol{A}_{\mathrm{p}}(\boldsymbol{0}) - \boldsymbol{A}_{\mathrm{m}}\right]\boldsymbol{x}_{\mathrm{p}} + \\ &\left[\int_0^t \boldsymbol{G}_{\mathrm{I}}(\boldsymbol{v},t,\tau)\mathrm{d}\tau + \boldsymbol{G}_{\mathrm{P}}(\boldsymbol{v},t) + \boldsymbol{B}_{\mathrm{p}}(\boldsymbol{0}) - \boldsymbol{B}_{\mathrm{m}}\right]\boldsymbol{u}\end{aligned} \tag{13-11}$$

3. 模型参考自适应控制的应用举例

本节介绍 MRAS 方法在电力传动控制系统中的两种典型应用，一种是参数辨识，另一种是自适应控制[9,10]。

目前，常用输出并联型 MRAS 辨识电动机参数。首先对传感器采集的电动机电流和电压进行坐标变换，分别求得 d-q 轴的电流、电压，通过并联可调模型计算 d-q 轴的电流的估计量，得到电流误差，然后得到转子速度的估计，最后通过对估计的转速进行积分，得到转子的位置。

现以面装式永磁同步电动机为例，建立基于 MRAS 的永磁同步电动机无传感器控制模型。

(1) 隐极永磁同步电动机的参考模型和可调模型　在同步旋转 d-q 坐标系中，隐极同步电动机的电压方程为

$$u_{sd}=R_s i_{sd}+L_s\frac{di_{sd}}{dt}-\omega_r L_s i_{sq} \tag{13-12}$$

$$u_{sq}=R_s i_{sq}+L_s\frac{di_{sq}}{dt}+\omega_r L_s i_{sd}+\omega_r\psi_f \tag{13-13}$$

式中，L_s 为 d、q 轴的电感值，假定其相等，即 $L_s=L_{sd}=L_{sq}$；ψ_f 为磁极磁通。

式(13-12)、式(13-13)也可以写成状态方程形式为

$$\frac{di_{sd}}{dt}=-\frac{R_s}{L_s}i_{sd}+\omega_r i_{sq}+\frac{u_{sd}}{L_s} \tag{13-14}$$

$$\frac{di_{sq}}{dt}=-\frac{R_s}{L_s}i_{sq}-\omega_r i_{sd}+\frac{u_{sq}}{L_s}-\frac{\omega_r\psi_f}{L_s} \tag{13-15}$$

这是以定子电流为状态变量的电流模型，它与电动机的转速有关，可以选择作为参考模型。式(13-14)、式(13-15)的控制量和状态变量做相应的变化，写成矩阵形式为

$$\frac{d}{dt}\begin{pmatrix}i_{sd}\\ i_{sq}\end{pmatrix}=\begin{pmatrix}-\frac{R_s}{L_s} & \omega_r\\ -\omega_r & -\frac{R_s}{L_s}\end{pmatrix}\begin{pmatrix}i_{sd}\\ i_{sq}\end{pmatrix}+\frac{1}{L_s}\begin{pmatrix}u_{sd}\\ u_{sq}-\omega_r\psi_f\end{pmatrix} \tag{13-16}$$

将式(13-16)简写成

$$\frac{d}{dt}\boldsymbol{i}_s=\boldsymbol{A}_m\boldsymbol{i}_s+\boldsymbol{B}_m\boldsymbol{u}_s \tag{13-17}$$

式中　$\boldsymbol{i}_s=\begin{pmatrix}i_{sd}\\ i_{sq}\end{pmatrix}$，$\boldsymbol{u}_s=\begin{pmatrix}u_{sd}\\ u_{sq}-\omega_r\psi_f\end{pmatrix}$，$\boldsymbol{A}_m=\begin{pmatrix}-\frac{R_s}{L_s} & \omega_r\\ -\omega_r & -\frac{R_s}{L_s}\end{pmatrix}$，$\boldsymbol{B}_m=\frac{1}{L_s}(1\quad 1)$

电动机的电流模型也作为可调模型，采用并联辨识转速。设并联可调模型为

$$\frac{d}{dt}\begin{pmatrix}\hat{i}_{sd}\\ \hat{i}_{sq}\end{pmatrix}=\begin{pmatrix}-\frac{R_s}{L_s} & \omega_r\\ -\omega_r & -\frac{R_s}{L_s}\end{pmatrix}\begin{pmatrix}\hat{i}_{sd}\\ \hat{i}_{sq}\end{pmatrix}+\frac{1}{L_s}\begin{pmatrix}\hat{u}_{sd}\\ \hat{u}_{sq}-\omega_r\psi_f\end{pmatrix} \tag{13-18}$$

同理，将式(13-18)简写为

$$\frac{d}{dt}\hat{\boldsymbol{i}}_s=\boldsymbol{A}_p\hat{\boldsymbol{i}}_s+\boldsymbol{B}_p\hat{\boldsymbol{u}}_s \tag{13-19}$$

(2) 自适应控制器的设计　由于可调模型的值与实际值存在偏差，因此定义状态变量的误差为

$$\boldsymbol{e}=\boldsymbol{i}_{\mathrm{s}}-\hat{\boldsymbol{i}}_{\mathrm{s}} \tag{13-20}$$

设要辨识的参数是转速 $\hat{\omega}_{\mathrm{r}}$，为此，$\boldsymbol{A}_{\mathrm{m}}\neq\boldsymbol{A}_{\mathrm{p}}$，而 $\boldsymbol{B}_{\mathrm{m}}=\boldsymbol{B}_{\mathrm{p}}$，由式(13-5)可得

$$\begin{pmatrix}\dot{e}_{\mathrm{d}}\\ \dot{e}_{\mathrm{q}}\end{pmatrix}=\begin{pmatrix}-\dfrac{R_{\mathrm{s}}}{L_{\mathrm{s}}} & \omega_{\mathrm{e}}\\ -\omega_{\mathrm{e}} & -\dfrac{R_{\mathrm{s}}}{L_{\mathrm{s}}}\end{pmatrix}\begin{pmatrix}e_{\mathrm{d}}\\ e_{\mathrm{q}}\end{pmatrix}-(\omega_{\mathrm{r}}-\hat{\omega}_{\mathrm{r}})\begin{pmatrix}0 & -1\\ 1 & 0\end{pmatrix}\begin{pmatrix}\hat{i}_{\mathrm{sd}}\\ \hat{i}_{\mathrm{sq}}\end{pmatrix} \tag{13-21}$$

式中，e_{d} 为 d 轴电流误差，$e_{\mathrm{d}}=i_{\mathrm{sd}}-\hat{i}_{\mathrm{sd}}$；$e_{\mathrm{q}}$ 为 q 轴电流误差，$e_{\mathrm{q}}=i_{\mathrm{sq}}-\hat{i}_{\mathrm{sq}}$。
由此可得

$$\boldsymbol{W}=(\omega_{\mathrm{r}}-\hat{\omega}_{\mathrm{r}})\boldsymbol{E}\hat{\boldsymbol{i}}_{\mathrm{s}} \tag{13-22}$$

式中，

$$\boldsymbol{E}=\begin{pmatrix}0 & -1\\ 1 & 0\end{pmatrix} \tag{13-23}$$

根据 Popov 稳定理论，若使这个反馈系统稳定，其中的非线性时变环节必须满足下述积分不等式，即整个模型满足下面两个条件：

1) 线性环节的传递矩阵 $\boldsymbol{H}(s)=\boldsymbol{D}(s\boldsymbol{I}-\boldsymbol{A})^{-1}$ 为严格的正实矩阵或传递函数为严格的正实传递函数。

2) $\eta(t)=\int_0^t \boldsymbol{v}^{\mathrm{T}}\boldsymbol{W}\mathrm{d}t\geqslant-\gamma^2 \quad \forall t\geqslant 0$，$\gamma^2$ 为任意有限正数。　(13-24)

由于前向通道的传递函数矩阵 $(s\boldsymbol{I}-\boldsymbol{A})^{-1}$ 是严格正实的，为简化设计，可取矩阵 $\boldsymbol{D}$ 为单位矩阵 $\boldsymbol{I}$。这时 $\boldsymbol{v}=\boldsymbol{e}$，将 $\boldsymbol{e}$ 和 $\boldsymbol{W}$ 分别代入式(13-24)中，同时设

$$\hat{\omega}_{\mathrm{r}}=\int_0^t G_1(u,t,\tau)\mathrm{d}\tau+G_2(u,t)+\hat{\omega}_{\mathrm{r}}(0) \tag{13-25}$$

可得

$$\begin{aligned}\eta(0,t_0)&=\int_0^{t_0}\boldsymbol{e}^{\mathrm{T}}\left[\int_0^t G_1(u,t,\tau)\mathrm{d}\tau+G_2(u,t)+\hat{\omega}_{\mathrm{r}}(0)-\omega_{\mathrm{r}}\right]\boldsymbol{E}\hat{\boldsymbol{i}}_{\mathrm{s}}\mathrm{d}t\\ &=\eta_1(0,t_0)+\eta_2(0,t_0)\end{aligned} \tag{13-26}$$

要使 $\eta(0,t_0)\geqslant-\gamma_0^2$，可分别令

$$\eta_1(0,t_0)=\int_0^{t_0}\boldsymbol{e}^{\mathrm{T}}\left[\int_0^t G_1(u,t,\tau)\mathrm{d}\tau+\hat{\omega}_{\mathrm{r}}(0)-\omega_{\mathrm{r}}\right]\boldsymbol{E}\hat{\boldsymbol{i}}_{\mathrm{s}}\mathrm{d}t\geqslant-\gamma_1^2 \tag{13-27}$$

$$\eta_2(0,t_0)=\int_0^{t_0}\boldsymbol{e}^{\mathrm{T}}[G_2(u,t)]\boldsymbol{E}\hat{\boldsymbol{i}}_{\mathrm{s}}\mathrm{d}t\geqslant-\gamma_2^2 \tag{13-28}$$

对于式(13-27)，可以利用下面的不等式

$$\int_0^{t_0}\frac{\mathrm{d}f(t)}{\mathrm{d}t}Kf(t)\mathrm{d}t=\frac{K}{2}[f^2(t_0)-f^2(0)]\geqslant\frac{K}{2}f^2(0) \qquad K>0 \tag{13-29}$$

这里取

$$\frac{\mathrm{d}f(t)}{\mathrm{d}t}=\boldsymbol{e}^{\mathrm{T}}\boldsymbol{E}\hat{\boldsymbol{i}}_{\mathrm{s}} \tag{13-30}$$

$$Kf(t)=\int_0^{t_0}G_1(u,t,\tau)\mathrm{d}\tau+\hat{\omega}_{\mathrm{r}}(0)-\omega_{\mathrm{r}} \tag{13-31}$$

对式(13-31)两边求导，可得

$$G_1(u,t,\tau)=K_{\mathrm{I}}\boldsymbol{e}^{\mathrm{T}}\boldsymbol{E}\hat{\boldsymbol{i}}_{\mathrm{s}}\qquad K_{\mathrm{I}}>0 \tag{13-32}$$

由此可得

$$\begin{aligned}\eta(0,t_0)&=\int_0^{t_0}\boldsymbol{e}^{\mathrm{T}}\left[\int_0^t G_1(u,t,\tau)\mathrm{d}\tau+G_2(u,t)+\hat{\omega}_{\mathrm{r}}(0)-\omega_{\mathrm{r}}\right]\boldsymbol{E}\hat{\boldsymbol{i}}_{\mathrm{s}}\mathrm{d}t\\&=\int_0^{t_0}\frac{\mathrm{d}f(t)}{\mathrm{d}t}Kf(t)\mathrm{d}t=\frac{K}{2}[f^2(t_0)-f^2(0)]\geqslant\frac{K}{2}f^2(0)\geqslant\gamma_1^2\end{aligned} \tag{13-33}$$

满足 Popov 不等式。而对于式(13-28)，如果不等式左边的被积函数为正，则不等式一定满足，因此可取

$$G_2(u,t)=K_{\mathrm{P}}\boldsymbol{e}^{\mathrm{T}}\boldsymbol{E}\hat{\boldsymbol{i}}_{\mathrm{s}}\qquad K_{\mathrm{P}}>0 \tag{13-34}$$

则可导出

$$\eta_2(0,t_0)=\int_0^{t_0}[\boldsymbol{e}^{\mathrm{T}}\boldsymbol{E}\hat{\boldsymbol{i}}_{\mathrm{s}}]^2\mathrm{d}t\geqslant 0\geqslant-\gamma_2^2 \tag{13-35}$$

即也满足 Popov 积分不等式。

将式(13-32)和式(13-34)代入式(13-25)可得

$$\hat{\omega}_{\mathrm{r}}=\int_0^t K_{\mathrm{I}}\boldsymbol{e}^{\mathrm{T}}\boldsymbol{E}\hat{\boldsymbol{i}}_{\mathrm{s}}\mathrm{d}\tau+K_{\mathrm{P}}\boldsymbol{e}^{\mathrm{T}}\boldsymbol{E}\hat{\boldsymbol{i}}_{\mathrm{s}}+\hat{\omega}_{\mathrm{r}}(0)$$

将矩阵$\boldsymbol{e}^{\mathrm{T}}$、$\boldsymbol{E}$、$\hat{\boldsymbol{i}}_{\mathrm{s}}$代入上式可得

$$\hat{\omega}_{\mathrm{r}}=\int_0^t K_{\mathrm{I}}(i_{\mathrm{sd}}\hat{i}_{\mathrm{sq}}-i_{\mathrm{sq}}\hat{i}_{\mathrm{sd}})\mathrm{d}\tau+K_{\mathrm{P}}(i_{\mathrm{sd}}\hat{i}_{\mathrm{sq}}-i_{\mathrm{sq}}\hat{i}_{\mathrm{sd}})+\hat{\omega}_{\mathrm{r}}(0) \tag{13-36}$$

最终可简写为

$$\hat{\omega}_{\mathrm{r}}=\left(K_{\mathrm{P}}+\frac{K_{\mathrm{I}}}{s}\right)\varepsilon_{\omega_{\mathrm{r}}} \tag{13-37}$$

式中，$\varepsilon_{\omega_{\mathrm{r}}}=i_{\mathrm{sd}}\hat{i}_{\mathrm{sq}}-i_{\mathrm{sq}}\hat{i}_{\mathrm{sd}}$。

根据推导得最终的转速估计式为

$$\hat{\omega}_{\mathrm{r}}=\left(K_{\mathrm{P}}+\frac{K_{\mathrm{I}}}{s}\right)(i_{\mathrm{sd}}\hat{i}_{\mathrm{sq}}-i_{\mathrm{sq}}\hat{i}_{\mathrm{sd}}) \tag{13-38}$$

(3) 采用 $I_{\mathrm{d}}=0$ 矢量控制永磁同步电动机模型的参考无速度传感器控制　对 PMSM 采用 $I_{\mathrm{d}}=0$ 的矢量控制策略，i_{sd}、$\hat{i}_{\mathrm{sd}}$ 可近似为 0，这样根据前面的矢量控制模型，得到实际的 i_{sq} 的微分方程为

$$\frac{\mathrm{d}i_{\mathrm{sq}}}{\mathrm{d}t}=-\frac{R_{\mathrm{s}}}{L_{\mathrm{s}}}i_{\mathrm{sq}}+\frac{u_{\mathrm{sq}}}{L_{\mathrm{s}}}-\frac{\omega_{\mathrm{r}}\psi_{\mathrm{f}}}{L_{\mathrm{s}}} \tag{13-39}$$

同理，估计值 $\hat{i}_{\mathrm{q}}$ 的微分方程为

$$\frac{\mathrm{d}\hat{i}_{\mathrm{sq}}}{\mathrm{d}t}=-\frac{R_{\mathrm{s}}}{L_{\mathrm{s}}}\hat{i}_{\mathrm{sq}}+\frac{u_{\mathrm{sq}}}{L_{\mathrm{s}}}-\frac{\psi_{\mathrm{f}}}{L_{\mathrm{s}}}\hat{\omega}_{\mathrm{r}} \tag{13-40}$$

定义电流实际值与估计值的误差 $e=i_{\mathrm{sq}}-\hat{i}_{\mathrm{sq}}$，将以上两式相减得到误差方程

$$\frac{\mathrm{d}e}{\mathrm{d}t}=-\frac{R_{\mathrm{s}}}{L_{\mathrm{s}}}e-\frac{\psi_{\mathrm{f}}}{L_{\mathrm{s}}}(\omega_{\mathrm{r}}-\hat{\omega}_{\mathrm{r}}) \tag{13-41}$$

令 $A_n=-\dfrac{R_s}{L_s}$，$W_n=\dfrac{\psi_f}{L_s}(\omega_r-\hat{\omega}_r)$，可得到

$$\frac{\mathrm{d}e}{\mathrm{d}t}=A_n e-W_n \tag{13-42}$$

$V=DE$，并取 $D=I$，则 $V=IE$。依照前面的推导，对 Popov 积分不等式进行逆向求解就可以得到 i_d、$\hat{i}_d$ 可近似为 0 的自适应规律，可得到 ω_r 的辨识算法为

$$\hat{\omega}_r=\int_0^t K_I(i_{sq}-\hat{i}_{sq})\frac{\psi_f}{L_s}\mathrm{d}\tau+K_P(i_{sq}-\hat{i}_{sq})\frac{\psi_f}{L_s}+\hat{\omega}_r(0) \qquad K_P>0，K_I>0 \tag{13-43}$$

一个永磁同步电动机无速度传感器矢量控制系统如图 13-6 所示，采用 MRAS 方法估计转速和转子位置，矢量控制实现高性能调速。

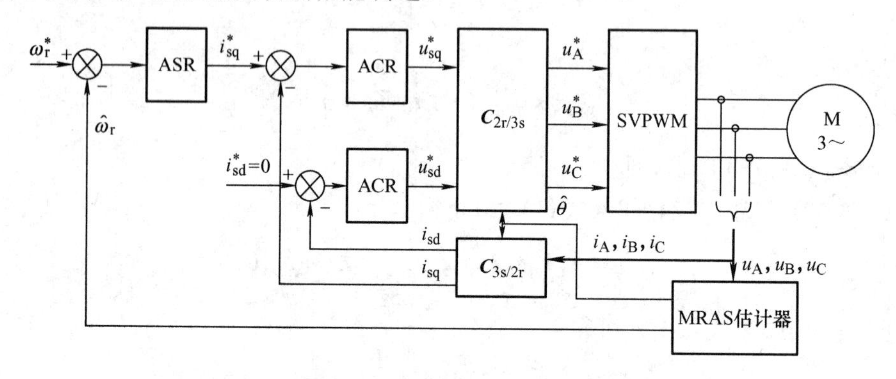

图 13-6　基于 MRAS 的永磁同步电动机无速度 VC 系统

(4) 仿真结果及其分析　采用 MATLAB/Simulink 搭建基于 MRAS 的 PMSM 无速度传感器控制系统仿真平台如图 13-7 所示。

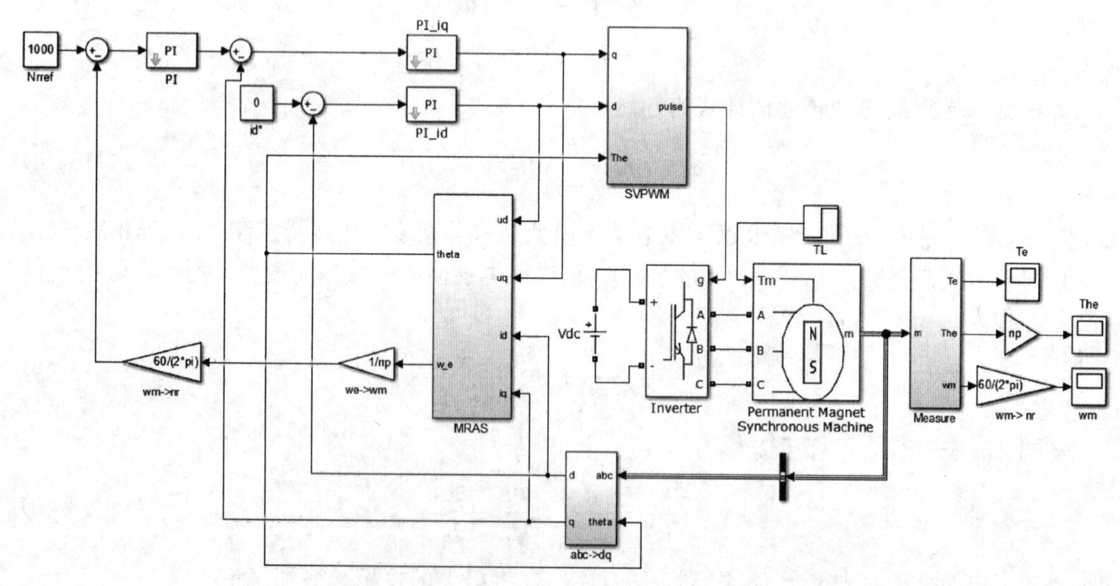

图 13-7　基于 MRAS 的 PMSM 无速度传感器 VC 仿真系统

图 13-8 是 PMSM 的实际转速与估算转速响应波形，由图可知，估算速度能够很好地跟

踪实际转速，尤其当系统稳定后两者几乎重合为一条直线，说明该方法能够很好地辨识实际转速。虽然在低速段存在一定的偏差以及延时，但并不影响所提方法的准确性。

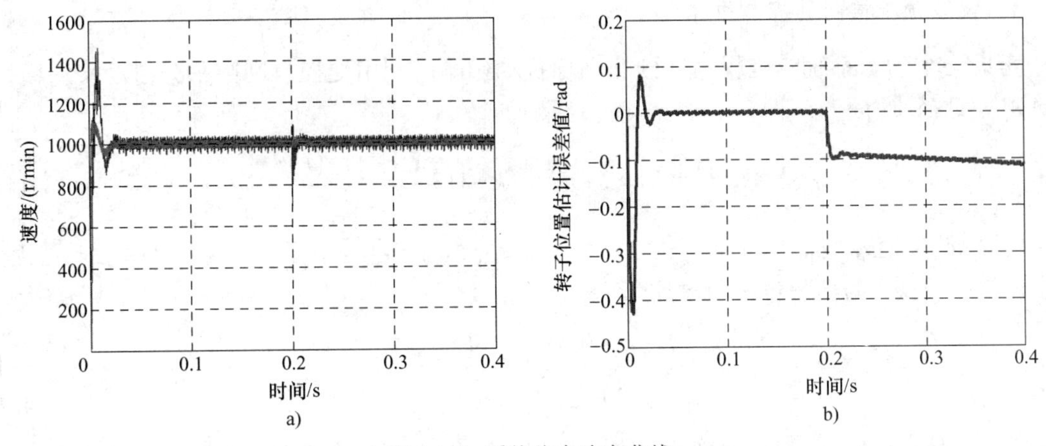

图 13-8　系统仿真响应曲线

a) 估计与实际转速比较　b) 转子位置估计误差值

对比图 13-8 中实际转速波形和估计的转速波形可以看出，估计的转速与电动机实际转速十分接近，跟踪趋势情况良好。尽管在 0.25s 时有负载扰动，但是在该时刻的速度观测误差仅在 0.1rad/s 范围内，基本满足观测要求。

13.1.4　基于模型预测控制方法的电力传动系统

自校正控制是自适应控制中应用较为广泛的一类控制方法[11]，它的基本思想是：根据系统的模型结构，通过对模型参数的辨识，估计控制器参数，实现自适应控制，保持系统的性能。

自校正控制分为确定性自校正控制、随机性自校正控制和预测性自校正控制。

1) 对于确定性系统或动态过程，主要通过极点配置控制策略，分为直接自校正控制和间接自校正控制两种方法。前者直接估计控制器参数，进而计算控制量；后者先估计被控对象参数，然后估计控制器参数和计算控制量。

2) 对于随机性的动态过程或干扰，可采用最小方差自校正控制或广义最小方差自校正控制。其基本思想是：根据系统变化，按照误差方差最小的原则，设计控制量，使得控制误差极小。当被控过程参数未知或时变，可用递推最小二乘估计法估计控制器参数，或直接估计控制器参数。

3) 针对最小方差自校正控制的不足，发展了多步预测自校正控制方法，也称为广义预测控制方法。其基本思想是在最小方差自校正控制中的预测模型、参数估计和控制优化基础上，增加多步预测、多步控制、实施一步、循环滚动等措施，控制效果更好，更能适应复杂系统或过程。

预测控制具有快速的动态响应、良好的鲁棒性等诸多优点，正在成为电力电子变换器和电力传动等方向的研究热点[12]。目前，常用的预测控制方法包括无差拍控制、滞环控制、模型预测控制等[11]。预测控制的主要特点是使用系统模型预测控制变量的将来状态；控制器依据预先定义的选择标准执行最优的开关动作[12]。模型预测控制的选择标准更为灵活，使用一个评估函数去判断系统的最优状态，它直接产生变换器的开关信号，无需一个专门的调制器，并且产生的开关频率也是随机变化的；模型预测控制的另一优点是控制方法简单直观。

1. 模型预测控制的基本原理

考虑一个动态系统或过程，受到非平稳扰动影响，利用受控自回归积分滑动平均模型（CARIMA）描述为

$$\boldsymbol{A}(z^{-1})y(k)=\boldsymbol{B}(z^{-1})u(k-1)+\frac{\boldsymbol{C}(z^{-1})\xi(k)}{1-z^{-1}} \tag{13-44}$$

式中，$\boldsymbol{A}(z^{-1})=a_0+a_1z^{-1}+\cdots+a_nz^{-n}$；$\boldsymbol{B}(z^{-1})=b_0+b_1z^{-1}+\cdots+b_mz^{-m}$；$\boldsymbol{C}(z^{-1})=c_0+c_1z^{-1}+\cdots+c_lz^{-l}$；$\{\xi(k)\}$为白噪声序列，且有

$$E\{\xi(k)\}=0 \tag{13-45}$$

$$E\{\xi^2(k)\}=\sigma^2 \tag{13-46}$$

设$y(k+j)$为未来$k+j$时刻预测模型的输出，$y^*(k+j|k)$为基于k及其以前数据的预测模型的输出最优估计，可定义预测误差为

$$\Delta y(k+j)=y(k+j)-y^*(k+j|k) \tag{13-47}$$

选取性能目标函数为

$$J=E\{\Delta y(k+j)^2\}=E\{[y(k+j)-y^*(k+j|k)]^2\} \tag{13-48}$$

利用Diophantine方程，可以推导出预测模型的最优估计为

$$y^*(k+j|k)=\frac{\boldsymbol{G}_j(z^{-1})}{\boldsymbol{C}(z^{-1})}y(k)+\frac{\boldsymbol{F}_j(z^{-1})}{\boldsymbol{C}(z^{-1})}\Delta u(k+j-1) \tag{13-49}$$

式中，$\boldsymbol{G}_j(z^{-1})=g_{j,0}+g_{j,1}z^{-1}+\cdots+g_{j,n}z^{-n}$；$\boldsymbol{F}_j(z^{-1})=f_{j,0}+f_{j,1}z^{-1}+\cdots+f_{j,n+j-1}z^{-(n+j-1)}$；$\Delta u(k+j-1)=u(k+j-1)-u(k+j-2)$。

这时，评估函数达到极小值，即

$$J=J_{\min}=E\{[\boldsymbol{E}_j(z^{-1})\xi(k+j)]^2\} \tag{13-50}$$

式中，$\boldsymbol{E}_j(z^{-1})=1+e_{j,1}z^{-1}+\cdots+e_{j,j-1}z^{-(j-1)}$。

2. 基于模型预测控制的电力传动系统

现以永磁同步电动机控制为例，一种基于模型预测控制（MPC）的电力传动系统结构如图13-9所示，主要由预测模型（系统离散模型）、评估函数、给定值、开关状态集、采样模块和被控对象组成。由PI速度环的输出为电流环q轴的给定，d轴电流设定为0，d-q轴电流经过d-q坐标系转A-B-C坐标系后变成A-B-C三相电流给定。

（1）MPC的基本过程　MPC的基本原理是：通过系统离散时间模型，计算当前所有开关状态组合对应系统模型的输出值作为下一采样时刻的预测值，然后由评估函数最小化来选择最优开关状态组合。其电流控制过程如下：

1）根据系统离散数学模型建立预测模型。根据控制变量，分析系统开关状态组合与反馈量在系统模型上的输出关系，建立相关预测函数关系。

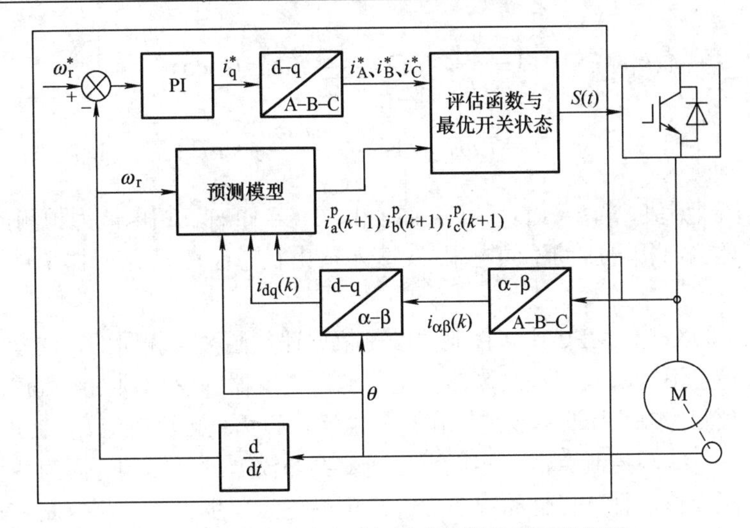

图 13-9　永磁同步电动机模型预测控制系统框图

2) 建立评估函数。根据给定值与预测值的比较，最小化评估函数，选择与预测值对应的开关状态集。

3) 通过步骤 1) 中的预测函数，预测所有开关状态集对应的被控量下一时刻的预测值。

4) 通过评估函数，选择与给定值最接近的开关状态函数 $S(t)$，实现对给定值的跟踪控制。

理想的 MPC 过程如图 13-10 所示，i^* 为电流参考值，i^p 为电流预测值，i^c 为评估函数选择的电流最优预测值，i 为电流实际输出值。由于系统数学模型与实际的被控对象存在误差，因此实际输出值会与预测值不同。

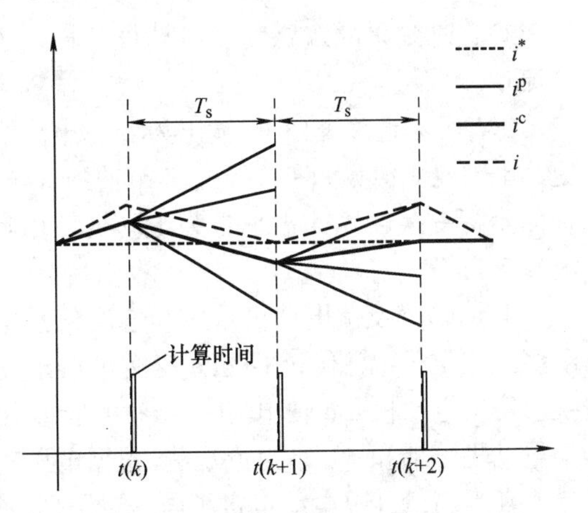

图 13-10　基于 MPC 的电流控制过程

(2) 系统预测模型　模型预测的前提是构建系统的离散时间模型。可根据逆变器的电路拓扑，建立逆变器离散时间模型[12]。假设预测步长是 T_s，对负载电流在 k 时刻进行离散化可得

$$\frac{\mathrm{d}i}{\mathrm{d}t} \approx \frac{i(k+1)-i(k)}{T_s} \tag{13-51}$$

当逆变器负载为电动机负载时，abc 三相电流控制的预测模型为

$$\begin{aligned} i_a^p(k+1)[x] = &\left(1-\frac{R_a T_s}{L_a}\right) i_a(k) + \frac{L_{sq}}{L_a} T_s \omega_r i_{sq}(k)\cos\theta - \\ &\frac{L_{sd}}{L_a} T_s \omega_r i_{sd}(k)\sin\theta - \frac{\psi_f \omega_r T_s}{L_s}\sin\theta + \frac{T_s}{L_s} V_{ao}[x] \end{aligned} \tag{13-52}$$

$$\begin{aligned} i_b^p(k+1)[x] = &\left(1-\frac{R_b T_s}{L_b}\right) i_b(k) + \frac{L_{sq}}{L_b} T_s \omega_r i_{sq}(k)\cos\theta - \\ &\frac{L_{sd}}{L_b} T_s \omega_r i_{sd}(k)\sin\theta - \frac{\psi_f \omega_r T_s}{L_s}\sin\theta + \frac{T_s}{L_s} V_{bo}[x] \end{aligned} \tag{13-53}$$

$$i_{\mathrm{c}}^{\mathrm{p}}(k+1)[x]=\left(1-\frac{R_{\mathrm{c}}T_{\mathrm{s}}}{L_{\mathrm{c}}}\right)i_{\mathrm{c}}(k)+\frac{L_{\mathrm{sq}}}{L_{\mathrm{c}}}T_{\mathrm{s}}\omega_{\mathrm{r}}i_{\mathrm{sq}}(k)\cos\theta-\frac{L_{\mathrm{sd}}}{L_{\mathrm{c}}}T_{\mathrm{s}}\omega_{\mathrm{r}}i_{\mathrm{sd}}(k)\sin\theta-\frac{\psi_{\mathrm{f}}\omega_{\mathrm{r}}T_{\mathrm{s}}}{L_{\mathrm{s}}}\sin\theta+\frac{T_{\mathrm{s}}}{L_{\mathrm{s}}}V_{\mathrm{co}}[x] \tag{13-54}$$

式中，上标 p 代表预测值，$i_{\mathrm{a}}^{\mathrm{p}}(k+1)[x]$、$i_{\mathrm{b}}^{\mathrm{p}}(k+1)[x]$、$i_{\mathrm{c}}^{\mathrm{p}}(k+1)[x]$三相电流为预测值；变量$V_{\mathrm{ao}}[x]$表示电压源逆变器输出相电压的不同电平；$x$ 表示输出状态；θ_{r}为编码器反馈角度；ω_{r}为电角速度。

(3) 预测控制策略　在 MPC 中，控制算法是依据评估函数来编写的，选择不同的评估函数，就意味着选择了不同的模型预测算法。电压源型逆变器的模型预测电流控制的基本算法是单步运算模型预测控制。所谓单步是指在参考电流i_k^*和负载预测电流i_{k+1}之间，依据评估函数$g=\left|i_{\alpha}^*-i_{\alpha}\right|+\left|i_{\beta}^*-i_{\beta}\right|$编写控制算法，实现三相逆变器的模型预测控制，因为两个比较变量之间只相隔一个预测步长，且无任何约束条件，故可简称为单步模型预测控制。具体的电流控制过程如下：

1) k 时刻采样永磁同步电动机三相定子电流值。

2) k 时刻速度外环 PI 输出为 q 轴电流给定，d 轴电流值设为 0，经过 d-q 轴到 a-b-c 轴的坐标变换，$i_{\mathrm{a}}^{\mathrm{p}}$、$i_{\mathrm{b}}^{\mathrm{p}}$、$i_{\mathrm{c}}^{\mathrm{p}}$为电动机三相电流参考。

3) 编码器反馈电动机角度和速度值，电动机三相定子电流经过 Clarke 变换和 Park 变换，得出电动机 d-q 轴电流，d-q 轴电流值用于电动机解耦和 d-q 轴电流观测，根据电压矢量表和反馈量计算电动机定子电流预测值。

4) 由评估函数选择预测电流最优值及对应的电压矢量，跟踪开关状态表和电压矢量对应关系得出开关状态。

5) 更新开关状态，k+1 时刻循环以上步骤实现定子电流的预测控制。

一种单步模型预测算法流程图如图 13-11[13]所示。

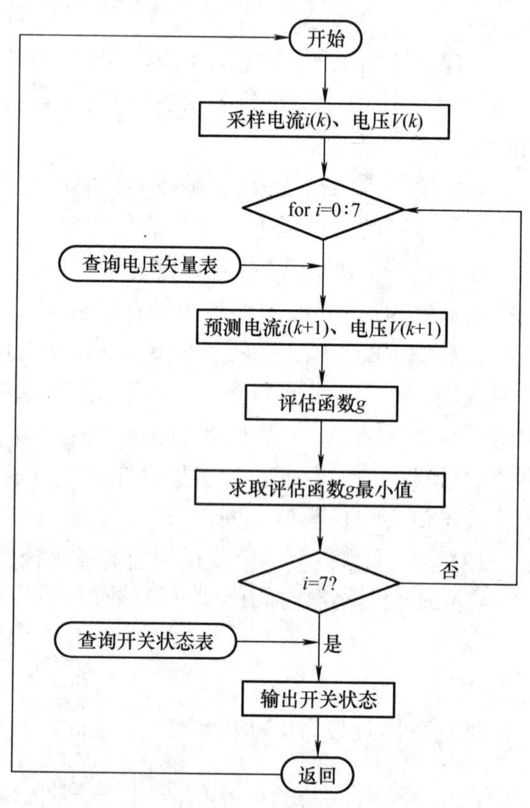

图 13-11　三相逆变器单步模型预测算法流程图

由单步预测的流程图可知，对于每次采样，控制器都需进行 7 次预测电流计算，再进行 7 次的评估函数计算。对于任意开关状态，在下一时刻选择的电压矢量是随机的，都存在 8 种开关状态选择，图 13-12 所示为以开关状态 (0 1 0) 为例的单步模型预测开关状态选择图。这样的运算量对于只有 7 个电压矢量的两电平三相逆变器来说，并不是特别多，但当电路拓扑发生改变时，比如多电平三相逆变器，可选择的电压矢量增多，在运用模型预测控制时意味着更大的运算量。大量的运算会造成控制器的负担，给控制系统带来时间延迟，严重的会影响模型预测控制的性能[13]。

3. 基于 MPC 的电力传动系统仿真与实验

依据前述的数学模型与控制策略，在 MATLAB 中搭建仿真模型并进行仿真试验。

(1) 仿真系统模型　基于 MATLAB 的模型预测仿真结构[14]如图 13-13 所示。模型主要包括直流电源、三相全桥逆变器、负载模块、电网电压模块、采样电路、参考电流、MPC 算法等模块。在 Simulink 中寻找相关功能模块，并将其组合构成仿真系统。

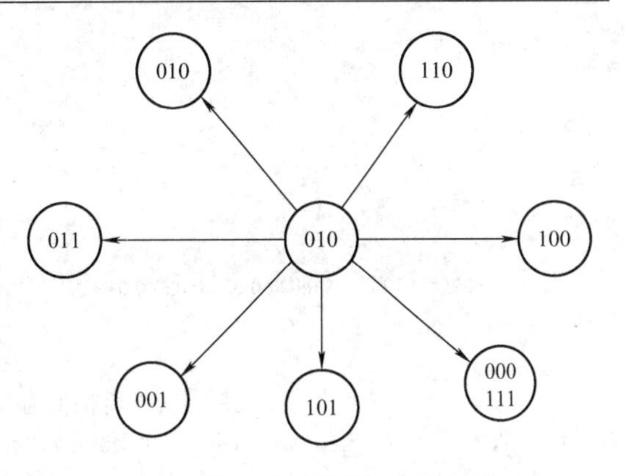

图 13-12　单步模型预测开关状态选择图

在 *LR* 感性负载下分析模型预测控制三个方面的性能：①MPC 逆变器的稳态与动态性能；②参数误差：研究参数变化时对模型预测控制性能的影响；③预测步长，不同预测步长下，逆变器的 MPC 性能变化。参数设置见表 13-1。

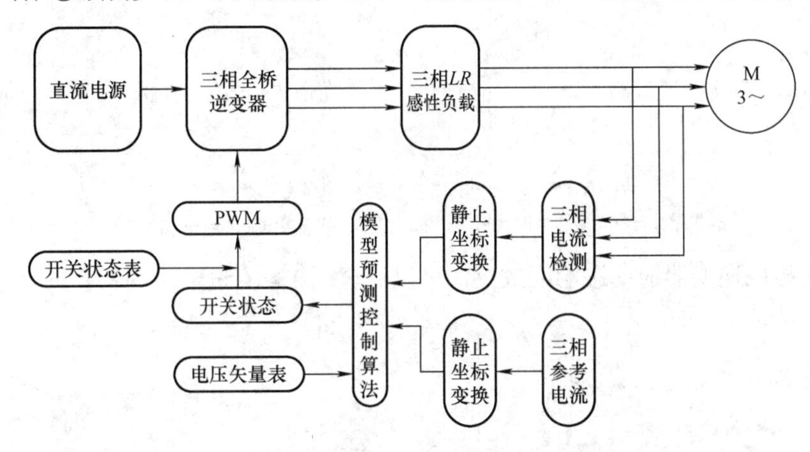

图 13-13　基于 MATLAB 的模型预测仿真结构

表 13-1　*LR* 负载仿真参数

参　数	数　值
直流母线电压 U_{dc} / V	35
交流侧滤波电感 L / mH	2.7
预测步长 f_s / kHz	8
负载阻抗 Z / Ω	1
基波频率 f / Hz	50

(2) *LR* 负载下稳态与动态仿真分析　图 13-14 所示为参考电流幅值为 8A 时的负载电流稳态波形；图 13-15 所示为阶跃变化时的负载电流稳态波形。

由图 13-14 可知，稳态条件下，逆变器的负载电流能够快速、准确地跟踪参考电流变化，证明模型预测控制具有快速的电流跟踪能力；由图 13-15 可知，动态变化时，逆变器的负载电流经过比较短暂的调节，即可跟踪参考电流的动态变化，证明模型预测控制具有快速的电流调节能力，动态响应效果好。

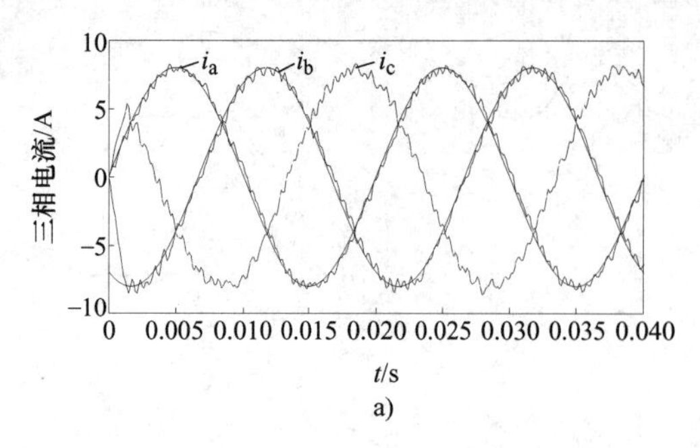

a)

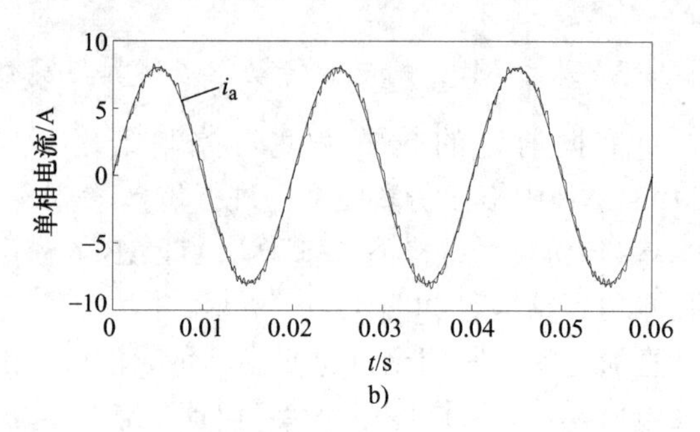

b)

图 13-14　电流幅值为 8A 时，负载电流稳态波形

a）三相参考与负载相电流波形　b）单相参考与负载相电流波形

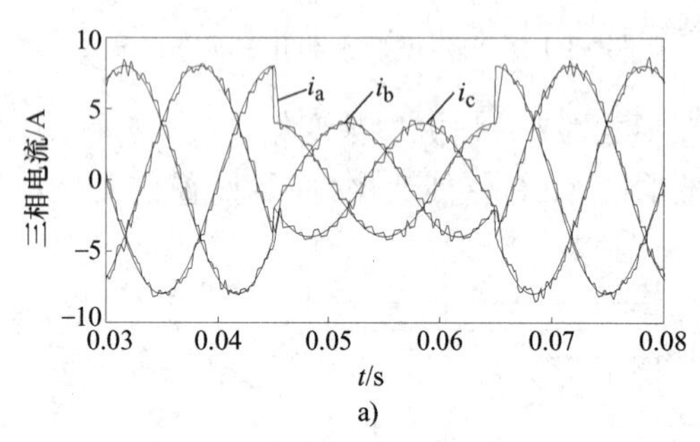

a)

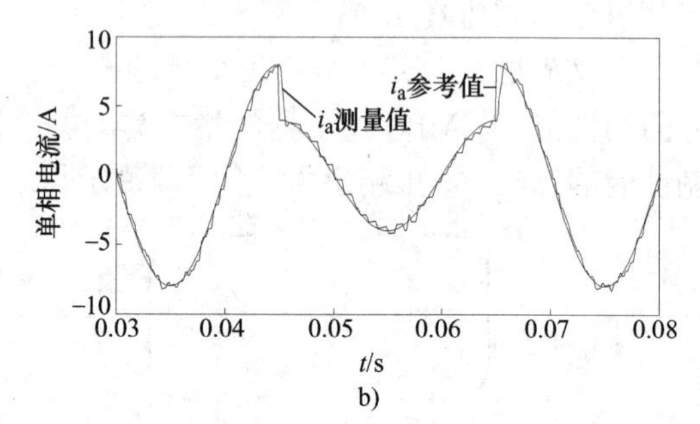

b)

图 13-15　阶跃变化时，负载电流稳态波形

a）三相参考与负载相电流波形　b）单相参考与负载相电流波形（a 相为例）

模型预测控制逆变器的动态响应效果，可以通过图 13-16 进一步观察。

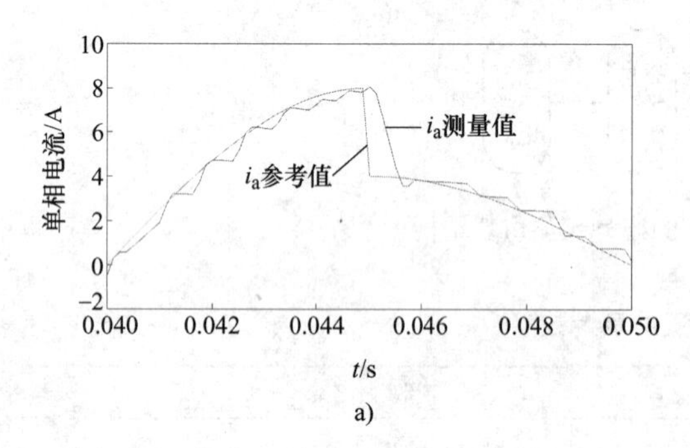

a)

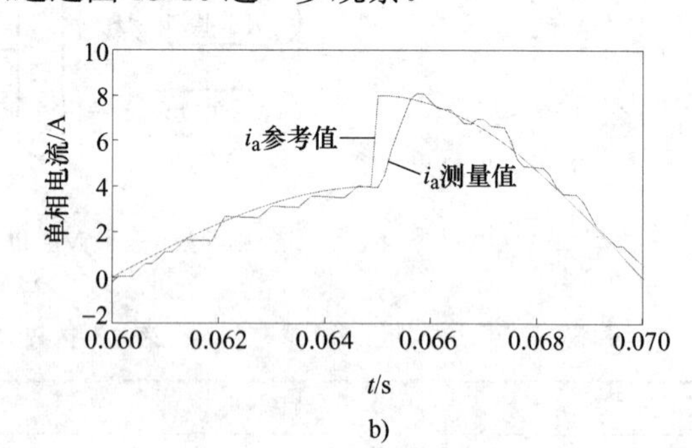

b)

图 13-16　负载电流的阶跃变化波形

a）负载电流突降　b）负载电流突升

根据图 13-16，比较负载电流在上升沿跃变和下降沿跃变时的波形，电流调节时间在 0.5ms 内，可知电流在经过几个预测步长的短暂调节后，即可完成电流阶跃变化时的追踪，证明了其在动态响应上的优越性。

（3）实验系统　文献[14]设计了 2kW 的三相两单元混合级联非对称多电平逆变器的实验平台和 MPC 系统，如图 13-17 所示。

该实验系统由三相交流电压源、5kW 12 路独立输出隔离变压器、12 路三相不可控整流（在不同比例直流电压源实验中，使用 48V、480W 开关电压替代部分整流模块）、三相两单元混合级联多电平逆变器、电流电压采样、IGBT 驱动电路、保护电路、CPLD 保护控制芯片、DSP 主控制器等组成。

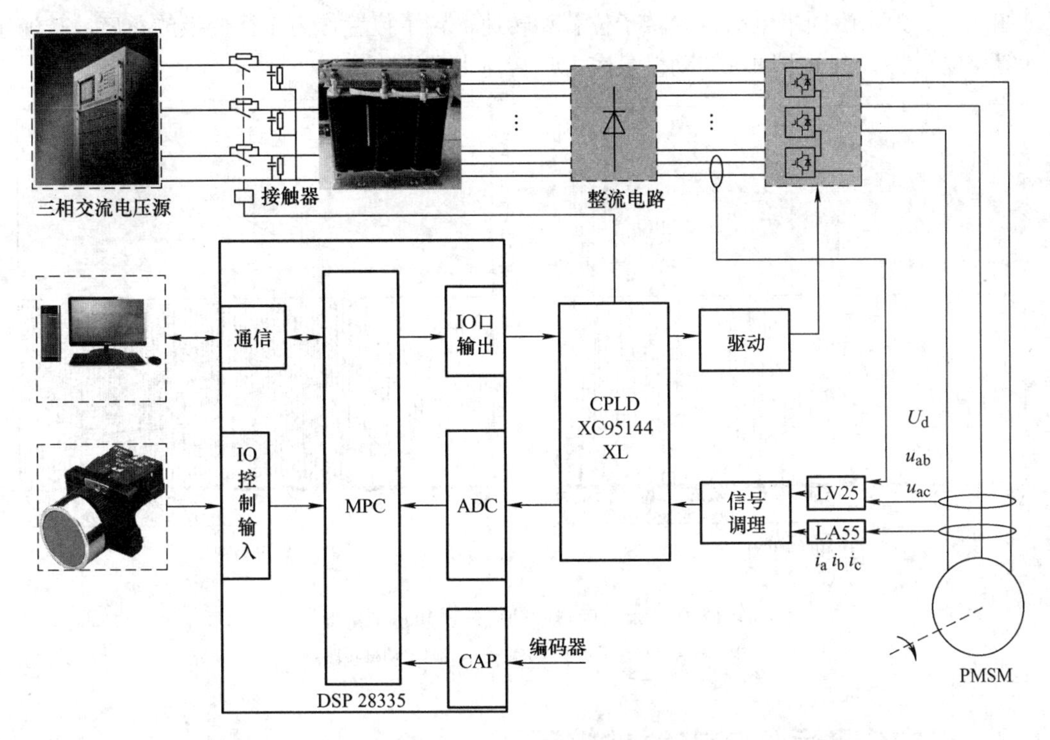

图 13-17　混合级联非对称多电平逆变器模型预测控制结构框图

图 13-18 为永磁同步电动机 d-q 轴电流波形，d-q 轴电流是通过 A-B-C 相电流采样，再经过 Park 变换得到 d-q 轴电流数字量，再通过 PWMDAC 功能输出，经过 800Hz 低通滤波器得到。应用同样的方法可得出转子位置角度和电动机转速。由图 13-18 可知，应用 d-q 轴给定，控制 A-B-C 三相的方法可以实现良好的电流控制效果。q 轴电流给定 4A 时，q 轴电流跟踪准确,然而 d 轴电流在 0.3A 附近，解耦存在一定误差。

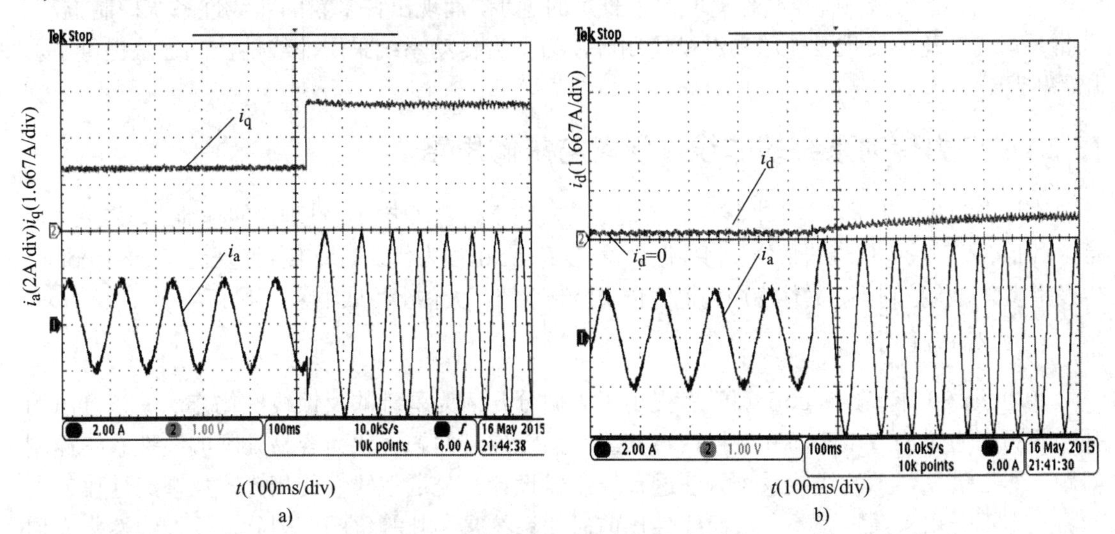

图 13-18　永磁同步电动机 d-q 轴电流

a) q 轴电流与 A 相电流实际波形　b) d 轴电流与 A 相电流实际波形

图 13-19 为永磁同步电动机的转子位置和转速，转子位置作为坐标变换的角度，转速用来计算反电动势。由于电动机转动惯量较大，转速上升慢。

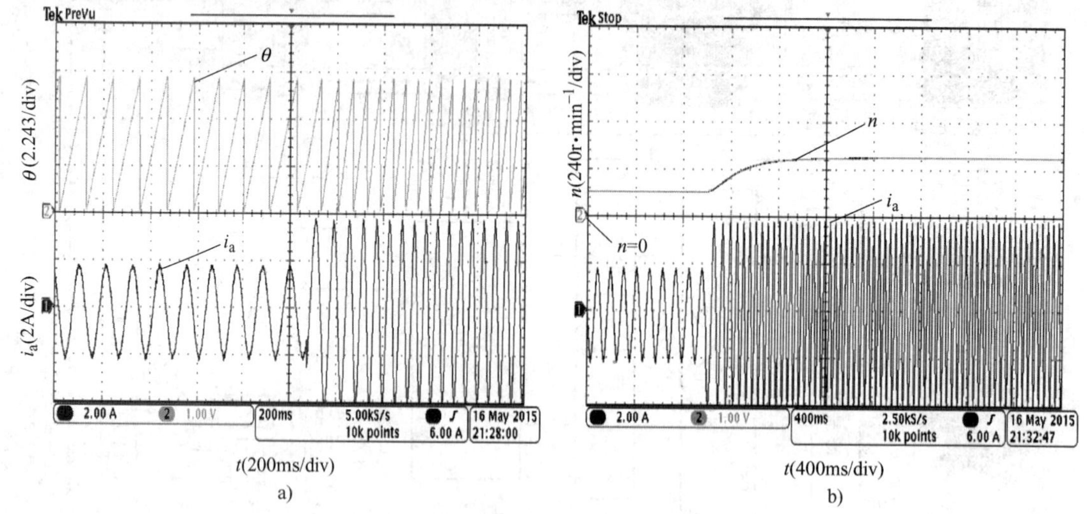

图 13-19　永磁同步电动机转速和转子角度

a) 动态响应时转子角度　b) 动态响应时电动机转速

13.2　电力传动系统的非线性控制

早期的经典非线性控制方法包括相平面法和描述函数法等，主要以死区、饱和、间隙、摩擦和继电特性等基本非线性因素为研究对象，仅适合于一些简单的、特殊的非线性系统，难以处理交流电力传动这类复杂的非线性系统控制问题。为此，先前的交流传动系统采用稳定工作点微偏线性化方法建立系统的稳态模型，造成控制性能低下[1]。

近年来，非线性系统控制理论取得了长足的进步，涌现出许多新的非线性系统控制方法，包括反馈线性化、反推设计法和滑模控制等，为交流传动系统采用非线性控制方法提供了新思路[15,16]。

13.2.1　电力传动系统的非线性问题与求解思路

在过去的几十年里，对于非线性系统的研究，在李雅普诺夫稳定性理论的基础上，发展了以意大利 Isidori 教授为代表的微分几何控制理论、以 Kokotovic 为代表的反推控制理论（Backstepping）以及滑模变结构控制等。具体应用到电力传动控制系统，大体上可归纳为以下三类：

1. 反馈线性化

20 世纪 80 年代，Isidori 等学者提出了以微分几何为基础的反馈线性化方法，该方法的基本思想是通过构造微分同胚变换，将非线性系统控制问题转化为容易处理的线性系统控制问题，然后借助熟悉的线性系统方法进行控制器设计。与近似线性化相比，反馈线性化最大的特点是不会引入系统误差，从而线性化前后的系统是拓扑等价的，因此，反馈线性化又称为精确线性化。上海大学阮毅在其博士论文中系统地论述了交流传动系统反馈线性化解耦控制方法，其主要成果见文献[17]。

2. 反推设计法

1991 年，著名学者 Kanellakopoulos、Kokotovic 和 Morse 提出了一种具有里程碑意义的非线性设计方法——反推设计方法，该方法采用迭代递推设计的方式，从不含控制输入的第一个子系统开始，向含有控制输入的子系统“反推”进行控制器设计。与反馈线性化相比，反推设计法彻底去除了推广匹配条件，具有较强的处理非线性系统不确定性的能力。文献[18]较系统地论述了基于 Backstepping 控制的电动机控制方法，但因电力传动系统的复杂性，鲜见其实际应用案例。

3. 滑模控制

滑模控制(Sliding Mode Control, SMC)最早起源于对继电器和 Bang-Bang 控制的研究。前苏联学者 Emelyanov 和 Utkin 在 20 世纪 60 年代研究并提出滑模控制的基本思想[19]。与其他非线性控制策略相比，滑模控制不要求系统“结构”固定，而是根据系统当前状态设计切换控制器，迫使系统沿预定的滑模面方向运动，所以滑模控制又称为变结构控制。1999 年，Utkin 系统地论述了滑模控制在电机控制中的应用，随后许多人研究了基于 SMC 的电力传动系统各种解决方案。目前主要分为基于 SMC 的电机直接控制方法、基于 SMC 的参数估计方法以及将 SMC 与其他控制策略相结合的电力传动控制系统等。

4. 内模控制

自 20 世纪 50 年代后期起，研究者们已开始采用类似内模控制的概念来设计最优反馈控制器，如 Smith 估计器；1979 年，Brosilow 给出了内模控制器的设计方法；1982 年，Garcia 和 Morari 首次完整地提出了内模控制(Internal Model Control，IMC)结构[20]，并得到工程化应用。

IMC 是一种基于过程数学模型进行控制器设计的新型控制策略。其主要特点是结构简单，设计直观简便，在线调节参数少，且调整方针明确，调整容易，特别是对于鲁棒性和抗扰性的改善和大时滞系统的控制，效果尤为显著。因此自从其产生以来，不仅在慢响应的过程控制中获得了大量应用，在快响应的电动机控制中也能取得比 PID 更为优越的效果。IMC 不仅是一种实用的先进控制算法，而且是研究预测控制等基于模型的控制策略的重要理论基础，以及提高常规控制系统设计水平的有力工具[21]。

本节主要介绍基于 SMC 和 IMC 的交流传动非线性控制方法。

13.2.2　电力传动系统的滑模变结构控制

滑模变结构控制是一种非线性控制策略，其基本原理是根据系统的不同模态，改变控制器结构和控制策略[22]。滑模变结构控制的方法是：预先设计好“滑动模态”，系统运行时，根据性能指标函数的偏差及导数，控制系统沿着滑动模态的轨迹运动，从而改变系统控制结构。

1. 滑模变结构控制的基本原理与方法

首先简要介绍滑模控制的基本概念和方法[22]。

(1) 滑动模态的概念　先考虑系统的一般情况，可用状态方程表示为

$$\dot{\boldsymbol{x}} = f(\boldsymbol{x}) \tag{13-55}$$

式中，$\boldsymbol{x}\in \mathrm{R}^n$ 为系统状态变量；$f(\cdot)$ 为某种非线性函数。

设式(13-55)所示系统在 n 维状态空间中有一个超曲面

$$S(\boldsymbol{x})=S(x_1,x_2,\cdots,x_n)=0 \tag{13-56}$$

该超曲面将状态空间分为上下两个部分，即 $S>0$ 和 $S<0$。在切换面上存在如图 13-20 所示的三种情况：

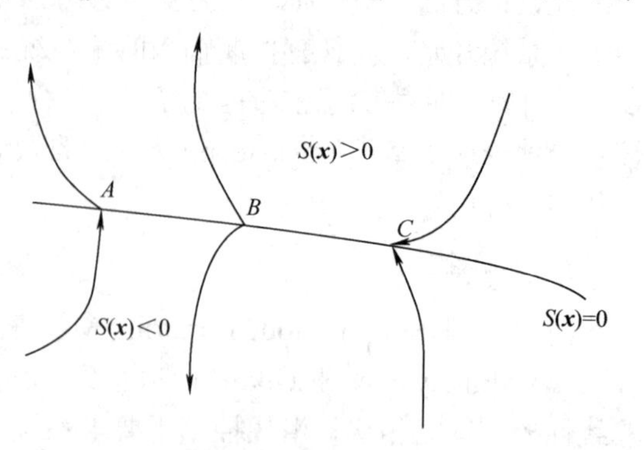

图 13-20　切换面上的三种特性

1) 通常点。系统运动点到达切换面 $S=0$ 附近时穿越而过的点称作通常点，如图 13-20 中点 A。

2) 起始点。系统运动点到达切换面 $S=0$ 附近时，从切换面两边离开的点称作起始点，如图 13-20 中点 B。

3) 终止点。系统运动点到达切换面 $S=0$ 附近时，从切换面的两边趋向于该点称作终止点，如图 13-20 中点 C。

在滑模变结构控制中，通常点和起始点没有太大意义，但是终止点很重要。因为如果在切换面某个区域内所有的点都是终止点，系统运动点接近该区域时，会被“吸引”过去。为此，将切换面 $S=0$ 上所有点都是终止点的区域称为“滑动模态”区，或简称为“滑模”区，系统在滑模区中的运动称为“滑模运动”。

(2) 滑动模态的数学表达　按照滑动模态的概念，滑模区上所有的点都应该是终止点。当运动点到达切换面 $S=0$ 附近时，必有 $\lim\limits_{S\to 0^+}\dfrac{\mathrm{d}S}{\mathrm{d}t}\leqslant 0$ 和 $\lim\limits_{S\to 0^-}\dfrac{\mathrm{d}S}{\mathrm{d}t}\geqslant 0$，也就是满足条件

$$\lim_{S\to 0} S\frac{\mathrm{d}S}{\mathrm{d}t}\leqslant 0 \tag{13-57}$$

或者

$$\lim_{S\to 0}\frac{\mathrm{d}S^2}{\mathrm{d}t}\leqslant 0 \tag{13-58}$$

上式表明，系统运动到达滑模区将满足李雅普诺夫稳定的必要条件。可简要证明如下：

如果设李雅普诺夫函数为

$$V(x_1,x_2,\cdots,x_n)=[S(x_1,x_2,\cdots,x_n)]^2 \tag{13-59}$$

不难看出，这里 $V(\boldsymbol{x})$ 在切换面邻域内正定，根据式(13-58)，其导数是负定的，因此系统本身将稳定于切换面 $S=0$。

总的来说，滑模变结构控制就是根据控制目标设计滑模切换面($S=0$)，然后使控制系统状态点到达滑模切换面，在切换面上形成滑模运动而不离开切换面，从而达到控制目的。

(3) 等效控制与滑模运动　设一个非线性系统的状态方程为

$$\dot{\boldsymbol{x}}=f(\boldsymbol{x},u,t) \tag{13-60}$$

式中，$\boldsymbol{x}\in \mathrm{R}^n$ 为系统状态变量；$u\in \mathrm{R}$ 为控制变量；$f(\cdot)$ 为某种非线性函数。

如果采用滑模控制，使系统已进入滑模区，此时 $\mathrm{d}S/\mathrm{d}t=0$，则应有

$$\frac{\mathrm{d}S}{\mathrm{d}t}=\frac{\partial S}{\partial \boldsymbol{x}}\frac{\mathrm{d}\boldsymbol{x}}{\mathrm{d}t}=0$$

可写成

$$\frac{\partial S}{\partial \boldsymbol{x}}f(\boldsymbol{x},u,t)=0 \tag{13-61}$$

若能从式(13-61)中解出控制量 u，即如果存在

$$u^*=u^*(\boldsymbol{x}) \tag{13-62}$$

则称 u^*为式(13-60)所示系统在滑模区的等效控制。

将等效控制式(13-62)代入式(13-60)，可得系统的滑模运动方程为

$$\begin{cases}\dot{\boldsymbol{x}}=f(\boldsymbol{x},u^*,t)\\ S(\boldsymbol{x})=0\end{cases} \tag{13-63}$$

由此可见，系统在滑模控制时，受到切换面 S=0 的约束。一般而言，$S(\boldsymbol{x})$ 可以是任意的实系数的单值连续函数。

从理论上来讲，滑模面可以按需要设计，且与系统的不确定性及外界扰动无关，因而，滑模控制具有快速响应、抗干扰性能好及易于在线实现等特点。然而，实际上滑模控制的不连续性通常会引发系统的颤振，降低控制的精确性，也会影响系统的动态性能。为降低滑模控制中的颤振，许多学者从不同角度提出了许多解决方法，主要包括准滑动模态法、连续函数近似法和边界层设计等。

2. 滑模变结构控制器的构造与设计

根据滑模控制的基本原理，构造和设计一个滑模控制器的过程如下：

设非线性控制系统描述为

$$\begin{cases}\dot{\boldsymbol{x}}=f(\boldsymbol{x},\boldsymbol{u},t)\\ \boldsymbol{y}=g(\boldsymbol{x})\end{cases} \tag{13-64}$$

式中，$\boldsymbol{u}\in \mathrm{R}^m$ 为控制向量；$\boldsymbol{y}\in \mathrm{R}^l$ 为输出向量；$g(\cdot)$为某种非线性函数。

设计一个切换函数向量

$$\boldsymbol{S}(\boldsymbol{x})=\boldsymbol{S}(x_1\quad x_2\quad \cdots\quad x_n)=\boldsymbol{0} \tag{13-65}$$

式中，$\boldsymbol{S}\in \mathrm{R}^m$。

求解滑模控制函数

$$u_i=\begin{cases}u_i^+(\boldsymbol{x}) & S_i(\boldsymbol{x})\geqslant 0\\ u_i^-(\boldsymbol{x}) & S_i(\boldsymbol{x})\leqslant 0\end{cases} \tag{13-66}$$

式中，$u_i^+(\boldsymbol{x})\neq u_i^-(\boldsymbol{x})$ (i=1，2，…，m)，使得

1) 滑动模态存在，即满足式(13-57)的条件。

2) 满足可达性要求，即系统的状态轨迹在有限时间内能到达切换面。

3) 滑模运动具有稳定性。

4) 改善滑模控制具有品质。

所设计的滑模控制必须满足上述前三项基本要求。

(1)滑动模态的存在性　式(13-57)给出了滑动模态存在的一般条件。在实际使用时，往往去掉式中的等号，写成

$$\lim_{S\to 0} S\frac{\mathrm{d}S}{\mathrm{d}t} < 0 \tag{13-67}$$

这样，可采用分段控制函数$u_i^+(\boldsymbol{x})$和$u_i^-(\boldsymbol{x})$，从而避免寻找连续控制函数$\boldsymbol{u}(\boldsymbol{x})$的困难。

(2)滑动模态的可达性　当系统的初始点处于状态空间的任意位置，要求其在有限的时间内运动到切换面附近，从而进入滑动模态。从理论上，可将式(13-57)中的极限符号去除，变成

$$S\frac{\mathrm{d}S}{\mathrm{d}t} \leqslant 0 \tag{13-68}$$

这表明状态空间中的任意点都必将向切换面S=0趋近。因此称式(13-68)为广义滑动模态的存在条件。

实际上，在设计滑模控制器时，需要选择适当的滑模控制策略，使系统满足可达性要求。

(3)滑模运动的稳定性　对于任何控制系统，稳定性都是最重要的指标要求。对于滑模控制系统，同样要求系统的滑模运动是渐近稳定的。系统稳定性的分析方法是，根据系统的状态方程，所设计的滑模控制函数首先应满足滑模存在条件式(13-67)或广义滑模条件式(13-68)，再由Fillipov理论写出滑模运动的运动方程[21]：

$$\dot{\boldsymbol{x}} = \mu f^{*+}(\boldsymbol{x},u,t) + (1-\mu) f^{*-}(\boldsymbol{x},u,t) \tag{13-69}$$

式中，

$$f^{*+}(\boldsymbol{x},u,t) = f(\boldsymbol{x},u^+,t) \tag{13-70}$$

$$f^{*-}(\boldsymbol{x},u,t) = f(\boldsymbol{x},u^-,t) \tag{13-71}$$

如果切换面$\boldsymbol{S}(\boldsymbol{x})$=0包含系统模型式(13-64)的一个稳定的平衡点$\boldsymbol{x}$=0，且滑模运动方程式(13-69)在$\boldsymbol{x}$=0附近是渐近稳定的，则系统在滑动模态下的运动是渐近稳定的。

对于具体的控制系统，需要根据其被控对象模型与所设计的滑模控制律，按上述方法分析系统的稳定性。

(4)滑模变结构控制的品质　滑模变结构控制的整个控制过程由两部分组成：

1)正常运动段：位于切换面之外，如图13-21的x_0到A段所示。根据滑模变结构系统的原理，正常段的系统运动必须满足滑动模态可达性条件。

2)滑动模态运动段：位于切换面上的滑动模态区内，如图13-21的A到O段所示，在这个阶段，希望系统的动态特性是渐近稳定的。

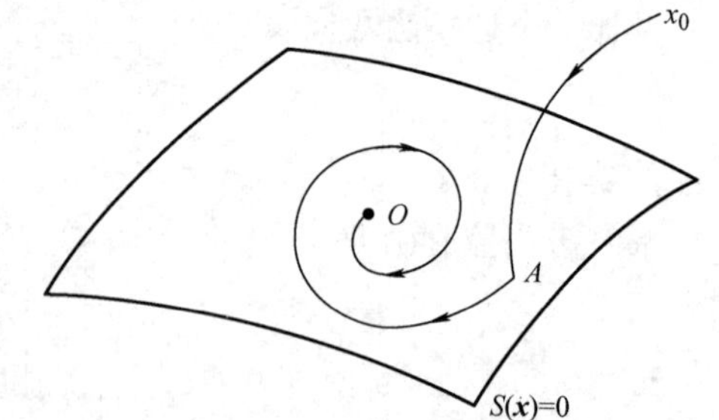

图13-21　滑模控制系统状态运动轨迹

滑模变结构控制的品质取决于这两段运动的品质。由于不能一次性地改善整个运动过程品质，因而要求选择控制律使正常运动段的品质得到提高；选择切换函数使滑动模态运动段的品质改善。两段运动各自具有自己的高品质。

综上分析，滑模控制器设计的关键是：

(1) 构造滑模控制器　由式(13-64)给出的非线性系统模型，按照式(13-66)所设计的滑模控制器，可构建如图 13-22 所示的滑模变结构控制系统。

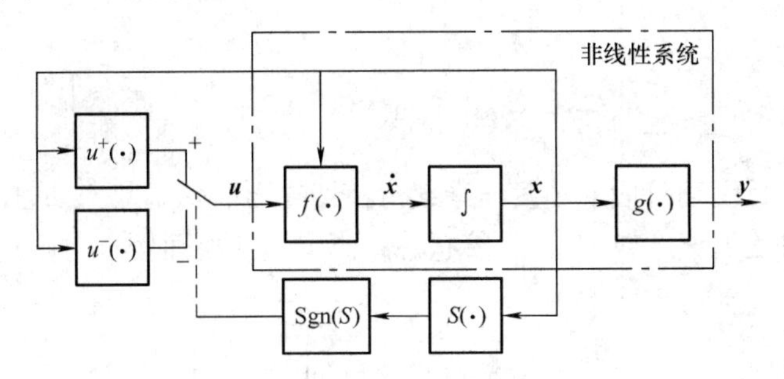

图 13-22　滑模变结构控制系统结构

(2) 选择控制律 $u^{\pm}(\boldsymbol{x})$　根据被控对象的模型，可选择相应的控制策略。滑模变结构的基本控制策略有如下几种：

1) 常值切换控制

$$u_i=\begin{cases}k_i^+ & s_i(\boldsymbol{x})\geqslant 0\\ k_i^- & s_i(\boldsymbol{x})\leqslant 0\end{cases} \tag{13-72}$$

式中，k_i^+ 和 k_i^- 均为实数(i=1，2，…，m)。

可见，常值控制就是 Bang-Bang 控制。

2) 函数切换控制

$$u_i=\begin{cases}u_i^+(\boldsymbol{x}) & s_i(\boldsymbol{x})\geqslant 0\\ u_i^-(\boldsymbol{x}) & s_i(\boldsymbol{x})\leqslant 0\end{cases} \tag{13-73}$$

式中，$u_i^+(\boldsymbol{x})$ 和 $u_i^-(\boldsymbol{x})$ 均为连续函数(i=1，2，…，m)。

3) 比例切换控制

$$u_i=\begin{cases}\alpha_i x_i & x_i s_i(\boldsymbol{x})\geqslant 0\\ \beta_i x_i & x_i s_i(\boldsymbol{x})\leqslant 0\end{cases} \tag{13-74}$$

式中，α_i 和 β_i 均为实数(i=1，2，…，m)。

除了上述三种基本滑模控制策略外，还有许多控制策略可选。

(3) 滑模的趋近率　为使系统运行快速到达滑模切换面，除了滑模控制策略应满足系统可达性条件外，还可选择趋近率来规定其运行轨迹。在广义滑模的条件下，常用的趋近率有：

1) 等速趋近律

$$\frac{\mathrm{d}S}{\mathrm{d}t}=-\varepsilon\mathrm{Sgn}(S)\quad \varepsilon>0 \tag{13-75}$$

式中，常数ε表示系统的运动点趋近切换面 $\boldsymbol{S}(\boldsymbol{x})$=0 的速率。采用等速趋近律，可以控制系统以一个恒定的速度趋近滑模面，且趋近速度由ε决定。

2) 指数趋近律

$$\frac{\mathrm{d}S}{\mathrm{d}t}=-\varepsilon\mathrm{Sgn}(S)-kS\quad \varepsilon>0,\ k>0 \tag{13-76}$$

指数趋近律在正常运动阶段的速度是纯指数趋近和等速趋近的叠加，可以通过调整参数 ε 与 k 来改变纯指数与等速趋近速度，最终实现对指数趋近速度的改变。

3）幂次趋近律

$$\frac{\mathrm{d}S}{\mathrm{d}t}=-k\left|S\right|^{\alpha}\mathrm{Sgn}(S)\quad 0<\alpha<1 \tag{13-77}$$

幂次趋近律在趋近运动阶段的速度与系统滑模切换面的幂函数密切相关，当系统状态距离滑模切换面较远时趋近速度较大，当系统状态距离滑模切换面较近时则趋近速度相应减小。

4）一般趋近律

$$\frac{\mathrm{d}S}{\mathrm{d}t}=-\varepsilon\mathrm{Sgn}(S)-f\left(S\right)\quad \varepsilon>0 \tag{13-78}$$

一般趋近律是要选择合适的 $f(S)$，使系统以适当速度趋近切换面，通过选择不同的 $f(S)$，可以变成上述三种趋近律。

总之，选取趋近律的原则是保证系统状态点远离切换面时具有较快趋近速度。传统的趋近律都存在函数切换，即符号函数 $\mathrm{Sgn}(S)$，因为该函数是不连续的，必定会导致滑模抖振，所以系统状态不能趋近于平衡点，而是趋近于平衡点附近的一个抖振。

（4）选择切换函数 $\boldsymbol{S}(\boldsymbol{x})$　由于系统在滑动模态的运动是由其系统模型的微分方程和切换函数 $\boldsymbol{S}(\boldsymbol{x})=0$ 共同决定的，为使滑动模态运动段的品质改善，可选择适当的切换函数 $\boldsymbol{S}(\boldsymbol{x})=0$，并通过滑动模态的运动方程来分析其渐近稳定性，以进一步改善其动态特性。

3. 滑模变结构控制在电力传动控制中的应用

滑模变结构控制在电力传动系统中主要应用于：①替代 PID 控制器进行直接控制；②作为参数估计器进行转速等计算，代替转速等传感器实现无传感器控制；③与其他控制方法相结合实现复合控制，比如基于滑模控制与模糊控制结合的电力传动控制系统。这里主要以滑模控制取代 PID 控制为例，介绍滑模变结构控制在电力传动系统中的应用。

一种基于滑模速度调节器的 PMSM 控制系统结构框图如图 13-23 所示，该系统包括速度调节器、转矩调节器、磁链转矩估算模块，预期电压矢量计算模块，SVPWM 电压源型逆变器和永磁电动机，采用滑模控制器（SMC）取代 PI 调节器作为速度调节器。基于空间矢量调制 DTC 的原理是：

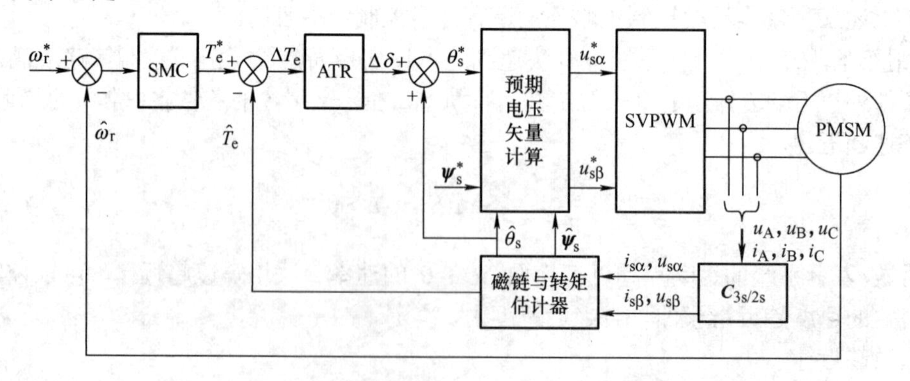

图 13-23　基于滑模速度调节器的 PMSM DTC 系统结构框图

根据永磁电动机的转矩计算公式

$$T_e = \frac{3}{2}\frac{n_p}{L_d}|\boldsymbol{\psi}_s||\boldsymbol{\psi}_f|\sin\delta \tag{13-79}$$

式中，$\boldsymbol{\psi}_s$为定子磁链；$\boldsymbol{\psi}_f$为转子上永磁体磁链；δ为$\boldsymbol{\psi}_s$与$\boldsymbol{\psi}_f$之间的夹角。

在PMSM中，转子上永磁体的磁链值是不变的，当保持定子磁链幅值不变时，从式(13-79)可知电磁转矩和转矩增量是可以通过控制定、转子磁链间的转矩角δ来实现。虽然转矩角不能直接控制，但是可以通过改变定子磁链的旋转方向来控制。根据定子电压方程

$$u_s = R_s i_s + \frac{d\psi_s}{dt} \tag{13-80}$$

若忽略定子电阻R_s的压降，则有

$$u_s = \frac{d\psi_s}{dt}$$

定子磁链的增量可以近似表示为

$$\Delta\psi_s = u_s \Delta t \tag{13-81}$$

由以上分析可知，定子电压 u_s 可以决定定子磁链$\boldsymbol{\psi}_s$的运动方向，它的幅值$|\boldsymbol{u}_s|$可以决定ψ_s转动速度的快慢。因此，可以通过控制逆变器输出合适的电压矢量，从而驱动永磁电动机，实现对转矩角的控制。

为此，永磁电动机 DTC 的核心思想就是在保持定子磁链幅值不变的基础上，控制其旋转方向和速度变化，从而通过控制定、转子磁链的夹角δ来控制电磁转矩。

图 13-23 中，速度调节器采用滑模变结构控制(SMC)，其输出的ΔT_e经过转矩调节器 PI 环节计算得到转矩角增量$\Delta\delta$。再加上定子相位角θ_s，就得到新的定子相位角θ_s^*作为定子电压的给定相位，即有

$$\theta_s^* = \theta_s + \Delta\delta \tag{13-82}$$

式(13-80)还可写成

$$u_s = R_s i_s + \frac{\Delta\psi_s}{\Delta t}$$

即在一个采样周期T_s=Δt内，定子电压矢量可表示为

$$\boldsymbol{u}_s = R_s \boldsymbol{i}_s + \frac{\Delta\boldsymbol{\psi}_s}{T_s} \tag{13-83}$$

在预期电压矢量模块中，根据定子磁链给定值与估计值之差，可计算出输出定子电压在α-β 坐标系下的设定值为

$$u_{s\alpha}^* = R_s i_{s\alpha} + \frac{|\boldsymbol{\psi}_s^*|\cos\theta_s^* - |\boldsymbol{\psi}_s|\cos\theta_s}{T_s} \tag{13-84}$$

$$u_{s\beta}^* = R_s i_{s\beta} + \frac{|\boldsymbol{\psi}_s^*|\sin\theta_s^* - |\boldsymbol{\psi}_s|\sin\theta_s}{T_s} \tag{13-85}$$

所以，当定子磁链幅值$|\boldsymbol{\psi}_s|$、定子磁链$\boldsymbol{\psi}_s$在α-β 坐标系下的空间相位角θ_s以及$\Delta\delta$都已知时，可以求出预期电压矢量，作为 SVPWM 的给定值，使逆变器输出所需的交流电压，控制永磁电动机的运行。

在滑模速度调节器的设计中，首先选择永磁同步电动机的状态变量，如下所示：

$$\begin{cases} x_1 = \omega_r^* - \omega_r \\ x_2 = x_1 = -\dot{\omega}_r \end{cases} \tag{13-86}$$

式中，ω_r^*为给定速度；ω_r为实际速度。

考虑 PMSM 的运动方程(忽略黏性摩擦系数)

$$\frac{J}{n_p}\frac{d\omega_r}{dt} = T_e - T_L \tag{13-87}$$

则有

$$\begin{pmatrix} \dot{x}_1 \\ \dot{x}_2 \end{pmatrix} = \begin{pmatrix} -n_p \dfrac{T_e - T_L}{J} \\ -n_p \dfrac{\dot{T}_e}{J} \end{pmatrix} \tag{13-88}$$

取 $D=n_p/J$，$u=dT_e/dt$，得系统状态空间方程为

$$\begin{pmatrix} \dot{x}_1 \\ \dot{x}_2 \end{pmatrix} = \begin{pmatrix} 0 & 1 \\ 0 & 0 \end{pmatrix}\begin{pmatrix} x_1 \\ x_2 \end{pmatrix} + \begin{pmatrix} 0 \\ -D \end{pmatrix} u \tag{13-89}$$

选择线性滑模面

$$S = cx_1 + x_2 \tag{13-90}$$

对其求导得

$$\frac{dS}{dt} = c\dot{x}_1 + \dot{x}_2 = cx_2 - D\frac{dT_e}{dt} \tag{13-91}$$

为了避免传统趋近律的开关函数抖振，采用了一种新型趋近律

$$\frac{dS}{dt} = -\varepsilon|\boldsymbol{x}|^a S - k|\boldsymbol{x}|^b S^{q/p} \tag{13-92}$$

式中，S为滑模面；a、ε、b、q、p、k为设计参数，p和q都为正奇数且$p>q$，$\varepsilon>0$，$k>0$；$\boldsymbol{x}$是系统的状态变量，且$\lim\limits_{t\to\infty}|\boldsymbol{x}|=0$。

新型的趋近律由这两个趋近律组成：$-\varepsilon|\boldsymbol{x}|^a S$为变指数趋近律，是纯指数趋近率与状态变量 $\boldsymbol{x}$ 结合在一起的；而$-k|\boldsymbol{x}|^b S^{q/p}$为变终端吸引趋近律，它将终端吸引因子与状态变量 $\boldsymbol{x}$ 结合在一起，再乘以一个系数。因为存在系统状态变量的幂函数，所以在趋近滑模面的过程中，系统的趋近速度与其状态变量有一定的联系[10]。

结合新型控制率来设计速度控制器，可以得到

$$T_e = \frac{1}{D}\int (cx_2 + \varepsilon|x_1|^a S + k|x_1|^b S^{q/p})\,dt \tag{13-93}$$

由式(13-93)可以看出，基于 SMC 的速度控制器的输出转矩由三个分量组成，且都经过了积分器滤波，这可以在一定程度上减弱抖振现象。此外，系统的稳态误差可以通过转速调节器的积分环节来消除，从而提高系统精度。

又由系统微分方程$cx_1 + x_2 = 0$，解得$x_1 = \omega_r^* - \omega_r = c_0 e^{-ct}$，其中$c_0$是常数。由此可知，线性滑模面使系统状态$x_1$按照指数趋近于 0，所以能够无超调地实现速度跟踪。而当系统参数

或者负载发生变化时，系统运动不会有变化，即在滑模控制下，开关面参数可以决定系统的品质，与系统参数、扰动均无关，所以，滑模控制具有很好的鲁棒性和快速性。

综上所述，在采用线性滑模面与新型趋近律的滑模控制策略下，系统能够实现全局稳定。

所设计的 SMC 速度调节器的仿真结构如图 13-24 所示，其具体的参数设计及系统仿真结果请见文献[23]。

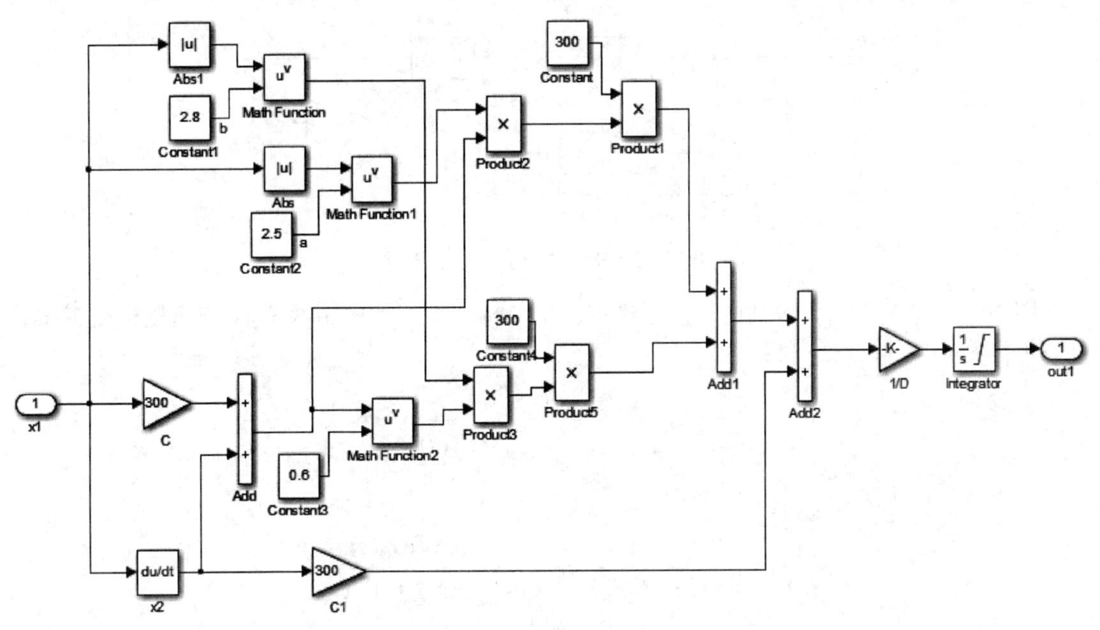

图 13-24　滑模速度调节器的仿真结构

13.2.3　电力传动系统的内模控制方法

经过 10 多年的发展，IMC 方法不仅已扩展到多变量和非线性系统，还产生了多种设计方法，较典型的有零极点对消法、预测控制法、针对 PID 控制器设计的 IMC 法、有限拍法等。IMC 和其他控制方式的结合也很容易，如 IMC 和神经网络、IMC 和模糊控制、IMC 和自适应控制、IMC 和最优控制、预测控制的结合使 IMC 不断得到改进并广泛应用于工程实践中，取得了良好的效果。值得注意的是，目前已经证明，已成功应用于大量工业过程的各类预测控制算法本质上都属于 IMC 类。

1. IMC 的基本结构与方法

一个基于 IMC 的控制系统基本结构如图 13-25 所示，其中，$G_p(s)$为被控对象，$\hat{G}_p(s)$为被控对象的数学模型，即内部模型；$G_{IMC}(s)$为内模控制器；$R(s)$为给定值；$Y(s)$为系统输出；$Y_m(s)$为内模输出；$D(s)$为在控制对象输出上叠加的扰动；$F(s)$为系统反馈信号，系统输出 $Y(s)$与内模输出 $Y_m(s)$之差。

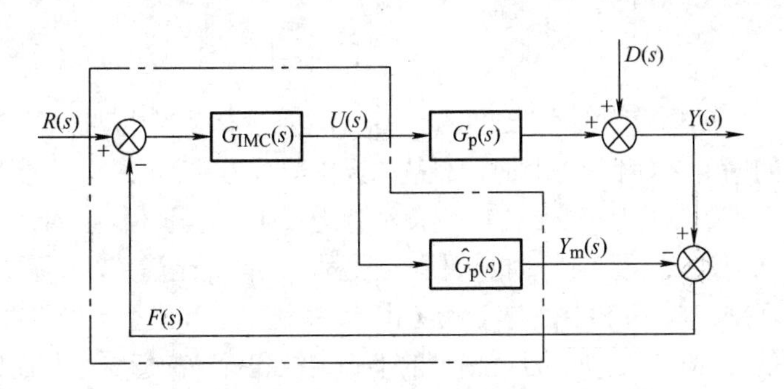

图 13-25　基于 IMC 的控制系统基本结构

图中，点画线框内是整个控制系统的内部结构，由于该结构中除了有控制器外，还包含了过程模型，内模控制因此而得名。

将图 13-25 稍做变换，可以得到图 13-26 IMC 系统的等价结构，即 IMC 是经典控制的一种特殊情况。

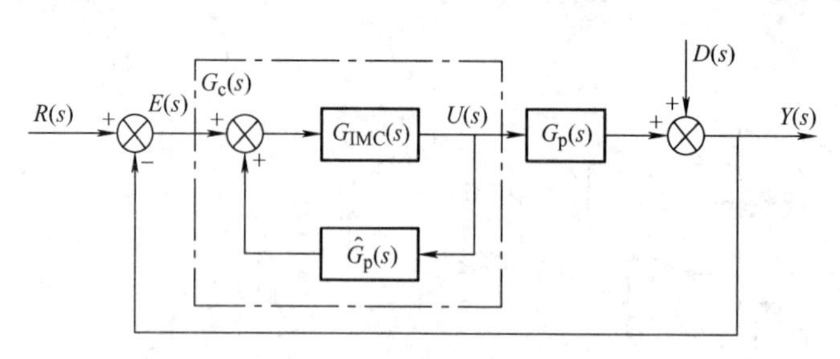

图 13-26　IMC 系统的等价结构

图中，点画线框内为等效的一般反馈控制器结构。该等效控制器 $G_c(s)$与内模模型 $\hat{G}_p(s)$以及内模控制器 $G_{IMC}(s)$有关，即

$$G_c(s)=\frac{G_{IMC}(s)}{1-G_{IMC}(s)\hat{G}_p(s)} \tag{13-94}$$

图中其他输入输出关系可以表示为

$$\frac{Y(s)}{R(s)}=\frac{G_c(s)G_p(s)}{1+G_c(s)G_p(s)}=\frac{G_{IMC}(s)G_p(s)}{1+G_{IMC}(s)[G_p(s)-\hat{G}_p(s)]} \tag{13-95}$$

$$\frac{Y(s)}{D(s)}=\frac{1}{1+G_c(s)G_p(s)}=\frac{1-G_{IMC}(s)\hat{G}_p(s)}{1+G_{IMC}(s)[G_c(s)-\hat{G}_p(s)]} \tag{13-96}$$

则图中所示系统的闭环响应为

$$Y(s)=\frac{G_{IMC}(s)G_p(s)R(s)}{1+G_{IMC}(s)[G_p(s)-\hat{G}_p(s)]}+\frac{[1-G_{IMC}(s)\hat{G}_p(s)]D(s)}{1+G_{IMC}(s)[G_c(s)-\hat{G}_p(s)]} \tag{13-97}$$

系统反馈信号

$$F(s)=[G_c(s)-\hat{G}_p(s)]U(s)+D(s) \tag{13-98}$$

如果模型精确，即 $G_p(s)=\hat{G}_p(s)$，且没有外界扰动时(即 $D(s)=0$)，则模型的输出 $Y_m(s)$与过程的输出 $Y(s)$相等，此时，系统的反馈信号为零。这样，在模型精确和无位置扰动输入的条件下，内模控制具有开环结构。这就清楚地表明，对开环稳定的过程而言，反馈的目的是克服过程的不确定性。也就是说，如果过程和过程输入都完全清楚，只需要前馈(开环)控制，而不需要反馈(闭环)控制。事实上，在实际应用中，系统扰动和模型不确定性是难免的。此时 IMC 结构中的反馈信号 $F(s)$就反映了过程模型的不确定性和扰动的影响，从而构成了闭环控制结构。

2. IMC 控制器的设计

设计内模控制器应分两步进行：首先设计一个稳定的理想控制器，而不考虑系统的鲁棒性；其次引入滤波器，通过调整滤波器的结构和参数来获得期望的动态品质和鲁棒性。

步骤 1　过程模型 $\hat{G}_{\mathrm{p}}(s)$ 的分解：将 $\hat{G}_{\mathrm{p}}(s)$ 分为两项：$\hat{G}_{\mathrm{p+}}(s)$ 和 $\hat{G}_{\mathrm{p-}}(s)$，即

$$\hat{G}_{\mathrm{p}}(s)=\hat{G}_{\mathrm{p+}}(s)\hat{G}_{\mathrm{p-}}(s) \tag{13-99}$$

式中，$\hat{G}_{\mathrm{p+}}(s)$ 为模型中包含纯滞后和不稳定零点的部分；$\hat{G}_{\mathrm{p-}}(s)$ 为模型中最小相位部分。

步骤 2　IMC 控制器设计：需在最小相位 $\hat{G}_{\mathrm{p-}}(s)$ 的逆上增加滤波器，以确保系统的稳定性和鲁棒性。定义 IMC 控制器为

$$G_{\mathrm{IMC}}(s)=\frac{L(s)}{\hat{G}_{\mathrm{p-}}(s)} \tag{13-100}$$

式中，$L(s)$为低通滤波器，又称调节因子，通常选用以下的形式：

$$L(s)=\frac{1}{(1+\lambda s)^{n}} \tag{13-101}$$

式中，阶次 n 的选择视 $\hat{G}_{\mathrm{p-}}^{-1}(s)$ 的阶次而定，应选择足够大以保证 $G_{\mathrm{IMC}}(s)$的可实现性；λ 为滤波器时间常数，是内模控制器仅有的设计参数。

3. 基于 IMC 的电力传动控制系统

IMC 应用在多变量、非线性、强耦合、大时滞的工业过程控制中已经有不少成功的例子。而交流电动机恰恰也是一个多变量、非线性、强耦合的系统，有可能应用内模控制技术。相关文献表明，目前 IMC 已用于永磁同步电动机磁阻转矩的控制、双凸极电动机电压调节、永磁同步电动机的电流控制和解耦、异步电动机电流控制的动态解耦等。本节主要讨论永磁同步电动机不同自由度 IMC 的电流控制以及基于 IMC 的异步电动机转速和磁链控制方法。

(1) 基于 IMC 的永磁同步电动机电流解耦控制　交流电动机通常采用矢量控制方法实现电流的静态解耦，但动态耦合关系依然存在，这造成了动态过程中电流分量互相影响，尤其在高加减速过渡过程中动态耦合影响更为显著，使电动机的动态性能变差。

1) 永磁同步电动机一自由度 IMC（One-degree-of-freedom IMC）设计。永磁同步电动机基于同步旋转 d-q 坐标系的电压方程

$$\begin{cases} u_{\mathrm{sd}}=R_{\mathrm{s}}i_{\mathrm{sd}}+\dfrac{\mathrm{d}\psi_{\mathrm{sd}}}{\mathrm{d}t}-\omega_{\mathrm{r}}\psi_{\mathrm{sq}} \\ u_{\mathrm{sq}}=R_{\mathrm{s}}i_{\mathrm{sq}}+\dfrac{\mathrm{d}\psi_{\mathrm{sq}}}{\mathrm{d}t}+\omega_{\mathrm{r}}\psi_{\mathrm{sd}} \end{cases} \tag{13-102}$$

而定子磁链方程为

$$\begin{cases} \psi_{\mathrm{sd}}=L_{\mathrm{d}}i_{\mathrm{sd}}+\psi_{\mathrm{f}} \\ \psi_{\mathrm{sq}}=L_{\mathrm{q}}i_{\mathrm{sq}} \end{cases} \tag{13-103}$$

式中，L_{d}、L_{q} 分别为 d-q 轴等效电感；ψ_{f} 为转子永磁体磁链。

因此，电压方程又可以写成

$$\begin{cases} u_{\mathrm{sd}}=R_{\mathrm{s}}i_{\mathrm{sd}}+L_{\mathrm{d}}\dfrac{\mathrm{d}i_{\mathrm{sd}}}{\mathrm{d}t}-\omega_{\mathrm{r}}L_{\mathrm{q}}i_{\mathrm{sq}} \\ u_{\mathrm{sq}}=R_{\mathrm{s}}i_{\mathrm{sq}}+L_{\mathrm{q}}\dfrac{\mathrm{d}i_{\mathrm{sq}}}{\mathrm{d}t}+\omega_{\mathrm{r}}L_{\mathrm{d}}i_{\mathrm{sd}}+\omega_{\mathrm{r}}\psi_{\mathrm{f}} \end{cases} \tag{13-104}$$

根据电压方程，永磁同步电动机动态耦合的结构图如图 13-27 所示。

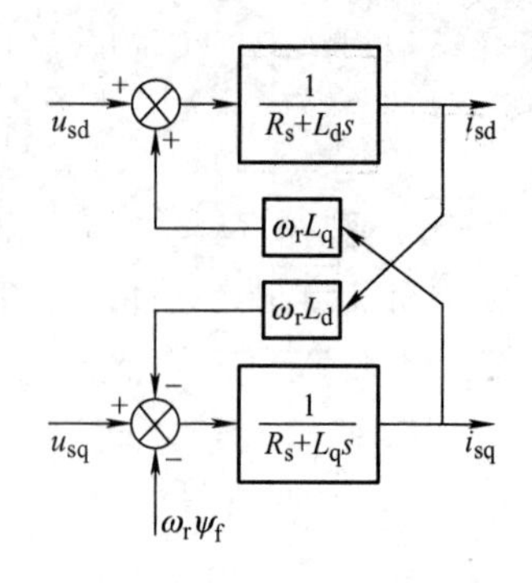

图 13-27　永磁同步电动机动态耦合的结构图

根据 IMC 系统的结构框图，等效的经典控制器为

$$G_c(s)=\frac{G_{IMC}(s)}{1-G_{IMC}(s)\hat{G}_p(s)} \tag{13-105}$$

由永磁同步电动机的电压方程，令

$$u'_{sq}=u_{sq}-\omega_r\psi_f \tag{13-106}$$

则电动机电压方程的传递函数可以写成

$$\begin{cases}U_{sd}(s)=(R_s+L_ds)I_{sd}(s)-\omega_rL_qI_{sq}(s)\\U'_{sq}(s)=(R_s+L_qs)I_{sq}(s)+\omega_rL_dI_{sd}(s)\end{cases} \tag{13-107}$$

令
$$\boldsymbol{U}(s)=\begin{pmatrix}U_{sd}(s)\\U'_{sq}(s)\end{pmatrix},\quad \boldsymbol{Y}(s)=\begin{pmatrix}I_{sd}(s)\\I_{sq}(s)\end{pmatrix},\quad \boldsymbol{G}_p(s)=\begin{pmatrix}R_s+L_ds & -\omega_rL_q\\\omega_rL_d & R_s+L_qs\end{pmatrix}^{-1} \tag{13-108}$$

因永磁同步电动机的传递函数 $\boldsymbol{G}_p(s)$在 s 平面的左半平面无零点，则可以提高永磁同步电动机系统鲁棒性的低通滤波器 $L(s)$，具体写成

$$L(s)=\frac{1}{1+\lambda s}I=\frac{\alpha}{\alpha+s}I \tag{13-109}$$

式中，$\lambda=\frac{1}{\alpha}$，α 为电流环的带宽，且 $\alpha=\frac{\ln 9}{t_r}$，t_r 为电流的上升时间。

永磁同步电动机的 IMC 控制器 $\boldsymbol{G}_{IMC}(s)$设计为

$$\boldsymbol{G}_{IMC}(s)=\frac{L(s)}{\hat{\boldsymbol{G}}_p(s)}=\begin{pmatrix}\hat{R}_s+\hat{L}_ds & -\omega_r\hat{L}_q\\\omega_r\hat{L}_d & \hat{R}_s+\hat{L}_qs\end{pmatrix}L(s) \tag{13-110}$$

式中，$\hat{R}_s$ 为定子电阻的估计值；$\hat{L}_d$、$\hat{L}_q$ 为 d-q 轴电感的估计值。

根据式(13-105)、式(13-109)、式(13-110)，等效的反馈控制器可以写成

$$\boldsymbol{G}_c(s)=\frac{\boldsymbol{G}_{IMC}(s)}{1-\boldsymbol{G}_{IMC}(s)\hat{\boldsymbol{G}}_p(s)}=\frac{\alpha}{s}\begin{pmatrix}\hat{R}_s+\hat{L}_ds & -\omega_r\hat{L}_q\\\omega_r\hat{L}_d & \hat{R}_s+\hat{L}_qs\end{pmatrix}=\alpha\begin{pmatrix}\frac{\hat{R}_s}{s}+\hat{L}_d & -\frac{\omega_r\hat{L}_q}{s}\\\frac{\omega_r\hat{L}_d}{s} & \frac{\hat{R}_s}{s}+\hat{L}_q\end{pmatrix} \tag{13-111}$$

根据等效的反馈控制器，使用一自由度 IMC 的永磁同步电动机解耦后的结构如图 13-28 所示。

在 MATLAB/Simulink 中进行系统仿真。电动机的部分额定参数如下：功率 P_N=8.1kW，电流 i_N=11.69A，定子电枢电阻 R_s=1.62Ω，定子交、直轴电感 L_d=L_q=0.004527H，角速度 ω_N=157rad /s。设电动机在额定电源频率下工作。

对于电机参数同比例增加时，假设 $\hat{R}_s=kR_s$，$\hat{L}_d=kL_d$，$\hat{L}_q=kL_q$，则对应的仿真结果如图 13-29 所示。通过对比发现，如果估计值同比例改变，系统性能改变不大，依旧可以实现

完全解耦。但是如果估计值比实际值小，系统的响应时间会比设计值慢；而估计值比实际值大的时候，系统的响应会加快。

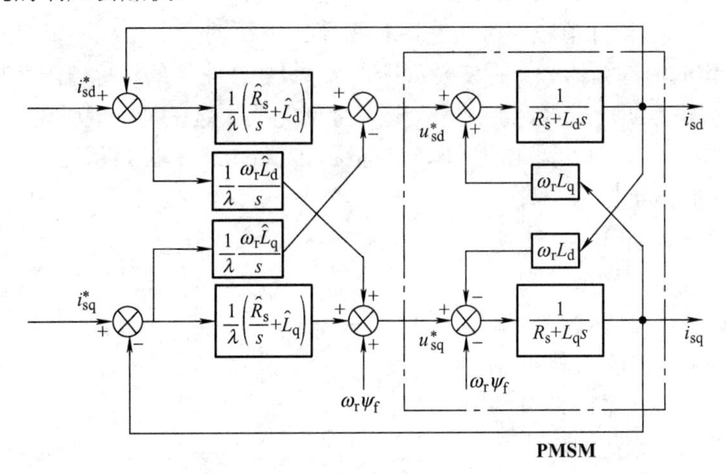

图 13-28　一自由度 IMC 的永磁同步电动机解耦结构

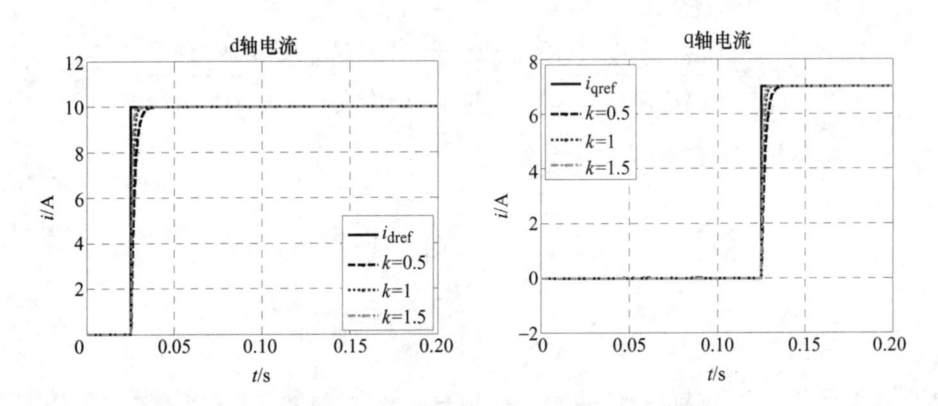

图 13-29　一自由度 IMC 的永磁同步电动机解耦仿真结果(电动机参数估计值同比例变化)

对于电动机参数的估计值不同比例变化时，可假设 $\hat{R}_s = k_r R_s$， $\hat{L}_d = k_l L_d$， $\hat{L}_q = k_l L_q$，主要按 4 种情况来分析：k_r=0.5，k_l=1；k_r=1.5，k_l=1；k_r=1，k_l=0.5；k_r=1，k_l=1.5。具体的结果如图 13-30 所示。

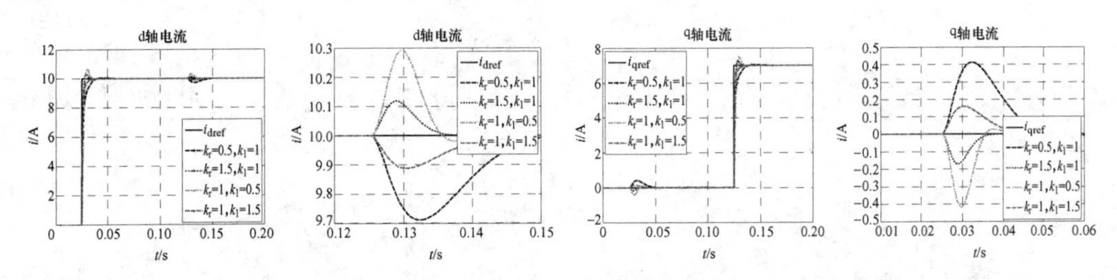

图 13-30　一自由度 IMC 的永磁同步电动机解耦仿真结果(电机参数估计值不同比例变化)

通过对 4 种情况的具体分析来看，当参数估计值不同比例变化时，系统还存在较强的耦合现象。根据进一步仿真发现，随着设置的响应时间 t_r 越长，系统相互耦合现象越严重。简单来说，α 仅仅改变了响应时间，难以兼顾解耦的鲁棒跟踪和鲁棒抗扰性能。

除此之外，当电阻估计值比实际值小的时候，系统响应时间变长；反之，系统会出现一定的超调。而对于电感估计值较实际值小时，系统出现超调；反之，系统响应变慢。

因此，在整定低通滤波器 $L(s)$的参数 $\alpha(\lambda)$时，一般要在系统的目标值跟踪特性、干扰抑制特性和鲁棒性之间进行折中选择，通过反复试凑才能完成，这正是常规内模控制的不足之处。

2) 永磁同步电动机二自由度 IMC (Two-degree-of-freedom IMC) 设计。为克服常规内模控制的不足，相关研究人员提出一种二自由度内模控制结构，如图 13-31 所示，由 $G_{IMC}^{I}(s)$ 和 $G_{IMC}^{II}(s)$ 构成二自由度内模控制器。$G_{IMC}^{I}(s)$ 是前馈 IMC，主要用来调整系统解耦的干扰抑制特性和鲁棒性；$G_{IMC}^{II}(s)$ 是前馈解耦控制器，主要用来调整系统对给定目标的跟随性能。

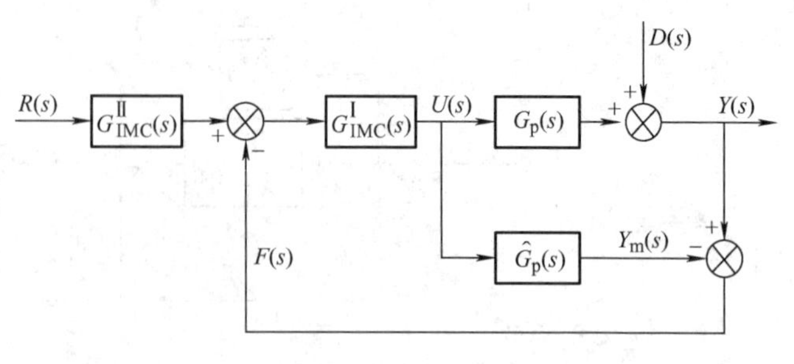

图 13-31　二自由度 IMC 系统结构

系统的输出传递函数为

$$Y(s)=\frac{G_{IMC}^{I}(s)G_{IMC}^{II}(s)G_{p}(s)R(s)}{1+G_{IMC}^{I}(s)[G_{p}(s)-\hat{G}_{p}(s)]}+\frac{[1-G_{IMC}^{I}(s)\hat{G}_{p}(s)]D(s)}{1+G_{IMC}^{I}(s)[G_{c}(s)-\hat{G}_{p}(s)]} \tag{13-112}$$

$G_{IMC}^{I}(s)$ 一般采用常规的内模设计方案，即

$$G_{IMC}^{I}(s)=\frac{L_1(s)}{\hat{G}_{p-}(s)} \tag{13-113}$$

式中，

$$L_1(s)=\frac{1}{1+\lambda_1 s}I \tag{13-114}$$

为了使系统的目标值跟踪特性和干扰抑制特性能独立调整，考虑内模控制器的可实现性，将 $G_{IMC}^{II}(s)$ 设计为

$$G_{IMC}^{II}(s)=\frac{L_2(s)}{L_1(s)} \tag{13-115}$$

式中，

$$L_2(s)=\frac{1}{(1+\lambda_2 s)^m} \tag{13-116}$$

$L_2(s)$为滤波器，阶次 m 视 $\hat{G}_{p-}^{-1}(s)$ 阶次而定，以使得 $G_{IMC}^{II}(s)$ 可实现。对于永磁电动机来说，选择

$$L_2(s)=\frac{1}{1+\lambda_2 s} \tag{13-117}$$

则所设计的 IMC 控制器为

$$G_{IMC}^{II}(s)=\frac{L_2(s)}{L_1(s)}=\frac{1+\lambda_1 s}{1+\lambda_2 s} \tag{13-118}$$

从式(13-118)可以发现，对于二自由度 IMC 系统，如果 $\lambda_2=\lambda_1$，则系统退化为一自由度

IMC 系统。而且，通过自动控制原理以及一自由度 IMC 系统控制器 $G_{\mathrm{IMC}}(s)$参数选择的相关知识可以得知，二自由度 IMC 系统的响应时间将主要由 $L_2(s)$决定。

通过对比一自由度 IMC 系统 4 种条件的仿真结果发现，当 k_{r}=0.5、k_{l}=1，k_{r}=1、k_{l}=0.5 时，系统的性能影响最大。如果采用二自由度 IMC，选取 λ_1 分别为 0.0001、0.0005、0.001(退化成一自由度 IMC)和 0.002 这 4 种情况，仿真结果如图 13-32 所示。

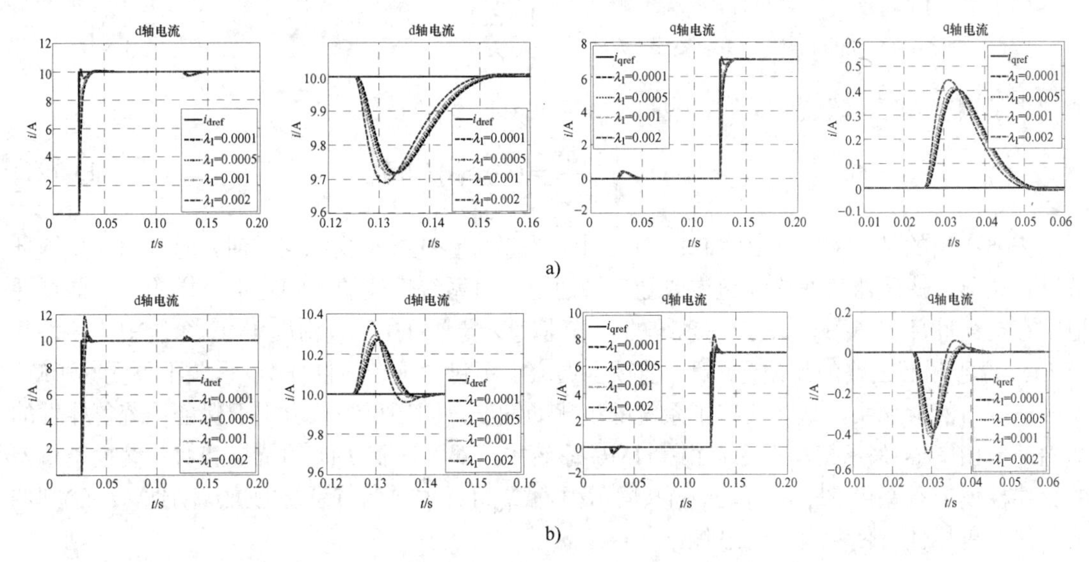

图 13-32　二自由度 IMC 系统仿真结果

a) k_{r}=0.5，k_{l}=1　b) k_{r}=1，k_{l}=0.5

通过这两组仿真发现，加入了前馈解耦控制器 $G_{\mathrm{IMC}}^{\mathrm{II}}(s)$ 后，若 λ_1 变小则响应速度会变慢，但是耦合量会变小；而 λ_1 变大，情况正好相反，响应速度变快，但是耦合量变大。所以，系统的耦合量可以通过改变两个控制器的参数来调节。由此可以说明，二自由度 IMC 解耦效果优于一自由度 IMC 解耦效果。

但是，因 λ_1 与 λ_2 参数的调节并非完全独立，解耦效果仍需 λ_1 与 λ_2 参数的配合。而且，采用二自由度内模解耦后，耦合现象仍然比较明显，解耦效果不够理想。

3) 永磁同步电动机三自由度 IMC(Three-degree-of-freedom IMC) 设计。由于二自由度 IMC 参数 λ_1 与 λ_2 的调节并不是独立的，而是相互有一定的影响，需在抗扰性和鲁棒性之间折中，因此使二自由度 IMC 方法对系统性能的改善受到了限制。由此，很多学者提出了一种三自由度 IMC 方法，该方法使系统的抗扰性和鲁棒性得到进一步改善，并且参数调节简单方便。

三自由度 IMC 系统结构如图 13-33 所示，与二自由度 IMC 系统相比，多了一个反馈滤波器 $F_{\mathrm{f}}(s)$，其主要用来调节系统对解耦偏差的鲁棒性，当 $F_{\mathrm{f}}(s)$=1 时，系统退化成二自由度 IMC 结构。

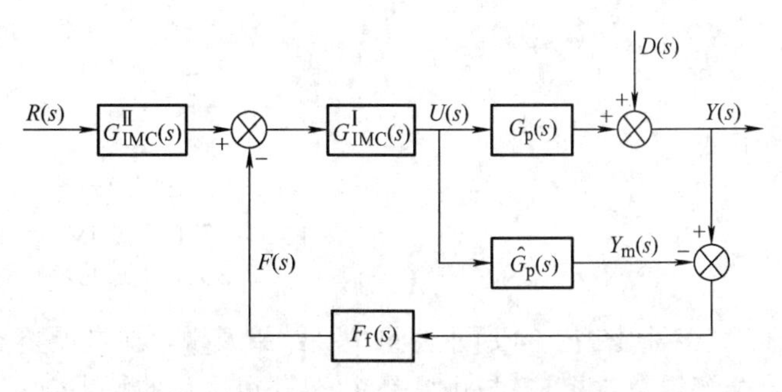

图 13-33　三自由度 IMC 系统结构

三自由度 IMC 系统的闭环传递函数为

$$Y(s)=\frac{G_{\mathrm{IMC}}^{\mathrm{I}}(s)G_{\mathrm{IMC}}^{\mathrm{II}}(s)G_{\mathrm{p}}(s)R(s)}{1+G_{\mathrm{IMC}}^{\mathrm{I}}(s)F_{\mathrm{f}}(s)[G_{\mathrm{p}}(s)-\hat{G}_{\mathrm{p}}(s)]}+\frac{[1-F_{\mathrm{f}}(s)G_{\mathrm{IMC}}^{\mathrm{I}}(s)\hat{G}_{\mathrm{p}}(s)]D(s)}{1+G_{\mathrm{IMC}}^{\mathrm{I}}(s)F_{\mathrm{f}}(s)[G_{\mathrm{c}}(s)-\hat{G}_{\mathrm{p}}(s)]} \tag{13-119}$$

由于经过 $G_{\mathrm{IMC}}^{\mathrm{I}}(s)$ 解耦后系统近似为一阶系统，可以取

$$F_{\mathrm{f}}(s)=\frac{1+\alpha_1 s}{1+\alpha_2 s} \tag{13-120}$$

为了调节方便，设置参数时，也可令 $\alpha_2=\lambda_1$，则

$$F_{\mathrm{f}}(s)=\frac{1+\alpha_1 s}{1+\lambda_1 s}=(1+\alpha_1 s)L_1(s) \tag{13-121}$$

需要指出的是，在二自由度 IMC 系统中，当系统存在模型失配误差时，通过闭环反馈环节进行调节，滤波器放在前馈通道或是反馈通道，对系统性能的影响是不一样的。若前馈通道中存在惯性环节 $F_{\mathrm{f}}(s)$，则会使系统的调节速度变慢。而在三自由度 IMC 系统中，惯性环节 $F_{\mathrm{f}}(s)$位于闭环回路的反馈通道上，前馈主通道上不包含这个惯性环节，系统不再受其影响，响应速度自然就加快，从而改善了系统的抗扰动性能。闭环反馈要求用于保证系统鲁棒性的惯性环节由 $F_{\mathrm{f}}(s)$来承担。在三自由度 IMC 系统中，对于干扰 $D(s)$的抗扰和对系统模型偏差的鲁棒性调节现在由 $G_{\mathrm{IMC}}^{\mathrm{I}}(s)$ 和 $F_{\mathrm{f}}(s)$共同承担。$G_{\mathrm{IMC}}^{\mathrm{I}}(s)$ 主要调节系统的抗扰动性，$F_{\mathrm{f}}(s)$则调节系统的鲁棒性，使各自达到最优。

根据二自由度的参数设定以及仿真结果，这里选取 λ_1=0.0001，α_1 为 0.0001、0.0005 及 0.001。针对估计值按不同比例变化的两种情况仿真结果如图 13-34 所示。

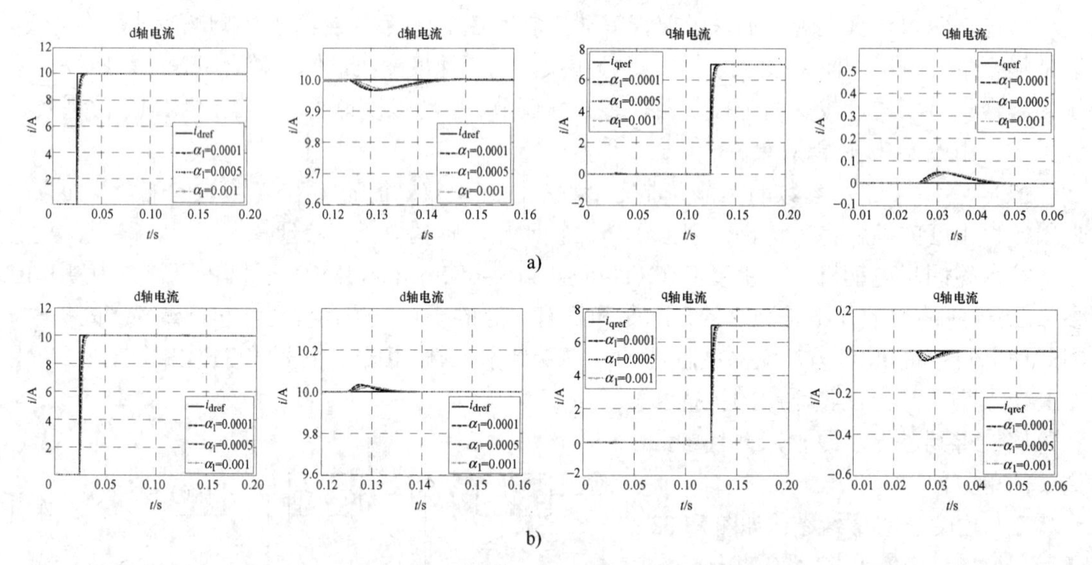

图 13-34 三自由度 IMC 系统仿真结果

a) k_{r}=0.5，k_{l}=1 b) k_{r}=1，k_{l}=0.5

对比图 13-34 所示两组仿真结果发现，通过调整 α_1 参数，可以消除耦合现象，实现动态全解耦。可见，三自由度 IMC 可获得优良的解耦效果，大大提高了系统的鲁棒性。而且系统也同时获得了良好的目标值跟踪性能和干扰抑制作用，参数调节比较方便。

(2) 基于 IMC 的异步电动机电流解耦控制

1) 系统结构。基于 IMC 的异步电动机矢量控制系统结构如图 13-35 所示，其结构与经典的直接 VC 系统几乎一样，唯一的区别是调节器分别采用转速内模控制器 IMC-ASR 和磁链内模控制器 IMC-AΨR。

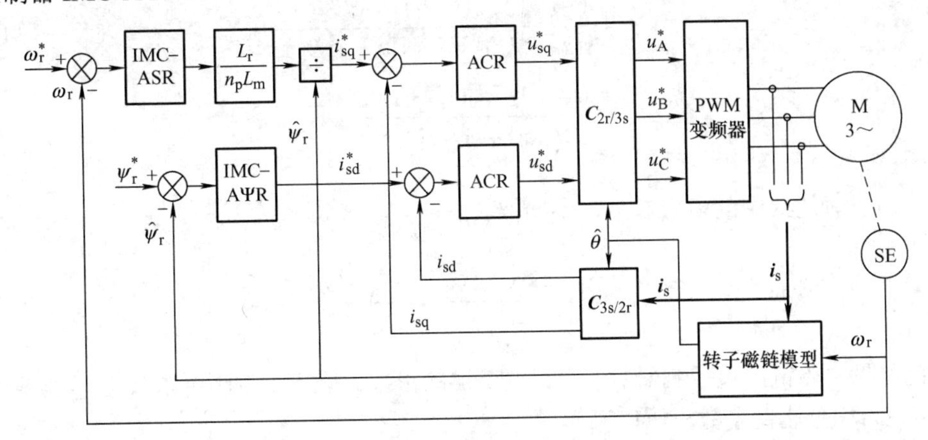

图 13-35　基于 IMC 的矢量控制结构

2) 磁链内模控制器设计。由 VC 可知，在转速环中采用除法环节可以实现转矩和转子磁链的动态解耦，那么整个系统可以解耦成转速和磁链两个线性子系统。同样，电流闭环可以整定为一阶惯性环节。

解耦之后的磁链子系统如图 13-36 所示，λ_i 是电流闭环等效的一阶惯性环节的时间常数。

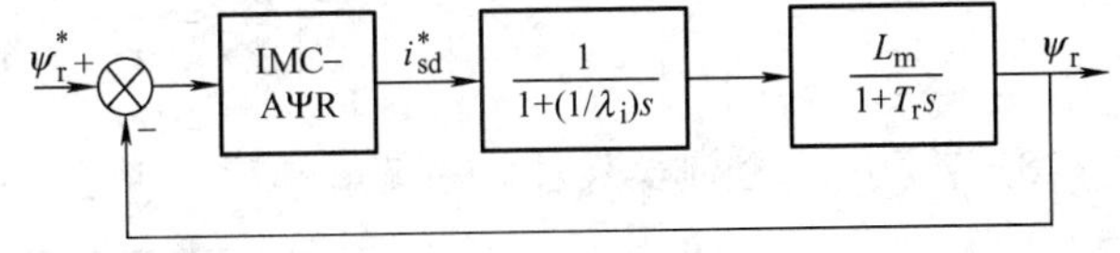

图 13-36　系统解耦后的磁链子系统框图

观察该系统图，并结合 IMC 方法，可知磁链系统的内模为

$$\hat{G}(s)=\frac{1}{(1/\lambda_i)s+1}\frac{L_m}{T_r s+1} \tag{13-122}$$

求得逆内模为

$$\hat{G}^{-1}(s)=\frac{(1/\lambda_i)s+1}{1}\frac{T_r s+1}{L_m} \tag{13-123}$$

观察该内模表达式，选择滤波器

$$L(s)=\frac{\lambda_\psi^2}{(s+\lambda_\psi)^2} \tag{13-124}$$

式中，λ_ψ 为磁链滤波器参数。

由此可得内模控制器

$$\begin{aligned}C_{IMC}(s)=\hat{G}^{-1}(s)L(s)&=\frac{(1/\lambda_i)s+1}{1}\frac{T_r s+1}{L_m}\frac{\lambda_\psi^2}{(s+\lambda_\psi)^2}\\&=\frac{[(1/\lambda_i)s+1](T_r s+1)\lambda_\psi^2}{(s+\lambda_\psi)^2 L_m}\end{aligned} \tag{13-125}$$

因此等效的磁链反馈控制器为

$$\begin{aligned}F_{\psi}(s)&=\frac{C_{\mathrm{IMC}}(s)}{1-\hat{G}(s)C_{\mathrm{IMC}}(s)}=\frac{\hat{G}^{-1}(s)L(s)}{1-L(s)}\\&=\frac{(s+\lambda_{\psi})^2}{s(s+2\lambda_{\psi})}\frac{[(1/\lambda_{\mathrm{i}})s+1](T_{\mathrm{r}}s+1)\lambda_{\psi}^2}{(s+\lambda_{\psi})^2L_{\mathrm{m}}}\\&=\frac{[(1/\lambda_{\mathrm{i}})s+1](T_{\mathrm{r}}s+1)\lambda_{\psi}}{2L_{\mathrm{m}}s[1+(1/2\lambda_{\psi})s]}\end{aligned} \tag{13-126}$$

为了消去表达式中的多余参数，不妨取 $\lambda_{\psi}=\frac{1}{2}\lambda_{\mathrm{i}}$，得到

$$F_{\psi}(s)=\frac{(T_{\mathrm{r}}s+1)\lambda_{\mathrm{i}}}{4L_{\mathrm{m}}s}=\frac{\lambda_{\mathrm{i}}T_{\mathrm{r}}}{4L_{\mathrm{m}}}\frac{T_{\mathrm{r}}s+1}{T_{\mathrm{r}}s} \tag{13-127}$$

由此可见，磁链内模控制器具有 PI 调节器的形式。设 $K_{\mathrm{p}\psi}$ 为比例系数，$\tau_{\mathrm{i}\psi}$ 为积分时间常数，$K_{\mathrm{i}\psi}$ 为积分比例系数，所以有

$$\begin{cases}K_{\mathrm{p}\psi}=\dfrac{\lambda_{\mathrm{i}}T_{\mathrm{r}}}{4L_{\mathrm{m}}}\\\tau_{\mathrm{i}\psi}=T_{\mathrm{r}}\\K_{\mathrm{i}\psi}=\dfrac{K_{\mathrm{p}\psi}}{\tau_{\mathrm{i}\psi}}=\dfrac{\lambda_{\mathrm{i}}}{4L_{\mathrm{m}}}\end{cases} \tag{13-128}$$

3）转速 IMC 控制器设计。系统解耦后，转速闭环可以简化为图 13-37 所示的结构。

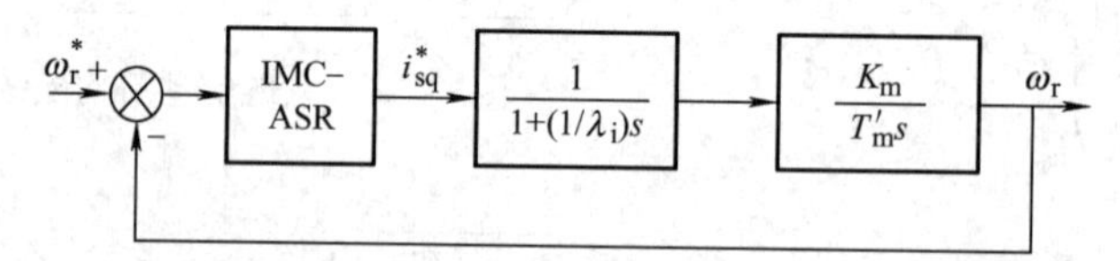

图 13-37　系统解耦后的转速环系统框图

图中，K_{m} 和 T'_{m} 均为常数，表达式如下：

$$K_{\mathrm{m}}=n_{\mathrm{p}}\frac{L_{\mathrm{m}}}{L_{\mathrm{r}}},\quad T'_{\mathrm{m}}=\frac{J}{n_{\mathrm{p}}}$$

观察图 13-37，并结合内模方法，可知磁链系统的内模为

$$\hat{G}(s)=\frac{1}{(1/\lambda_{\mathrm{i}})s+1}\frac{K_{\mathrm{m}}}{T'_{\mathrm{m}}s} \tag{13-129}$$

求得逆内模为

$$\hat{G}^{-1}(s)=\frac{T'_{\mathrm{m}}s[(1/\lambda_{\mathrm{i}})s+1]}{K_{\mathrm{m}}} \tag{13-130}$$

观察该内模表达式，选择滤波器

$$L(s)=\frac{3\lambda_{\omega}s+1}{(\lambda_{\omega}s+1)^{3}} \tag{13-131}$$

式中，λ_{ω} 为磁链滤波器参数。

由此可得内模控制器

$$\begin{aligned}C_{\mathrm{IMC}}(s)&=\hat{G}^{-1}(s)L(s)=\frac{T'_{\mathrm{m}}s[(1/\lambda_{\mathrm{i}})s+1]}{K_{\mathrm{m}}}\frac{3\lambda_{\omega}s+1}{(\lambda_{\omega}s+1)^{3}}\\&=\frac{T'_{\mathrm{m}}s[(1/\lambda_{\mathrm{i}})s+1](3\lambda_{\omega}s+1)}{(\lambda_{\omega}s+1)^{3}K_{\mathrm{m}}}\end{aligned} \tag{13-132}$$

因此等效的磁链反馈控制器为

$$\begin{aligned}F_{\psi}(s)&=\frac{C_{\mathrm{IMC}}(s)}{1-\hat{G}(s)C_{\mathrm{IMC}}(s)}=\frac{\hat{G}^{-1}(s)L(s)}{1-L(s)}\\&=\frac{(\lambda_{\omega}s+1)^{3}}{\lambda_{\omega}^{2}s^{2}(\lambda_{\omega}s+3)}\frac{T'_{\mathrm{m}}s[(1/\lambda_{\mathrm{i}})s+1](3\lambda_{\omega}s+1)}{(\lambda_{\omega}s+1)^{3}K_{\mathrm{m}}}\\&=\frac{T'_{\mathrm{m}}[(1/\lambda_{\mathrm{i}})s+1](3\lambda_{\omega}s+1)}{3\lambda_{\omega}^{2}K_{\mathrm{m}}s(1+s\lambda_{\omega}/3)}\end{aligned} \tag{13-133}$$

消去不必要的参数，不妨取 $\lambda_{\omega}=\dfrac{3}{\lambda_{\mathrm{i}}}$，得到

$$F_{\omega}(s)=\frac{T'_{\mathrm{m}}(3\lambda_{\omega}s+1)}{3\lambda_{\omega}^{2}K_{\mathrm{m}}s}=\frac{\lambda_{\mathrm{i}}T'_{\mathrm{m}}}{3K_{\mathrm{m}}}\frac{(9s/\lambda_{\mathrm{i}}+1)}{9s/\lambda_{\mathrm{i}}} \tag{13-134}$$

由此可见，转速内模控制器同样具有 PI 调节器的形式。设 $K_{\mathrm{p}\omega}$ 为比例系数，$\tau_{\mathrm{i}\omega}$ 为积分时间常数，$K_{\mathrm{i}\omega}$ 为积分比例系数，所以有

$$\begin{cases}K_{\mathrm{p}\omega}=\dfrac{\lambda_{\mathrm{i}}T'_{\mathrm{m}}}{3K_{\mathrm{m}}}\\\tau_{\mathrm{i}\omega}=\dfrac{9}{\lambda_{\mathrm{i}}}\\K_{\mathrm{i}\omega}=\dfrac{K_{\mathrm{p}\omega}}{\tau_{\mathrm{i}\omega}}=\dfrac{\lambda_{\mathrm{i}}^{2}T'_{\mathrm{m}}}{27K_{\mathrm{m}}}\end{cases} \tag{13-135}$$

4) 系统仿真。在 MATLAB 仿真平台上，建立基于 IMC-VC 的异步电动机仿真系统结构如图 13-38 所示。仿真采用的电动机参数列举如下：$R_{\mathrm{s}}=0.2147\Omega$，$L_{\mathrm{ls}}=0.000991\mathrm{H}$，$R_{\mathrm{r}}=0.2205\Omega$，$L_{\mathrm{lr}}=0.000991\mathrm{H}$，$L_{\mathrm{m}}=0.06419\mathrm{H}$，$J=0.102\mathrm{kg}\cdot\mathrm{m}^{2}$。

转速内模控制器和磁链内模控制器均具有 PI 控制器的形式，所以建模以 PI 调节器为基础，加以限幅操作，具体仿真结构如图 13-39 所示。其中转速内模控制器的积分限幅为[−80,80]，输出限幅为[−75,75]；磁链内模控制器的积分限幅为[−15,15]，输出限幅为[−13,13]。

实际仿真采用的是转速单位 r/min 而并非角频率 rad/s，所以在计算转速环参数的时候，要乘以换算机制 60/2π。

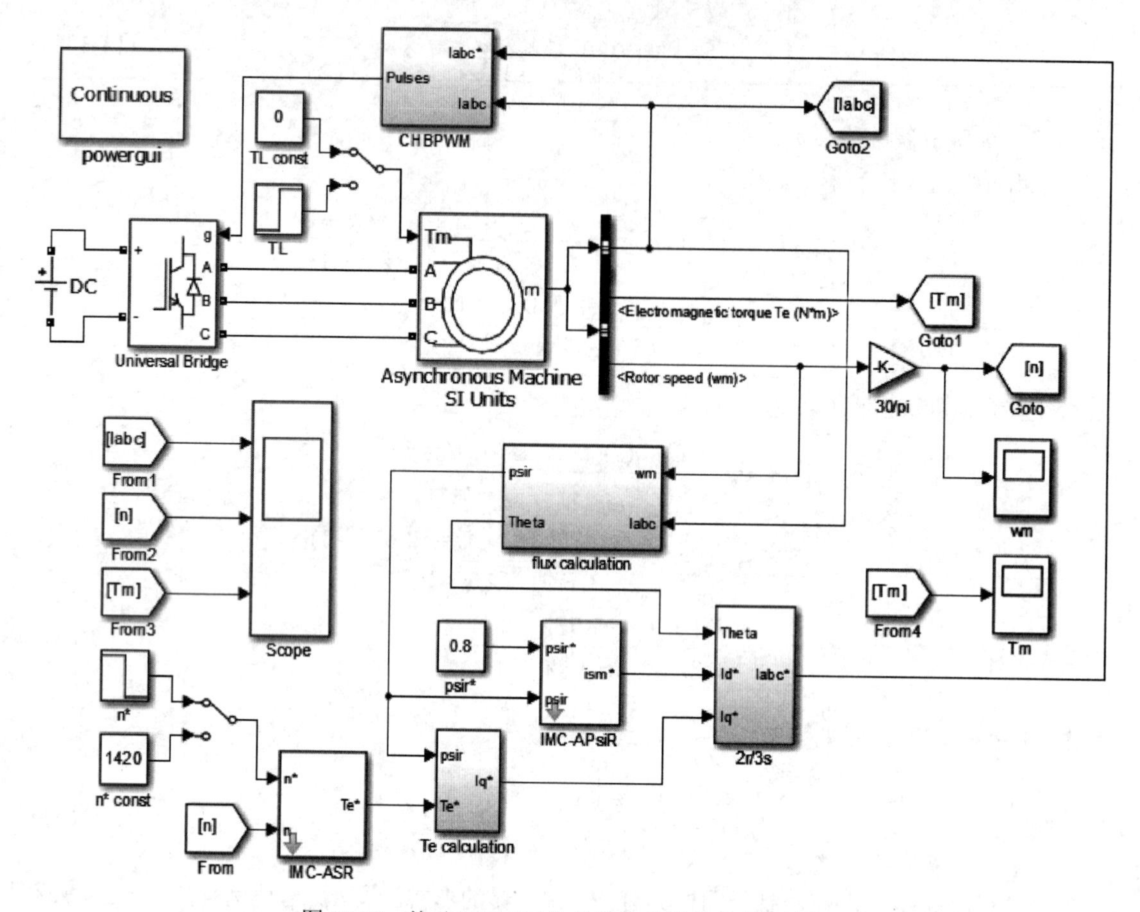

图 13-38　基于 IMC-VC 的异步电动机仿真系统结构

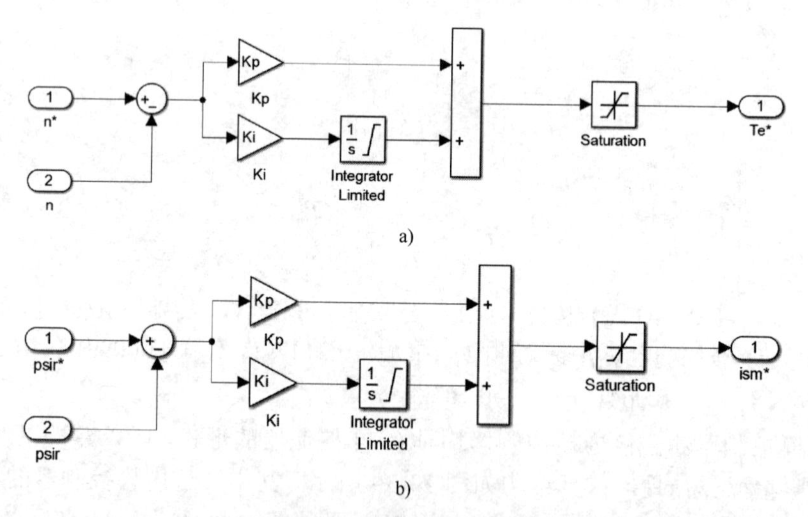

图 13-39　IMC 调节器仿真结构

a) 转速 IMC 调节器结构　b) 磁链 IMC 调节器结构

为了保证系统有一定的响应速度，λ_i 一般尽可能地取大一点，这里取 400。将 λ_i 代入式 (13-128) 和式 (13-135)，计算结果见表 13-2。

表 13-2　IMC 控制器参数

参　　数	转速控制器	磁链控制器
比例系数 K_P	32.9678	450.5079
积分系数 K_I	1465.2345	1557.8751

仿真设置为固定步长 5e-6，仿真算法为 ode4。仿真过程数据见表 13-3，总仿真时间为 2s，仿真进行过程如下：

表 13-3　仿真过程

仿真时间/s	给定转速/(r/min)	给定转矩/N·m
0	1420	0
0.5	1420	60
1	1200	60
2	仿真结束	

首先进行 IMC 调节器的仿真，如图 13-40 所示。总体来看，空载起动的电动机在极短的时间内达到了最大转矩，并能够快速地响应外界的扰动变化。

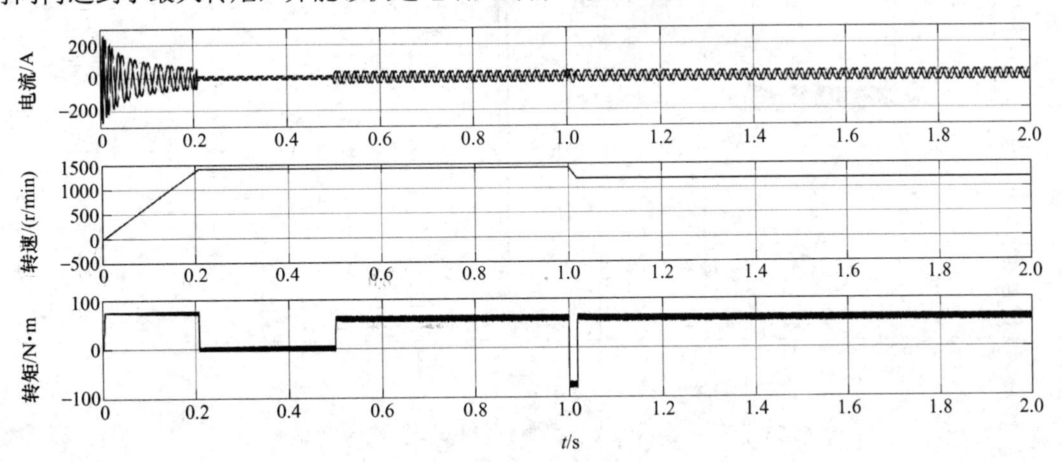

图 13-40　基于 IMC-VC 控制异步电动机系统仿真结果

将转速变化图像单独提取出来，如图 13-41 所示。

从仿真曲线可以发现，在空载起动的过程中，超调量相当小，约为 0.15%，上升时间约为 0.2s，并在 0.3s 的时候达到平衡。

当在 0.5s 的时候突加转矩，转速的最大偏差量约为−1.7，并能在 0.1s 内恢复平衡。在 1s 的时候突然降低给定转速，系统能够极快地响应，偏差约为−4，并在 0.13s 内达到新的稳定状态。

同样，将转矩变化曲线单独提取出来，如图 13-42 所示。可以看出，空载起动时，转矩响应极快，几乎是瞬间达到最大值，并在约 0.2s 后回落至空载状态。在 0.5s 突加负载起动时，系统的输出电磁转矩在 0.02s 内达到了给定值；当在 1s 突减转速时，输出转矩突降，并在 0.02s 内恢复到给定值。

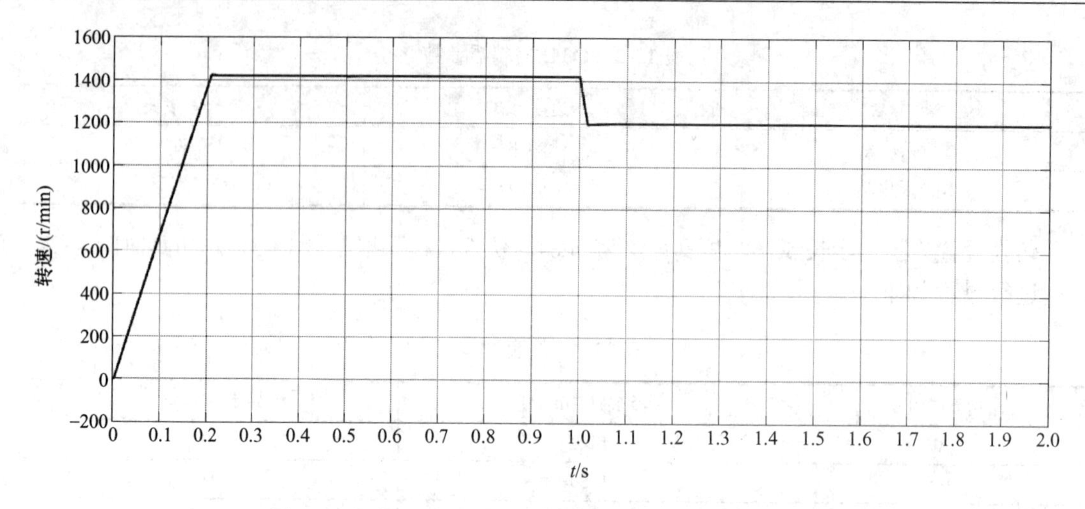

图 13-41　基于 IMC-VC 控制异步电动机转速仿真波形

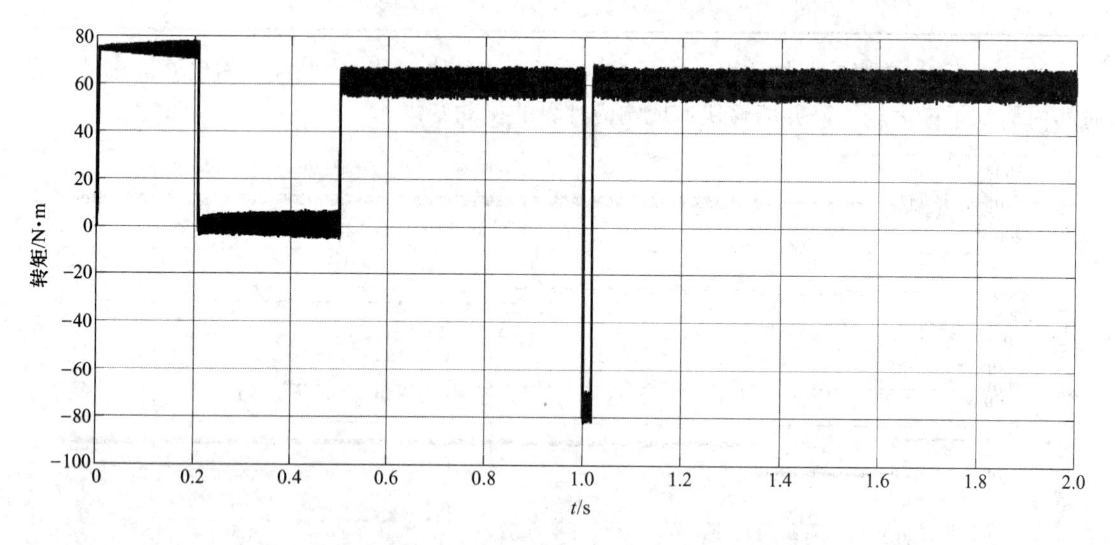

图 13-42　基于 IMC-VC 控制异步电动机转矩仿真波形

13.3　电力传动系统的智能控制方法

自 1946 年维纳创立控制论以来，自动控制理论经历了以传递函数和频域分析为基础的古典控制理论，以状态空间和时域分析为基础的现代控制理论，随后又发展了最优控制、自适应控制、非线性控制和随机控制等，建立了较为完备的理论体系。同时，控制技术也广泛应用于各个领域，为实现系统自动化奠定了理论和技术基础。

但是，随着自动控制应用的日益扩展，系统规模的不断扩大，被控对象的复杂性使得难以建立数学模型，运行环境的复杂性造成系统参数和外部扰动的不确定性。传统控制理论由于依赖系统模型，预设的控制策略缺乏灵活性，难以求解因系统和环境的不确定性带来的新问题。

为此，引入人工智能(Artificial Intelligence，AI)使控制策略智能化，为解决复杂系统问题开辟了新的道路。智能控制的基本思想是模仿人类思维方式，学习人的控制与决策过程，并用于控制系统，实现自动化[26]。因此，智能控制具有不依赖系统数学模型、有学习能力、能利用知识和经验、控制策略灵活多变等特点，因而提高系统的鲁棒性和对环境的适应性，可用来解决复杂系统和环境的自动控制，实现系统的自动化和智能化。

自 1971 年提出智能控制概念以来，智能控制取得了长足进步。目前常用的智能控制有学习控制、专家控制、模糊控制、神经网络控制等方法。特别是，当前 AI 的发展掀起了新的热潮，人类社会正在从机械化、电气化、自动化走向信息化和智能化的新时代，电力传动控制也正面临从运动控制向智能运动发展的新机遇。智能控制必将在机器人和各种自主载运工具，比如自动驾驶汽车、无人机、无人船等领域发挥核心作用。

本节将在引入人工智能的基础上，重点介绍模糊控制和神经网络控制在电力传动系统中的应用。

13.3.1　人工智能与智能控制的基本概念

所谓人工智能（AI）就是让机器能够模仿人类的思维和智力去求解问题。自古希腊哲学家亚里士多德提出著名的形式逻辑以及推理三段论以来，许多先贤和学者试图了解人类思维的奥秘，探索模拟人类思维的方式，以期造出像人类那样会思考和行为的机器。

计算机的发明和发展为 AI 的实现提供了坚实的技术基础和硬件条件。1956 年现代 AI 的概念被正式提出，经过 60 多年的发展，AI 技术取得了长足进步和可观的成绩。特别是在智能模拟、知识表示以及机器学习、机器推理和机器行为等方面建立了较为系统的理论和方法，并在机器人、专家系统、自然语言处理、模式识别、计算机视觉、博弈等领域取得丰硕的研究成果和实际应用。

目前，智能模拟的主要方法分为符号主义、连接主义和行为主义三大类。

(1) 符号主义　其基本思想是将人类思维形式化，用符号来表示思维过程，并通过符号的推演来进行思维推理，例如一阶谓词逻辑、产生式系统等就是符号主义的典型方法。

(2) 连接主义　其基本思想是模仿人类大脑的神经元结构和功能，采用人工神经网络来模拟人类的学习、推理和决策等思维活动。

(3) 行为主义　其基本思想是模仿生物和人类在自然界的行为方式，根据特定场景的感知和行为来模拟人类的思维决策过程，例如案例方法（Case study）、遗传算法（GA）等。

1971 年，美国华裔科学家 K.S. Fu 首次用“Intelligent Control”来定义一类学习和自适应控制方法。从此，智能控制成为一种基于信息技术、认知科学、运筹学、人工智能与自动控制学科交叉的新的控制方法和技术，并取得突飞猛进的发展。智能控制的基本思想是模仿人类学习与感知信息，根据外部环境的变化，采取适当的决策控制，以满足系统性能要求。

智能控制系统的基本结构如图 13-43 所示，由广义对象和智能控制器两部分组成。

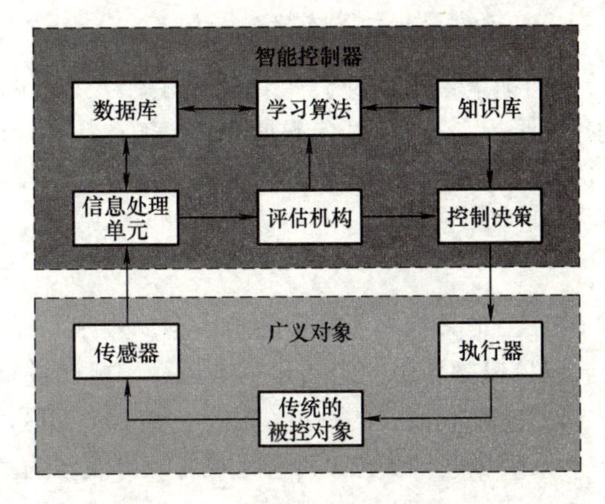

图 13-43　智能控制系统基本结构

系统的广义对象包括传统的被控对象、传感器和执行器，还有外部环境。这说明智能控制需要考虑环境对系统的影响。

智能控制器由信息处理单元、数据库、学习算法、知识库、控制决策和评估机构等组成。说明智能控制需要将传感器得到信号，经信息处理存储到数据库，通过学习算法从数据中提取知识，再运用知识产生控制决策。评估机构则可对控制决策做出评价。

由此可见，智能控制具有模仿人类控制决策和适应环境变化的显著特征和能力。因此，与传统控制相比，智能控制具有如下特点：

1)不依赖数学模型，适用于求解难以建模的复杂系统与不确定环境的控制问题。

2)具有自适应能力，可以通过学习来感知系统与环境的变化，采取适当的控制策略。

3)具有知识获取能力，能获取和处理除物理信号外的数据、知识和经验等多元信息，并通过信息融合和数据挖掘的提炼，提供决策支持。

4)采取主动控制策略，可根据控制需要，既可采用传统的反馈控制方法，也可采用其他控制决策方法。

上述特点表明，智能控制将维纳“控制论”的信息、反馈和控制三个基本要素扩展为多元信息、多重反馈和集成控制新的三大要素。

目前，主要的智能控制方法可以分为：分层递阶控制、学习控制、专家控制、模糊控制、人工神经网络控制等。

必须指出，上述各种智能控制方法仍在发展之中，新的方法和技术正在不断涌现，各种智能技术的交叉融合形成集成智能控制方法也是一种发展趋势。因此，智能控制作为一个新兴的控制方法和技术，其发展方兴未艾，未有穷尽；其应用也日益广泛和深入，前途无量。

本节主要讨论模糊控制和人工神经网络控制这两种典型的智能控制技术在电力传动系统的应用。

13.3.2　电力传动系统的模糊控制方法

1965 年，L. A. Zadeh 提出了模糊逻辑，将集合论扩展到模糊集合，并赋予运算规则，使得原来只能用语言描述的似是而非的模糊感觉，可以用数字表示并运算。由此发展了模糊数学，其后又引用到控制领域，形成模糊控制，并得到应用。

1. 模糊逻辑的基本概念与运算

回顾集合论，对于一个清晰的集合 X，可以定义一个子集 A，任意元素 $x\in X$，要么属于 A，表示为 $x \in A$；要么不属于 A，表示为 $x \notin A$。也就是清晰集合是一种二值选项{0，1}，二者必居其一，即可以用特征函数表达为

$$\chi_A(x)=\begin{cases}1 & \text{if} \quad x\in A\\ 0 & \text{if} \quad x\notin A\end{cases} \tag{13-136}$$

集合论又给出了集合的基本运算规则，即布尔代数，使其可以推演和运算。

(1)模糊逻辑的定义和基本运算　模糊逻辑在论域 U 定义了一个模糊子集 $\tilde{A}$，任意元素 x 属于模糊子集 $\tilde{A}$ 的程度，由一个在[0，1]区间取值的隶属函数$\mu_{\mathrm{A}}(x)$来表示，即隶属函数是一个从模糊空间到[0，1]区间映射，可表示为

$$\text{MF:}\quad \tilde{A}\subseteq U \rightarrow \mu_{\tilde{\mathrm{A}}}(x)\in[0,\ 1] \tag{13-137}$$

可见，模糊逻辑将清晰集合的{0，1}扩展到[0，1]区间。

Zadeh 将集合的三种基本运算推广到模糊集合，即有：

1) 模糊并运算

$$\mu_{A\cup B}=\max\ (\mu_A,\mu_B) \tag{13-138}$$

2) 模糊交运算

$$\mu_{A\cup B}=\min\ (\mu_A,\mu_B) \tag{13-139}$$

3) 模糊补运算

$$\mu_{\bar{A}}=1-\mu_A \tag{13-140}$$

随后证明，集合论的集合运算规则也适用于模糊集合，如结合律、交换律和分配律等，并发展了许多模糊集合算子和扩展算子，形成了模糊数学。

(2) 模糊隶属函数　隶属函数是描述模糊数学的主要方法，因此具有举足重轻的地位。而如何选择合适的隶属函数及其参数来描述和刻画模糊对象极为关键。图 13-44 给出了几种典型的模糊隶属函数曲线，图中，曲线①为半梯形隶属函数，曲线②为高斯型隶属函数，曲线③为梯形隶属函数，曲线④为三角形隶属函数，曲线⑤为半钟形隶属函数。

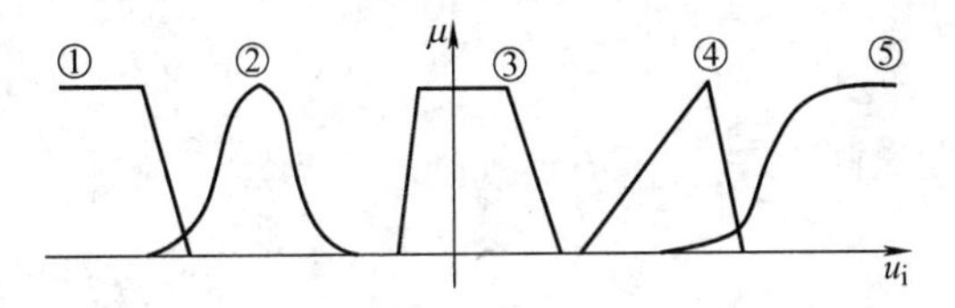

图 13-44　典型的隶属函数曲线

除了要根据描述对象特点来选择隶属函数外，设定隶属函数的参数也必不可少。表 13-4 和表 13-5 给出了三角形和高斯型隶属函数的主要参数。

表 13-4　三角形隶属函数的主要参数

	三角形隶属函数
左边	$\mu^{L}(u)=\begin{cases}1 & \text{if } u\leqslant c^{L}\\ \max\left(0,1+\dfrac{c^{L}-u}{0.5w^{L}}\right) & \text{其他}\end{cases}$
中心点	$\mu^{C}(u)=\begin{cases}\max\left\{0,1+\dfrac{u-c}{0.5w}\right\} & \text{if } u\leqslant c\\ \max\left\{0,1+\dfrac{c-u}{0.5w}\right\} & \text{其他}\end{cases}$
右边	$\mu^{R}(u)=\begin{cases}\max\left(0,1+\dfrac{u-c^{R}}{0.5w^{R}}\right) & \text{if } u\leqslant c^{R}\\ 1 & \text{其他}\end{cases}$

注：c 为三角形的中心点，w 为三角形的底边宽度，c^{L} 为三角形的左边饱和点，w^{L} 为三角形左边的斜率，c^{R} 为三角形的右边饱和点，w^{R} 为三角形右边的斜率。

表 13-5　高斯型隶属函数的主要参数

	高斯型隶属函数
左边	$\mu^{L}(u)=\begin{cases}1 & \text{if } u\leqslant c^{L}\\ \exp\left(-\dfrac{1}{2}\left(\dfrac{u-c^{L}}{\sigma^{L}}\right)^{2}\right) & \text{其他}\end{cases}$

（续）

	高斯型隶属函数
中心点	$\mu(u)=\exp\left(-\frac{1}{2}\left(\frac{u-c}{\sigma}\right)^2\right)$
右边	$\mu^{\mathrm{R}}(u)=\begin{cases}\exp\left(-\frac{1}{2}\left(\frac{u-c^{\mathrm{R}}}{\sigma^{\mathrm{R}}}\right)^2\right) & \text{if } u\leqslant c^{\mathrm{R}}\\ 1 & 其他\end{cases}$

注：c 为高斯型函数的中心点，σ 为高斯函数的参数。

(3) 模糊规则与推理　模糊集合之间的关系，即模糊关系可以用“If-Then”形式的模糊规则来表示。假定有下述模糊集合

$$A_1=\{(x_1,\mu_{A_1}(x_1)):x_1\in U_1\}$$

$$A_2=\{(x_2,\mu_{A_2}(x_2)):x_2\in U_2\}$$

$$A_n=\{(x_n,\mu_{A_n}(x_n)):x_n\in U_n\}$$

$$B_i=\{(y_i,\mu_{B_i}(y_i)):y_i\in V_i\}$$

其相互关系可用模糊规则表示为

$$\text{If } A_1 \text{ and } A_2 \text{ and, } \ldots, \text{ and } A_n \text{ Then } B_i \tag{13-141}$$

由此可见，可以采用规则推理的方法进行模糊规则的推理。另外，由于模糊规则与模糊蕴含的等价关系，而模糊蕴含与模糊算子等价，也就是说模糊推理也可以用模糊算子的计算来实现。

2. 模糊控制器的基本结构与设计

基于模糊控制的智能控制方法的基本思想是引入模糊逻辑来构造控制器，将人类解决问题的知识和经验提取成为模糊规则，通过模糊推理或模糊算子的计算获得控制决策，再转换为控制量来控制被控对象达到所需的系统性能。

模糊控制器的基本结构　模糊控制的核心就是模糊控制器的构造。模糊控制器的基本结构如图 13-45 所示，由模糊化、模糊规则库和推理机、去模糊化三个环节构成。

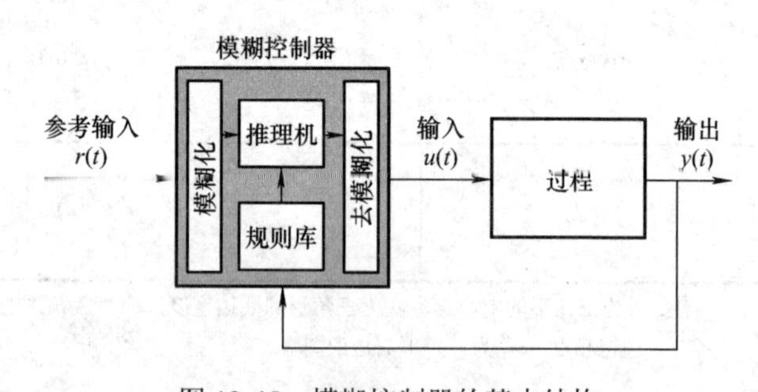

图 13-45　模糊控制器的基本结构

1) 模糊化过程：将控制器输入变量的清晰值转换成[0，1]之间的模糊值。一般可采用适当的隶属函数来完成两种不同数值的转换，常用的隶属函数有三角形隶属函数，也可根据需要选用高斯型隶属函数或其他类型的隶属函数。在选择好适当的隶属函数后，还需根据实际需求设计隶属函数的参数，使其能正确描述系统的模糊化过程。

2) 模糊推理机：由规则库和推理机组成。规则库是将人类的控制经验提炼出模糊规则储存起来，其形式可以是模糊规则表或 If-Then 语言表示的模糊规则，两者是等价的。例如：

如下 9 条模糊规则可以用表 13-6 所示的模糊规则表来表示。

If error is Neg and change in error is Neg Then output is NB
If error is Neg and change in error is Zero Then output is NM
If error is Neg and change in error is Pos Then output is Zero
If error is Zero and change in error is Neg Then output is NM
If error is Zero and change in error is Zero Then output is Zero
If error is Zero and change in error is Pos Then output is PM
If error is Pos and change in error is Neg Then output is Zero
If error is Pos and change in error is Zero Then output is PM
If error is Pos and change in error is Pos Then output is PB

表 13-6　模糊规则表

Error \ Error Change	Neg (Negative)	Zero	Pos (Positive)
Negative	NB	NM	Zero
Zero	NM	Zero	PM
Positive	Zero	PM	PB

模糊推理就是根据模糊输入值按模糊规则进行查表或搜索，找到所对应的结论或控制决策。

3) 去模糊化过程：将由模糊规则推理所得的模糊值反变换成所需的控制量，去控制被控对象运行。常用的去模糊化方法有重心法和平均中心法等。

① 重心法

$$u=\frac{\sum_{i=1}^{m} b_i \int_D \mu_{B^i}(\tilde{u})\mathrm{d}\tilde{u}}{\sum_{i=1}^{m} \int_D \mu_{B^i}(\tilde{u})\mathrm{d}\tilde{u}} \tag{13-142}$$

式中，b_i 为模糊隶属函数的中心；$\int_D \mu_{B^i}(\tilde{u})\mathrm{d}\tilde{u}$ 是 ${\mu_B}^i$ 的面积。

② 平均中心法

$$u=\frac{\sum_{i=1}^{m} b_i \sup_{\tilde{u}}\{\mu_{B^i}(\tilde{u})\}}{\sum_{i=1}^{m} \sup_{\tilde{u}}\{\mu_{B^i}(\tilde{u})\}} \tag{13-143}$$

式中，sup 为 μ_{B^i} 的上确界。

除此之外，也可选择其他去模糊化方法。

3. 模糊控制系统的组成与类型

在控制系统中引入模糊控制是灵活多变的，可以根据系统需要组成各种模糊控制系统。这里给出几种常见的模糊控制系统结构。

(1) 模糊前馈控制系统　采用模糊控制器构成的前馈控制系统结构如图 13-46 所示，是在原来系统控制器上并联一个模糊补偿器，其主要作用是对系统的干扰进行前馈补偿。

(2) 模糊 PID 控制系统　如图 13-47 所示，模糊 PID 控制系统是在原 PID 控制上加上一个模糊控制器，其作用与前馈补偿控制相同。

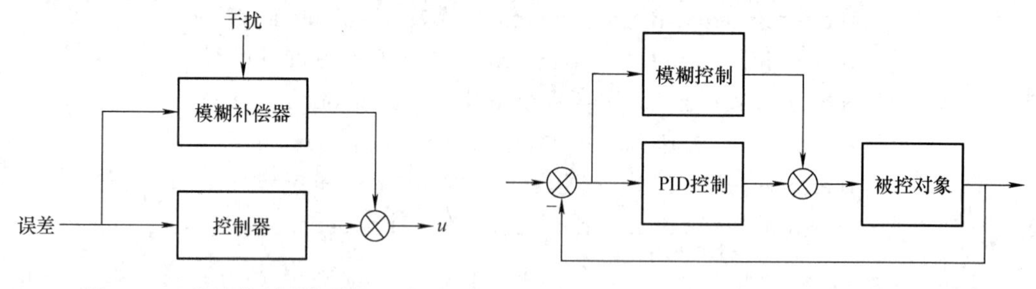

图 13-46　前馈控制系统结构　　图 13-47　模糊 PID 控制系统

(3) 模糊与 PID 切换控制系统　模糊与 PID 切换控制系统如图 13-48 所示，模糊控制器与 PID 控制器并联，使用时系统根据需要切换不同的控制策略。

(4) 采用模糊推理设计或修改PID参数　图13-49所示的模糊控制系统是根据系统参数或环境的变化，采用模糊规则来修改 PID 调节器的参数，以适应系统的变化。

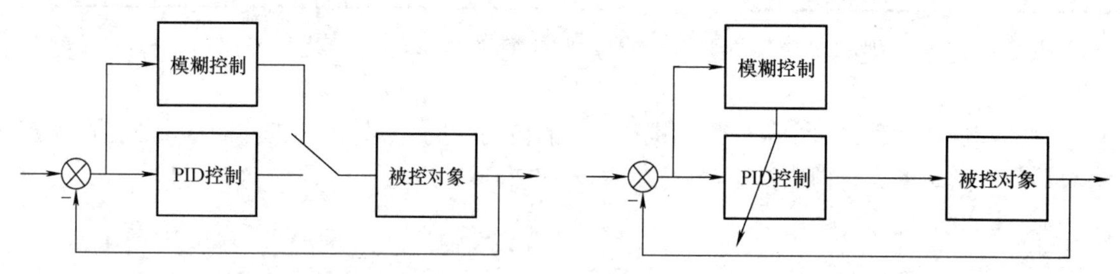

图 13-48　模糊与 PID 切换控制系统结构　　图 13-49　采用模糊推理设计或修改 PID 参数

上述分析表明，在实际应用中，模糊控制往往在系统中作为辅助控制器使用，主要用于前馈补偿、切换控制、调节器参数调整等。

4. 基于模糊控制的电力传动控制系统

在电力传动系统中引入模糊控制有多种方式，主要目的是整定或修正 PID 参数，或者作为补偿控制。现以异步电动机的 DTC 系统为例，介绍如何引入模糊控制来改善系统性能。

一个基于模糊控制的异步电动机 DTC 系统如图 13-50 所示，异步电动机由电压型逆变器供电，采用 SVPWM 调制方法进行变频控制。PWM 信号调制模块 SVM 给定的定子电压矢量可表示为

$$\boldsymbol{u}_{\mathrm{s}}=R_{\mathrm{s}}\boldsymbol{i}_{\mathrm{s}}+\frac{\mathrm{d}\boldsymbol{\psi}_{\mathrm{s}}}{\mathrm{d}t}\approx\frac{\Delta\boldsymbol{\psi}_{\mathrm{s}}}{T_{\mathrm{s}}} \tag{13-144}$$

式中，定子磁链矢量的误差 $\Delta\boldsymbol{\psi}_{\mathrm{s}}$ 由给定的定子磁链矢量 $\boldsymbol{\psi}_{\mathrm{s}}^{*}$ 与磁链估计器输出的实际定子磁链矢量 $\boldsymbol{\psi}_{\mathrm{s}}$ 相比较得到。

根据异步电动机的转矩公式

$$T_{\mathrm{e}}=\frac{n_{\mathrm{p}}}{L_{\mathrm{r}}L_{\mathrm{s}}\sigma}|\boldsymbol{\psi}_{\mathrm{s}}||\boldsymbol{\psi}_{\mathrm{r}}|\sin\delta \tag{13-145}$$

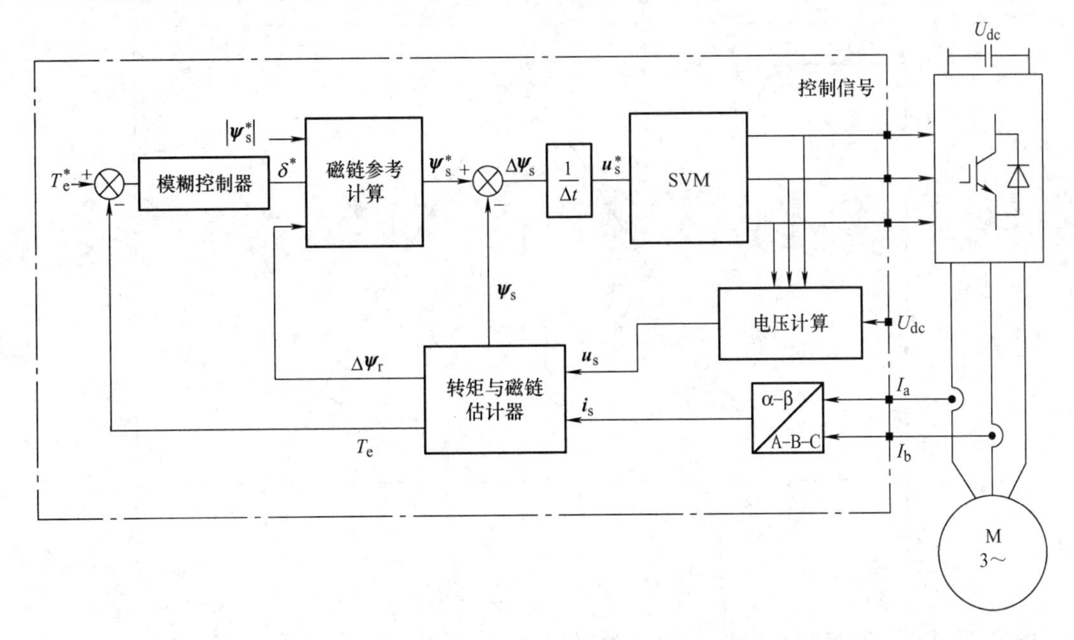

图 13-50　基于模糊控制的异步电动机电力传动系统结构

如果已知电动机的电磁转矩 T_e^*、转子磁链矢量 ψ_r^* 及其与定子磁链矢量的夹角 δ^*，就可以计算出定子磁链矢量的给定值 ψ_s^*。

系统采用 DTC，其转矩控制器由模糊 PI 控制构成。设计的模糊控制器如图 13-51 所示，由两个模糊控制器与一个 PI 调节器组成。其中，模糊控制器Ⅰ的作用是调整 PI 调节器的比例系数 K_P；模糊控制器Ⅱ的作用是调整 PI 调节器的积分时间常数 T_i。

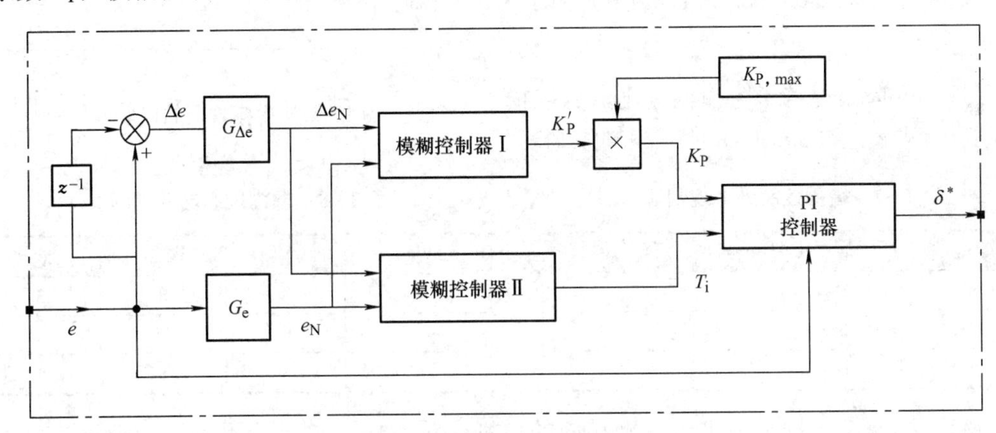

图 13-51　电磁转矩模糊控制器的结构

两个模糊控制器的输入为电磁转矩的误差与误差变换量，并经过量化单元 G_e 和 $G_{\Delta e}$ 的归一化处理，变成[−1.5, 1.5]区间的数值，即有

$$e_N=G_e e\rightarrow[-1.5,\ 1.5]$$

$$\Delta e_N=G_{\Delta e}\Delta e\rightarrow[-1.5,\ 1.5]$$

模糊化采用两个半梯形与一个三角形所构成的隶属函数，如图 13-52 所示，其输入为[−1.5, 1.5]区间的清晰值，输出为[0, 1]区间的模糊值。

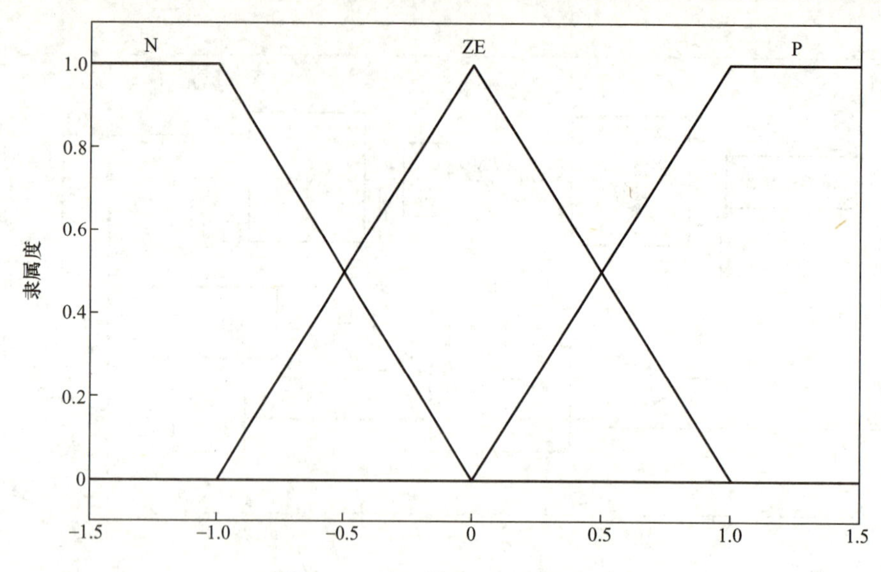

图 13-52　输入模糊化的隶属函数

模糊规则的获取是将人类控制的经验提炼而成。如图 13-53 所示，根据系统的响应曲线，在系统起动的初期(例如 a 点)，其输入与输出的误差很大，此时应该加大调节量，可得到一条模糊规则：如果输入误差 e_N 是正的，误差变化量 Δe_N 也是正的，那么应该加大 PI 调节器的比例系数 K_P。则写成 If-Then 语言的模糊规则为

$$R_a: \text{If } e_N \text{ is } P \text{ and } \Delta e_N \text{ is } P \text{ Then } K_P \text{ is } B \tag{13-146}$$

同理，可以获得若干条模糊规则，这些模糊规则可写成表 13-7、表 13-8 所示模糊规则表。

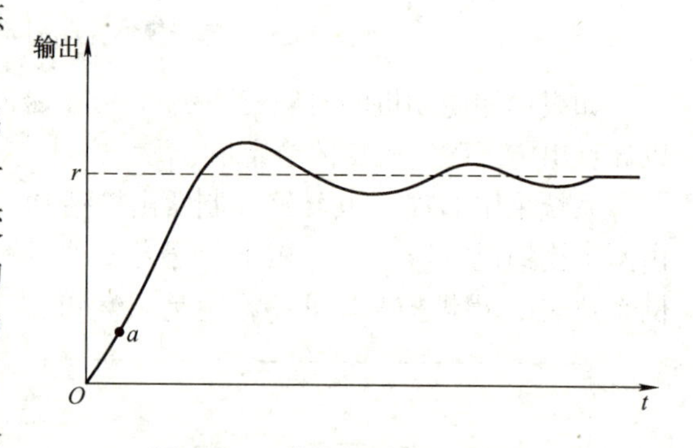

图 13-53　模糊规则的提取过程

表 13-7　模糊控制器Ⅰ规则表

$e_N/\Delta e_N$	N	ZE	P
N	B	B	B
ZE	S	B	S
P	B	B	B

表 13-8　模糊控制器Ⅱ规则表

$e_N/\Delta e_N$	N	ZE	P
N	S	S	S
ZE	B	M	B
P	S	S	S

由模糊推理机的推理，可以得到相应的模糊决策输出。这里运用了 Mamdani 蕴含与 Max-min 算子集成的推理方法进行模糊推理，并采用重心法进行去模糊化处理。模糊控制器输出的 PI 调节器比例系数 K_P' 是标幺值，即

$$K_P' = \frac{K_P - K_{P\max}}{K_{P\max} - K_{P\min}} \tag{13-147}$$

因此，要计算实际值，即

$$K_P = K_{P\max} K_P' \tag{13-148}$$

采用模糊控制器整定和修正 PI 调节器参数，再由 PI 调节器直接控制系统转矩，系统的仿真结果如图 13-54 所示。

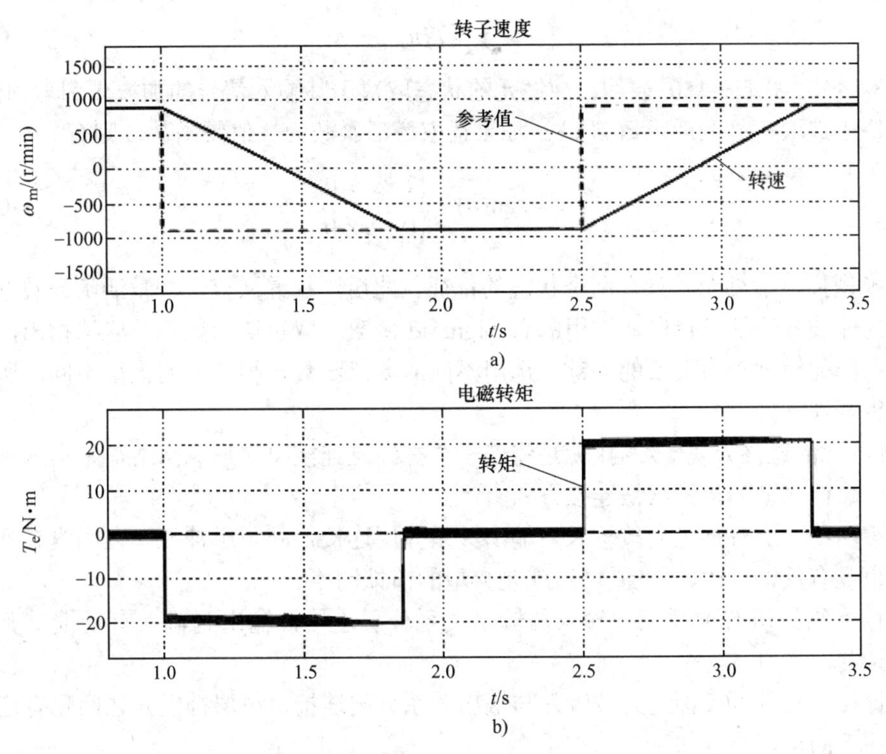

图 13-54　基于模糊 PI 控制的异步电动机系统仿真结果

a) 转速波形　b) 转矩波形

13.3.3　电力传动系统的神经网络控制方法

人工神经网络 (ANN) 方法能模拟神经网络的功能，具有非线性映射、分布式存储、学习优化、并行处理和大规模组织行为等特性，被广泛应用于信息处理和自动控制等领域。

1. ANN 的基本思想与方法

ANN 的基本思想是研究生物神经元的基本功能以及连接方式，建立人工神经元模型和构造 ANN，并赋予学习算法来模拟人类的学习、记忆和推理能力。

(1) 人工神经元　研究和分析生物神经元发现，神经元的结构是由一个细胞体与多个树突和一个轴突构成的，具有兴奋和抑制两个状态，当神经元受到外界刺激到一定程度时，达到兴奋状态输出一个高电平脉冲；而处于抑制状态时为低电平。为此，可构造人工神经元为一个多输入单输出的信息处理单元，如图 13-55 所示。

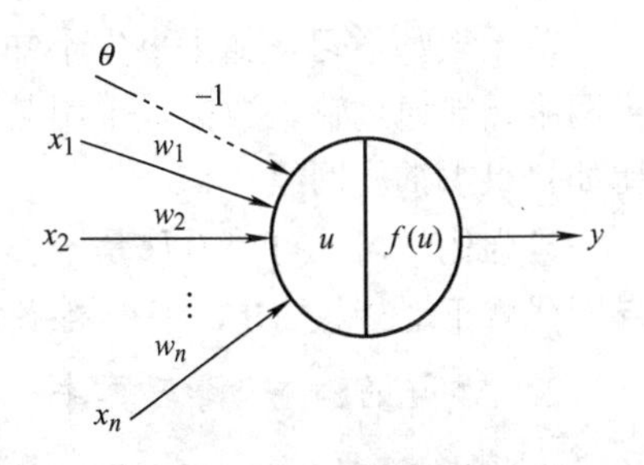

图 13-55　人工神经元结构

假设 x_1，x_2，…，x_n 为神经元的输入，w_1，w_2，…，w_n 为输入信号的连接权值，u 为神经元的状态，θ 为阈值，y 为输出。根据其输入输出关系，可建立神经元的模型为

$$u = \sum_{i=1}^{n} w_i x_i - \theta \tag{13-149}$$

$$y = f(u) \tag{13-150}$$

式(13-149)、式(13-150)表明：神经元的状态取决于其输入信号的加权求和与阈值之差，其输出取决于选取何种激活函数$f(\cdot)$。如果选取激活函数为二值硬函数，则有

$$y = \mathrm{sgn}(u) = \begin{cases} 1 & u \geqslant 0 \\ 0 & u < 0 \end{cases} \tag{13-151}$$

这个模型描述了神经元具有两个状态的特征。此后，相继又有一些激活函数被选择来描述神经元的非线性特征。目前，常用的有 Sigmoid 函数、双正切函数等。应该指出，激活函数是描述神经元模型最为重要的关键。选用不同的激活函数，神经元的模型不同，所构成的神经网络也表现不同。

(2)神经元的连接方式　ANN 就是将若干个神经元连接起来形成网络，来实现不同的功能或目的。目前典型的神经网络连接方式有：

1)前馈网络。所有神经元按输入与输出关系分层连接，同一层神经元之间没有连接，输出到输入也没有反馈。比如，BP 网络就是典型的前馈网络。

2)反馈网络。所有神经元按输入与输出关系分层连接，输出到输入有反馈，典型的有 Hopfield 网络。

3)全连接网络。不仅神经元按输入与输出关系分层连接，每层神经元之间也有连接，还有输出到输入的反馈。

(3)学习方法　ANN 具有强大的功能主要是其具有学习能力。ANN 学习的基本思想是通过改变其连接权值实现网络参数的修正，即

$$\boldsymbol{W}(k+1) = \boldsymbol{W}(k) + \Delta\boldsymbol{W}(k) \tag{13-152}$$

式中，$\boldsymbol{W}=(w_1 \quad w_2 \quad \cdots \quad w_n)$为神经网络的连接权向量。

在式(13-152)中，选用何种方法来改变 $\Delta\boldsymbol{W}$ 极为关键。Hebb 规则是 ANN 学习的基本规则，目前常用的学习方法可分为三大类：

1)有教师学习。这是采用学习样本来训练神经网络的一类方法。已知网络的输入和输出数据，将其作为学习样本，通过修正连接权 $\Delta\boldsymbol{W}$，使得网络实际输出与期望输出的误差极小，比如 BP 学习算法等。

2)无教师学习。如果事先不知道网络的输入和输出数据，则无法获得学习样本。对于这类网络只能通过输入数据，采用某种规则来修正连接权 $\Delta\boldsymbol{W}$，自我调整使得网络完成学习，比如自组织神经网络。

3)强化学习。可以看作是一类特殊的有教师学习方法。这类方法采用某种评估判据来指导网络修正连接权 $\Delta\boldsymbol{W}$，使得网络完成学习。比如遗传算法(GA)等。

2. ANN 的构造与学习算法

本节将主要介绍控制中常用的前馈网络和反馈网络的结构、模型与学习算法，为掌握基于 ANN 的控制系统的设计奠定基础。

(1) BP 网路的结构与学习算法　多层前馈网络是 ANN 的主要形式，其中 BP 网络是典型的前馈网络。

1) BP 网络结构与模型。如图 13-56 所示，BP 网络由输入层、中间隐层和输出层组成。

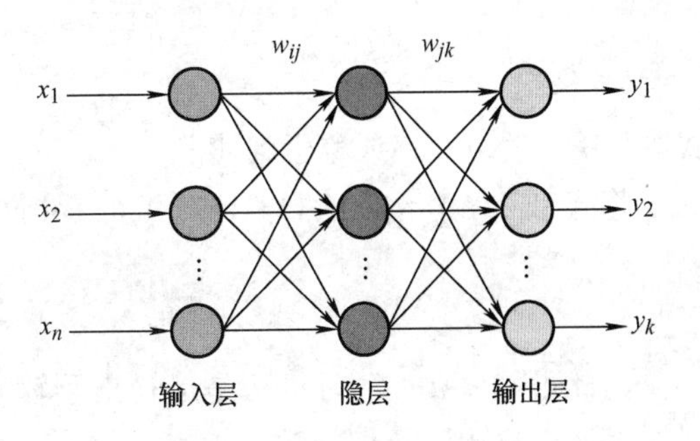

图 13-56　前馈网络的结构

假定输入层有 n 个输入节点，输入向量 $\boldsymbol{X}=(x_1 \quad x_2 \quad \cdots \quad x_n)$；输出层有 m 个输出节点，$\boldsymbol{Y}=(y_1 \ y_2 \quad \cdots \quad y_m)$；中间可以有若干个隐层，但实际应用是大多采用一个隐层的三层结构。前馈网络的连接是自输入向输出逐层推进，每层的每个节点都与前一层的所有节点相连，但每层的节点之间不相互连，也没有反馈。

设输入层与中间层之间的连接权矩阵为 $\boldsymbol{W}_{ij}$，中间层与输出层之间的连接权矩阵为 $\boldsymbol{W}_{jk}$。可以写出其相互之间的关系如下：

① 中间隐层的节点 j 的状态与输出

$$u_j = \sum_{i=1}^{n} w_{ij} x_i - \theta_j \tag{13-153}$$

$$o_j = f(u_j) \tag{13-154}$$

式中，u_j 为节点 j 的状态；w_{ij} 为连接权；θ_j 为阈值；o_j 为输出；$f(\cdot)$ 为激活函数。

② 输出层的节点 k 的状态与输出

$$u_k = \sum_{j=1}^{h} w_{jk} o_j - \theta_k \tag{13-155}$$

$$y_k = f(u_k) \tag{13-156}$$

式中，u_k 为输出节点 k 的状态；w_{jk} 为连接权；θ_k 为阈值；y_k 为输出；h 为隐层节点数；$f(\cdot)$ 为激活函数。

2) BP 网络的学习。前馈网络常用反传算法（Backpropagation，BP）进行学习和训练，是一种有教师学习方法。

假设对于图 13-56 所示的前馈网络，已知其输入和期望的输出数据 $(\boldsymbol{X}, \boldsymbol{Y}^t)$，作为网络的学习样本。若网络的实际输出与期望输出存在误差，整个网络输出的均方误差函数为

$$e = \frac{1}{2}\sum_{k=1}^{m}(y_k^t - y_k)^2 \tag{13-157}$$

对于所有 L 个学习样本，网络总的误差为

$$E = \sum_{l=1}^{L} e_l = \frac{1}{2}\sum_{l=1}^{L}\sum_{k=1}^{m}(y_k^{t_l} - y_k^l)^2 \tag{13-158}$$

BP 网络学习的基本思想是调整网络的连接权，使得其误差极小，即

$$E(\boldsymbol{W}) \to \min$$

这样，BP 网络的学习问题变为参数优化问题。可采用梯度算法，即有

$$\Delta w=-\eta\frac{\partial E}{\partial w} \tag{13-159}$$

式中，η 为学习速率或称学习步长。

将式(13-159)代入式(13-152)可得 BP 网络连接权的学习迭代公式为

$$\boldsymbol{W}(k+1)=\boldsymbol{W}(k)-\eta\frac{\partial E}{\partial \boldsymbol{W}}(k) \tag{13-160}$$

由此可知，BP 学习算法是从输出到输入逐层对连接权矩阵求偏导数，来修正权值，直到误差极小，故被称为反传算法。BP 网络由此得名。

(2)递归网络的结构与学习算法　递归神经网络是一种反馈型神经网络，其网络结构如图 13-57 所示，设网络输入单元为 p，输入向量为 $\boldsymbol{X}=(x_1\quad x_2\quad \cdots\quad x_{\mathrm{p}})$；反馈单元为 q，令 $\hat{e}_{t-j}=x_{t-j}-\hat{x}_{t-j}$ 为第 j 个误差反馈，j=1, 2, …, q；隐层有 m 个单元，输入、输出单元采用线性单元，隐层采用的作用函数为 Sigmoid 函数非线性神经元。

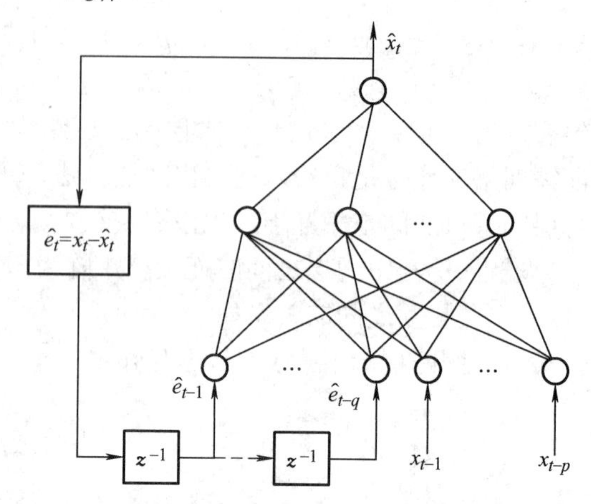

图 13-57　递归神经网络的结构

设 s_k 为隐层第 k 个神经元的状态，θ_k 为阈值，即有

$$s_k=\sum_{i=1}^{p}a_{ik}x_{t-i}+\sum_{j=1}^{q}b_{jk}\hat{e}_{t-j}+\theta_k \qquad k=1,\cdots,m \tag{13-161}$$

式中，a_{ik} 为输入单元与隐层的连接权；b_{ik} 为反馈单元与隐层的连接权。

则网络的输出为

$$\hat{x}_{\mathrm{t}}=\sum_{k=1}^{m}w_k h(s_k)\ +\theta_t \tag{13-162}$$

式中，w_k 为输出层权；$h(\cdot)$ 为激活函数。

递归网络可表示一类非线性时间序列预测模型，即

$$\hat{x}_t=f(x_t,x_{t-1},\cdots,x_{t-p},e_1,e_2,\cdots,e_q) \tag{13-163}$$

式中，$f(\cdot)$ 表示某个非线性函数；p 为输入观测数据的长度；e_j (j=1,2,⋯,q) 为预测误差。

采用式(13-163)所描述的 NARMA(p、q)模型进行预测或控制，必须事先知道系统模型 $f(\cdot)$ 及其阶数 p、q。对于非线性动态系统，要事先确定系统模型和阶数是很困难的。

如果采用递归网络，可以通过对样本学习训练调整各神经元之间的连接权来实现对预测模型参数的逼近。这样预测模型的建模和参数辨识，现等价于对网络连接权值的确定，即可采用适当的算法，通过对样本的学习自动调整连接权值，使得下列误差函数达到最小。

$$E=\frac{1}{2}\sum_{i=1}^{N}(x_t-\hat{x}_t)^2\rightarrow\min \tag{13-164}$$

式中，N 为训练样本总数。

自回归神经网络作为预测模型可以用来进行系统辨识、参数预测和控制优化等。

3. 基于 ANN 的控制方法

基于 ANN 的控制方法可以分为基于 ANN 的直接控制方法、基于 ANN 的参数辨识方法和基于 ANN 的参数辨识与控制混合方法。

(1) 基于 ANN 的直接控制方法　基于 ANN 的直接控制系统如图 13-58 所示，采用 ANN 替代原系统的控制器或控制策略，ANN 由输入与输出的误差进行学习和训练。

(2) 基于 ANN 的参数辨识方法　ANN 也可用于系统辨识或参数估计。其系统结构如图 13-59 所示，基于 ANN 的系统辨识或参数估计器可根据理想输出与实际输出的误差来修正辨识和估计网络权值，由此在线调整辨识精度或估计系统参数的变化。

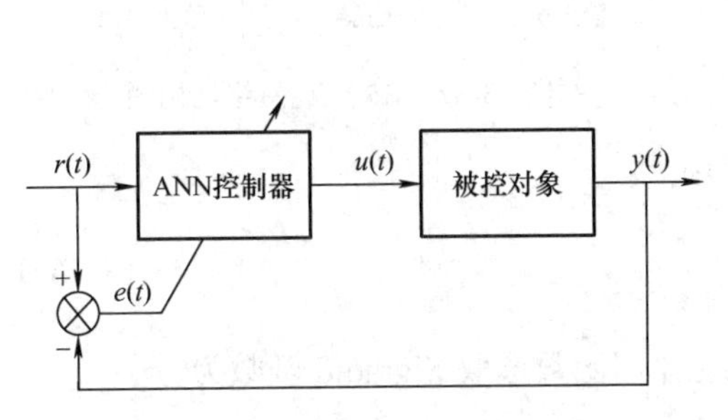

图 13-58　基于 ANN 的直接控制系统结构

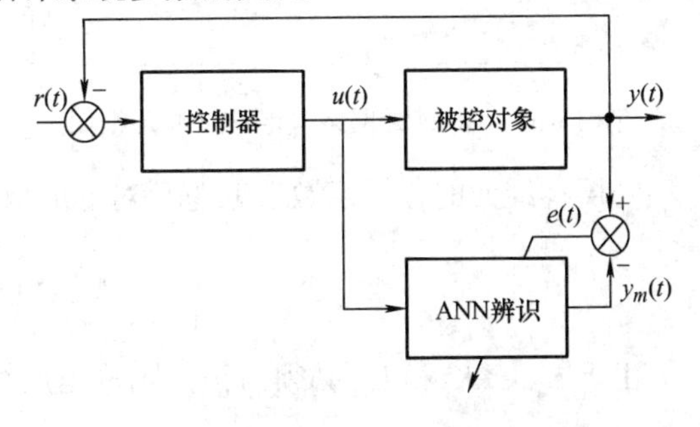

图 13-59　基于 ANN 的系统辨识结构

(3) 基于 ANN 的参数辨识与控制混合方法　ANN 还可以用来构造参数辨识与控制系统，如图 13-60 所示，系统中采用基于 ANN 的系统辨识和参数估计器用来训练基于 ANN 的控制器。这样，既可以采用 ANN 来产生学习样本，用于 ANN 控制器的离线学习和训练；还可在线辨识和估计参数变化，实时修正 ANN 控制器的参数，以适应系统的变化，增强系统的鲁棒性。

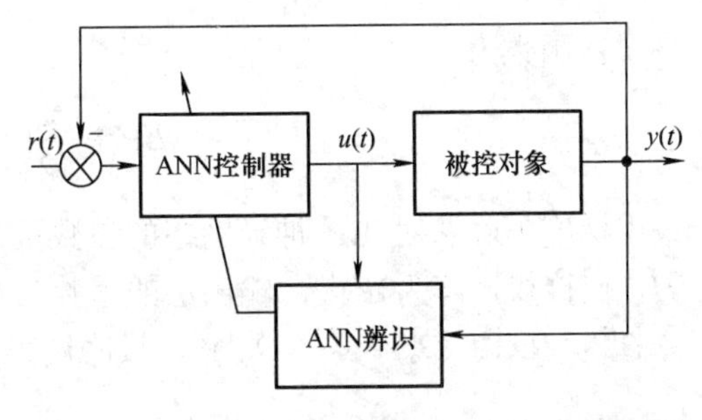

图 13-60　基于 ANN 的系统辨识与直接控制系统结构

4. 基于 ANN 控制的电力传动系统

由上分析，ANN 可以应用于电力传动系统，既可作为直接控制器取代传统的控制策略，也可作为系统辨识和参数估计器取代基于模型的参数辨识和估计方法，还可以联合使用，构成基于 ANN 的参数辨识与直接控制的电力传动系统。

本节介绍两种基于 ANN 控制的电力传动系统。

(1) 采用 ANN 进行 PID 参数整定与修正

采用 ANN 进行 PID 参数整定方法。采用 BP 神经控制对 PID 进行参数整定的原理框图如图 13-61 所示。

BP 神经网络可以根据系统运行的状态，对 PID 参数 K_p、K_i 和 K_d 进行调节，使系统达到最优的控制状态。经典的增量式数字 PID 的控制算法为

$$\begin{cases}u(k)=u(k-1)+\Delta u(k)\\ \Delta u(k)=K_p[e(k)-e(k-1)]+K_\mathrm{i}e(k)+K_\mathrm{d}[e(k)-2e(k-1)+e(k-2)]\end{cases} \tag{13-165}$$

设计一个 3 层 BP 神经网络，结构如图 13-62 所示，输入层神经元选取 4 个：系统输入 r、系统输出 y、系统误差 e 和误差变量 Δe；输出层的神经元个数为 3 个，分别为 K_P、K_I 和 K_D；隐层神经元的个数视被控系统的复杂程度进行调整。

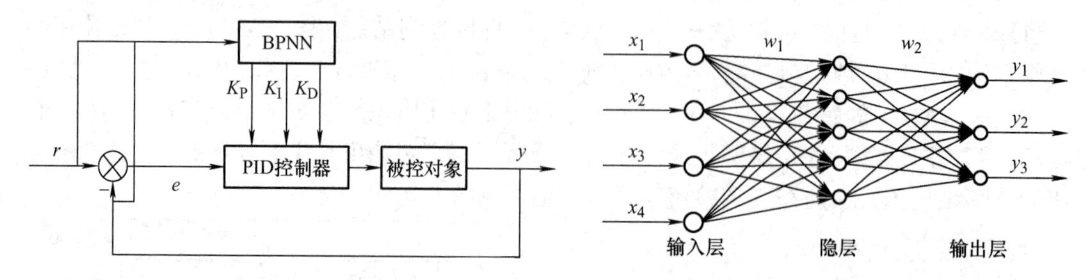

图 13-61　BP 神经网络整定 PID 原理框图

图 13-62　BP 神经网络结构图

隐层神经元的作用函数选取正负对称的双正切函数

$$f_\mathrm{s}^{(2)}(x)=\frac{\mathrm{e}^x-\mathrm{e}^{-x}}{\mathrm{e}^x+\mathrm{e}^{-x}} \tag{13-166}$$

由于 K_P、K_I 和 K_D 必须为正，则输出层神经元作用函数选取 Sigmoid 函数为

$$f_\mathrm{s}^{(3)}(x)=\frac{1}{1+\mathrm{e}^{-x}} \tag{13-167}$$

设误差函数为

$$E(k)=\frac{1}{2}[r(k)-y(k)] \tag{13-168}$$

采用梯度下降法对 BP 神经网络的参数进行调整，设输入层的输出向量为 $\boldsymbol{O}^{(1)}$，隐层个数为 H，连接权矩阵为 $\boldsymbol{W}^{(2)}$，输出层的个数为 3，连接权矩阵设为 $\boldsymbol{W}^{(3)}$。

令 $\boldsymbol{O}^{(1)}=(O_1^{(1)}\quad O_2^{(1)}\quad\cdots\quad O_N^{(1)})^\mathrm{T}$，设隐层第 j 个神经元的状态为

$$u_j=\sum_{i=1}^{N}w_{ji}^{(2)}O_i^{(1)}\qquad j=1,2,\cdots,H \tag{13-169}$$

其输出为

$$o_j=f_\mathrm{s}^{(2)}(u_j)$$

输出层的输入 $\boldsymbol{I}^{(3)}=\boldsymbol{W}^{(3)}o$，输出为 $\boldsymbol{O}^{(3)}=f_\mathrm{s}^{(3)}I^{(3)}=(K_\mathrm{P}\quad K_\mathrm{I}\quad K_\mathrm{D})^\mathrm{T}$

按照梯度下降法修正网络权系数，按 $E(k)$ 的负方向调整系统，并且加一个使搜索加快的收敛全局极小的惯性量

$\Delta W_{oj}^{(3)}(k)=-\eta\dfrac{\partial E(k)}{\partial W_{oj}^{(3)}}+\alpha\Delta W_{oj}^{(3)}(k-1)$，其中 η 为学习速率，α 为动量因子

$$\frac{\partial E(k)}{\partial W_{oj}^{(3)}}=\frac{\partial E(k)}{\partial y(k)}\frac{\partial y(k)}{\partial\Delta u(k)}\frac{\partial\Delta u(k)}{\partial O_o^{(3)}(k)}\frac{\partial O_o^{(3)}(k)}{\partial I_o^{(3)}(k)}\frac{\partial I_o^{(3)}(k)}{\partial W_{oj}^{(3)}(k)}\qquad o=1,2,3,\ j=1,2,\cdots,H \tag{13-170}$$

式中，$W_{oj}^{(3)}$ 为 $\boldsymbol{W}^{(3)}$ 的第 o 行和第 j 列。由于 $\dfrac{\partial y(k)}{\partial \Delta u(k)}$ 未知，通常由符号函数 $\operatorname{sgn}\left[\dfrac{\partial y(k)}{\partial \Delta u(k)}\right]$ 来代替，所带来的误差可以通过调整 η 来补偿

$$\begin{cases}\dfrac{\partial \Delta u(k)}{\partial O_1^{(3)}(k)}=e(k)-e(k-1)\\ \dfrac{\partial \Delta u(k)}{\partial O_2^{(3)}(k)}=e(k)\\ \dfrac{\partial \Delta u(k)}{\partial O_3^{(3)}(k)}=e(k)-2e(k-1)+e(k-2)\end{cases} \tag{13-171}$$

若 $f_{\mathrm{s}}^{(3)}(x)$ 对应的梯度为 $g^{(3)}(x)$，则 $\dfrac{\partial O_o^{(3)^{\mathrm{T}}}}{\partial I_o^{(3)}}=g_o^{(3)}(x)$，$\dfrac{\partial I_o^{(3)}(k)}{\partial W_{oj}^{(3)}(k)}=o_j$。

令
$$\delta_o^{(3)}=e(k)\operatorname{sgn}\left[\frac{\partial y(k)}{\partial \Delta u(k)}\right]\frac{\partial \Delta u(k)}{\partial O_o^{(3)}(k)}g_o^{(3)}(x)$$

则最终连接权的修正值为

$$\Delta W_{oj}^{(3)}(k)=\eta\delta_o^{(3)}o_j+\alpha\Delta W_{oj}^{(3)}(k-1) \tag{13-172}$$

同理，可得隐层的权值变量调整为

$$\Delta W_{oj}^{(2)}(k)=\eta\delta_j^{(2)}u_j(k)+\alpha\Delta W_{oj}^{(2)}(k-1) \tag{13-173}$$

式中，$\delta_j^{(2)}=g_j^{(2)}(x)\sum\limits_{o=1}^{3}\delta_o^{(3)}W_{oj}^{(3)}(k)$。

基于 BP 神经网络的 PID 控制算法可归纳如下：

1) 事先选定 BP 神经网络的结构，即选定输入层节点数 M 和隐层节点数 Q，并给出权系数的初值选定学习速率 η 和动量因子 α，$k=1$。

2) 采样得到 $r(k)$ 和 $y(k)$，计算 $e(k)=z(k)=r(k)-y(k)$。

3) 对 $r(i)$、$y(i)$、$u(i-1)$、$e(i)$进行归一化处理，作为 ANN 的输入。

4) 前向计算 NN 的各层神经元的输入和输出，ANN 输出层的输出即为 PID 控制器的三个可调参数。

5) 计算 PID 控制器的控制输出 $u(k)$，参与控制和计算。

6) 计算修正输出层的权系数。

7) 计算修正隐层的权系数。

8) 置 $k=k+1$，返回到步骤 2)。

一个采用 BP 神经网络进行 PID 参数整定的直流调速系统如图 13-63 所示，图中点画线框中分别为 BP-PID 训练模块以及 PID 控制模块。

BP-PID 训练模块如图 13-64 所示，BP 神经网络采集了 r 给定值以及 y 反馈值，在 0.001s 时由原始给定初值切换到系统的实时反馈值进行神经网络 PID 参数实时训练与整定。

PID 控制模块如图 13-65 所示，将 BP 神经网络整定的 K_{P}、K_{I} 和 K_{D} 参数赋予 PID 模块，对误差乘上比例、积分、微分参数进行求和输出 PID 控制信号。

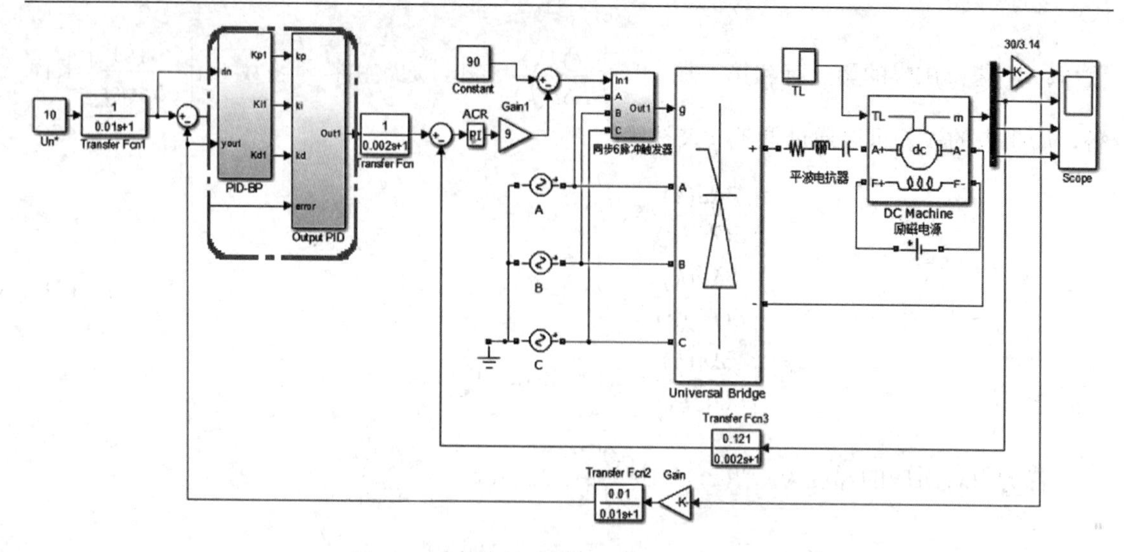

图 13-63　速度外环神经网络 PID 整定模块

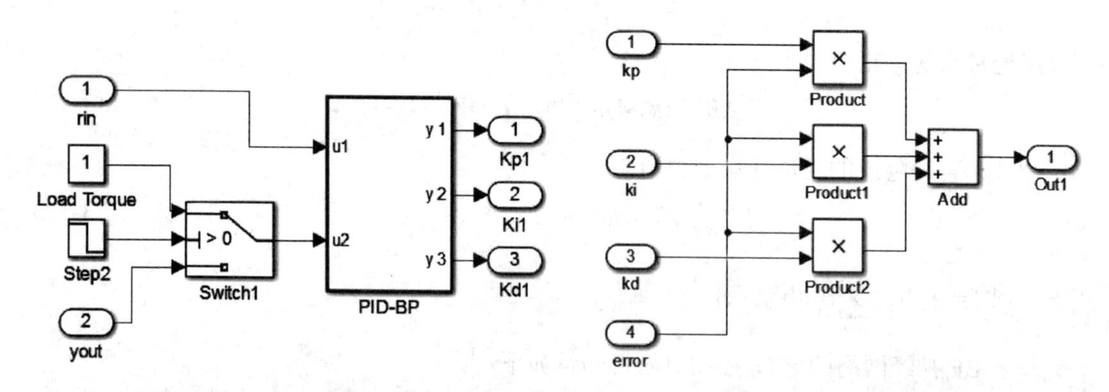

图 13-64　BP-PID 自整定子系统　　　　图 13-65　PID 控制模块结构

仿真系统参数：$\alpha=1, T_{os}=0.01\text{s}$；速度环 G_{ASR} 的 PID 参数由 BP 神经网络整定；$\beta=1$，$T_{oi}=0.01\text{s}$；电流环 G_{ACR} 的 PI 参数为 $K_P=0.43$，$K_I=58.823$；变流器由 Simulink 内置功率桥模块给出，直流电动机由 Simulink 内置直流电动机模块给出，六脉冲发生器的频率为 50Hz，脉冲宽度为 10°。交流源有效值为 220V，频率为 50Hz。最终转速、电枢平均电流、磁通和电磁转矩的仿真结果如图 13-66 所示。

将 BP 神经网络整定后的结果与传统 PID 控制结果作对比，可以得出：

1）转速的稳定时间由 0.5s 缩短为 0.3s，调整速度更快，响应时间更短。

2）电枢平均电流、电磁转矩的超调量都明显优于传统 PID 系统。

（2）基于 ANN 的永磁同步电动机控制系统　一个基于 ANN 控制的永磁同步电动机调速系统如图 13-67 所示，在矢量控制系统中，转速控制器采用基于 ANN 的 PID 算法。

1）基于 ANN 的 PID 控制器设计。设计一个 3 层结构的 ANN 构成 PID 控制器，如图 13-68 所示，输入层为 2 个神经元，隐层为 2 个神经元，输出层为 1 个神经元。

根据 PID 的算法公式，设置输入到隐层的权值为

$$\boldsymbol{W}_1=\begin{pmatrix}1 & -1\\ 1 & -1\end{pmatrix} \tag{13-174}$$

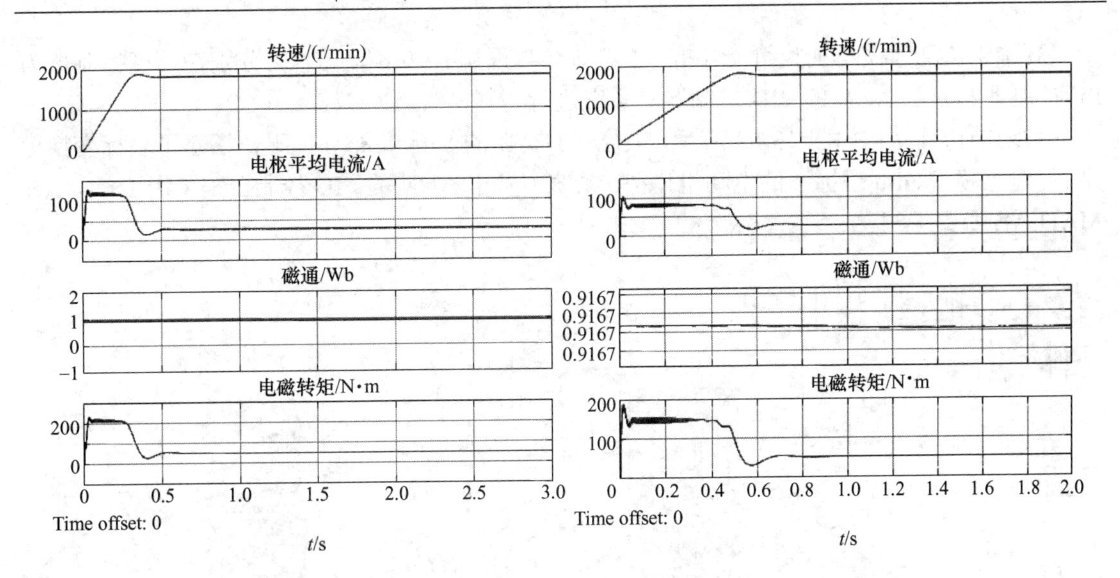

图 13-66　仿真结果

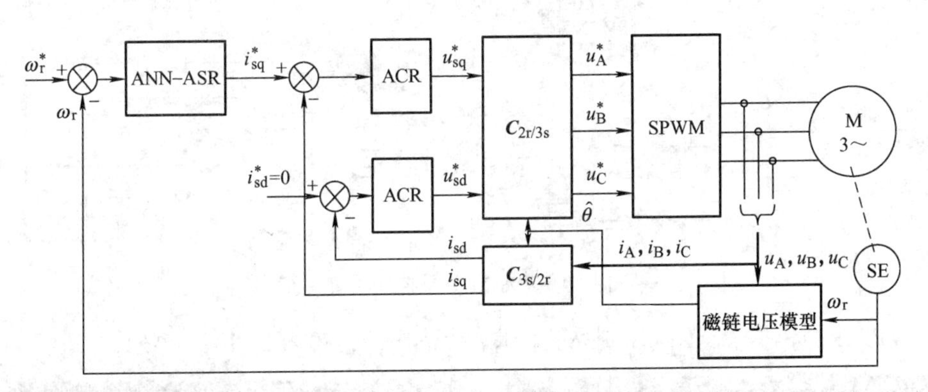

图 13-67　基于 ANN 控制的永磁同步电动机调速系统

隐层到输出层的权值为

$$W_2=(K_P \quad K_I) \tag{13-175}$$

ANN 控制器的输入为转速误差及其变换率，输出为 q 轴电流给定值。按这样设置，ANN 的输出与前面数字 PID 的输出相等，但是基于 ANN 的 PID 调节器的 PI 参数可以用学习算法在线调整。

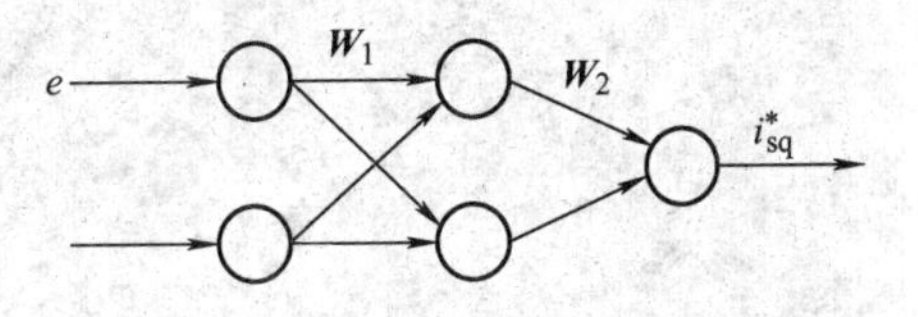

图 13-68　基于 ANN 的 PID 控制器结构

2) 基于 ANN 的 PID 控制器的训练。采用 BP 学习方法来训练 PID 控制器，输入与隐层的权值修正的迭代公式为

$$W(k+1)=W(k)+\eta\frac{\partial E(k)}{\partial W(k)}+\alpha\Delta W(k) \tag{13-176}$$

式中，η 为学习速率；$E(k)$为误差函数，其形式如式(13-158)；α 为动量因子。

为了缓解振荡和加速收敛引入的权值的修正量

$$\Delta W(k)=W(k)-W(k+1) \tag{13-177}$$

3）系统仿真建模及试验结果分析。本系统仿真采用 i_d=0 控制方法，分别在速度控制器为PI 控制器和基于 ANN 的 PID 控制器对系统进行仿真。

系统的仿真结构如图 13-69 所示，在 MATLAB 的 Simulink 环境下，搭建了坐标变换模型、控制器模型、d-q 坐标下的电动机模型，系统中基于 ANN 的 PID 控制器是采用 Interpreted MATLAB 函数编写。

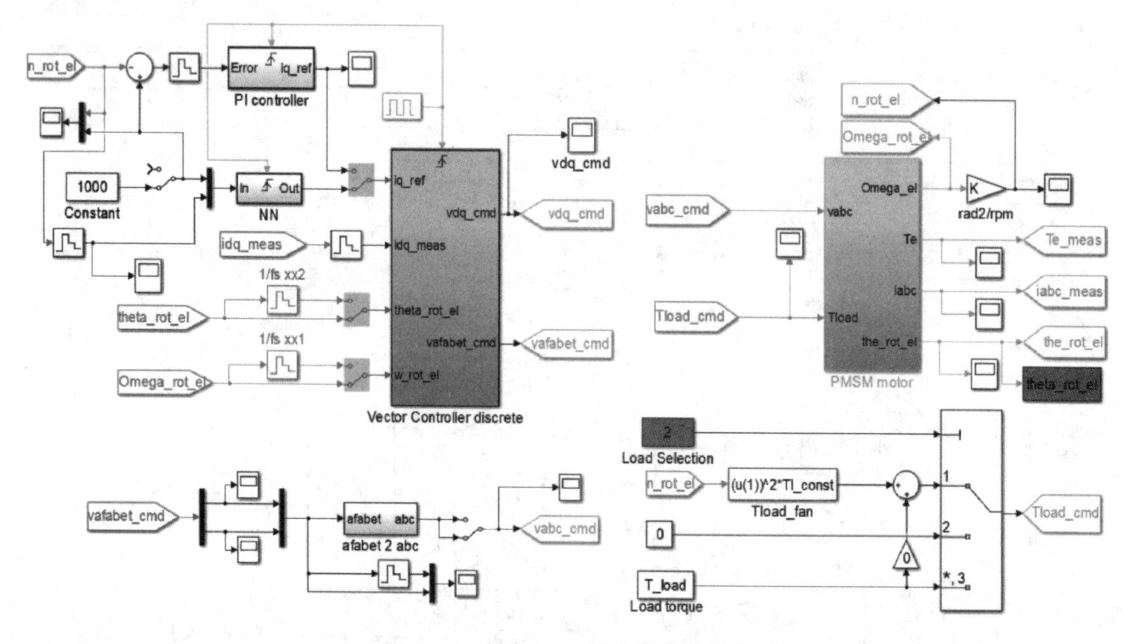

图 13-69　PMSM 矢量控制仿真系统

采用 PI 控制和基于 ANN 控制系统仿真结果如图 13-70 和图 13-71 所示。

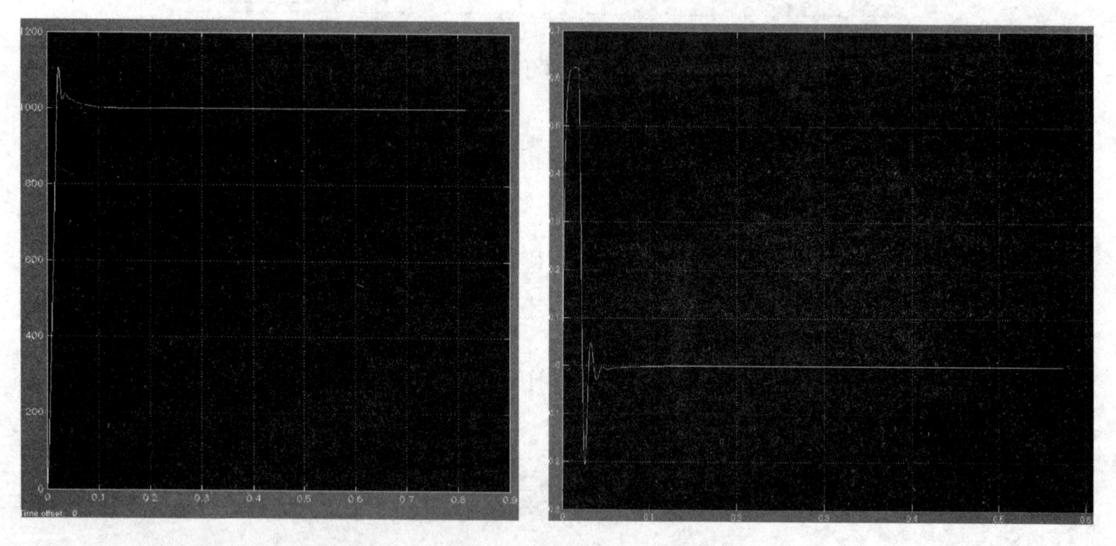

图 13-70　采用 PI 控制的系统转速和转矩

对比两种控制结果可以看出，神经网络 PID 控制不需要手动调节 PID 参数也可基本实现传统 PID 的效果。

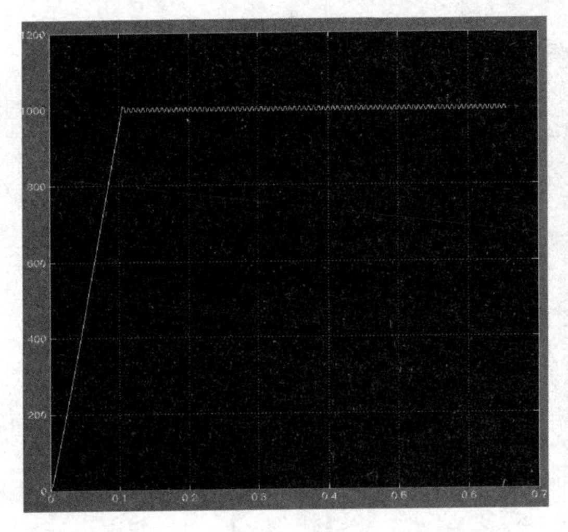
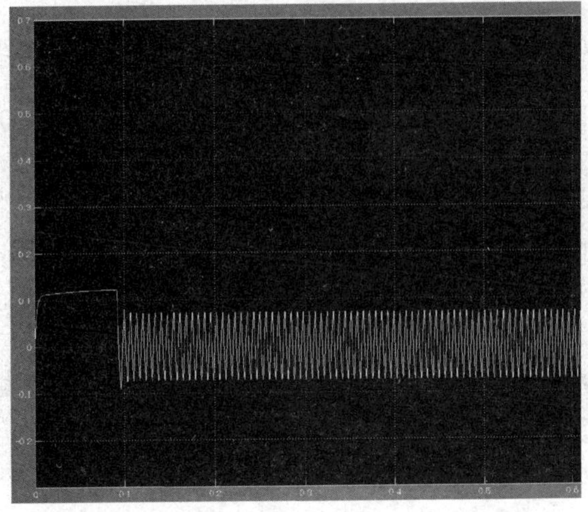

图 13-71　基于 ANN 控制系统的转速和转矩

本 章 小 结

本章在前面各章的基础上，针对电力传动系统非线性本质问题，探讨了采用自适应控制、非线性控制与智能控制等先进的理论方法，以改善系统动态性能和抗干扰性。首先介绍了自适应控制理论，以模型参考自适应和模型预测自适应方法为重点，讨论了基于自适应算法的电力传动系统的控制器设计。在非线性控制中选用滑模变结构控制和内模控制方法，介绍了电力传动系统的构成与改造。智能控制是近年来的研究热点，本章重点引入模糊控制和神经网络控制方法，探讨了电力传动系统智能控制的应用，为运动控制向智能运动的发展提供思路和借鉴。

参 考 文 献

[1] 陈伯时. 异步电机多变量模型的性质及其控制问题[J]. 电气传动，1991, (3): 2-8.

[2] 陈伯时. 运动控制系统的最新发展及其前景[J]. 电气传动，1989, (1): 1-8.

[3] BOSE B K. Expert systems, fuzzy logic and neural network applications in power electronics and motion control [J]. Proceedings of IEEE, 1994, 83(4): 1302-1323.

[4] VAS P. Artificial-Intelligence-Based Electrical Machines and Drives: Application of Fuzzy, Neural, Fuzzy-Neural, and Genetic-Algorithm-Based Techniques[M]. London: Oxford Univ. Press, 1999.

[5] ASTROM K J, WITTENMARK B. Adaptive Control[M]. 2nd ed. Englewood: Prentice Hall, 1994.

[6] 徐湘元. 自适应控制理论与应用[M]. 北京：电子工业出版社，2007.

[7] Parks P C. Lyapunov redesign of model reference adaptive control systems [J]. IEEE Trans. on AC, 1966, 11(2):362-367.

[8] 韩正之，陈彭年，陈树中. 自适应控制[M]. 北京：清华大学出版社，2011.

[9] 李永东，张猛，肖曦，等. 永磁同步电机模型参考自适应无速度传感器控制方法[J]. 电气传动，2004, 34(21): 302-306.

[10] JOSE RODRIGUEZ, PATRICIO CORTES. Predictive Control of Power Electrical Drives [M]. New York: John Wiley & Sons Ltd, 2012.

[11] FLORENT MOREL, XUEFANG LIN SHI, JEAN MARIE RÉTIF, et al. A comparative study of predictive current control schemes for a permanent-magnet synchronous machine drive[J]. IEEE Transactions on Industrial Electronics, 2009, 56(7): 2715-2728.

[12] HAN JINGANG, ZHAO MING, PENG DONGKAI, et al. Improved Model Predictive Current Control of Cascaded H-Bridge Multilevel Converter [C]. 2013 IEEE International Symposium on Industrial Electronics (ISIE), Taipei, China, 2013: 1-5.

[13] 杨义，韩金刚，陈昊，等. 永磁同步电机的模型预测控制[J]. 电源学报，2015(4): 58-63.

[14] 洪奕光，程代展. 非线性系统的分析与控制[M]. 北京：科学出版社，2005.

[15] MARINO R, TOMEI P. Nonlinear Control Design: Geometric, Adaptive and Robust[M]. New York: Pearson Education Limited, 1996.

[16] 陈伯时，徐荫定. 电流滞环控制 PWM 逆变器异步电动机的非线性解耦控制系统[J]. 自动化学报，1994, 20(1): 50-57.

[17] 阮毅，陈伯时，江明. 矢量控制系统异步电动机非线性解耦控制的一类实现[J]. 电气传动，1993(6): 2-8.

[18] DARREN M DAWSON, HU JUN, TIMOTHY C BURG. Nonlinear control of electric machinery[M]. New York: Dekker, 1998.

[19] UTKIN V. Variable structure systems with sliding modes [J]. IEEE Transactions on Automatic Control, 1977, 22(2): 212-222.

[20] HUNG J Y, GAO W, HUNG J C. Variable structure control: a survey [J]. IEEE Transactions on Industrial Electronics, 1993, 40(1): 2-22.

[21] DATTA A, OCHOA J. Adaptive internal model control: design and stability analysis [J]. Automatics, 1996, 32(2): 261-266.

[22] 王丰尧. 滑模变结构控制[M]. 北京，机械工业出版社，1996.

[23] 周志丽. 船舶电力推进系统的 SMC-DTC 控制研究[D]. 上海：上海海事大学，2015.

[24] 赵志诚，文新宇. 内模控制及其应用[M]. 北京：电子工业出版社，2012.

[25] 周渊深. 感应电动机交—交变频调速系统的内模控制技术[M]. 北京：电子工业出版社，2005.

[26] 朱希荣，周渊深，符晓. 同步电动机三自由度内模动态解耦控制[J]. 电机与控制学报，2010, 14(1): 61-65.

[27] 王耀南. 智能控制系统[M]. 长沙：湖南大学出版社, 2006.

[28] KEVIN M PASSINO, STEPHEN YURKOVICH. Fuzzy Control[M]. Upper Saddle River: Addison-Wesley, 1998.

[29] MEHAMAD H Hassoum. Fundamentuls of Artificial Neural Networks[M]. London: The MIT Press,1995.

[30] NØRGAARD M, et al. Neural networks for modeling and control of dynamic systems[M]. London: Springer, 2000.

第 14 章　电力传动系统的应用——动力驱动

为了缓解日渐严重的能源危机和环境排放压力,以电动机作为驱动装置的交通工具成为未来发展的趋势。本章主要介绍目前热门的高速动车组、城市轨道交通车辆、新能源汽车和船舶等载运工具电力驱动系统的基本结构、控制方法和应用实例，为了解电力传动系统在交通电气化新的发展提供思路。

14.1　动力驱动系统概述

动力驱动系统泛指利用能量源产生动力，通过系列传动装置最终输送到负载的驱动系统。目前虽然大部分驱动装置采用内燃机、汽油机等作为能量源，但电力驱动正在逐步取代传统的热机驱动模式，特别是未来电气化交通将成为主要的运输形式。为此，本书将重点介绍电力驱动在现代交通工具中的应用，为促进交通电气化新发展提供知识基础。

电力驱动系统主要是指以电动机作为动力的驱动装置，其中电动机主要包括直流电动机、交流异步电动机和同步电动机，特别是近年来永磁同步电动机、无刷直流电动机和开关磁阻电动机等新型电动机的涌现，成为电力驱动新的趋势。

电力驱动系统的组成包括电源、驱动电动机、控制装置、传动装置和负载，如图 14-1 所示。其中，电源是指为电动机和控制系统等用电装置提供电能的设备，如动力电池和变流器等。控制装置主要是指数字信号处理器，它的主要作用是分析和处理电动机和负载反馈的信息，使电动机的输出达到控制的要求。传动装置是指把电动机的动力传递给负载的中间装置。

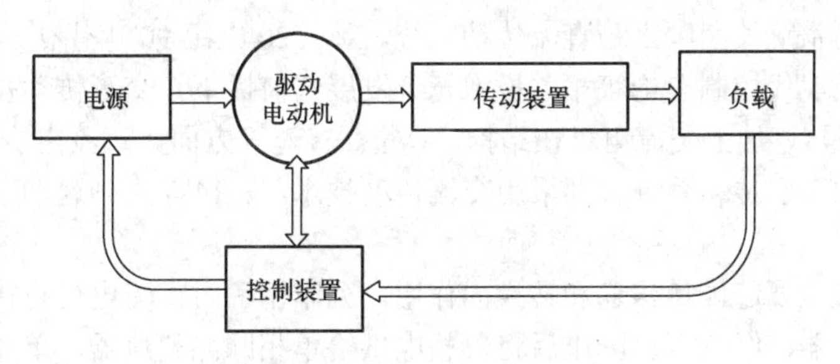

图 14-1　动力驱动系统的组成结构

14.2　高速动车组动力驱动系统

世界上第一条高速铁路于 1964 年在日本新干线运营，自此以后，由于高速铁路自身所具有的优势(如较大的运输吞吐量、方便舒适的乘车环境以及综合能效高等)，这一新兴的运输方式逐渐被越来越多的国家重视起来，电气化运输已经成为未来国际铁路运输发展的趋势之一。其中，最具代表性的当属1991年实现全线通车的德国ICE高速铁路，如图14-2所示。

图14-2　德国ICE高速铁路

我国的铁路起步相对较晚但发展迅速，21世纪的前20年是我国高速铁路发展最为重要的时期，我国的“四纵四横”高速铁路网计划正在付诸实践。2008年8月1日，我国第一条高速现代化铁轨在京津段实现通车并投入使用，使得我国跻身于高速铁路技术世界先进的行列[1,2]。

本节将介绍电气列车的基本组成、控制原理及应用举例。

14.2.1　高速动车组牵引传动系统的基本组成与工作原理

牵引传动系统根据所采用传动电机是直流牵引电机还是交流牵引电机，可以分为直流传动系统和交流传动系统。由于直流电机很容易满足牵引特性的要求，其磁场电流和电枢电流可以单独控制，起动调速性能和转矩特性比较理想，并且容易获得良好的动态响应，故交通领域的电牵引传动系统长期以来是直流传动系统。到了20世纪90年代初，在电力电子器件、交流调速理论以及现代控制理论等相关技术充分发展的前提下，交流传动技术在铁路牵引中取得了突破性的发展，加上交流电机在结构、容量、转速等方面比直流电机更具优势，因此，近代高速动车组的牵引传动系统大都采用交流传动技术。图14-3为高速动车交流传动系统的结构框图。

牵引传动系统主要起能量传递和转换的作用。列车牵引时，受电弓将接触网的单相工频交流电输送给变压器，经变压器降压后将单相电供给单相脉冲整流器，单相脉冲整流器将单相交流电变换成直流电输出给逆变器，逆变器输出电压频率可调的三相交流电驱动牵引电动机，实现了电能到机械能的转化[3]。

列车再生制动时，逆变器控制牵引电动机处于发电状态，此时逆变器工作于整流状态，将牵引电动机发出的三相交流电变换成直流电，而整流器工作于逆变状态，将直流电转换成单相交流电，实现了机械能到电能的转换。从图14-3中可以看出，牵引传动系统的关键部件主要包括前端电路、牵引变压器(主变压器)、牵引变流器、牵引电动机和牵引控制单元等。

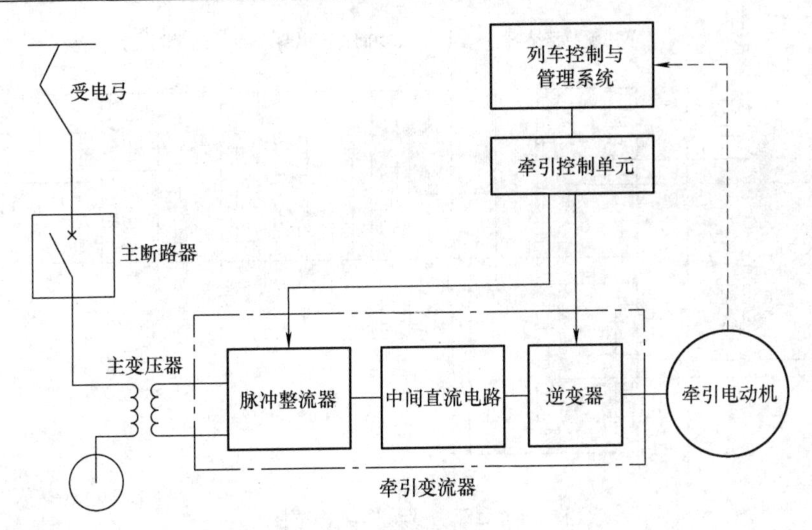

图 14-3　高速动车交流传动系统的结构框图

1. 牵引传动系统前端电路

前端电路主要包括受电弓和主断路器。受电弓引入接触网上单相 25kV，50Hz 的交流电；主断路器完成整个牵引系统的接入与断开。此外，前端电路还包含电压互感器、电流互感器、电涌保护器、接地变压器等。电压互感器和电流互感器检测电网侧电压电流的变化；电涌保护器和接地变压器实现系统及轮对保护等功能[4]。

2. 牵引变压器

牵引变压器也叫主变压器，位于车辆底架上，其主要作用是将接触网上的 25kV 工频电压转换为适合高速列车变流器及电动机使用的电压。另外，由于牵引传动电路在运行中会产生各次谐波，为了防止污染电网，牵引变压器还起到隔离供电系统与接触网的作用。除了传统的工频变压器，新型的变压器还有电力电子变压器和高温超导变压器，具有质量轻、体积小、效率高等特点[3]。

3. 牵引变流器

高速列车的牵引变流器由单相脉冲整流器、中间直流电路、逆变器等组成，如图 14-4 所示。牵引变流器是整个牵引传动系统的核心，主要功能是将牵引变压器输出的单相交流电，通过脉冲整流器变换为直流电，经过中间直流回路输入到逆变器，逆变器输出电压、频率可调的三相交流电驱动控制牵引电动机。

4. 牵引电动机

牵引电动机是高速动车组电传动系统中机电能量转换的核心部件，很大程度上决定了牵引系统的性能。早期的牵引电机都是使用直流电动机，随着控制技术的发展与成熟，异步电动机以其体积小、容量大、可靠性高等优点逐步推广应用开来。目前，高速动车组牵引电动机大部分都采用三相异步电动机。近年来，高性能永磁材料的使用和电力电子技术的进步使永磁同步电动机成为牵引电动机研究的热点方向。表 14-1 给出了几种常见动车组牵引传动系统对比，包括主变压器、牵引变流器以及牵引电动机的部分参数[4-6]。

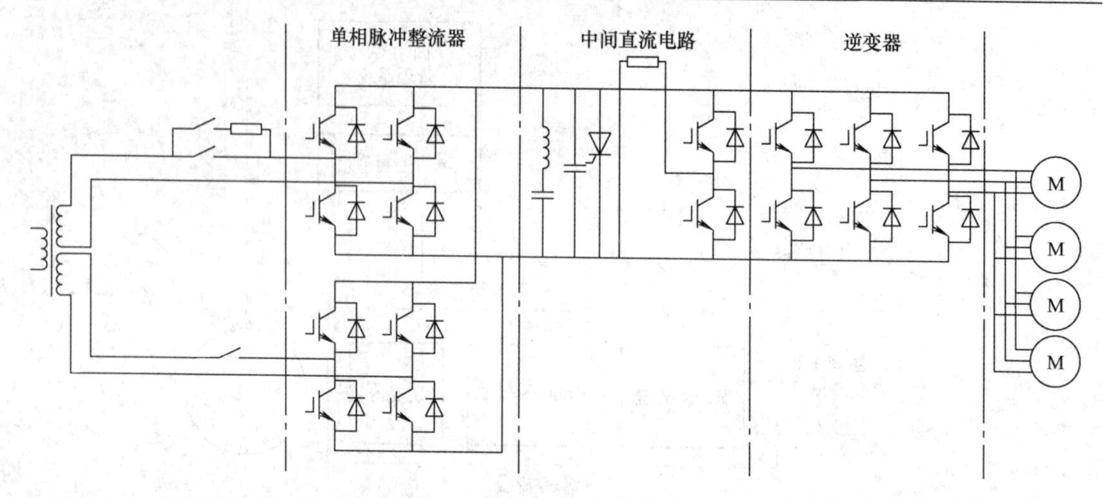

图 14-4　牵引变流器结构框图

表 14-1　常见动车组牵引传动系统对比

项　目		CRH1	CRH2	CRH3	CRH5
车辆整体	编组方式	5 动 3 拖	4 动 4 拖	4 动 4 拖	5 动 3 拖
主变压器	容量/(kV・A)	2100	3060	5640	5262
	接触网电压	25kV，50Hz	25kV，50Hz	25kV，50Hz	25kV，50Hz
	二次电压	900V，50Hz	1500V，50Hz	1550V，50Hz	1770V，50Hz
整流器	电路结构	两电平	三电平	两电平	两电平
	输出直流电压/V	1650	3000	2700～3600	3600
	IGBT 型式	3.3kV，1200A	3.3kV，1200A	6.5kV，600A	6.5kV，600A
	开关频率/Hz	450	1250	350	250
逆变器	电路结构	两电平	三电平	两电平	两电平
	输出电压/V	0～1287	0～2800	0～2800	0～2808
	输出频率范围/Hz	0～152	0～200	0～200	0～180
	控制方式	矢量	矢量	矢量	矢量
牵引电机	额定电压/V	1287	2000	2700	2808
	额定电流/A	158	106	145	211
	额定转速/(r/min)	2725	4140	4100	1177
	额定转差率	0.012	0.014	0.008	0.018
	额定效率	94%	94%	94.7%	93.5%
	最高转速/(r/min)	5000	6120	5891	3600

5. 牵引控制单元

高速动车组牵引传动系统控制一般分为列车级控制、车辆级控制和传动级控制三级。列车级控制涉及与整个列车有关的给定值和控制变量，从驾驶员所在的“占用车”发出的控制指令，通过列车控制级处理后传送到其他动力单元，实现统一指挥，并可以对牵引系统前端电路元器件进行管理与控制；车辆级控制主要负责各个牵引单元之间的负荷分配和功率平衡、优化粘着控制，对牵引力和制动力进行进一步处理后发送给四象限及逆变器控制装置等；传动级控制是单个牵引传动系统内部的控制。下面主要介绍传动级的牵引控制。

异步牵引电动机使用最为普遍的三种控制策略，分别为转差频率控制、磁场定向矢量控制和直接转矩控制[7]。

(1) 转差频率控制　转差频率控制是基于异步电动机的稳态数学模型，建立定子电流幅值、转差频率与电动机转速、转矩的控制函数，由此推算各种运行条件下的转差频率，并与电动机转速相加，得到定子频率。再根据电压与频率的线性关系得到电动机电压即逆变器输出电压的基波幅值，同时由转速、转矩计算出的定子电流给定值与实际反馈形成闭环控制。这种控制方法仅对变量的幅值进行控制，而忽略了电动机中磁链和转矩的耦合效应，属于标量控制。转差频率控制方法原理简单，易于实现，我国第一台交流传动电力机车 AV4000 原型车就采用了这种控制方法。但其控制思想是从异步电动机稳态模型出发的，得到的公式与结论只适用于电动机稳态工况。

(2) 磁场定向矢量控制　磁场定向矢量控制于 20 世纪 70 年代被提出，其控制思想是把异步电动机互相耦合的控制变量通过坐标变换实现解耦，然后仿照直流电动机的控制方法，分别独立控制电动机的磁场和转矩。从这一基本思想出发，可以推导出各种旋转坐标系下磁场定向控制方式，其中以转子磁场定向方式最为简便，易于实现。矢量控制调速范围宽，动、静态性能可与直流电动机媲美，而且可以间接地控制交流电动机产生的转矩，是交流驱动控制最有效的方法之一，广泛应用在现代交流电动机调速领域中。

(3) 直接转矩控制　直接转矩控制的特征是控制定子磁链，通过检测到的定子电压、电流，直接在定子静止坐标系下计算电动机的磁链和转矩，采用 Bang-Bang 控制器控制逆变器的开关状态，获得转矩的高动态性能。直接转矩控制具有更简单的控制系统，可以获得更快的动态响应和最佳开关频率。直接转矩控制也有自身的不足，比如采用 Bang-Bang 控制会引起转矩的上下波动、在低速时误差较大等。直接转矩控制技术在牵引控制领域表现出强有力的发展趋势，已成功应用于我国“中华之星”“DJ1”“DJ2”等电力机车的牵引传动系统中[2]。

14.2.2　高速动车组动力系统实例——CRH2-300 型高速动车组

2012 年 6 月，我国正式提出以自主化为标准、以标准化为前提、以需求为牵引的动车组“中国标准”。2017 年 6 月 26 日，具有完全自主知识产权的“中国标准”动车组(时速 350km)由京沪高铁首发，两个型号是蓝海豚 CR400AF、金凤凰 CR400BF，如图 14-5 所示。

在 CRH 系列动车组之前，国内组织相关单位进行了交流传动机车的研发和生产，其中最具代表的就是完全国产的 DDJ1 型“大白鲨”号和 DJJ1 型“蓝箭”号动车组，为高速铁路的发展奠定了坚实的基础。2004 年，我国机车车辆企业通过引进技术，形成了国产化的“和谐号”CRH 动力分散型高速动车组系列。其中，CRH2-300 型动车组为动力分散交流传动动车组，采用 8 节编组，6 动 2 拖，定员 610 人，最高运营速度 300km/h，最高试验速度 350km/h，最大牵引功率 7342kW，具有安全可靠性高、起动加速度大、噪声低、寿命长和寿命周期成本低等优点[3]。CRH2-300 型高速动车组的外形如图 14-6 所示。

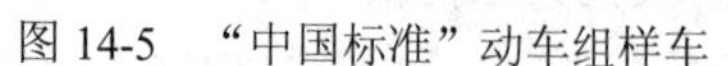
图 14-5　“中国标准”动车组样车

图 14-6　CRH2-300 型高速动车组外形

1. 牵引传动系统

牵引传动系统原理如图 14-7 所示，其主要由受电弓、牵引变压器、牵引变流器(脉冲整流器、中间环节、牵引逆变器)、牵引电动机、齿轮传动等组成，具体参数见表 14-2。

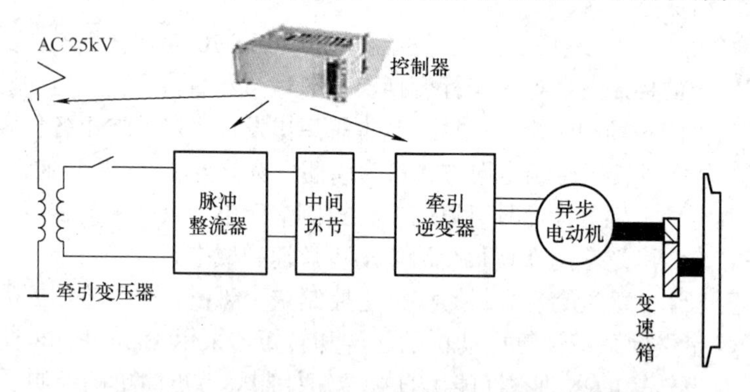

图 14-7　CRH2-300 型动车组牵引传动系统原理图

主电路如图 14-8 所示，CRH2-300 型动车组由受电弓从接触网获得单相 AC 25kV，50Hz 电源，牵引变压器的作用是将接触网上的 25kV 的高压变换成可供给脉冲整流器输入电压 AC 1500V。脉冲整流器输出 DC 2600～3000V，通过牵引逆变器向牵引电动机提供电压频率均可调节的三相交流电[4]。脉冲整流器是牵引传动系统的电源侧变流器，列车牵引运行时作为整流器，列车再生制动时作为逆变器。牵引逆变器是牵引传动系统的电动机驱动侧变流器，列车牵引运行时作为逆变器，列车再生制动时作为整流器。牵引变流器可实现牵引—再生制动两种工况的平滑转换。牵引电动机是实现电能和机械能转换的核心部件，列车牵引工况时作为电动机运行将电能转化成机械能，列车再生制动工况时作为发电机运行将机械能转化为电能。

表 14-2　牵引传动系统参数

动 力 配 置	6 动 2 拖(6M+2T)
受电弓/个	2
牵引变压器/台	3
牵引变流器/台	6
牵引电动机/台	24

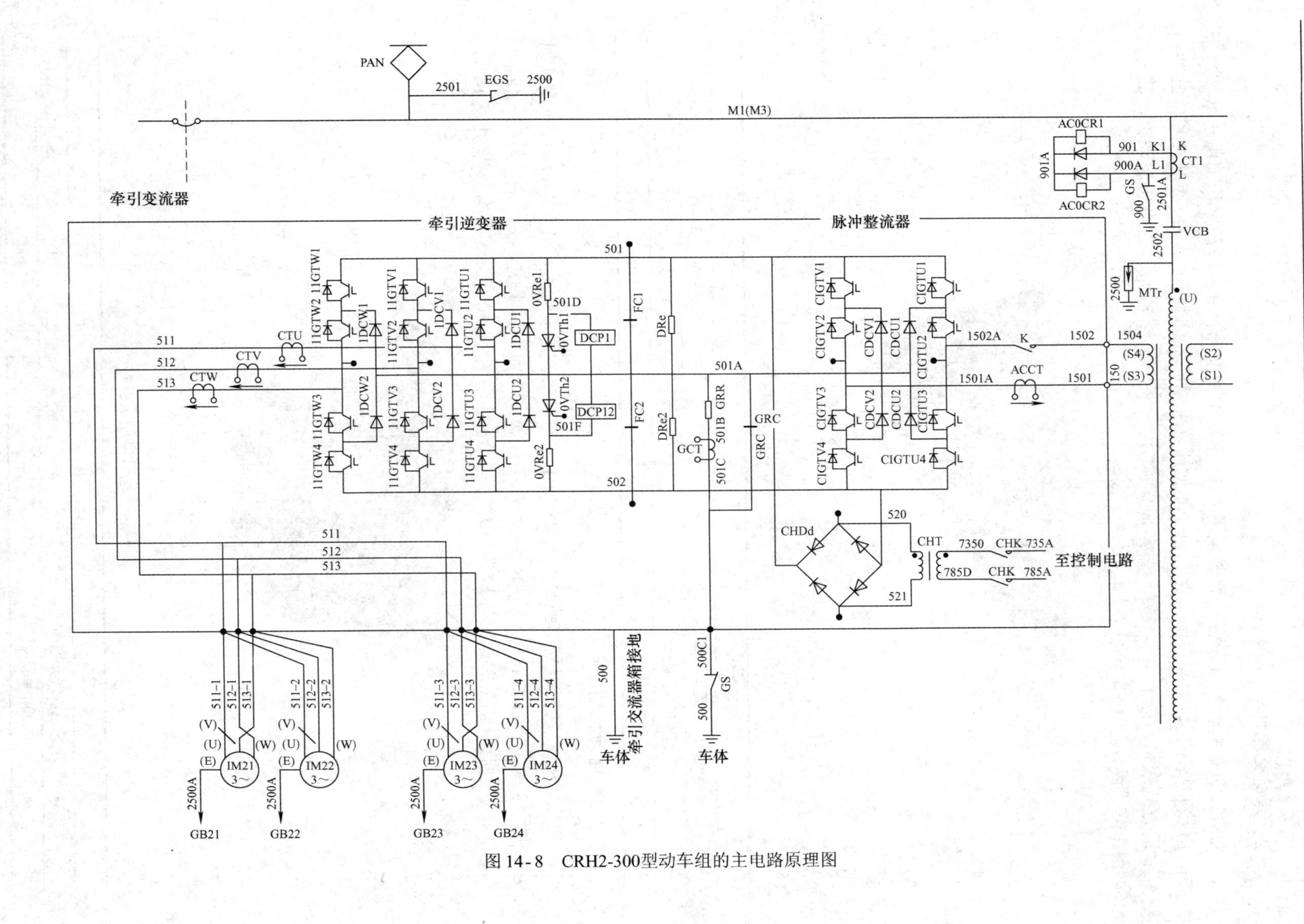

图 14-8　CRH2-300型动车组的主电路原理图

2. 牵引变流器

CRH2-300 型动车组牵引变流器采用 CI11 型牵引变流器，其主电路结构为电压型 3 电平式，由脉冲整流器、中间直流电路、逆变器构成，采用异步调制、5 脉冲、3 脉冲和单脉冲相结合的方式控制。每个动车设置一台牵引变流器，每台变流器控制 4 台牵引电动机，其外形如图 14-9 所示，具体参数见表 14-3。

图 14-9　牵引变流器外形

表 14-3　牵引变流器参数

整流器输入	AC 1500V，50Hz
整流器输出	DC 2600～3000V
逆变器输入	1296kW，3000V
逆变器输出	AC 0～2300V，0～220Hz

3. 牵引电动机

CRH2-300 型动车组采用的是 MT205 型牵引电动机，每节动力车 4 台(并联)，一个基本动力单元 8 台，全列共计 16 台。牵引电动机为 4 极三相笼型异步电动机，采用悬架、强迫风冷方式，通过弹性齿型联轴节连接传动齿轮，其外形如图 14-10 所示，具体参数见表 14-4。

图 14-10　牵引电动机外形

表 14-4　牵引电动机参数

极对数	2
额定输出功率/kW	300
额定电压/V	2000

（续）

额定电流/A	106
转差率（%）	1.4
额定转速/（r/min）	4140
最高转速/（r/min）	6120
冷却方式	强迫风冷

14.3　城市轨道交通车辆动力驱动系统

世界上第一条地铁于 1863 年在伦敦建成，采用蒸汽机车牵引。世界上第一条有轨电车于 1888 年在美国弗吉尼亚州投入运行。截至 2018 年年底，全球共有 72 个国家和地区 493 座城市开通城市轨道交通，运营里程超过 26100km，车站数超过 26900 座，其中地铁、轻轨、有轨电车各占 54%、5%和 41%。城市轨道交通里程数位居前三的国家分别是中国（5766.7km）、德国（3147.6km）、美国（1296.7km）。

中国城市轨道交通车辆经历了由直流传动向交流传动发展的历程。从 20 世纪 50 年代中国建成第一台干线电力机车直到今天，随着大功率电力电子器件的发展和电力电子技术的进步，中国在机车电传动领域也得到大幅度提高，经历了从 SS1 型交－直传动电力机车采用的低压侧调压开关调幅式的有级调压调速技术，到 SS3 型交－直传动电力机车采用的调压开关分级与级间晶闸管相控平滑调压相结合的调压调速技术，再到 SS4～SS9 型交－直传动电力机车所采用的多段桥晶闸管相控无级平滑调压调速技术，直到最新的和谐型交流传动电力机车的跨越式发展历程。早期的北京地铁、天津地铁和上海地铁就曾经采用直流传动地铁车辆，现在几乎均采用了交流传动地铁车辆。截至 2017 年末，我国累计 34 个城市建成投运城轨交通线路 134 条，运营线路 5021.7km；我国主要城市已建成的轨道交通运行里程如图 14-11 所示。

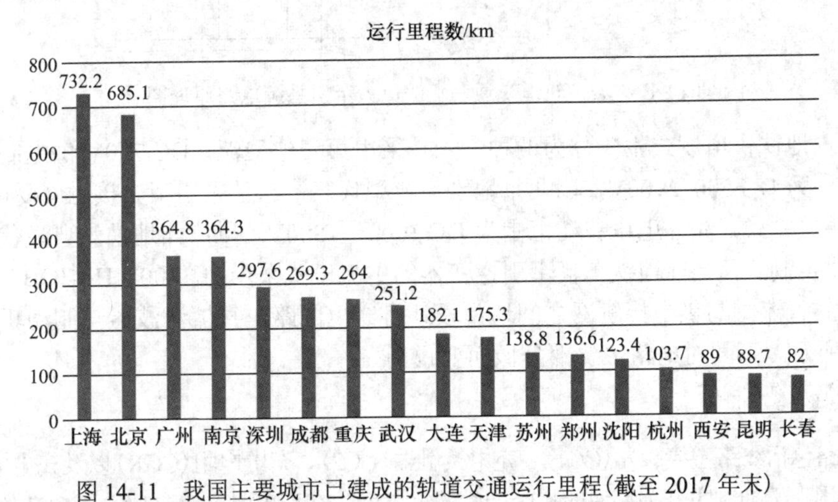

图 14-11　我国主要城市已建成的轨道交通运行里程（截至 2017 年末）

14.3.1　城市轨道交通车辆动力驱动系统的基本结构与工作原理

城市轨道交通车辆动力驱动系统主要由四部分组成：牵引逆变器、牵引电动机、车辆逻辑控制系统以及牵引传动控制系统。其原理图如图 14-12 所示，从接触网输入电能供给牵引逆变器；牵引逆变器将直流电压转化成频率可变、振幅可变的三相电压供给牵引电动机；在牵引模式下，牵引电动机将输入的电能转化成机械能并通过齿轮箱转换成车辆的轮周牵引力功率；在制动模式下，倒转电源方向，使牵引电动机充当发电机，机械制动能转换成电能，重新反馈给电网，供给其他列车或者在制动电阻中消耗。

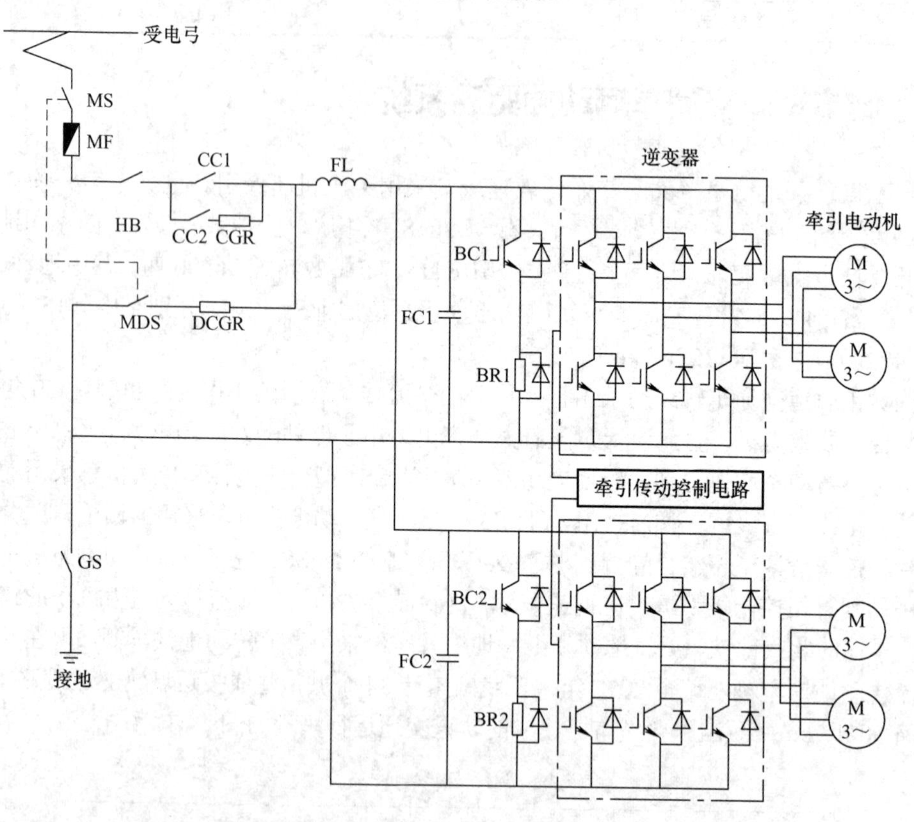

图 14-12　城市轨道交通车辆的电力牵引系统电路原理图

目前国内地铁供电制式主要分为两种：一是采用第三轨受流，DC 750V 供电制式，允许电压波动范围为 DC 500～900V，以北京地铁为典型代表；二是采用架空接触网受电弓受流，DC 1500V 供电制式，允许电压波动范围为 DC 1000～1800V，以广州地铁为典型代表。针对 DC 1500V 供电制式，当前地铁车辆牵引逆变器的主流模式采用由 3300V HV-IGBT 构成的两电平结构，其直流侧与供电接触网之间通常设计有充电回路，直流滤波器与制动斩波回路，如图 14-12 所示。下面对电路主要部分做简要说明：

1. 充电回路

充电回路包括线路主接触器(CC1)、充电接触器(CC2)、充电电阻(CGR)以及充电电容(FC1、FC2)，其作用在于抑制主开关接通的瞬间产生的过电流。在充电时，CC2 吸合，CC1 断开，通过 CGR 对 FC 充电，当 FC 充电达到设定值时，同时改变 CC1 和 CC2 的状态，从而断开 CGR。

2. 直流滤波电路

直流滤波电路是由电抗器(FL)和电容器(FC1 或 FC2)两个器件构成。该电路有以下作用：

滤平输入直流电压；减小电网侧电压突变对牵引逆变器的干扰；抑制由于逆变器中的 IGBT 开关状态改变瞬间造成的尖峰过电压；减轻牵引逆变器两端的直流回路与交流回路之间的相互干扰；逆变器发生故障时起缓冲电流突变的作用，使直流电流的变化较为平缓，以便让高速断路器有足够的时间执行分断动作；减小对同样存在于运行线路上的信号系统的影响。

3. 制动斩波电路

制动斩波电路由制动斩波器(BC1、BC2)和制动电阻(BR1、BR2)构成，可以吸收牵引电机制动时反馈的能量或抑制电力牵引系统主电路直流过电压。当牵引电动机制动反馈到接触网的电能不能被接触网接收或不能完全接收(无其他列车吸收)时，将引起直流滤波电容的电压上升，此时起动制动斩波器，通过制动电阻吸收掉牵引电动机反馈的过大电能；续流电路构成斩波过程中的能量释放回路，用以保证当斩波器关断时不至于因电流突然中断，导致制动回路过电压而损坏斩波器。

4. 牵引逆变器

逆变器的交流侧直接与牵引电动机相连。在车控模式下，单节地铁动车采用 1 台牵引逆变器同时并联 4 台牵引异步电动机；而在架控模式下，单节地铁动车采用 2 台牵引逆变器分别并联 2 台牵引异步电动机。

5. 地铁车辆控制系统

地铁车辆控制系统由牵引传动控制系统以及车辆逻辑控制系统构成，实现分级控制。其中前者主要根据接收到的转矩指令及控制指令，结合牵引逆变器直流侧电压/电流、交流侧电流、散热片温度以及牵引电动机转速等信息，实现异步电动机控制、车辆防滑/防空转控制、驱动脉冲控制以及故障保护控制等功能；而后者则是主要完成向牵引传动控制系统发送转矩指令、控制指令以及接收由牵引传动控制系统反馈的当前车辆运行信息等任务。

14.3.2 城市轨道交通车辆动力驱动系统实例——北京地铁 13 号线列车

北京地铁列车 13 号线车辆为 B 型车体，第三轨受流，供电电压 DC 750V，列车编组 2 动 2 拖(2M+2T)，车辆动车自重 35t，拖车自重 30t，列车载客量(人数)额定载荷时为动车 244 人、拖车 226 人，超员载荷时为动车 310 人、拖车 290 人，其外形如图 14-13 所示。

图 14-13　北京地铁 13 号线列车

1. 牵引传动系统

牵引传动系统主电路采用两电平电压型逆变电路，由 2 个逆变器单元组成，每个逆变器单元驱动 2 台并联的异步牵引电动机，当其中一个逆变器单元故障时，另一个逆变器单元能正常工作，能进行 1/4 动力损失模式运行。当供电电压在 500～900V 之间变化时，主电路能正常工作，可实现牵引－再生制动两种工况的平滑转换，其主电路如图 14-14 所示。

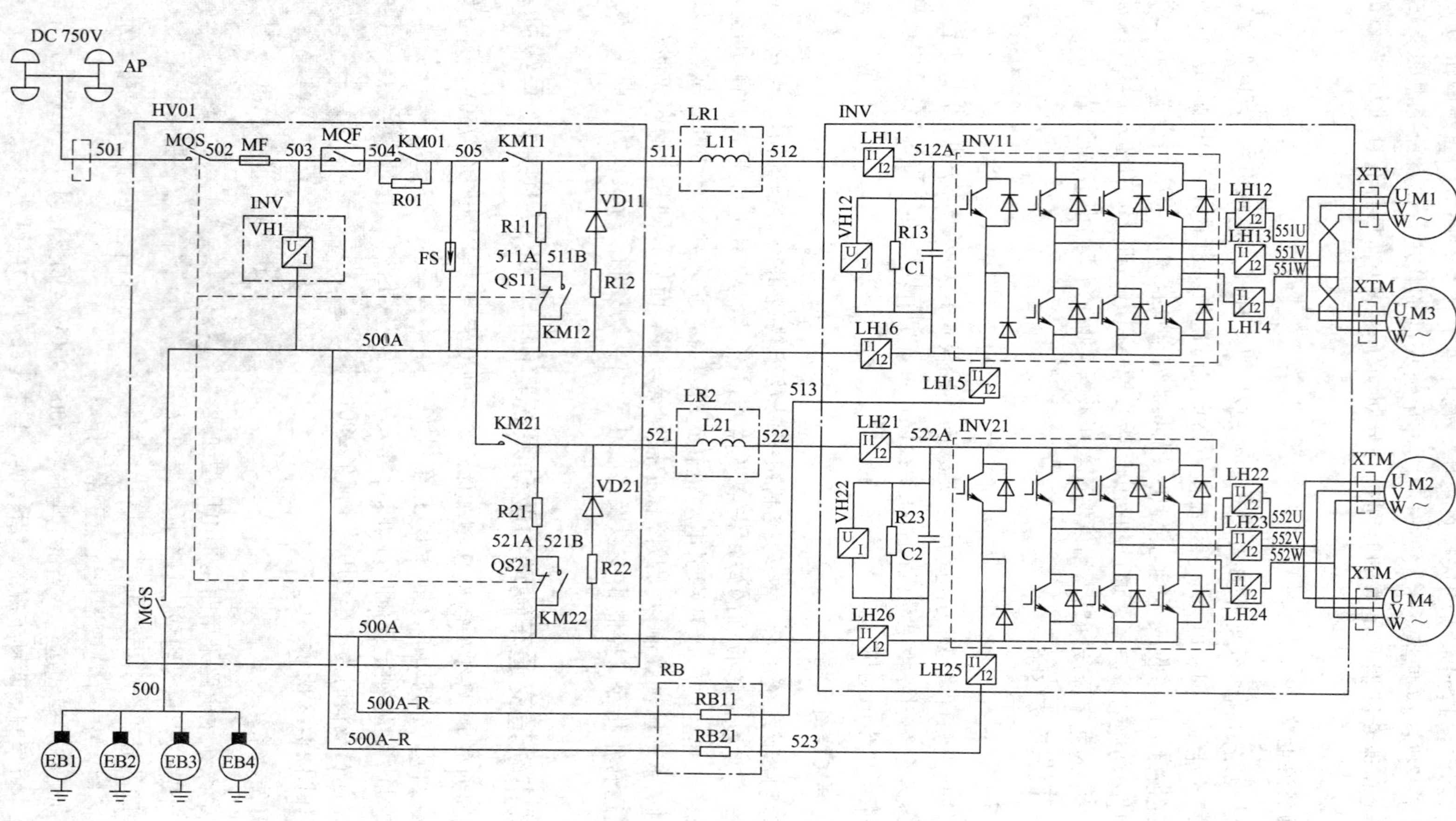

图 14-14　北京地铁13号线列车牵引电传动系统主电路图

主电路由高压电器及能量释放单元、电容器充放电单元、滤波单元、电阻制动斩波及过电压抑制单元、逆变器模块单元、异步牵引电动机及检测单元等组成。主电路主要部件包括高压电器、线路电抗器、牵引逆变器、制动电阻、牵引电动机、受流器、接地碳刷。主电路高压电器主要为隔离开关、熔断器、高速断路器、线路接触器等，其作用主要用于主电路的隔离以及机械联锁放电、主电路的短路及故障保护、线路短接等。能量释放单元由 RD 回路和浪涌吸收器构成。主电路的参数见表 14-5[5]。

表 14-5　主电路参数

高压电器及能量释放单元	MQS、MF、MQF、KM01、FS、R12、VD11
电容器充放电单元	KM11、KM21、KM22、R01、R11、R21
滤波单元	L11、L21、C11、C21
电阻制动斩波及过电压抑制单元	IGBT 斩波模块、RB11、RB21
逆变器模块单元	1NV11、INV21
异步牵引电动机	M1～M4
检测单元	VH1、VH12、VH22、LH11～LH16、LH21～LH26

2. 牵引逆变器

牵引逆变器模块为 IBCM60G 标准模块，每个 IBCM60G 模块集成三相逆变桥臂和制动斩波桥臂的 8 个 IGBT 开关器件，还包括支撑电容器、门控单元、脉冲分配单元等，其具体参数见表 14-6。

表 14-6　牵引逆变器参数

额定输出容量/kV·A	2×450
输入电压/V	DC 750（浮动范围为 500～900V）
输出电压/V	0～700（0～160Hz）
额定输出电流/A	2×440
最大输出电流/A	2×656
开关频率/Hz	500

3. 牵引电动机

牵引电动机采用三相交流异步牵引电动机，其主要参数见表 14-7。

表 14-7　牵引电动机参数

额定功率/kW	180
额定电流（基波）/A	219
功率因数（基波）	0.8646
额定频率/Hz	68.7
额定转矩/（N·m）	849
额定转速/（r/min）	2026

14.4　电动汽车与新能源动力驱动系统

电动汽车，特别是新能源汽车具备显著的节能减排和环保优势，已成为全球汽车工业未来发展的方向，很多国家制定了新能源汽车产业发展路线图和一系列配套政策。我国启动了“十城千辆”和私人购买新能源汽车补贴试点工作。目前形成以纯电动汽车、混合动力汽车、燃料电池汽车三种车型为“三纵”；以多能源动力总成控制系统、驱动电动机及其控制系统、动力蓄电池及其管理系统三种共性技术为“三横”，基本形成了“三横三纵”新能源汽车研发、示范布局。

14.4.1　新能源汽车动力驱动系统的基本结构与原理

新能源汽车动力系统组成及分类如图 14-15 所示。新能源汽车动力驱动系统根据驱动方式不同可以分为混合动力汽车、纯电动汽车和燃料电池汽车[8]。其中，混合动力汽车根据电机功率占比以及动力配置的不同又可以分为并联式混合动力汽车、串联式混合动力汽车等多种。

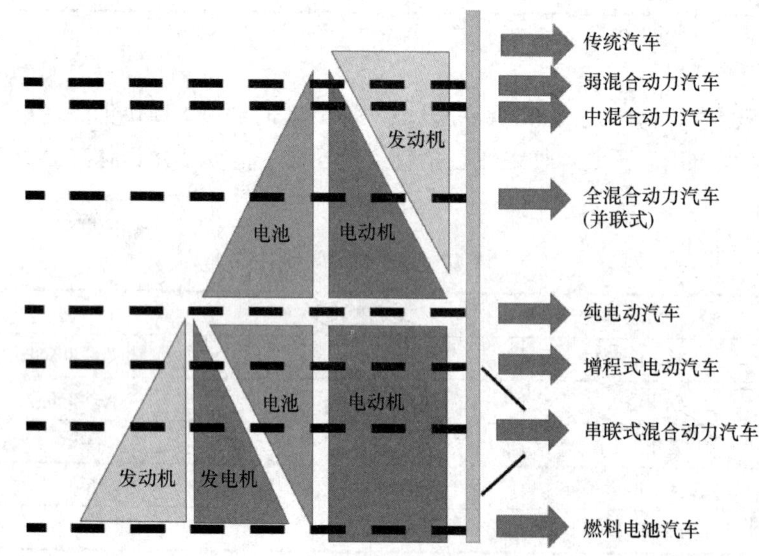

图 14-15　新能源汽车动力系统组成及分类

1. 新能源汽车的驱动方式

(1)混合动力驱动方式　混合动力驱动方式是指车辆同时具有发动机和电动机两种驱动方式。混合动力总成以动力传输路线分类，主要可分为串联式、并联式和混联式三种[9,10]。

串联式混合动力驱动系统结构如图 14-16 所示。动力系统以发动机拖转发电机发电为主要动力源，电池电能为辅助动力源。车辆起动后，只靠电动机带动，只有达到一定速度之后才使用发动机提供动力。这种驱动方式的优点在于可以实现发动机转速与车速的解耦，能使发动机一直保持在最佳工况状态，汽车动力性好，排放量较低，但多次的能量转换(热能→电能→机械能)会造成整车效率的降低。

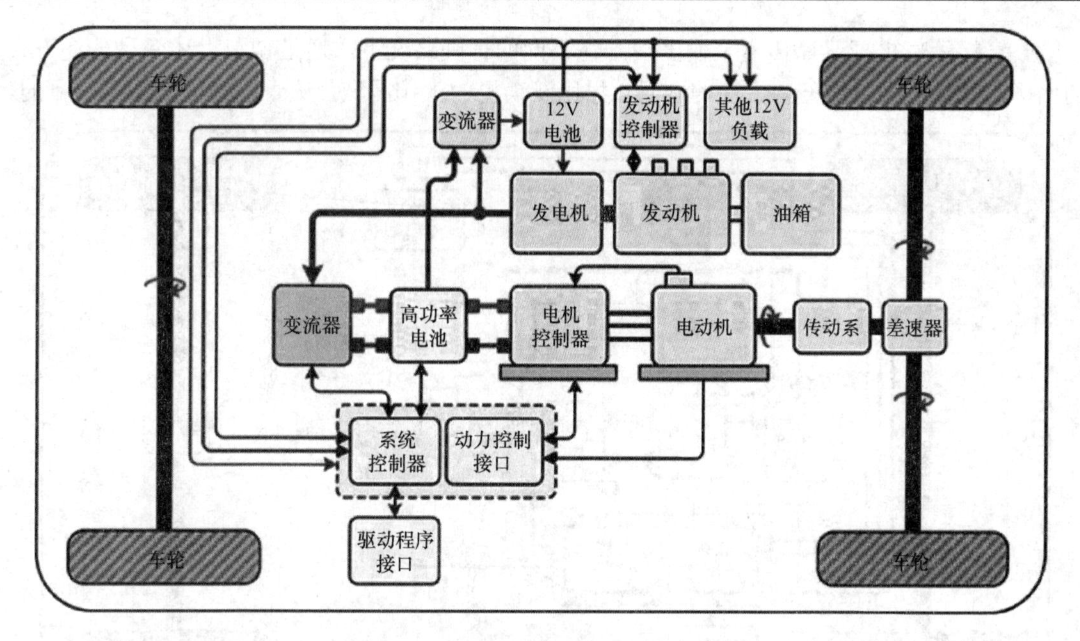

图 14-16　串联式混合动力驱动系统结构

并联混合动力驱动系统结构如图 14-17 所示。并联式混合动力系统中，发动机与电动机既可同时驱动车辆行驶，也可单独驱动。由于发动机直接与传动系统相连，因而效率较串联式更高，但电动机助力功率受电池容量限制，且发动机工作状态受行驶路况影响较大，特别是在城市工况下效率较低。

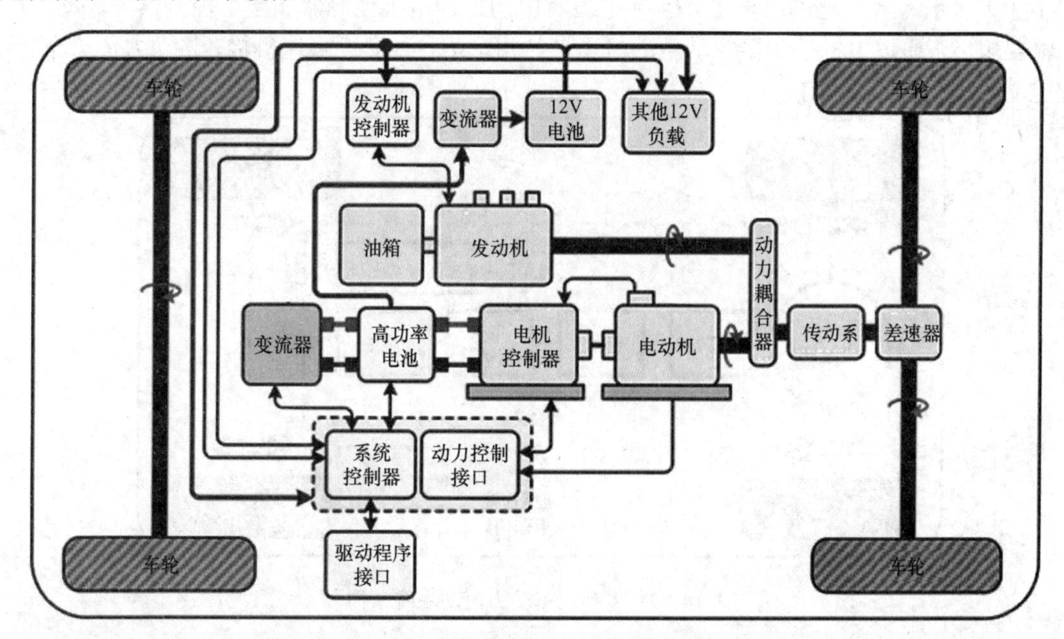

图 14-17　并联混合动力驱动系统结构

混联混合动力驱动系统结构如图 14-18 所示。混联式混合动力系统集合了串联式与并联式系统的特点，发动机功率一部分以串联模式经由电功率路径传递至输出端，另一部分以并联模式直接经由机械路径传递至输出端。在不同的行驶路况下，通过调节上述两种传递方式的比例，可以在保持整车动力性的同时，优化发动机的工作区域，从而达到节能减排的目的。

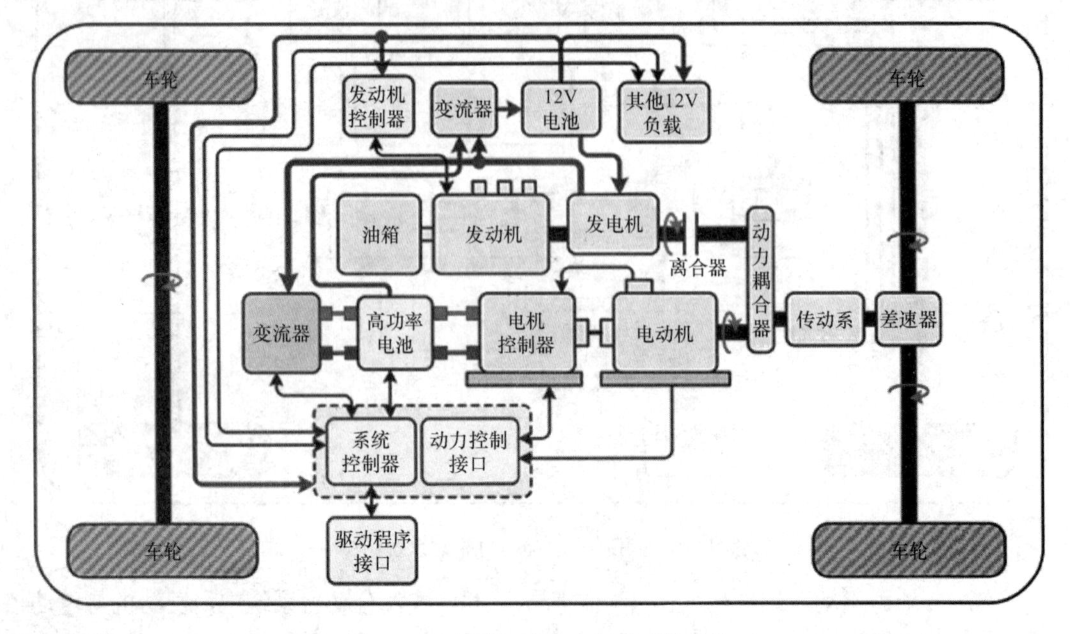

图 14-18　混联混合动力驱动系统结构

(2) 纯电动驱动方式　纯电动汽车是完全由可充电电池提供动力源的汽车，结构如图 14-19 所示。典型电动汽车主要包括电池、电动机、电机控制器和整车控制器等。动力电池输出电能，通过电机控制器驱动电动机运转产生动力，再通过减速机构，将动力传给车轮，使电动汽车行驶。

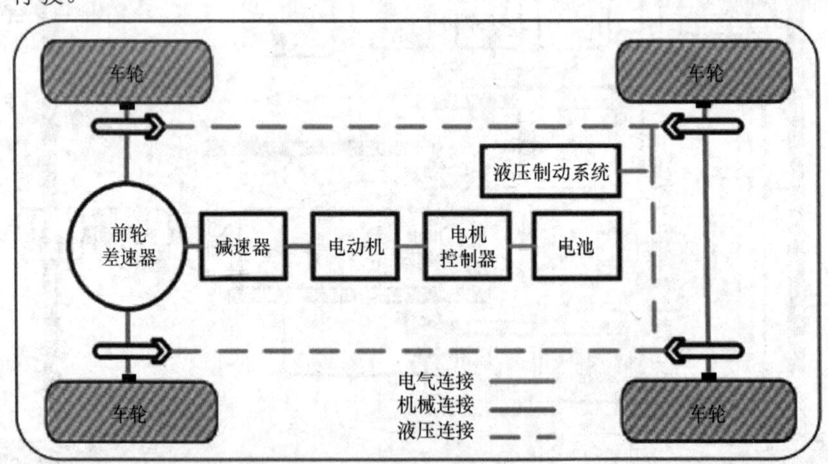

图 14-19　电动汽车动力驱动系统结构

(3) 燃料电池驱动方式　燃料电池汽车动力驱动系统结构如图 14-20 所示。氢燃料电池车与氢内燃机动力技术类似，氢燃料电池动力技术也是以氢为能量源的。不同的是氢内燃机动力技术是将氢直接作为燃料在发动机中燃烧以获得动力，而氢燃料电池则是将氢在燃料电池中经化学作用转化为电能，然后靠电动机来驱动汽车。车载燃料电池装置所使用的燃料为高纯度氢气或含氢燃料经重整所得到的高含氢重整气。与通常的电动汽车比较，其动力方面的不同在于氢燃料电池车用的电力来自车载燃料电池装置，电动汽车所用的电力来自由电网充电的蓄电池。

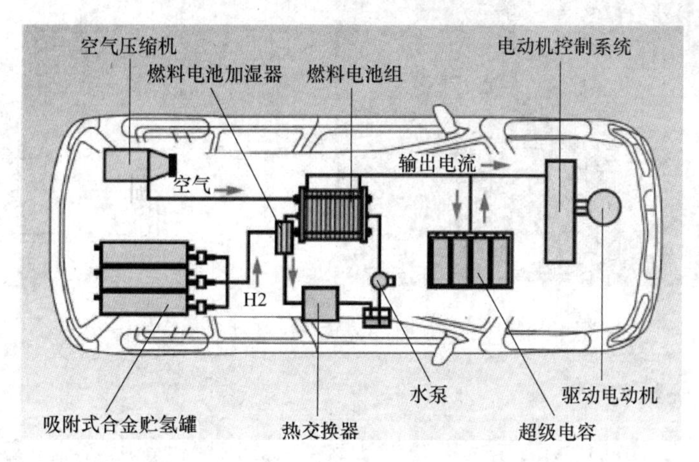

图 14-20　燃料电池汽车动力驱动系统结构

2. 电动汽车与新能源汽车的控制系统基本结构与方法

电动汽车与新能源汽车是由电动机或发动机经过变速箱输出动力驱动车辆的运动。电动机驱动控制应采用转矩控制方法。系统的反馈闭环控制基本结构如图 14-21 所示，系统指令由驾驶人经过加速踏板输入，整车控制系统根据加速踏板开度和实际车速产生驱动系统的转矩指令 T_e^*，动力驱动系统则根据转矩指令产生相应的动力并反馈负载转矩。

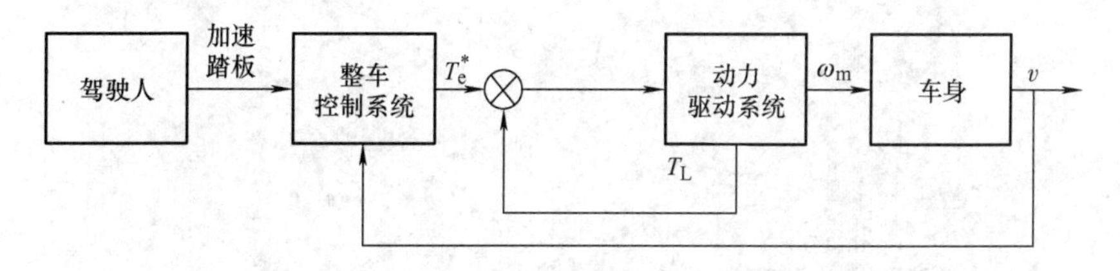

图 14-21　电动汽车控制系统基本结构

在纯电动和燃料电池驱动方式中，动力驱动系统仅由电动机组成。混合动力驱动系统中，整车控制系统需根据工作模式分配电动机和发动机转矩指令，动力驱动系统也相应包含发动机和电动机两个部分。根据电动机动力驱动系统的基本原理，应该对驱动电动机进行转矩控制。电动汽车驱动电动机中通常采用矢量控制，并且为了扩大调速区域常常采用弱磁控制和矢量控制相结合的控制方法。

14.4.2　混合动力汽车动力驱动系统实例——丰田 Pruis 混合动力轿车

Pruis（普锐斯）混合动力轿车于 1997 年 10 月底问世，是世界上最早实现批量生产的混合动力汽车。第三代 Pruis 的最大改变在于电动机上增加了减速器，转速从 6400r/min 提高到了 13900r/min，功率从上一代的 50kW 增加到 60kW，同时转矩也从 400N·m 降低到了 207N·m。第三代 Pruis 混合动力轿车及其结构如图 14-22 所示。

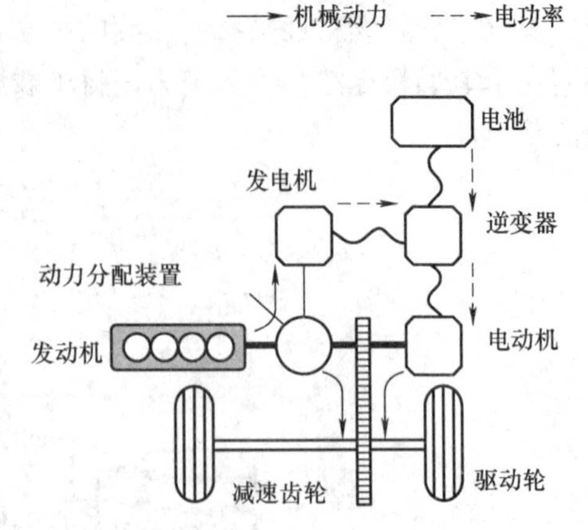

图 14-22　Pruis 混合动力轿车及其动力系统结构

1. 电驱动系统组成

丰田 Pruis 第三代混合动力系统主要包括发动机、发电机、电动机、蓄电池、动力分离装置、动力控制单元和减速机等，是并联结构混合动力系统，可以根据车辆行驶状态，灵活地使用两种动力源，并且弥补两种动力源之间不足之处，从而降低燃油消耗，减少有害气体排放，发挥车辆的最大动力。其基本工作原理分为四个工作状况：

1) 在起动及中低速行驶时，因为这时发动机的效率不高，所以油电混合动力系统仅利用电动机的动力来行驶，如图 14-23 所示。

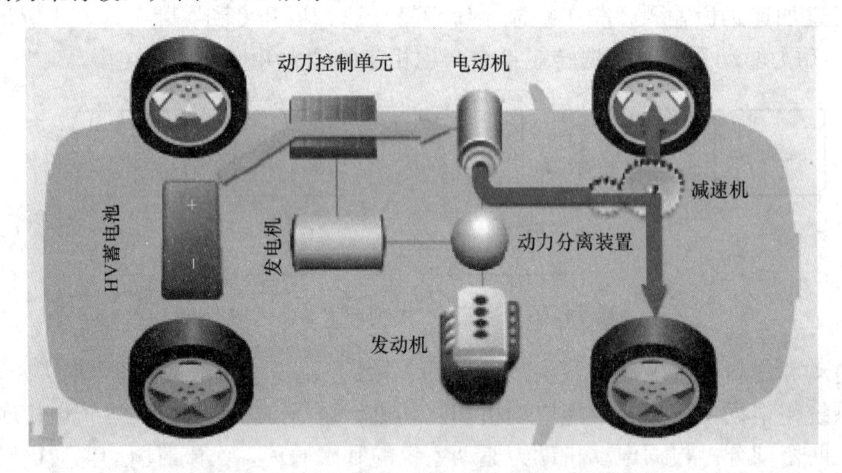

图 14-23　工作模式 1(起动以及中低速行驶)

2) 在一般行驶时，发动机效率很高，发动机产生的动力不仅是车轮的驱动力，同时也用来发电带动电动机，并给 HV 蓄电池充电，如图 14-24 所示。

3) 在全速开进需要强劲加速力(如爬陡坡及超车)时，HV 蓄电池也提供电力，来加大电动机的驱动力。通过发动机和电动机双动力的结合使用，油电混合动力系统得以实现与高一级发动机同等水平的强劲而流畅的加速性能，如图 14-25 所示。

4) 在减速或制动时，油电混合动力系统以车轮的旋转力驱动电动机发电，将能量回收到 HV 蓄电池中，如图 14-26 所示。

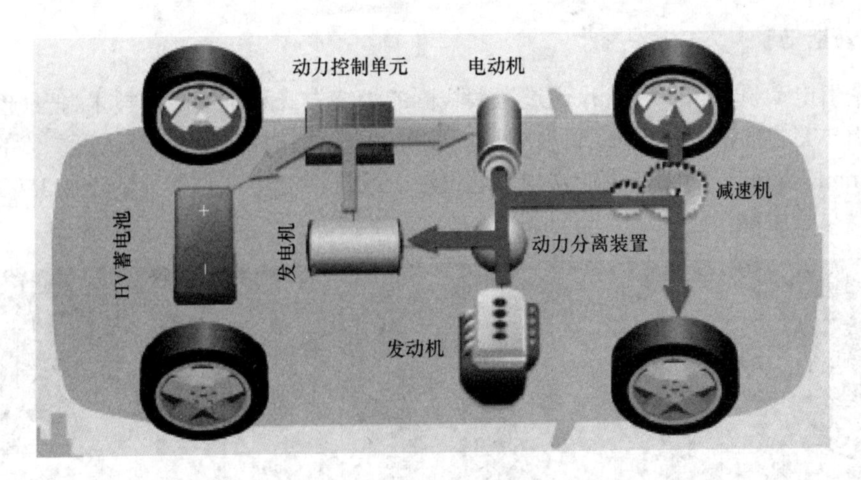

图 14-24　工作模式 2（一般行驶）

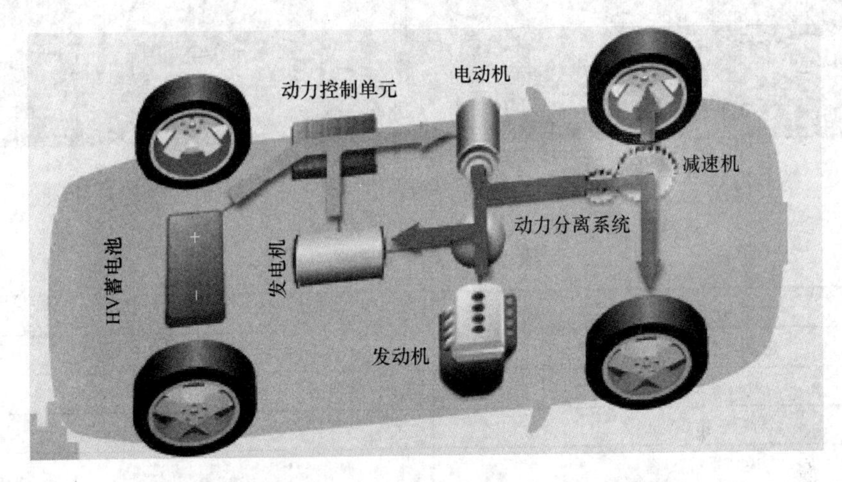

图 14-25　工作模式 3（全速开进）

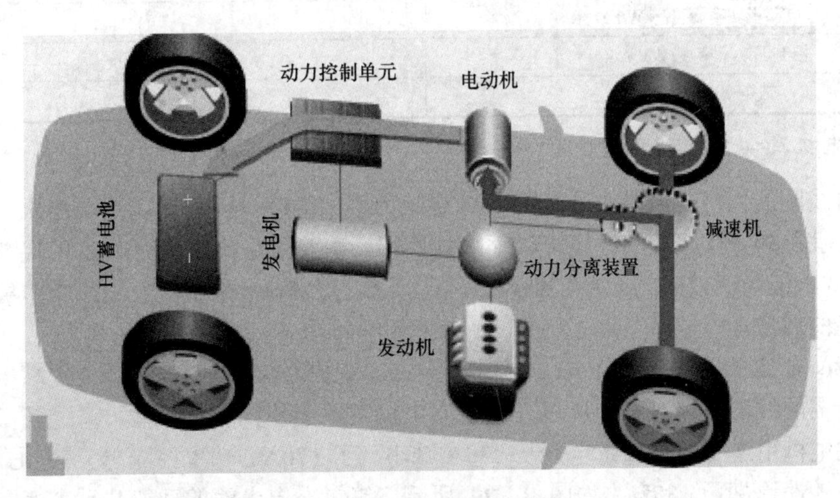

图 14-26　工作模式 4（减速或制动）

2. 驱动电动机

对于牵引电动机，第三代 Pruis 通过考察线圈的缠绕方式和压缩成形技术，把线圈端部（线圈中定子横向突出的部分）的单线长度缩短了 20%。通过把磁钢片的厚度从第二代的 0.35mm 缩小到 0.3mm，降低了涡流造成的铁损。通过这一改进，电动机的重量减轻了 35%，体积缩小了 40%，总长度缩短了 30%，电动机结构如图 14-27 所示，参数见表 14-8。

图 14-27　第二代（左）与第三代（右）Pruis 电动机、发电机与动力分割机构

表 14-8　电动机参数

电动机类型	PMSM
电动机总功率/kW	60
峰值转矩/N·m	207
最高转速/（r/min）	13500
最高系统效率	93%
高效区（η>80%）	75%
电动机功率密度/（kW/kg）	2.64
控制器功率密度/（kV·A/kg）	9.3
转矩密度/（N·m/kg）	9.1

3. 发电机及动力控制单元

发电机线圈的缠绕方式从过去的分布缠绕改为集中缠绕。因此，线圈端缩短了 30%，减少了铜损（见图 14-28）。集中缠绕可以缩短线圈端，而且可生产性良好，是现代电机采用的“首选”方式，但齿槽效应方面存在难点。因此，第三代 Pruis 采用了发电机集中缠绕、电动机分布缠绕的做法。

通过 Boost 技术，第三代 Pruis 最高电压从 500V 提高到了 650V，因为提高电压后同等电流流通所需的线圈可以减细，所以有利于发电机实现小型化和轻量化。通过降低转矩、提高电压，发电机用逆变器的额定电流从 230A 减小到了 170A。功率控制单元（PCU）的重量减轻了 36%，体积缩小了 37%，如图 14-29 所示。镍氢充电电池的性能几乎未变，电压仍为 201.6V，容量从 25kW 微增到了 27kW。

图 14-28　分布缠绕的第三代发电机

图 14-29　第三代的 PCU

4. 发动机

发动机采用排量 1.8L 的直列四缸自然吸气式发动机，依靠阿特金森循环技术的经济性优势，官方的综合油耗从 4.7L 下降至 4.3L，参数见表 14-9。

表 14-9　发动机参数

最大功率/kW	73
最大功率转速/(r/min)	5200
最大转矩/(N·m)	142
最大转矩转速/(r/min)	4000

14.4.3　纯电动汽车动力驱动系统实例——尼桑 Leaf 纯电动汽车

日产纯电动汽车 Leaf(聆风) 自量产上市以来就备受瞩目，由于其采用层叠式紧凑型锂离子电池驱动，所以可以实现零排放的同时具有和传统汽油车同样的车辆性能，外形及其动力系统布置如图 14-30 所示。

图 14-30　Leaf 纯电动汽车外形及其动力系统布置

1. 动力驱动系统组成

动力驱动系统是纯电动汽车的心脏，它主要由电动机、电控系统、离合器、齿轮传动系统和差速器组成，如图 14-31 所示。工作过程是，根据从制动踏板和加速踏板输入的信号，电控系统发出相应的控制指令来控制电动机，调节电动机和电源之间的功率流。电动机是动力驱动系统的核心，其效率直接影响电动汽车的性能。

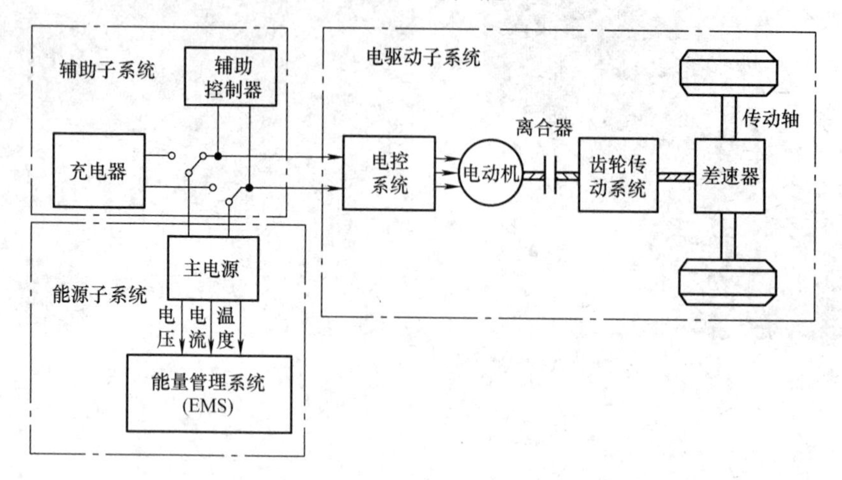

图 14-31　Leaf 纯电动汽车动力驱动系统的基本结构

Leaf 纯电动汽车驱动电动机采用永磁同步电动机，汽车电机控制系统如图 14-32 所示。汽车踏板输出的控制信号经过电控系统计算电机转矩指令，然后由控制策略计算电流给定。再经过矢量控制产生电压控制指令，经过 SVPWM 调制，输出逆变器开关信号进行调速。系统反馈信号由电流传感器以及位置传感器获得。

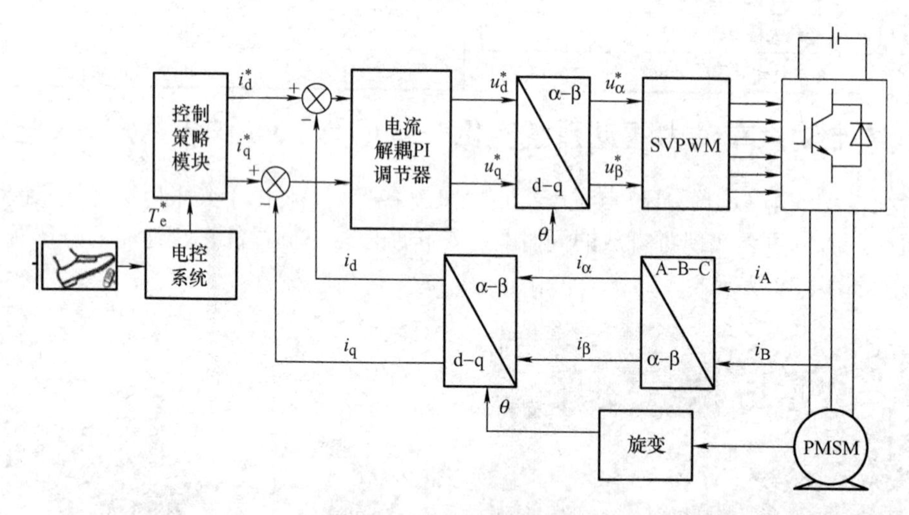

图 14-32　电机控制系统结构

2. 电动机及逆变器

驱动电动机采用嵌入钕系永久磁铁的 3 相交流同步电动机，型号为 EM61，为实现轻量化采用了铝合金机壳，与速比为 8 的减速器连接，其外形如图 14-33 所示，具体参数见表 14-10。

电动机的转子和定子均由层叠硅钢板构成，层叠厚度为 200mm 左右，直径为 300mm 左右。电动机的重量包括铝(Al)合金机壳在内不到 60kg。卷线的绕线方式采用分布绕组。虽然与集中绕组相比铜损略高，效率下降，但由于齿槽转矩(Cogging torque)较小，因此具有可降

图 14-33　电动机外形

低行驶时振动的优点。在最大效率方面，逆变器和电动机合计高达 95%，而且在市区实际行驶时的效率也很出色。比如，USLA4 模式下（USLA4 模式是美国用于汽车燃耗试验的市区行驶模式）的平均效率达到 90%左右。冷却采用水冷方式，以冷却水的温度保持在 60℃以下为标准来控制电动机。比如，当电动机内部快要达到使磁铁的磁力下降（退磁）的温度时，会通过降低输出功率来防止温度上升超过 60℃。驱动电动机的逆变器使用功率二极管和功率晶体管等功率半导体。由于功率半导体的成本与基板面积成比例上升，因此在设计 Leaf 纯电动汽车时尽量减少所用基板的面积，逆变器重量约 15kg，如图 14-34 所示。

表 14-10　电动机参数

电动机类型	PMSM
电动机总功率/kW	80
峰值转矩/N·m	280
最高转速/（r/min）	10390
电动机功率密度/（kW/kg）	2.4
转矩密度/（N·m/kg）	8.5

图 14-34　Leaf 纯电动汽车的逆变器

3.锂电池技术

Leaf 纯电动汽车的一大突破便是锂电池的应用，其电池包和电池单体如图 14-35 所示，参数见表 14-11。Leaf 电动车采用薄型化锂电池模块，由日产与 NEC 合资的 AESC 汽车能源公司所生产供应。在完全充满电的情况下，Leaf 电动车最长续驶里程可以达到 160km，这一续航能力已经可以满足 70%消费者每日的驾驶里程所需。此外，动力锂离子电池内部电阻小，可输入输出大电流，可以通过它来实现以 1ms 为单位高速控制电动机转矩的效果。这一点被充分用于抗振控制，即通过精密控制驱动系统扭振共振点附近的转矩来抑制振幅，从而实现传统燃油车的平稳性[12]。

图 14-35　锂电池

a) 电池包　b) 单体电池

表 14-11　锂电池参数

类　型	复合锂离子电池
容量/kW·h	24
最大输出功率/kW	90
能量密度/(W·h/kg)	140
功率密度/(kW/kg)	2.5
电池单体数目	48

14.4.4　纯电动汽车驱动控制系统

一种纯电动汽车动力驱动控制系统如图 14-36 所示，系统采用异步电动机作为汽车驱动电动机，速度指令来源于汽车加速踏板，通过转速 PI 调节器，输出转矩给定信号与磁链给定信号经 DTC 产生开关切换信号 S_a、S_b 和 S_c，由 SVPWM 变频器进行调速。系统反馈信号由采集的系统电压和电流信号，经磁链和转矩估计器产生。

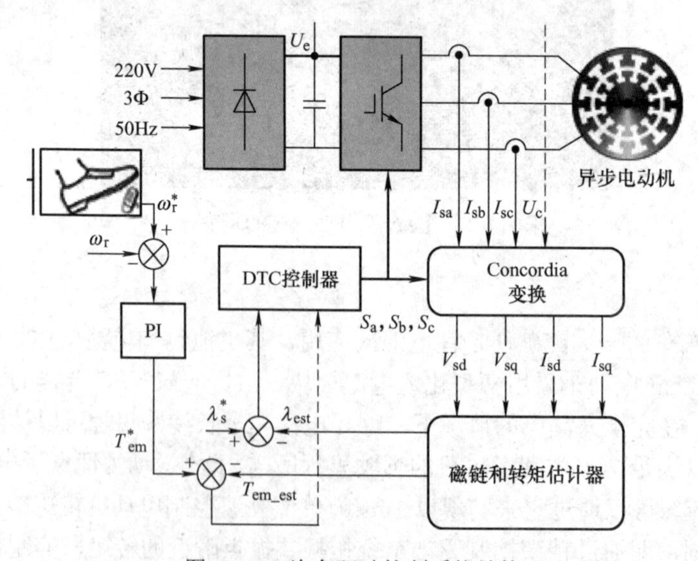

图 14-36　汽车驱动控制系统结构

14.5　船舶电力推进系统

船舶动力驱动系统是船舶航行的核心部分，作为主要船舶设备，船舶动力驱动系统的价值为所有设备成本的 35%，就船舶总价而言，动力驱动系统约占 20%。船舶动力驱动系统的发展已经成为全球造船业关注的重点，也是世界主要造船国家竞争的关键。世界著名的电气集团，如 SIEMENS、ABB 以及 ALSTOM 等，都研制出船舶交流电力推进的成套装置，功率从几百千瓦到几十兆瓦，其中以吊舱式推进器最具代表性。例如，ABB 公司的 AZIPOD 推进系统，功率已达 40MW，性能可靠，传动效率高，节省空间。

国外已经开发了多种类型电力推进系统，并在多型船舶上应用，我国在此领域的研究刚刚起步。在“十三五”发展规划中，我国将船舶装备产业作为中国重点发展的新产业之一。2015 年 3 月 12 日，中国南车株洲电力机车研究所自主研制的船舶电力推进变频驱动系统成功应用在被誉为“海上叉车大力神”的 5 万吨半潜船上，且通过了 ABS 美国船级社的认证，这是中国自主品牌在大吨位级海洋工程船舶上的首次应用，成功打破了国外公司对该领域的垄断。

船舶电力推进系统一般指采用电机械驱动螺旋桨来推进船舶运动的系统。它主要由原动机、发电机、配电系统、电动机、推进器(螺旋桨)以及控制调节设备等组成。根据电动机的布置不同，船舶电力推进系统主要分为常规电力推进系统和吊舱式电力推进系统[11]。

14.5.1　船舶动力驱动系统的基本结构与控制方法

船舶电力推进系统的基本结构如图 14-37 所示，主要由发电装置、配电屏、变压器、电源变换器、驱动电动机和推进器、控制器等组成。

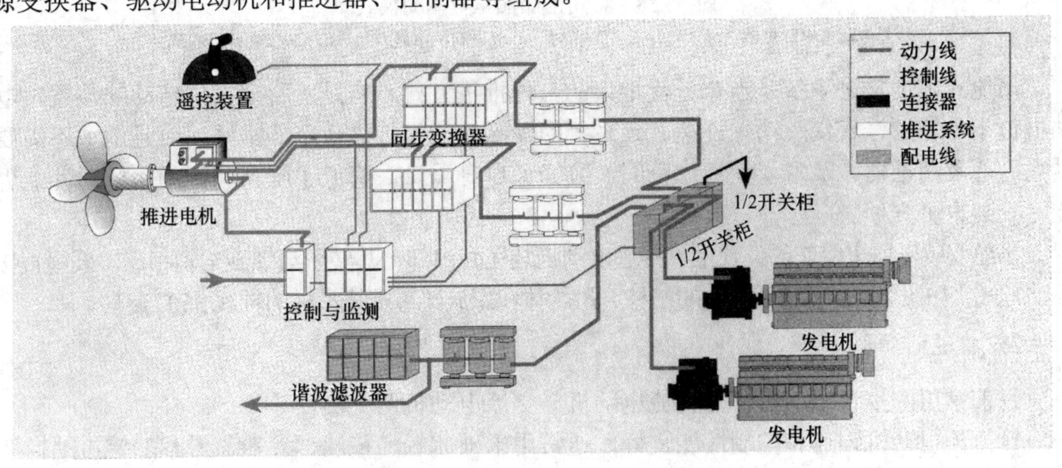

图 14-37　船舶电力推进系统基本结构

1. 驱动方式

推进器是驱动船舶运行的主要装置。目前，现代船舶普遍采用螺旋桨作为主要推进方式，也有一些船舶采用喷水式等其他推进方式。

在螺旋桨推进方式中，根据调速方法的不同，又分为以下两种：

① 定速电动机驱动变距螺旋桨(CPP)的调速方法。

② 变速电动机驱动定距螺旋桨(FPP)的调速方法。

现代船舶电力推进器一般大都采用变速电动机驱动 FPP 调速方式。轴驱式电力推进器采用电动机，通过传动轴驱动螺旋桨旋转。除了单电动机驱动螺旋桨外，为了增加电动机的功率，可以采用多电动机联合驱动方式。图 14-38 给出了几种典型的轴驱式推进器的电动机配置方案[13, 14]。

1) 图 14-38a 所示为双电动机串联单轴驱动模式。

2) 图 14-38b 所示为双电动机并联单轴驱动模式，两台电动机通过齿轮箱传动。

3) 图 14-38c 所示为双电动机串联双轴驱动模式，由于配置了双轴驱动，因而除了可增加推进功率外，还具有故障冗余和容错能力。

4) 图 14-38d 所示为双电动机并联双轴驱动模式，其优点与双电动机串联双轴驱动模式相似。

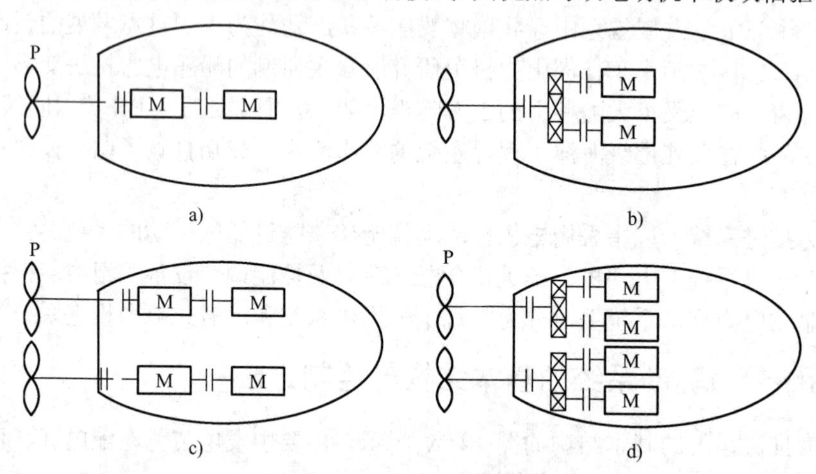

图 14-38　常用的船舶电机驱动模式

a) 双电动机串联单轴　b) 双电动机并联单轴　c) 双电动机串联双轴　d) 双电动机并联双轴

吊舱式电力推进系统是当今备受推崇的一种推进方式。它是一种全方位转动的装置，电动机位于吊舱内，直接驱动螺旋桨。该系统的操纵性能和推进效率非常好，而且由于不需要轴系、舵及助推器，节省了大量的空间，减轻了自身重量，降低了噪声和振动，机动性能更佳，安装也更方便。

吊舱安装于原来船舵的位置上，推进电动机装在壳内部，其转子与螺旋桨轴相连，采用直接驱动方式，如图 14-39 所示。吊舱的吊柱、吊舱体和螺旋桨可围绕吊柱的轴线 360° 旋转。

2. 推进电动机

目前常用的推进电动机分为直流电动机与交流电动机两大类。

1) 直流电动机调速和控制性能良好，通常用于破冰船、拖船、渡船、考察船等机动性要求较高的船舶电力推进，但是换向器和电刷的结构限制了其输出功率一般不超过 4MW。所以，直流电力推进仅用在较小的舰船上。

2) 交流电动机结构简单，但调速性能稍差，可用于大型客船、补给船和潜艇等电力推进系统。随着电力电子技术、计算机技术和控制技术的发展，新型交流电动机已具备很好的调速性能，在船舶电力推进系统中得到了广泛的应用。表 14-12 列出了当前交流调速与直流调速的技术性能比较。

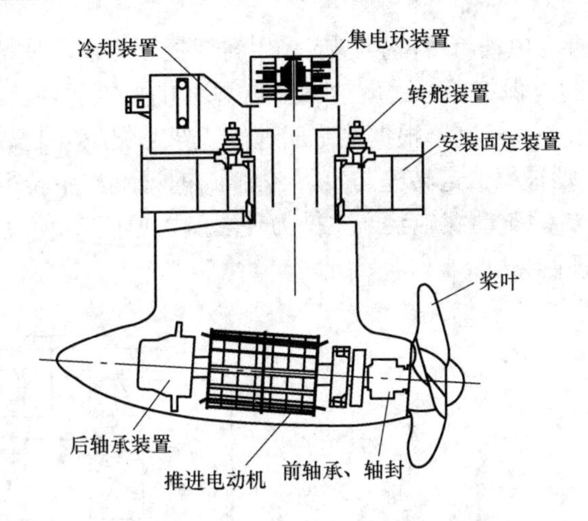

图 14-39　吊舱推进系统结构图

表 14-12　交流调速与直流调速的技术性能比较

	直 流 调 速	交 流 调 速
电机电压/V	1200	1500～6000
功率因数	0.7	0.6～1.0
变换器效率	0.98	0.96～0.97
调速范围	0.1%～100%	0～100%
调速精度	±0.01%	±0.01%
速度响应/(rad/s)	15～30	40～100

交流推进电动机又可分为异步电动机推进和同步电动机推进两种形式。同步电动机与异步电动机各有其特点，对于大功率交流调速系统，世界各国已基本趋向于同步电动机。

3. 变流装置

根据电动机的调速要求，可以分为直流变换器和交流变换器两大类。

1) 直流电源变换器主要是将输入的恒定交流电变换为输出可调的直流电，因此又称为可调整流器，用于直流电动机调速系统，通过改变电枢电压实现恒转矩调速，减弱励磁实现恒功率调速。

2) 交流电源变换器主要是将输入的恒压恒频交流电转换为电压和频率可调的交流输出，因此又称为变频器。根据电力电子换流模式，变频器又可分为交—直—交变频器和交—交变频器。而在交—直—交变频器中，按其直流环节的储能元件的不同有恒压源(VSI)和恒流源(CSI)两种变频器。

常用的船舶电力推进系统的调速方法有 4 种[13, 14]，如图 14-40 所示。

必须指出，船舶变流器的设计和研制应满足船舶推进的要求，有其特殊性。详细分析请参见有关文献。

4. 控制方法

船舶电力推进的工作原理是由电动机驱动螺旋桨旋转，再由螺旋桨旋转产生水动力，推动船体的运动。由此分析，电动机驱动控制应采用转矩控制方法，使螺旋桨按一定的转速旋转，以产生所需的船舶推力，保持船舶的航速。这样，系统的反馈闭环控制基本结构如图 14-41 所示，船速作为系统的指令，控制器根据给定船速 v^* 与实际船速 v 比较产生电动机的转速指令 ω_m^*，电动机控制系统则根据给定转速与实际转速 ω_m 的误差产生转矩控制信号 T_e^*，使电动机输出所需的电磁转矩 T_e，驱动螺旋桨产生推力使船舶以速度 v 前进。而螺旋桨的转矩 T_L 为电动机的负载转矩反馈回来。

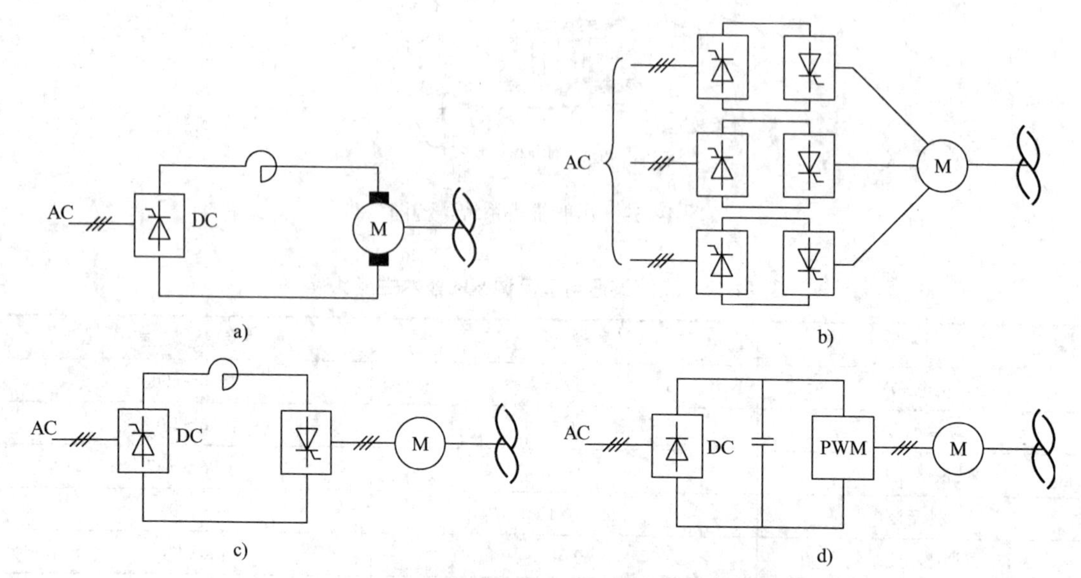

图 14-40　几种船舶电力推进调速方法

a) 晶闸管相控整流直流驱动系统　b) 交—交变频器交流驱动系统

c) 晶闸管整流与逆变器交流同步驱动系统　d) 二极管整流 PWM 逆变器供电交流驱动系统

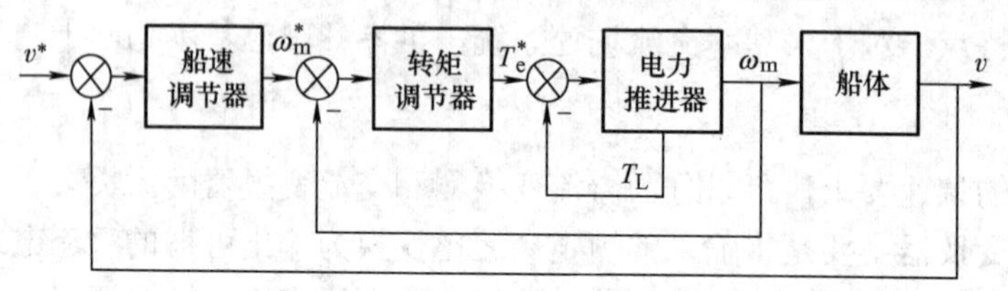

图 14-41　船舶电力推进控制系统的基本结构

根据船舶电力推进系统的基本原理，应该对推进电动机进行转矩或功率控制，即采用恒转矩控制或恒功率控制方法。

(1) 恒转矩控制方法　按照电机理论，无论何种电机，其电磁转矩的方程都可表达为如下形式：

$$T_e = K_T I_s I_r \tag{14-1}$$

式中，K_T 为转矩系数。式(14-1)说明电动机的电磁转矩与定子或转子电流成正比。也就是说，通过控制电动机定子或转子电流即可控制电磁转矩。

对于直流电动机，其定子为励磁绕组，定子电流为励磁电流；转子为电枢，转子电流为电枢电流。因而，控制电枢电流或励磁电流可以控制转矩。

对于交流异步电动机，其定子电流产生旋转磁场，其转子电流为感应电流，因而只能通过控制定子电流来控制转矩。

对于交流同步电动机，其定子与异步电动机相同，由定子电流产生旋转磁场，而转子为励磁绕组，转子电流也可控制。因而，与直流电动机相仿，也可通过控制定子电流或转子电流来控制转矩。

(2) 恒功率控制方法　电动机的功率与转矩及转速的关系为

$$P_e = \frac{nT_e}{975} \tag{14-2}$$

式中，P_e 为电动机输出功率(kW)；T_e 为电动机电磁转矩(kg · m)；n 为电动机转速(r/min)。

若要保持恒功率控制，需要对转速和转矩进行控制，即转速上升时，减小转矩；而转矩增大时，则降低转速。

为了扩大调速范围和提高控制性能，在实际应用中往往将恒转矩控制与恒功率控制两种方法相结合，采取配合控制的策略。

具体而言，目前船舶交流电力推进系统主要采用三种控制方法：标量控制、矢量控制和直接转矩控制[13, 14]。

14.5.2　船舶动力驱动系统应用

目前，交流电力推进装置广泛应用在各种海上运载船舶及海上工程平台，应用项目主要集中在以下几种船舶类型中：

1) 客运船舶：邮轮、渡轮、豪华游艇等。

2) 工程类船舶：海洋工程船、铺管船、风电安装船、钻井安装船等。

3) 海洋管理船舶：调查船、巡逻船、执法船等。

4) 军用舰船：各种战斗舰艇，包括航空母舰、驱逐舰、潜艇及辅助船等。

5) 特种船舶：破冰船、一些货运船舶，如化学品、危险品运输船等。

本节举例介绍几种典型的应用案例。

1. 采用周波变流器的船舶推进系统

Camival Elation 是世界上第一艘采用 Azipod 吊舱式电力推进器的豪华游轮，船长 260.6m，宽 31.5m，排水量 70367t，载客量 2634 人。平均航速 23.7kn(1kn=1.852km/h)，最高航速 24.8kn。电力推进系统配备了 2 台 Azipod 吊舱式推进装置，2 台同步电动机，双定子绕组，每台电动机的额定功率为 2×14MW，调速范围为 0～146r/min，采用 ABB 的 CYCLO 周波变频器。

ABB 公司提供的 Azipod 吊舱式推进装置结构如图 14-42 所示，由三组反并联桥式整流器构成交—交变频器与三相同步电动机的定子相连，另有一路电源经三相励磁变压器和交流调压器向旋转励磁机的定子线圈供电，转子旋转变压器感应的电压经二极管整流后给转子励磁。

2. “世纪之光”号清扫船

我国第一艘搭载嵌入式电力驱动动力系统的清扫船“世纪之光”号是由上海海事大学等共同研制的新型水面清扫工作船。图 14-43 为“世纪之光”号电动清扫船在进行世博园水域的保洁工作。

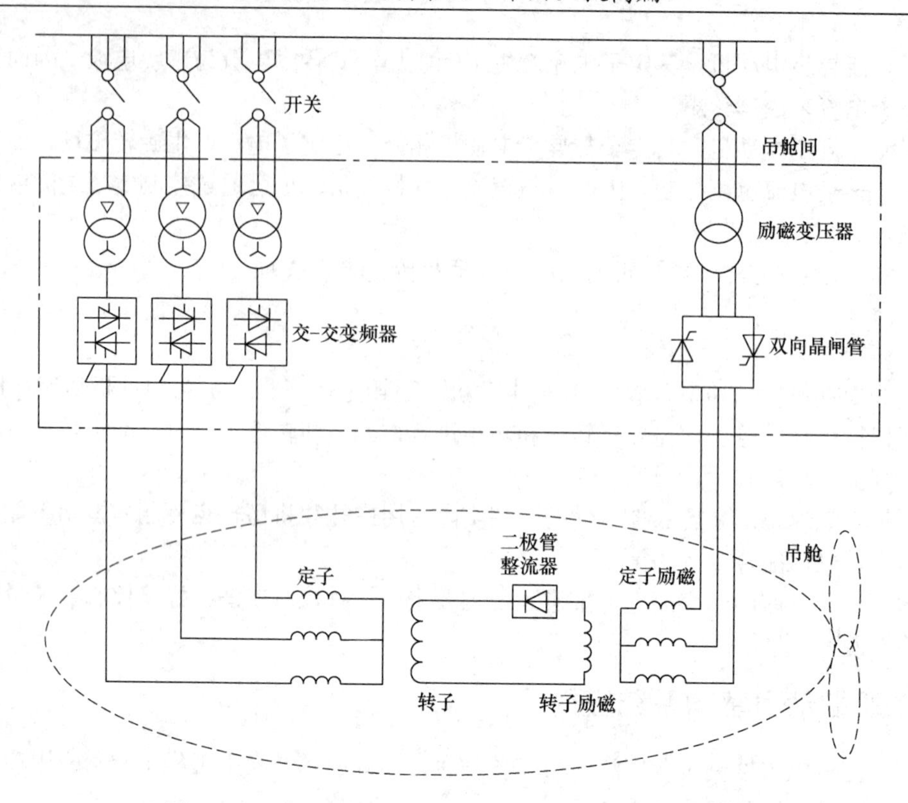

图 14-42　采用周波变流器的 Azipod 吊舱式推进装置结构

图 14-43　“世纪之光”号实施清洁工作

“世纪之光”号电动清扫船所用的电力推进系统包括发电机组、船舶电站、滤波器、变频器和推进电动机的一体化控制综合系统，如图 14-44 所示，参数见表 14-13。

推进控制系统由控制单元、操作单元和系统管理器三部分组成，基本参数见表 14-14。推进控制器和系统管理器采用 x86 架构的嵌入式计算机和国产 Reworks 操作系统。推进控制器通过 CAN 总线实现对推进变频器的驾驶台遥控，完成推进电动机的起动、制动、调速、完车、安全限制、故障报警和越控等操作；系统管理器通过以太网对推进控制器的参数进行在线设置和修改，并实时监测包括发电机组在内的整个电力推进系统的运行参数和工况状态。

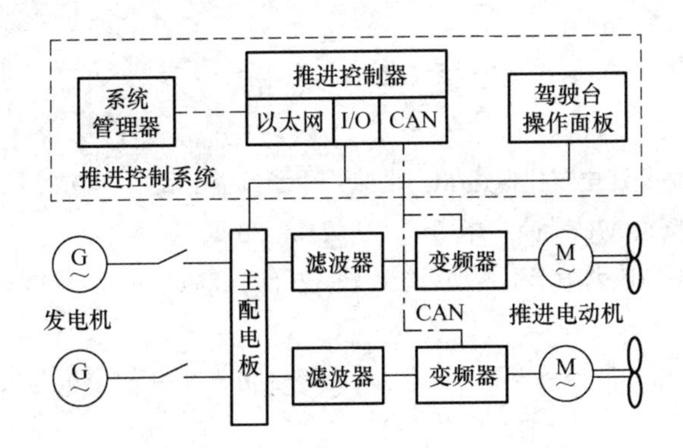

图 14-44　动力装置及控制系统示意图

表 14-13　“世纪之光”号电动清扫船基本参数

总长/m	27.9
型宽/m	6.60
设计吃水/m	1.40
作业宽度/m	4.6
作业深度/m	0.5
排水量/t	92
设计航速/kn	11
作业航速/kn	7.0

表 14-14　电力推进系统基本参数

三相同步发电机额定功率/kW	140
变频器额定功率/kW	132
三相异步变频推进电动机额定功率/kW	110

动力装置包括对称安装在船体左、右舷的左、右推进器，左、右推进电动机以及左、右变频器。其中，左、右推进电动机一般选用低成本的异步变频电动机。控制系统包括推进控制器和操纵面板，推进控制器连接操纵面板，接收推进控制指令，向左、右变频器发出变频调速控制设定值，从而控制左、右推进电动机的运行。推进控制器设定和调节左、右变频器的工作状态和运行参数，控制推进电动机的供电电源频率，达到调节左、右推进电动机转速的目的，从而控制左、右推进器(螺旋桨)的推力[12]。

本 章 小 结

交通工具的电力驱动是电力传动系统重要的应用领域。本章介绍了动力驱动系统的基本概念和结构，重点阐述了高速动车组、城市轨道交通车辆、新能源汽车和船舶等动力驱动系统的构成和技术参数，为当前交通电气化发展提供技术基础。

参考文献

[1] 杨中平，吴命利. 轨道交通电气化概述[M]. 北京：中国铁道出版社，2013.

[2] 连级三. 电传动列车概论[M]. 北京：中国铁道出版社，2011.

[3] 郑英三，李翔飞. 中国高速列车牵引传动系统比较分析[J]. Open Journal of Transportation Technologies, 2014, 03(3):63-71.

[4] 冯江华，王坚，李江红. 高速列车牵引传动系统综合仿真平台的分析与设计[J]. 铁道学报，2012, 34(2):21-26.

[5] 冯晓云. 电力牵引交流传动及其控制系统[M]. 北京：高等教育出版社，2009.

[6] 康劲松，陶生桂. 电力电子技术[M]. 北京：中国铁道出版社，2010.

[7] 丁荣军，黄济荣. 现代变流技术与电气传动[M]. 北京：科学出版社，2009.

[8] 中国汽车技术研究中心. 中国新能源汽车产业发展报告[M]. 北京：社会科学文献出版社，2015.

[9] 康龙云. 新能源汽车与电力电子技术[M]. 北京：机械工业出版社，2010.

[10] 王贵明，王金懿. 电动汽车及其性能与优化[M]. 北京：机械工业出版社，2010.

[11] 汤天浩，等. 船舶电力推进系统[M]. 北京：机械工业出版社，2015.

[12] 顾伟，褚建新，薛圻蒙，等. 中小型电力推进船舶嵌入式推进控制装置及其控制方法[P]. CN101342938, 2009-01-14.